教育部高职高专规划教材

普通高等教育土建学科专业“十二五”规划教材

建 筑 力 学（第二版）

（建筑工程类专业适用）

中国建设教育协会组织编写

张　曦　主编

姚谨英　主审

中国建筑工业出版社

图书在版编目（CIP）数据

建筑力学/张曦主编 . —2 版 . —北京：中国建筑工业出版社，2008

教育部高职高专规划教材 .

普通高等教育土建学科专业"十二五"规划教材

ISBN 978-7-112-10509-0

Ⅰ. 建… Ⅱ. 张… Ⅲ. 建筑力学－高等学校：技术学校－教材

Ⅳ. TU311

中国版本图书馆 CIP 数据核字（2008）第 177242 号

　　编者根据多年的教学实践经验，按"够用为度"的原则，在保证基本概念、基本理论及基本方法够用的基础上，注重实际应用及实际计算。

　　本书内容紧凑、深入浅出，理论叙述清楚、概念明确、计算简捷直观，可作为高等职业教育建筑施工、建筑工程管理、道路与桥梁、市政工程建设等专业的建筑力学教材，也可作为土建工程类工程技术人员的参考用书。

责任编辑：朱首明　李　明
责任设计：董建平
责任校对：安　东　陈晶晶

教育部高职高专规划教材
普通高等教育土建学科专业"十二五"规划教材
建　筑　力　学（第二版）
（建筑工程类专业适用）
中国建设教育协会组织编写
张　曦　主编
姚谨英　主审

*

中国建筑工业出版社出版、发行（北京西郊百万庄）
各地新华书店、建筑书店经销
北京嘉泰利德公司制版
北京圣夫亚美印刷有限公司印刷

*

开本：787×1092 毫米　1/16　印张：22　字数：550 千字
2009 年 3 月第二版　　2018 年 11 月第三十三次印刷
定价：**38.00** 元
ISBN 978-7-112-10509-0
（21701）

版权所有　翻印必究
如有印装质量问题，可寄本社退换
（邮政编码 100037）

第二版前言

本书再版修订是按照全国高职高专教育土建类专业教学指导委员会土建施工类专业指导分委员会 2004 年 9 月组织编制的、经建设部批准的"高等职业教育建筑工程技术专业教育标准和培养方案及教学大纲"和 2011 年 9 月在西安召开的高职高专土建施工类专业住建部"十二五"规划教材研讨与编写工作会议精神进行修订的。

修订编写中，编者根据多年的教学实践经验和本书使用者所提出的意见和建议，结合建筑力学课程特点及在土建类专业中的地位与作用，以"够用为度"的原则，课程内容上在保持原有体系的基础上更加注重工程实际应用与实用计算能力的培养，以满足后续专业课程所必需的力学知识。在修订编写中，力求计算演示简捷直观，便于理解和接受；做到全书内容紧凑、由浅入深，理论叙述清楚，概念明确，并按现行规范统一了相关名词术语；完善了例题、习题和思考题，全书各章均附有思考题、习题与参考答案。

本书可作为高等教育土建类专业《建筑力学》课程教材，也可作为土建、市政、道路与桥梁工程技术人员的参考用书。

本书由四川建筑职业技术学院张曦主编，周戒、蒋鹏飞、梁宜芳、姜耀、姚晓霞为参编。绪论及第十一、十二、十三、十四章由张曦编写，第一、二、四章由姚晓霞编写，第五、六章由梁宜芳编写，第七、八、九、十章由蒋鹏飞编写，第十五、十六章由姜耀编写，第三、十七、十八、十九章及附录由周戒编写。

姚谨英副教授担任本书的主审，他对本书作了认真细致的审阅，对保证本书的编写质量提出了建设性意见，在此，编者表示衷心感谢。

由于编者水平有限，书中难免尚有不足之处，恳请批评指正。

编　者
2012 年 3 月

第一版前言

本书是根据建设部和中国建设教育协会成人高等教育委员会 1999 年 7 月审订的高等职业技术教育"建筑施工"专业《建筑力学》教学大纲编写的。本书可作为高等职业技术教育建筑施工；建筑工程管理；道路与桥梁；市政工程建设等专业的建筑力学教材，也可作为土建类工程技术人员的参考用书。

在本书的编写过程中，编者根据多年的教学实践经验，按"够用为度"的原则，在保证基本概念、基本理论及基本方法够用的基础上，更注重实际应用及实用计算。在内容确定上，以满足后续专业课所需的力学基本概念、基本计算方法为主。同时也注意了建筑力学本身的系统性及直接应用于实际工程的问题。因此，力求做到内容紧凑、由浅入深，理论叙述清楚，概念明确，文字通顺，计算演示简捷直观，以便于理解和接受。全书各章均附有思考题和习题。

全书由四川省建筑职工大学张曦主编，山东建筑工程学院王新平、广西建筑职工大学葛若东、哈尔滨市建设职工大学李锦华、南京市建筑职工大学朱春娣、江苏省建筑职工大学吴国平参编，其中绪论及第一、二、三、七、二十章由张曦编写；第四、五、六章由葛若东编写；第八、九章由朱春娣编写；第十、十一、十二、十三、十四章由吴国平编写；第十五、十六章由王新平编写；第十七、十八、十九章由李锦华编写。

本书由西北建筑工程学院翟振东教授主审。

限于编者水平和编写时间仓促，书中难免存在错误和不足，恳请批评指正。

编　者

目　　录

绪　论

学习要点：了解建筑力学课程的任务；了解建筑力学课程的研究对象、学习内容，了解课程的特点、地位及学习要求。

一、建筑力学的任务

任何建筑物在施工过程中和建成后的使用过程中都要承受各种各样的力。如风力、人和设备的重力、建筑物各构件自重等。这些力，在工程上习惯称为**荷载**。

一栋建筑物是由各种构（配）件组成。各部分有着不同的作用。有的只是起维护和分隔空间的作用，如房间的隔断墙、门、窗等；有的主要起支承荷载和传递荷载的作用，如屋架、楼板、梁、柱、基础等。**建筑物中承受和传递荷载的部分称结构**，组成结构的各个部件称构件。图 0-1 是一个常见厂房的结构及构件的示意图。

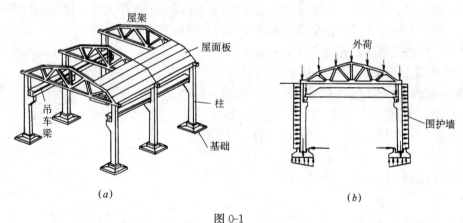

图 0-1

无论是工业厂房或民用建筑、公共建筑，它们的结构及组成结构的各构件都相对地面保持着静止的状态，这种状态工程上称为**平衡状态**。平衡状态下各构件在承受荷载和传递荷载时需要满足以下两方面的基本要求：

1. 结构或构件在荷载作用下，不能破坏，也不能发生过大的变形。构件或结构能达到这种要求，工程上称为具有**承载能力**。具有承载能力的结构及构件才能使用，这是从安全方面提出的基本要求。

2. 结构和构件的材料用量最小，价格低廉，并以最合理的办法制造出来。这便是从经济方面提出的基本要求。

显然，结构和构件的安全性和经济性是矛盾的，前者要求用好的材料、大的截面尺寸，后者要求用低廉材料、最经济的截面尺寸。如何才能使两者能完美的统一起来呢？这就需要依靠科学理论及实验来提供材料的受力性能、确定构件受力的计算方法，并掌握材料性质和截面尺寸对受力的影响，使设计出的结构和构件既安全可靠又经济合理。

研究上述问题的理论基础便是建筑力学。所以，建筑力学的任务是**研究作用在结构（或构件）上力的平衡关系，构件的承载能力及材料的力学性能，为保证结构（或构件）安全可靠及经济合理提供理论基础和计算方法。**

二、建筑力学的研究对象

工程中结构与构件的形状是多种多样的。为了研究方便，将长度方向的尺寸比截面尺寸大得多的构件统称为**杆件**，如梁、柱等。并将杆件组成的结构称为**杆件结构**，它是应用最广的一种结构。常见的房屋结构很多是属于杆件结构。

本教材所研究的主要对象便是这种杆件和杆件组成的杆件结构。

三、建筑力学内容简介

为使读者对建筑力学内容有一个总体概念，下面以图 0-2 所示的梁为例说明。

1. 首先，确定梁上受到哪些力，分清已知力和未知力，并计算未知力的大小。梁 AB 搁在墙上，梁受到已知荷载 P_1、P_2 作用后，由于墙的支承才不下落而维持平衡状态；在梁与墙相支承处，墙对梁有支承力 R_A 和 R_B 作用产生。荷载 P_1 和 P_2 与支承力 R_A 和 R_B 之间存在着一定的关系，这种关系称为平衡条件。若知道了这种关系，便可由已知的荷载去算出未知的支承力，从而使全部作用在梁上的力都成为已知。

这一工作的关键是研究力之间的平衡条件。

2. 求出梁上全部的作用力以后，便要进一步研究这些力是怎样引起梁的破坏或变形的。像图 0-2 所示梁，在 P_1、P_2 作用下会弯曲，即产生变形。弯曲时梁的内部有一种内力产生，内力过大会造成梁的破坏。如果在中间 C 处开裂而造成断裂，这说明中间 C 截面处有引起破坏的最大内力存在，是梁的危险截面。

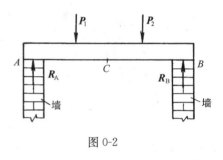

图 0-2

这样就要研究梁上的荷载与梁的内力之间的关系，是分析承载能力的关键。

3. 上述工作相当于找出梁的破坏因素。为了保证梁不发生破坏，就需要再进一步研究梁本身的材料性能和尺寸能够抵抗破坏的能力，找出引起梁的破坏因素和梁抵抗破坏的能力间的关系，便可选择梁的截面尺寸和合适的材料，使梁具有足够承受荷载的能力而又使材料用量最小。

各种不同的受力方式会产生不同的内力，因而有不同的承载能力的计算方法。这些方法的研究构成了建筑力学的内容。

四、学习建筑力学的意义

我们知道，建筑施工的主要任务是将设计图变成实际建筑物。作为一个施工技术组织者，应该懂得所施工结构物中各种构件的作用；知道它们会受到哪些力的作用，各种力的传递途径，以及构件在这些力的作用下会发生怎样的破坏等等。这样，在施工中才能理解设计图纸的意图与要求，保证工程质量，避免发生工程事故。另一方面，懂得这些力学知识，就更容易采取便于施工而又保证构件受力要求的改进措施。

　　在施工现场中，有许多临时设施和机具。修建这些临时设施，要进行结构设计，设计者便是现场施工技术人员。这时，懂得力学知识，就可以合理地、经济地完成设计任务，否则不但不经济合理，有时还会酿成事故；至于机具和设备的使用也需要具有力学知识，才能使用得合理。

　　我们知道，在建筑施工中，工程事故时有发生。其中很多事故是由于施工者缺少或不懂得受力知识造成的。例如，由于不懂得力矩的平衡要求，造成阳台的倾覆；不懂梁的内力分布，将钢筋错误配置而引起楼梯折断；不懂结构的几何组成规则，少加必要的支撑，而至结构发生"几何可变"，甚至倒塌等。

　　房屋建筑工程是一门严谨科学。所以，建筑力学知识在建筑工程中是设计人员和施工技术人员必不可少的基础知识。学好建筑力学知识，对工作大有益处，也是现代施工技术所必需的。

第一章 静力学的基本概念

学习要点：掌握平衡、刚体及力的概念；理解静力学公理；了解荷载的分类，掌握荷载的简化方法；掌握常见约束的简图及约束反力；掌握脱离体和受力图的画法；了解一般工程结构构件力学模型的画法；能从简单的物体系统中选取脱离体并画出受力图。

第一节　力　的　概　念

力的概念是人们长期生产劳动和生活实践中逐渐形成的。在建筑工地劳动，我们拉车、弯钢筋、拧螺丝帽时，由于肌肉紧张，我们感到用了力。同样，起重机吊起构件，牵引车拉大平板车，打夯机夯实地面等等也都是力的作用。

力作用在车子上可以使车由静到动，或使车的运行速度变快，与此同时也感觉到车在推人；力作用在钢筋上可以使直的钢筋弯曲或弯曲的钢筋变直，同时钢筋有力作用在施力物体上。无数事例说明：力是物体间的一种相互机械作用，这种相互作用的效果使物体的运动状态发生变化，或使物体产生变形。这里所说的运动状态的改变，是指物体运动快慢或运动方向的改变；所说的变形，是指物体的大小或形状发生变化。力的作用方式是多种多样的。物体间互相接触时，可以产生相互的推、拉、挤压等作用力；物体间不接触时，也能产生相互间的吸引力或排斥力。例如，地球对悬挂的小球有吸引力，作用于小球的重心，即我们常说的重力，而小球对地球的吸引力作用于地球的中心。总而言之，力是物体之间的相互作用。因此，力不可能脱离物体而单独存在，存在受力物体必然存在施力物体。

在自然界中，任何物体在力的作用下，都将发生变形。但是，工程实际中许多物体（例如建筑结构中的梁、柱、受压的桥梁等）的变形相对于物体本身尺寸而言常常非常微小，在研究物体的平衡问题时，这些微小变形的影响不大，可以忽略不计，因而可以将物体看成是不变形的。在任何外力作用下，大小和形状始终保持不变的物体，我们称它为刚体。刚体是真实物体的抽象化模型，一般说来在研究平衡问题时，可把研究的物体视为刚体。但当进一步研究物体在力作用下变形和强度问题时，变形将成为主要因素而不能忽略，也就不能再把物体当作刚体，而要视为变形体。

在大量的实践中证明，力对物体的作用效果取决于力的三要素：

（1）力的大小

力是有大小的。力的大小表明物体间相互作用的强弱程度。

其度量单位是牛顿 N，或千牛顿 kN。

（2）力的方向

力不但有大小，而且还有方向。力的作用效果与力的方向有关。以撬杠起道钉为例，如图 1-1 所示，如果力 F 不是向下压的而是向上抬，无论力 F 如何增加，道钉也起不出。

（3）力的作用点

力对物体的作用效果还与力的作用点有关。在图 1-1 中如果 **F** 离支点 O 距离很近，则道钉也不容易起出。力的作用点表示物体相互作用的位置。

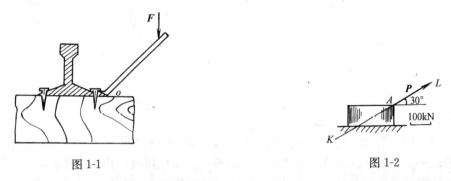

图 1-1 　　　　　　　　　　　　　　　　 图 1-2

由力的三要素可知，力是矢量，可以用一带箭头的线段来表示，称为力的图示法。如图 1-2 所示，线段的长度按一定的比例表示的大小；线段的方位（与水平线所夹的角）和箭头的指向表示力的方向；线段的起点或终点表示力的作用点；通过力的作用点沿力的方向画出的直线如图 1-2 中的 KL，称为力的作用线。图 1-2 中选定 1 单位长度表示 100kN，按比例量出 **P** 的大小是 200kN，力的方向与水平线成 30°角，指向右上方，作用在物体的 A 点上。

用字母符号表示矢量时，常用黑体字 **F**、**P** 表示，而 F、P 只表示该矢量的大小。

为了便于研究，给出以下定义：

（1）作用在物体上的一群力或一组力称为力系。

（2）物体相对于地球处于静止或作匀速直线运动状态时，称物体处于平衡状态。

（3）如果物体在某一力系作用下保持平衡状态，则该力系称为平衡力系。

（4）作用在物体上的一个力系，如果可用另一个力系来代替，而不改变力系对物体的作用效果，则这两个力系称为等效力系。

第二节　静力学公理

人们在长期的生产生活实践中，经过反复观察和实验总结了关于静力学的最基本的客观规律，这些客观规律被称为静力学公理，并经过实践的检验证明它们是符合客观实际的普遍规律，它们是研究力系简化和静力学问题的基础。

公理 1　二力平衡条件

作用在同一刚体上的两个力，使刚体平衡充分和必要的条件是，这两个力大小相等，方向相反，作用在同一条直线上，如图 1-3 所示。

上述的二力平衡条件对于刚体是充分的也是必要的，而对于变形体只是必要的，不是充分的。如图 1-4 所示的绳索的两端若受到一对大小相等、方向相反的拉力可以平衡，但若是压力就不能平衡。

二力平衡表明了作用于物体上的最简单的平衡力系，它为以后研究一般力系的平衡条件提供了基础。

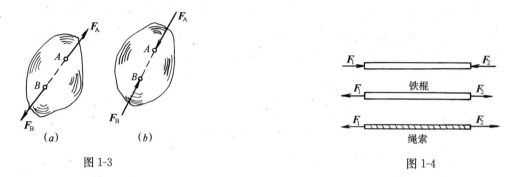

图 1-3

图 1-4

公理 2 加减平衡力系公理

在作用于刚体上的任意力系中，加上或去掉任何一个平衡力系，并不改变原力系对刚体的作用效果。也就是说相差一个平衡力系的两个力系作用效果相同，可以互换。

这个公理是容易理解的：因为平衡力系不会改变刚体原来的运动状态（静止或做匀速直线运动），也就是说，平衡力系对刚体的运动效果为零。所以在刚体上加上或去掉一个平衡力系，是不会改变刚体原来的运动状态的。

推论 力的可传性原理

作用于刚体上的力可沿其作用线移动到刚体内任意一点，而不会改变该力对刚体的作用。

力的可传性原理很容易为实践所验证。例如，用绳拉车，或者沿绳子同一方向，以同样大小的力用手推车，对车产生的运动效果相同。如图 1-5 所示。

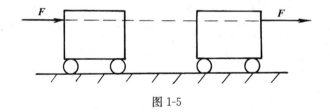

图 1-5

力的可传性原理告诉我们，力对刚体的作用效果与力的作用点在作用线上的位置无关。换句话说，力在同一刚体上可沿其作用线任意移动。这样，对于刚体来说，力的作用点在作用线上的位置已不是决定其作用效果的要素，力的三要素可表示为：力的大小、方向和作用线。

在应用中应当注意，力的可传性只适用于同一个刚体，不适用于两个刚体（不能将作用于一个刚体上的力随意沿作用线移至另一个刚体上）。如图 1-6 (a) 所示，两平衡力 F_1、F_2 分别作用在两物体 A、B 上，能使物体保持平衡（此时物体之间有压力），但是，如果将 F_1、F_2 各沿其作用线移动成为图 1-6 (b) 所示的情况，则两物体各受一个拉力而将被拆散失去平衡。力的可传性也不适用于变形体。如一个变形体受 F_1 与 F_2 的拉力作用将产生伸长变形，如图 1-7 (a) 所示；若将 F_1 与 F_2 沿其作用线移到另一端，如图 1-7 (b) 所示，物体将产生压缩变形，变形形式发生变化，即作用效果发生改变。

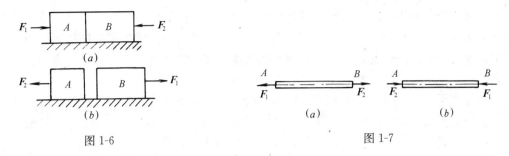

图 1-6

图 1-7

公理3　力的平行四边形法则

如图 1-8 中，重量为 G 的小球，用一根绳悬挂，小球处于平衡状态。如用两根绳悬挂，两根绳的角度各有不同，也可以达到使小球平衡的同样效果。也就是说，两个力 F_1、F_2 对小球的作用效果，与一个力 R 对小球的作用效果完全相同。按等效力系定义，称 R 是 F_1、F_2 的合力，F_1、F_2 是 R 的两个分力。

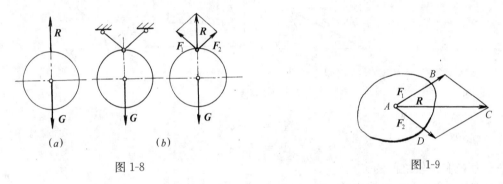

图 1-8

图 1-9

作用于物体上的两个力若作用线交于一点，则可合成为一个合力，合力也作用于该点上，其大小和方向由这两个力为邻边所构成的平行四边形的对角线来确定，如图 1-9 所示。这一法则称为力的平行四边形法则，表示为 $R=F_1+F_2$（关系式）。

根据这个法则作出的平行四边形，叫力的平行四边形。

力的平形四边形法则是力系合成或简化的基础。

【例 1-1】　图 1-10 (a) 所示的柱子，柱顶受有屋架传来的压力 $N=3000N$，还有水平力 $H=1000N$。试求这两个力对柱子的组合作用，即求 N 和 H 的合力。

【解】　N 和 H 的合力可利用力的平行四边形法则，按以下步骤得出：

(1) 选定比例尺，如图 1-10 (b)。

$$1cm=1000N$$

(2) 用力的图示法：在垂直方向作 N，画出线段 $AB=3cm$，在水平方向作 H，画出线段 $AC=1cm$。

(3) 过 B 点做 AC 的平行线 BD，过 C 点做 AB 的平行线 CD 必相交于 D，得到平行四边形（此题为一矩形）$ACDB$。

(4) 对角线 AD 即代表合力 R 的大小和方向。量得 $AD=$ 3.2cm，即 $R=3.2\times1000=3200N$，同时量得合力方向与水平方向成 $\angle\alpha=71°30'$。

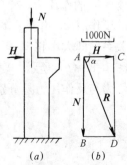

图 1-10

有合必有分，利用平行四边形法则将一个已知力可分解为两个分力。但是，将一个已知力分解为两个力可得无数的解答。其原因是以一个矢量为对角线的平行四边形，可以做无数个。要得到唯一的解答，必须给以附加的条件。方便的是将一个力分解为方向为已知的两个分力。

设一作用于 A 点的力 F，如图 1-11 (a) 所示。今欲将此力沿直线 AK 和 AL 方向分解。应用力的平行四边形法则，过 F 的终点 B 作两直线分别平行于 AK 和 AL，并得交点 C 和 D，则 F_1 和 F_2 即为所求分力，它们的作用点仍是原力 F 的作用点。

为了计算方便，在工程实际中通常将一个力 F 沿直角坐标轴 x、y 分解，得出互相垂直的两个分力 F_x 和 F_y，如图 1-11 (b) 所示。这样可以用简单的三角函数关系求得每个分力的大小。

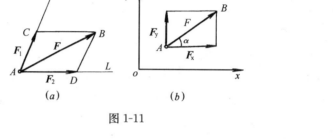

图 1-11

$$F_x = F\cos\alpha$$
$$F_y = F\sin\alpha \tag{1-1}$$

式中 α 为 F 和 x 轴之间的夹角。

公理 4　作用与反作用定律

作用力与反作用力大小相等，方向相反，沿同一直线且分别作用在两个相互作用的物体上。

这个定律说明了两物体间相互作用力的关系。力总是成对出现的，有作用力必有一反作用力，且总是同时产生又同时消失的。根据这个定律我们知道物体 A 对物体 B 作用力的大小和方向时，就可以知道物体 B 对物体 A 的反作用力。例如，图 1-12 (a) 中物体 A 放置在物体 B 上，N 是物体 A 对物体 B 的作用力，作用在物体 B 上；N' 是物体 B 对物体 A 的反作用力，作用在物体 A 上。N 和 N' 的作用和反作用力关系，即大小相等 $N = N'$，方向相反，沿同一直线 KL 如

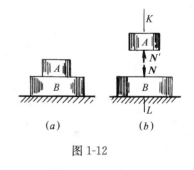

图 1-12

图 1-12 (b) 所示。要特别注意，不能把作用与反作用定律与二力平衡条件混淆起来。作用力与反作用力是分别作用在相互作用的两个物体上的。所以，它们不能互相平衡。

第三节　荷　载

工程上将作用在结构或构件上的主动力称为荷载。

一、荷载的分类

结构所承受的荷载，往往比较复杂。为了便于计算，参照有关结构设计规范，根据不同的特点加以分类：

1. **按作用时间**——荷载可分为恒载和活载及偶然荷载。

恒载——长期作用于结构上的不变荷载，如结构的自重、安装在结构上的设备的重量等等，其荷载的大小、方向和作用位置是不变的。

活载——结构所承受的可变荷载，如人群、风、雪等荷载。

偶然荷载——使用时不一定出现，一旦出现其值很大，持续时间短，如爆炸荷载。

2. **按作用范围**——荷载可分为集中荷载和分布荷载。

集中荷载——是指荷载作用的面积相对于总面积而言很小，从而近似认为荷载是作用在一点上的，如检修荷载等。

分布荷载——是指荷载分布在一定面积或长度上，如风、雪、结构自重等。分布荷载又可分为均布荷载及非均布荷载等。

3. **按作用性质**——荷载可分为静力荷载和动力荷载。

静力荷载——凡缓慢施加而不引起结构振动，从而可忽略其惯性力影响的荷载。

动力荷载——凡能引起明显的振动或冲击，从而必须考虑其惯性力影响的荷载。

4. **按作用位置**——荷载可分为固定荷载和移动荷载。

固定荷载——是指荷载作用的位置不变的荷载。如结构的自重等。

移动荷载——是指可以在结构上自由移动的荷载。如车辆轮压等。

二、荷载的简化和计算

1. 等截面梁自重的计算

在工程结构计算中，通常用梁轴表示一根梁。等截面梁的自重总是简化为沿梁轴方向的均布线荷载 q。

一矩形截面梁如图 1-13，其截面宽度为 b（m），截面高度为 h（m）。设此梁的单位体积重（重度）为 γ（kN/m³），则此梁的总重是

$$Q = bhL\gamma \quad (kN)$$

梁的自重沿梁跨度方向是均匀分布的，所以沿梁轴每米长的自重 q 是

$$q = Q/L \quad (kN/m)$$

将 Q 代入上式得

$$q = bh\gamma \quad (kN/m) \qquad (1-2)$$

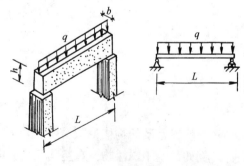

图 1-13

q 值就是梁自重简化为沿梁轴方向的均布线荷载值，均布线荷载 q 也称线荷载集度。

2. 均布面荷载化为均布线荷载计算

在工程计算中，在板面上受到均布面荷载 q'（kN/m²）时，需要将它简化为沿跨度（轴线）方向均匀分布的线荷载来计算。

设一平板上受到均匀的面荷载 q'（kN/m²）作用，板宽为 b（m）（受荷宽度）、板跨度为 L（m），如图 1-14 所示。

那么，在这块板上受到的全部荷载 Q 是

$$Q = q'bL \quad \text{(kN)}$$

而荷载 Q 是沿板的跨度均匀分布的，于是，沿板跨度方向均匀分布的线荷 q 为

$$q = bq' \text{(kN/m)} \tag{1-3}$$

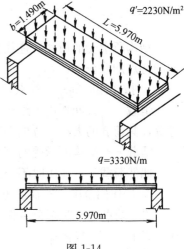

图 1-14

假设图 1-14 所示平板为一块预应力钢筋混凝土屋面板，宽 $b=1.490\text{m}$，跨度（长）$L=5.970\text{m}$，自重 11kN，简化为沿跨度方向的均布线荷载。

自重均匀分布在板的每一小块单位面积上，所以自重形成的均布面荷载为：

$$q_1' = \frac{11000}{5.970 \times 1.49} = 1237\text{N/m}^2$$

屋面防水层形成的均布面荷载为

$$q_2' = 300\text{N/m}^2$$

防水层上再加 0.02m 厚水泥砂浆找平，水泥砂浆重度 $\rho=20\text{kN/m}^3$，则这一部分材料自重形成的均布面荷载为

$$q_3' = 20000 \times 0.02 = 400\text{N/m}^2$$

最后再考虑雪荷载（北方地区考虑）

$$q_4' = 300\text{N/m}^2$$

总计得全部面均布荷载为

$$q' = q_1' + q_2' + q_3' + q_4' = 1237 + 300 + 400 + 300 = 2237 \text{ N/m}^2$$

把全部均布荷载简化为沿板跨度方向的均布线荷载，即用均布面荷载大小乘以受荷宽度

$$q = bq' = 1.49 \times 2237 = 3333\text{N/m}$$

第四节　约束与约束反力

一、约束和约束反力的概念

自然界运动的物体一般分为两类：可在空间自由运动不受任何限制的物体称为自由体，例如，空中飘浮物。在空间某些方向的运动受到一定限制的物体称为非自由体。在建筑工程中所研究的物体，一般都受到其他物体的限制、阻碍而不能自由运动。例如，基础受到地基的限制，墙受到基础的限制，梁受到柱子或者墙的限制等均属于非自由体。

于是将限制阻碍非自由体运动的物体称为约束物体，简称约束。例如上面提到的地基是基础的约束；基础是墙的约束；墙或柱子是梁的约束。而非自由体称为被约束物体。由于约束限制了被约束物体的运动，在被约束物体沿着约束所限制的方向有运动或运动趋势时，约束必然对被约束物体有力的作用，以阻碍被约束物体的运动或运动趋势。这种力称

为约束反力，简称反力。

在受力物体上，那些使物体有运动或运动趋势的力叫主动力。例如重力、水压力、土压力等，也就是所讲的荷载。在一般情况下物体总是同时受到主动力和约束反力的作用。主动力常常是已知的，约束反力是未知的。如何求约束反力关键在于正确分析整个力系。

二、几种基本类型的约束及其约束反力

1. 柔性约束

用柔软的胶带、绳索、链条阻碍物体运动时叫柔性约束。由于柔性约束只能受拉力，不能受压力，所以约束反力一定通过接触点，沿着柔体中心线背离物体的方向，且只能是拉力，如图 1-15 中的 T 力。

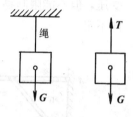

图 1-15

2. 光滑接触面约束

当物体在接触处的摩擦力很小而略去不计时，就是光滑接触面约束。这种约束不论接触面的形状如何，都不能限制物体沿光滑接触面的公切线方向的运动或离开光滑面，只能限制物体沿着接触面的公法线指向光滑面内的运动，所以光滑接触面约束反力是通过接触点，沿着接触面的公法线指向被约束的物体，只能是压力，如图 1-16 所示。

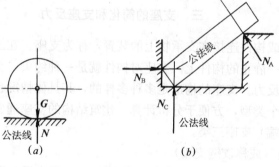

图 1-16

3. 圆柱铰链约束

圆柱铰链简称为铰链。常见的门窗的合页就是这种约束。理想的圆柱铰链是由一个圆柱形销钉插入两个物体的圆孔中构成的，且认为销钉与圆孔的表面很光滑。销钉不能限制物体绕销钉转动，只能限制物体在垂直于销钉轴线的平面内的沿任意方向的运动，如图 1-17 (a) 所示。当物体有运动趋势时，销钉与圆孔壁将必然在某处接触，约束反力一定通过这个接触点，这个接触点的位置往往是不能预先确定的，因此约束反力的方向是未知的。也就是说，圆柱铰链的约束反力作用于接触点，垂直于销钉轴线，通过销钉中心（如图 1-17a 中所示的 R_C），而方向未定。

圆柱铰链可用图 1-17 (b) 所示的简图来表示。

4. 链杆约束

链杆就是两端用光滑销钉与物体相连而中间不受力的刚性直杆。如图 1-18 所示的支架，横木 AB 在 A 端用铰链与墙连接，在 B 处与 BC 杆铰链联接，这 BC 杆就可以看成是

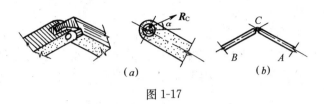

图 1-17

AB 杆的链杆约束。这种约束只能限制物体沿链杆的轴线方向运动。链杆可以受拉或者是受压，但不能限制物体沿其他方向的运动，所以，链杆的约束反力沿着链杆的轴线，其指向不定。

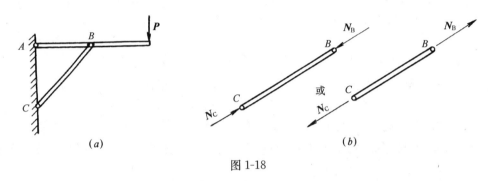

图 1-18

三、支座的简化和支座反力

工程上将结构或构件连接在支承物上的装置，称为支座。在工程上常常通过支座将构件支承在基础或另一静止的构件上。支座对构件就是一种约束。支座对它所支承的构件的约束反力也叫支座反力。支座的构造是多种多样的，其具体情况也是比较复杂的，只有加以简化，归纳成几个类型，方便于分析计算。建筑结构的支座通常分为固定铰支座，可动铰支座，和固定（端）支座三类。

1. 固定铰支座（或称铰链支座）

图 1-19（a）是固定铰支座的示意图。构件与支座用光滑的圆柱铰链联接，构件不能产生沿任何方向的移动，但可以绕销钉转动，可见固定铰支座的约束反力与圆柱铰链相同，即约束反力一定作用于接触点，垂直于销钉轴线，并通过销钉中心，而方向未定。固定铰支座的简图如图 1-19（b）所示。约束反力如图 1-19（c）所示，可以用 R_A 和一未知方向的 α 角表示，也可以用一个水平力 X_A 和垂直力 Y_A 表示。

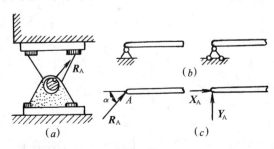

图 1-19

　　建筑结构中这种理想的支座是不多见的，通常把不能产生移动，只可能产生微小转动的支座视为固定铰支座。例如图 1-20 是一榀屋架，用预埋在混凝土垫块内的螺栓和支座连在一起，垫块则砌在支座（墙）内，这时，支座阻止了结构的垂直移动和水平移动，但是它不能阻止结构微小转动。这种支座可视为固定铰支座。

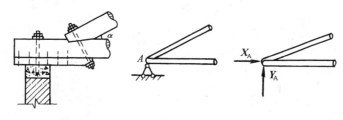

图 1-20

2. 可动铰支座（简称铰支座）

　　图 1-21（a）是可动铰支座的示意图。构件与支座用销钉连接，而支座可沿支承面移动，这种约束，只能约束构件沿垂直于支承面方向的移动，而不能阻止构件绕销钉的转动和沿支承面方向的移动。所以，它的约束反力的作用点就是约束与被约束物体的接触点，约束反力通过销钉的中心，垂直于支承面，方向可能指向构件，也可能背离构件，要视主动力情况而定。这种支座的简图如图 1-21（b）所示，约束反力如图 1-21（c）所示。

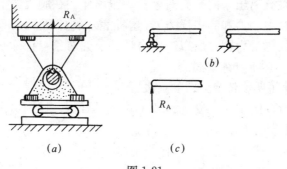

图 1-21

　　例如，图 1-22（a）是一个搁置在砖墙上的梁，砖墙就是梁的支座，如略去梁与砖墙之间的摩擦力，则砖墙只能限制梁向下运动，而不能限制梁的转动与水平方向的移动。这样，就可以将砖墙简化为可动铰支座如图 1-22（b）所示。

3. 固定（端）支座

　　整浇钢筋混凝土的雨篷，它的一端完全嵌固在墙中，一端悬空如图 1-23（a），这样的支座叫固定（端）支座。在嵌固端，既不能沿任何方向移动，也不能转动，所以固定（端）支座除产生水平和竖直方向的约束反力外，还有一外约束反力偶（力偶将在第三章讨论）。这种支座简图如图 1-23（b）所示，其支座反力如图 1-23（c）所示。

　　上面我们介绍了几种类型的约束以及它们的约束反力的确定方法。当然，远远不能包括工程实际中遇到的所有约束情况，在实际分析时注意分清主次，略去次要因素，可把约束归结为以上基本类型。

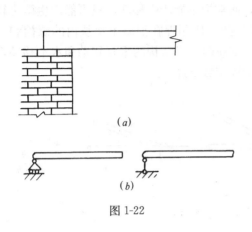

图 1-22

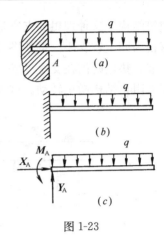

图 1-23

第五节　受　力　图

　　研究力学问题，首先要了解物体的全部受力情况，即对物体进行受力分析。在工程实际中，常常遇到几个物体联系在一起的情况，因此，在对物体进行受力分析时，首先要明确研究对象，并设法从它周围的物体中分离出来。为了不改变物体之间原来的相互联系作用和弄清研究对象的受力情况，必须用相应的约束反力来代替周围约束物体对研究对象的作用。这样被分离出来的研究对象称为脱离体。在脱离体上面画出周围物体对它的全部作用力（包括主动力和约束反力），这种表示物体所受全部作用力情况的图形叫脱离体的受力图，简称受力图。所以选取合适的研究对象与正确画出受力图是解决力学问题的前提和依据，必须熟练掌握。

　　下面将通过例题来说明物体受力图的画法。

　　【例 1-2】　　重量为 G 的小球，按图 1-24（a）所示放置，试画出小球的受力图。

　　【解】　　（1）根据题意取小球为研究对象。

　　（2）受到主动力为小球所受重力 G，作用于球心竖直向下。

　　（3）受到的约束反力为绳子的约束反力 T，作用于接触点 A，沿绳子的方向，背离小球；以及光滑面的约束反力 N_B，作用于球面和支点的接触点 B，沿着接触点的公法线（沿半径，过球心），指向小球。

　　把 G、T、N_B 全部画在小球上，就得到小球的受力图，如图 1-24（b）所示。

　　【例 1-3】　　试画出如图 1-25（a）所示搁置在墙上的梁的受力图。

　　【解】　　在实际工程结构中，要求梁在支承端处不得有竖向和水平方向的运动，为了反映墙对梁端部的约束性能，我们可按梁的一端为固定铰支座，另一端为可动铰支座来分析。简图如 1-25（b）所示。在工程上称这种梁为简支梁。

　　（1）按题意取梁为研究对象。

　　（2）受到主动力为梁的重量，为一均布荷载 q。

　　（3）受到的约束反力，在 B 点为可动铰支座，其约束反力 Y_B 与支承面垂直，方向假设为向上；在 A 点固定铰支座，其约束反力过铰中心点，但方向未定，通常用互相垂直的两个分力 X_A 与 Y_A 表示，假设指向如图 1-25（c）所示。

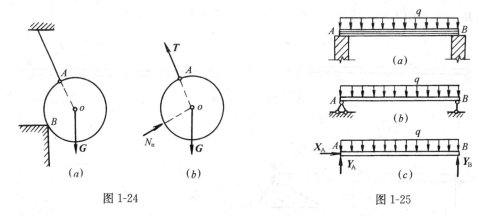

图 1-24   图 1-25

把 q、X_A、Y_A、Y_B 都画在梁上，就得到梁的受力图如图 1-25 （c）所示。

【例 1-4】   图 1-26 （a）所示三角形托架中，节点 A、B 处为固定铰支座，C 处为铰链连接。不计各杆的自重以及各处的摩擦。试画出杆件 AD 和 BC 及整体的受力图。

【解】   （1）取斜 BC 为研究对象。杆的两端都是铰链连接，其受到的约束反力应当是通过铰中心，方向未定的未知力。但杆 BC 只受 R_B 与 R_C 这两个力的作用，而且处于平衡，由二力平衡条件可知 R_B 和 R_C 必定大小相等，方向相反，作用线沿两铰链中心的连线，方向可先任意假定。本题中从主动力 P 分析，杆 BC 受压，因此 R_B 与 R_C 的作用线沿两铰中心连线指向杆件，画出 BC 杆受力图如图 1-26（b）所示。

只受两个力作用而处于平衡的杆叫二力杆。链杆也是二力杆中的一种。二力杆不一定都是直杆，也可以是曲杆。

（2）取水平杆 AD 为研究对象。其上作用力有主动力 P、约束反力 R'_C、X_A 和 Y_A，其中 R'_C 与 R_C 是作用力与反作用力关系，画出 AD 杆的受力图如图 1-26 （c）所示。

（3）取整体为研究对象，只考虑整体外部对它的作用力，画出受力图如图 1-26 （d）所示。

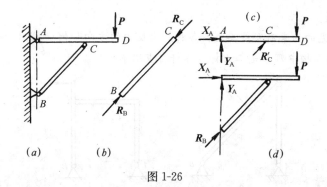

图 1-26

【例 1-5】   梁 AB 的自重不计，其受力情况如图 1-27 （a）所示，试画出梁的受力图。

【解】   以梁 AB 为研究对象，将其单独画出。作用在梁上的主动力是已知力 P。A 端是固定铰支座，其约束反力 R_A 的大小和方向未知，如图 1-27 （b）所示，也用两个互相垂直的分力 X_A 和 Y_A 表示，如图 1-27 图 （c）所示，B 端为可动铰支座，其反力是与支承面

垂直的 R_B，其指向不定，故可任意假设指向上方或下方。

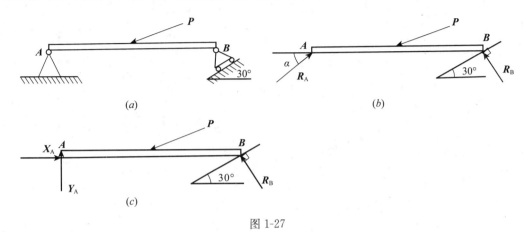

图 1-27

通过以上各例的分析，画受力图的方法与步骤如下：

1. 确定研究对象。去掉周围物体及全部约束，单独画出研究对象（脱离体）。

2. 在研究对象上画出所受到的全部主动力。

3. 遵照约束性质，在研究对象上画出所有约束反力。

4. 如果研究对象是物体系统时，系统内任何相联系的物体之间的相互作用力都不能画出。

5. 注意作用与反作用的关系。作用力的方向一经确定（或假设），反作用力的方向必定和它的方向相反，不能再随意假设。

思 考 题

1. 平衡的意义是什么？试举出物体处于平衡状态的例子。

2. "作用和反作用定律"与"二力平衡公理"中两个力都是等值、反向、共线，问有什么不同，并举例说明。

3. 什么叫约束？常见的约束有哪些类型？各种约束反力的方向如何确定？

4. 指出图 1-28 所示结构中哪些是二力杆（各杆自重均不计）。

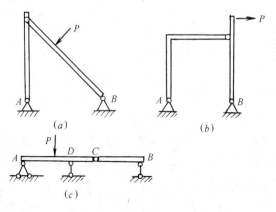

图 1-28

5. 试在图 1-29 所示构件上的 *A*、*B* 两点上各加一个力，使构件处于平衡。

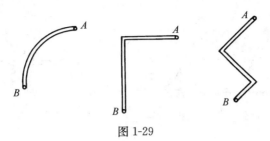

图 1-29

6. 假设杆绳自重不计，接触面均为光滑面，图 1-30 中各物体的受力图是否正确，如果有错误，请改正。

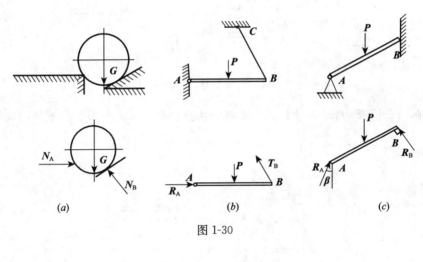

图 1-30

习　题

1-1　如图 1-31 所示，用力的平行四边形法则求作用于物体上 *O* 点的两力 F_1、F_2 的合力。

1-2　小球重 *G* 为 200N，用绳 *BA*、*CA* 悬挂如图 1-32 所示，试用力的平行四边形法则求出两种情况下各绳的拉力。

1-3　分别画出图 1-33 中各物体的受力图。

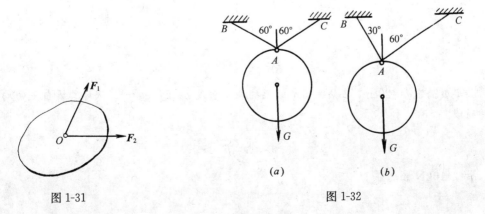

图 1-31　　　　　　　　　　　　　　图 1-32

1-4   分别画出图 1-34 中三个物体系中各杆件的受力图和各物体系整体的受力图。

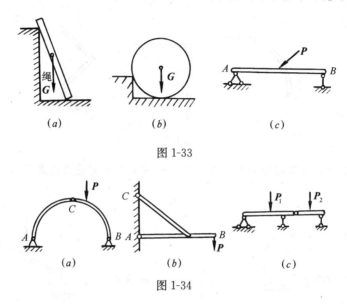

图 1-33

图 1-34

1-5   试分别画出图 1-35 所示各物体系中各杆和物体的受力图。杆的自重不计，接触面为光滑面。

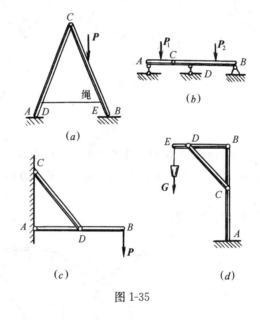

图 1-35

1-6   某梁截面宽 $b=20\text{cm}$，高 $h=45\text{cm}$，梁的表观密度 $\rho=24\text{kN/m}^3$。试计算梁自重的均布线荷载。

习 题 答 案

1-6 $q=2.16\text{kN/m}$；

第二章　平面汇交力系

学习要点：掌握平面汇交力系的概念与合成方法；掌握平面汇交力系平衡条件；掌握力在坐标轴上的投影方法及合力投影定理；能运用平面汇交力系平衡方程求解物体平衡问题。

第一节　平面汇交力系合成的几何法

一、平面汇交力系

力系有各种不同类型，它们的简化结果和平衡条件各不相同，通常把力系按其力系中各力作用线分布情况分为平面力系和空间力系两大类。各力的作用线均在同一平面上的力系叫平面力系；作用线不全的同一平面上的力系称为空间力系。

在平面力系中，各力的作用线均汇交于一点的力系，称为平面汇交力系。例如，用力 F 拉动碾子压平路面，当受到石块的阻碍而停止前进时，碾子受到拉力 F、重力 P、地面反力 N_B 以及石块的反力 N_A 的作用，以上各力的作用线都在铅垂平面内且汇交于碾子中心 C 点，这也是平面汇交力系，如图 2-1 所示。

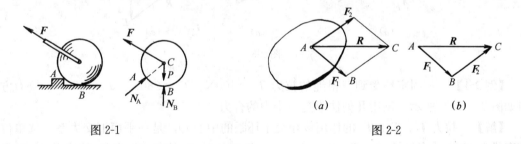

图 2-1　　　　　　　　　　　　　　　　图 2-2

二、两共点力的合成　力三角形法则

设在物体上作用有汇交于 A 点的两个力 F_1 和 F_2，按力的平行四边形法则求出这两个力的合力 R 如图 2-2 (a) 所示。由图中可以看出，为了作图简便，只要将 F_1 的起点 A 和 F_2 的终点 C 以一个矢量 AC 连接起来，则矢量 AC 则代表 F_1 和 F_2 的合力 R。$\triangle ABC$ 称为力三角形。这种通过作图求合力的方法叫力三角形法则。可用式子表示为

$$R=F_1+F_2$$

它是一个矢量等式，即两个汇交力的合力等于这两个力的矢量和。它与代数等式 $R=F_1+F_2$ 的意义不一样，不能混淆。

三、平面汇交力系的合成

对于平面汇交力系的情况，其合力可以按两个共点力的合成方法，逐次使用力三角形

法则求得。

设物体上作用有汇交于 A 点的一平面汇交力系，F_1、F_2、F_3、F_4 如图 2-3（a），现求其合力。按照力三角形法则，先求 F_1 和 F_2 的合力 R_1，再求 R_1 和 F_3 的合力 R_2，最后求出 R_2 和 F_4 的合力 R。R 就是汇交力系的合力，如图 2-3（b）所示。实际作图时，R_1、R_2 可不必画出，只须按一定的比例尺将各力矢量首尾相接，然后，连接第一个力的起点到最后一个力的终点，方向从第一个力的起点指向最后一个力的终点，就得到合力 R，如图 2-3（c）所示。多边形 $ABCDE$ 称为力多边形，这种求合力的方法叫力多边形法则。如力系有 n 个力，用式可表示为：

$$R = F_1 + F_2 + F_3 + \cdots + F_n = \Sigma F \tag{2-1}$$

即平面汇交力系的合力的大小和方向等于原力系中各力的矢量和，其作用线通过各力的汇交点。

还应指出，在作力多边形时，若按不同的顺序画各分力，得到力多边形也不同，但力多边形的封闭边不变，即最终合力的大小和方向不变。也就是说，力多边形在合成过程中与秩序无关。

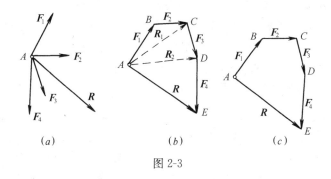

图 2-3

【例 2-1】   一固定环受到三根绳的拉力 $T_1 = 100N$、$T_2 = 280N$、$T_3 = 350N$，拉力方向如图 2-4（a）所示。试用几何法求这三个力的合力。

【解】   拉力 T_1、T_2、T_3 的作用线相交于环眼的中心 O，是一平面汇交力系。选单位长度代表 100N，作矢量 $ab = T_1$，$bc = T_2$，$cd = T_3$，连接 T_1 的起点 a 和 T_3 的终点 d，矢量 ad 即代表合力 R 的大小和方向，如图 2-4（b）所示。依比例尺量得 $R = 422N$，合力与水平方向的夹角 $\alpha = 9°$，合力的作用线通过原力系的汇交点。

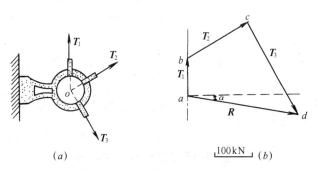

图 2-4

第二节 平面汇交力系平衡的几何条件

平面汇交力系的合成结果是一个合力 R，即合力 R 与原力系等效。若合力 R 等于零，则该力系平衡，在该力系作用下的物体处于平衡状态。反之，当物体在平面汇交力系作用下平衡时，该力系的合力应等于零。因此，平面汇交力系平衡的必要和充分条件是：该力系的合力为零。用式子表示为

$$R=0 \text{ 或 } \Sigma F=0 \qquad\qquad (2-2)$$

从力多边形上看，原力系中最后一个力的终点与第一个力的起点重合（封闭边为零），构成一个自行封闭的力多边形。由此可见，平面汇交力系平衡的几何条件是：力多边形自行封闭。

【例 2-2】 图 2-5（a）表示起吊构件的情形。构件自重 $G=10\text{kN}$，两钢丝绳与铅垂线间的夹角均为 45°。当构件匀速起吊时，两钢丝绳的拉力是多少？

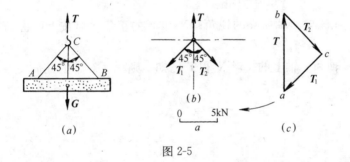

图 2-5

【解】 对整个系统，该问题是二力平衡问题。构件的自重和拉力 T 构成平衡力系。$T=G=10\text{kN}$。吊钩 C 则受到汇交于 C 点的拉力 T、T_1 和 T_2 的作用而平衡，并可利用平面汇交力系平衡的几何条件进行求解。这里的 T_1 和 T_2 的方向是已知的，而 T_1 和 T_2 的大小是欲求的两个未知量。吊钩 C 的受力图如图 2-5（b）所示。

选定长度 a 代表 5kN。作矢量 ab 等于 T（$T=10\text{kN}$），过 a、b 两点分别作 T_1 和 T_2 的平行线，两线相交于 c，于是得到力多边形 abc。在封闭的力多边形 abc 中，各力必须依次首尾相接，由已知力 T 的方向定出力 T_1 和 T_2 的指向。在这个力多边形中，bc 和 ca 分别表示拉 T_1 和 T_2 的大小和方向。按比例量得

$$T_1 = T_2 = 7.07\text{kN}$$

由上例，我们可以得到三力平衡汇交定理：物体受平面内三个互不平行力的作用，而处于平衡时，该三力作用点必汇交于一点。当物体受到平面内三个互不平行的力的作用处于平衡时，可应用定理确定其未知力的作用线，并按平衡条件求解。

第三节 力在坐标轴上的投影、合力投影定理

用几何法求平面汇交力系的合力，简捷而且直观，但精确度较差。为了简便而准确获得结果，常用解析法进行力学计算。为此，引入力在坐标轴上投影的概念。

一、力在坐标轴上的投影

设力 P 作用在物体上某点 A 处，用 AB 表示。通过力 P 所在的平面的任意点 O 作用直角坐标系 xOy 如图 2-6 所示。从力 P 的起点 A 及终点 B 分别作垂直于 x 轴的垂线，得垂足 a 和 b，并在 x 轴上得线段 ab，线段 ab 的长度加以正负号称为力 P 在 x 轴上的投影，用 X 表示。同样方法也可以确定力 P 在 y 轴上的投影为线段 a_1b_1，用 Y 表示。并且规定：从投影的起点到终点的指向与坐标轴正方向一致时，投影取正号；从投影的起点到终点的指向与坐标轴正方向相反时，投影取负号。

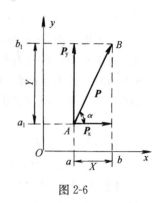

图 2-6

从图 2-6 中的几何关系得出投影的计算公式为

$$X = \pm P\cos\alpha$$
$$Y = \pm P\sin\alpha \tag{2-3}$$

式中　α 为力 P 与 x 轴所夹的锐角；X 和 Y 的正负号可按上面提到的规定直观判断得出。

如果 P 在 x 轴和 y 轴上的投影 X 和 Y 已知，则图 2-6 中的几何关系可用下式确定力 P 的大小和方向。

$$P = \sqrt{X^2 + Y^2}$$
$$\tan\alpha = \frac{|Y|}{|X|} \tag{2-4}$$

P 的方向可由 X、Y 的正负号确定，式中的 α 角为 P 为 x 轴所夹的锐角。

特别要指出的是当力 P 与 x 轴（或 y 轴）平行时，P 的投影 Y（或 X）为零；X（或 Y）的值与 P 的大小相等，方向按上述规定的符号确定。

另外，在图 2-6 中可以看出 P 的分力 P_x 与 P_y 的大小与 P 在对应的坐标轴上的投影的绝对值相等。要注意：分力是矢量，而力在坐标轴上的投影是代数量，所以不能将它们混为一谈。

【例 2-3】　试求图 2-7 中各力在 x 轴与 y 轴上的投影，$F_i = 100N$ 投影的正负号按规定观察判定。

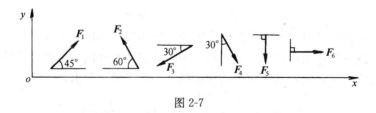

图 2-7

【解】　F_1 的投影：

$$X_1 = F_1\cos45° = 100 \times 0.707 = 70.7N$$
$$Y_1 = F_1\sin45° = 100 \times 0.707 = 70.7N$$

F_2 的投影：

$X_2 = - F_2\cos60° = -100×0.5 = -50\text{N}$

$Y_2 = F_1\sin60° = 100×0.866 = 86.6\text{N}$

F_3 的投影：

$X_3 = - F_3\cos30° = -100×0.866 = -86.6\text{N}$

$Y_3 = - F_3\sin30° = -100×0.5 = -50\text{N}$

F_4 的投影：

$X_4 = -F_4\cos60° = 100×0.5 = 50\text{N}$

$Y_4 = - F_4\sin60° = -100×0.866 = -86.6\text{N}$

F_5 的投影：

$X_5 = -F_5\cos90° = 100×0 = 0$

$Y_5 = -F_5\sin90° = -100×1 = -100\text{N}$

F_6 的投影：

$X_6 = F_6\cos0° = 100×1 = 100\text{N}$

$Y_6 = F_6\sin0° = 100×0 = 0$

二、合力投影定理

图 2-8 表示作用于物体上某一点 A 的两个力 P_1 和 P_2，用力的平行四边形法则求出它们的合力为 R。在力的作用面内作一直角坐标系 xOy，力 P_1 和 P_2 及合力 R 在坐标轴上的投影分别为

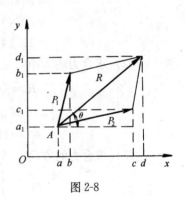

图 2-8

$$X_1 = ab；Y_1 = a_1b_1$$
$$X_2 = ac；Y_2 = a_1c_1$$
$$R_x = ad；R_y = a_1d_1$$

从图中的几何关系可以看出 $ab = cd$，

$$a_1c_1 = b_1d_1$$
$$R_x = ad = ac + cd = X_1 + X_2$$
$$R_y = a_1d_1 = a_1d_1 + b_1d_1 = y_1 + y_2$$

如果某平面汇交力系汇交于一点有 n 个力，可以证明上述关系仍然成立即

$$R_x = X_1 + X_2 + \cdots + X_n = \Sigma X$$
$$R_y = Y_1 + Y_2 + \cdots + Y_n = \Sigma Y$$

(2-5)

由此可见，合力在任一轴上的投影，等于各分力在同一轴上投影的代数和。这就是合力投影定理。式中"Σ"表示求代数和。必须注意式中各投影的正、负号。

第四节　平面汇交力系合成与平衡的解析法

一、平面汇交力系的合成

当平面汇交力系已知时，可以求出力系中各力在坐标轴上投影。并可以利用合力投影

定理求出平面汇交力系的合力在坐标轴上的投影 $R_x = \Sigma X$，$R_y = \Sigma Y$，利用式（2-4）就可得到合力 $\boldsymbol{R}$ 的大小为

$$R = \sqrt{R_x^2 + R_y^2} = \sqrt{(\Sigma X)^2 + (\Sigma Y)^2} \qquad (2\text{-}6a)$$

若用 θ 表示合力 $\boldsymbol{R}$ 与 x 轴所构成的锐角则

$$\tan\theta = \frac{|R_y|}{|R_x|} = \frac{|\Sigma Y|}{|\Sigma X|} \qquad (2\text{-}6b)$$

合力的指向可由 ΣX 及 ΣY 的正负号决定。

【例 2-4】 已知某平面汇交力系如图 2-9 所示。$F_1 = 20\text{kN}$，$F_2 = 30\text{kN}$，$F_3 = 10\text{kN}$，$F_4 = 25\text{kN}$。试求该力系的合力。

【解】 （1）建立坐标轴系 xOy 如图所示。计算合力在 x、y 轴上的投影。

$$\begin{aligned}
R_x &= \Sigma x \\
&= F_1\cos30° - F_2\cos60° - F_3\cos45° + F_4\cos45° \\
&= 20 \times 0.866 - 30 \times 0.5 - 10 \times 0.707 + 25 \times 0.707 \\
&= 12.92\text{kN}
\end{aligned}$$

$$\begin{aligned}
R_y &= \Sigma Y \\
&= F_1\sin30° + F_2\sin60° - F_3\sin45° - F_4\sin45° \\
&= 20 \times 0.5 + 30 \times 0.866 - 10 \times 0.707 - 25 \times 0.707 \\
&= 11.24\text{kN}
\end{aligned}$$

（2）求合力的大小

$$\begin{aligned}
R &= \sqrt{R_x^2 + R_y^2} \\
&= \sqrt{12.92^2 + 11.24^2} \\
&= 17.1\text{kN}
\end{aligned}$$

（3）求合力的方向

$$\tan\alpha = \frac{R_y}{R_x} = \frac{11.24}{12.92} = 0.87$$
$$\alpha = 41°$$

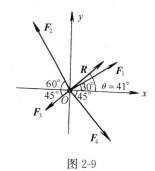

图 2-9

因 $R_x > 0$；$R_y > 0$，故合力 $\boldsymbol{R}$ 指向右上方，作用线通过原汇交力系的汇交点 O。

通过以上讨论，我们得出：平面汇交力系合成的结果是一个合力。合力的大小可以通过合力投影定理求出；合力的方向由 α 和 α 角所在的象限决定，合力的作用线通过原力系的汇交点。

二、平面汇交力系平衡的解析条件

在本章第二节中我们曾讨论过平面汇交力系平衡的必要和充分条件是该力系的合力为零。用解析式表示即为

$$R = \sqrt{R_x^2 + R_y^2} = \sqrt{(\Sigma X)^2 + (\Sigma Y)^2} = 0$$

式中 $(\Sigma X)^2$、$(\Sigma Y)^2$ 均为非负数，则要使 $R = 0$，必须也只有

$$\Sigma X = 0$$
$$\Sigma Y = 0 \qquad (2\text{-}7)$$

所以，平面汇交力系平衡的充分和必要的解析条件为：力系中各力的两个坐标轴上投影的代数和均等于零。式（2-7）称为平面汇交力系的平衡方程。这是相互独立的两个方程，所以只能求解二个未知量。

【例 2-5】 图 2-10 表示起吊一个重 10kN 的构件。钢丝绳与水平线夹角 α 为 45°，求构件匀速上升时，绳的拉力是多少？并讨论 α 角为 60°、30°、15°时绳的拉力情况。

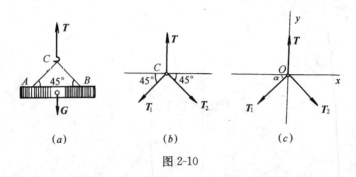

图 2-10

【解】 构件匀速上升时处于平衡状态，整个系统在重力 G 和绳的拉力 T 的作用平衡即：

$$G = T = 10\text{kN}$$

现在计算倾斜的钢丝绳 CA 和 CB 的拉力：

(1) 根据题意取吊钩 C 为研究对象。

(2) 画出吊钩 C 的受力图 2-10（b）。吊钩受垂直方向拉力 T 和倾斜钢丝绳 CA 和 CB 的拉力 T_1 和 T_2，且构成一平面汇交力系。

(3) 选取坐标系如图 2-10（c）所示，坐标系原点 O 放在吊钩 C 上。

(4) 列平衡方程，求未知 T_1、T_2。

$$\Sigma X = 0 \qquad - T_1\cos45° + T_2\cos45° = 0 \qquad (a)$$

$$\Sigma Y = 0 \qquad T - T_1\sin45° - T_2\sin45° = 0 \qquad (b)$$

由（a）式 $T_1 = T_2$，代入（b）式得

$$T - T_1\sin45° - T_1\sin45° = 0$$

$$T_1 = T_2 = \frac{T}{2\sin45°} = \frac{10}{2 \times 0.707} = 7.07\text{kN}$$

当 α 角为 60°、30°、15°时。同样，可由

$$\Sigma X = 0 \qquad - T_1\cos\alpha + T_2\cos\alpha = 0$$

$$\Sigma Y = 0 \qquad T - T_1\sin\alpha - T_2\sin\alpha = 0$$

得到

$$T_1 = T_2 = \frac{T}{2\sin\alpha}$$

分别代入 $\alpha = 60°$、$\alpha = 30°$、$\alpha = 15°$可得

$\alpha = 60°$时，$T_1 = T_2 = 5.77\text{kN}$

$\alpha = 30°$时，$T_1 = T_2 = 10\text{kN}$

$\alpha = 15°$时，$T_1 = T_2 = 19.32\text{kN}$

从上述结果可以看出在施工中必须防止因倾斜的钢丝绳 CA 及 CB 与水平所构成的夹角 α 过小而受力过大而被拉断。

【例2-6】 物重 $G=100\text{N}$，用绳索 AB、AC 及链杆 CE、CD 铰拉而成的支架吊挂如图 2-11（a）所示，求链杆 CE、CD 所受的力。

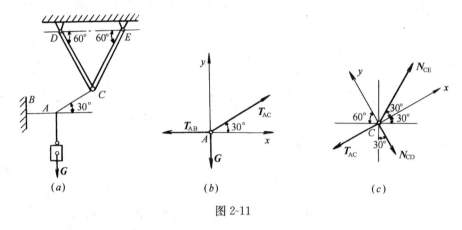

图 2-11

【解】 整个体系处于平衡状态，A 点和 C 点都受到平面汇交力系作用。先研究 A 点，通过 A 点的平衡方程，解出绳 AC 的拉力 $\boldsymbol{T}_{AC}$，然后再通过对 C 点的平衡方程求出链杆的 CE、CD 所受的力。

（1）取 A 点为研究对象。受有重力 G 和绳 AB、AC 的拉力 $\boldsymbol{T}_{AB}$、$\boldsymbol{T}_{AC}$。受力图及选取的坐标系如图 2-11（b）所示。

$$\Sigma Y =0 \qquad T_{AC}\sin30° - G = 0$$

$$T_{AC} = \frac{G}{\sin30°} = \frac{100}{0.5} = 200\text{N}$$

（2）取 C 点为研究对象。绳 AC 对 C 点的拉力，由作用与反作用定律，得出 $T_{AC}{}' = T_{AC}$，可视为已知力。受力图及选取的坐标系如图 2-11（c）所示。未知力为链杆 CD、CE（均为二力杆）所受 $\boldsymbol{N}_{CD}$、$\boldsymbol{N}_{CE}$ 两力。

$$\Sigma X =0 \qquad N_{CE}\cos30° - T_{AC}{}' = 0$$

$$N_{CE} = \frac{T_{AC}{}'}{\cos30°} = \frac{200}{0.866} = 231\text{N}$$

$$\Sigma Y =0 \qquad N_{CE}\sin30° - N_{CD} = 0$$

$$N_{CD} = N_{CE}\sin30° = 231 \times 0.5 = 115.5\text{N}$$

【例2-7】 杆 AO 和杆 BO 相互以铰 O 相连接，两杆的另一端均用铰连接在墙上。铰 O 处挂一个重物 $Q=10\text{kN}$，如图 2-12 所示，试求杆 AO 和杆 BO 所受的力。

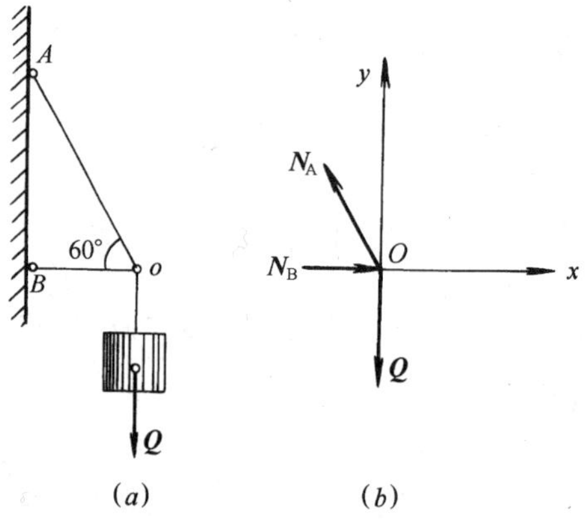

【解】 （1）以铰 O 为研究对象，画出受力图如图 2-12（b）所示。因杆 AO 和杆 BO 都是二力杆，故 $\boldsymbol{N}_A$ 和 $\boldsymbol{N}_B$ 的作用线都沿杆轴方向，指向先任意假定如图 2-12（b）所示。$\boldsymbol{N}_A$、$\boldsymbol{N}_B$、$\boldsymbol{Q}$ 三力汇交于 O 点，处于平衡状态。

图 2-12

（2）建立坐标轴系 xOy，并列出方程式

$$\Sigma X = 0 \qquad N_B - N_A\cos60° = 0 \qquad (a)$$
$$\Sigma Y = 0 \qquad N_A \cdot \sin60° - Q = 0 \qquad (b)$$

由（b）式得 $N_A = Q/\sin60° = 10/0.866 = 11.55$（kN）代入（a）式得：$N_B = N_A \cdot \cos60° = 11.55 \times 0.5 = 5.77$（kN）求出的结果为正值，说明假定的指向与实际指向一致。

通过上述各例，可看出解析法解平面汇交力系平衡的方法步骤是：

（1）选取适当的研究对象。

（2）选取适当的坐标系，原则是坐标轴尽量与未知力垂直，减少未知力的个数。

（3）画出研究对象的受力图，作受力分析时注意作用与反作用的关系；正确应用二力杆的性质。

（4）根据平衡条件列出平衡方程，解方程求出未知力。注意当求出的未知力带负号时，说明假设力的方向与实际方向相反。

思 考 题

1. 什么是平面汇交力系？试举一些在你生活和工作中遇到的平面汇交力系实例。

2. 什么是力的投影？投影的正负号是怎样规定的？

3. 同一个力在两个相互平行的坐标轴上的投影是否一定相等？

4. 两个大小相等的力在同一坐标轴上的投影是否一定相等？

5. 什么是合力投影定理？为什么说它是解析法的基础？

6. 求解平面汇交力系问题时，如果力的方向不能预先确定，应如何解决？

习 题

2-1 用几何法求图 2-13 所示汇交力系的合力。$P_1 = 100N$，$P_2 = 80N$，$P_3 = 120N$，$P_4 = 160N$。

2-2 一个固定环受到三根绳索的拉力，$T_1 = 1.5kN$，$T_2 = 2.2kN$，$T_3 = 1kN$，方向如图 2-14 所示，求三个拉力的合力。

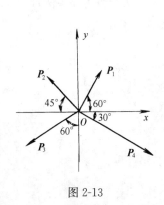

图 2-13

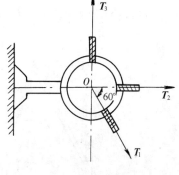

图 2-14

2-3 已知 $F_1 = F_2 = F_3 = 200kN$，$F_4 = 100kN$，各力的方向如图 2-15 所示，试求该力系的合力。

2-4 试用解析法求图 2-16 所示两斜面的反力 N_A 和 N_B，其中匀质球重 $G = 500N$。

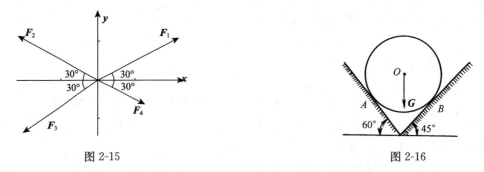

图 2-15   图 2-16

2-5   已知 $F_1=100N$，$F_2=50N$，$F_3=60N$，$F_4=80N$，各力方向如图 2-17 所示，试分别求各力在 x 轴及 y 轴上的投影。

2-6   梁 AB 的支座如图 2-18 所示。在梁的中点作用一力 $P=20kN$，力和梁的轴线成 45°。如梁的自重忽略不计，分别求 (a)、(b) 两种情况下支座反力。比较两种情况的不同结果，你得到什么概念？

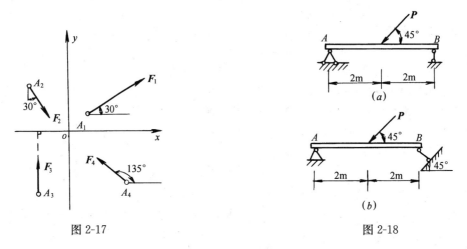

图 2-17   图 2-18

2-7   支架由杆 AB、AC 构成，A、B、C 三处都是铰链连接，在 A 点作用有铅垂力 G。试求在图 2-19 所示的三种情况下，AB 与 AC 杆所受的力。杆的自重不计。

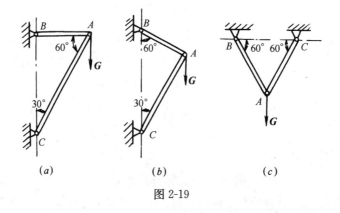

(a)   (b)   (c)

图 2-19

习 题 答 案

2-2　$R=2.87\text{kN}$；$\alpha=5°59'$

2-3　$R=26.8\text{kN}$；$\alpha=60°$（第三象限）

2-4　$N_A=366\text{N}$；$N_B=450\text{N}$

2-5　$X_1=86.6\text{N}$；$X_2=30\text{N}$；$X_3=0\text{N}$；$X_4=-56.6\text{N}$
　　$Y_1=50\text{N}$；$Y_2=-40\text{N}$；$Y_3=60\text{N}$；$Y_4=-56.6\text{N}$

2-6　(a) $R_A=15.8\text{kN}$；　$R_B=7.1\text{kN}$；
　　(b) $R_A=22.4\text{kN}$　$R_B=10\text{kN}$

2-7　(a) $S_{AB}=0.577G$（拉）；$S_{AC}=1.155G$（压）；
　　(b) $S_{AB}=0.5G$（拉）；$S_{AC}=0.866G$（压）；
　　(c) $S_{AB}=S_{AC}=0.577G$（拉）

第三章 力矩与平面力偶系

学习要点：理解力矩的概念，掌握力矩的计算方法；理解力偶及力偶矩的概念；掌握力偶系的计算方法，能运用力偶系的平衡方程求解简单物体系统的平衡问题；理解力的平移定理。

第一节 力对点的矩

从实践中知道，力对物体的作用效果除了能使物体移动外，还能使物体转动，力矩就是度量力使物体转动效果的物理量。

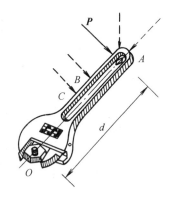

图 3-1

力使物体产生转动效应与哪些因素有关呢？现以扳手拧螺帽为例，如图 3-1 所示。手加在扳手上的力 P，使扳手带动螺帽绕中心 O 转动。力 P 越大，转动越快；力的作用线离转动中心越远，转动也越快；如果力的作用线与力的作用点到转动中心 O 点的连线不垂直，则转动的效果就差；当力的作用线通过转动中心 O 时，无论力 P 多大也不能扳动螺帽，只有当力的作用线垂直于转动中心与力的作用点的连线时，转动效果最好。另外，当力的大小和作用线不变而指向相反时，将使物体向相反的方向转动。在建筑工地上使用撬杠抬起重物，使用滑轮组起吊重物等等也是实际的例子。通过大量的实践总结出以下的规律：力使物体绕某点转动的效果，与力的大小成正比，与转动中心到力的作用线的垂直距离 d 也成正比。这个垂直距离称为力臂，转动中心称为力矩中心（简称矩心）。力的大小与力臂的乘积称为力 P 对点 O 之矩（简称力矩），记作 $m_O(P)$。计算公式可写为

$$m_O(P) = \pm Pd \qquad (3-1)$$

式中的正负号表示力矩的转向。在平面内规定：力使物体绕矩心作逆时针方向转动时，力矩为正；力使物体作顺时针方向转动时，力矩为负。因此，力矩是个代数量。

力矩的单位是 N·m。

由力矩的定义可以得知

（1）力的大小为零，则力矩为零；

（2）当力臂为零时，力矩为零；

（3）力沿其作用线移动时，因为力的大小、方向和力臂均没有改变，所以，力矩不变。

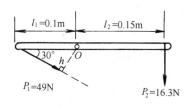

图 3-2

【例 3-1】 分别计算图 3-2 中 P_1、P_2 对 O 点的力矩。

【解】 从图 3-2 中可知力 P_1 和 P_2 对 O 点的力臂为 h 和 l_2。

故 $m_O(P_1) = P_1h = P_1 l_1 \sin 30° = 49 \times 0.1 \times 0.5 =$

$2.45N \cdot m$

$$m_O(\boldsymbol{P}_2) = -P_2 l_2 = -16.3 \times 0.15$$
$$= -2.45N \cdot m$$

必须注意：一般情况下力臂并不等于矩心与力的作用点的距离，如 P_1 的力臂是 h 不是 l_1。

第二节　合力矩定理

在平面汇交力系中，n 个力对物体的作用效果可以用它们合力的效果来代替。那么，该力系中各分力对其平面中一点的力矩之和能用它们的合力对该点的力矩来代替，以下例说明这个问题。

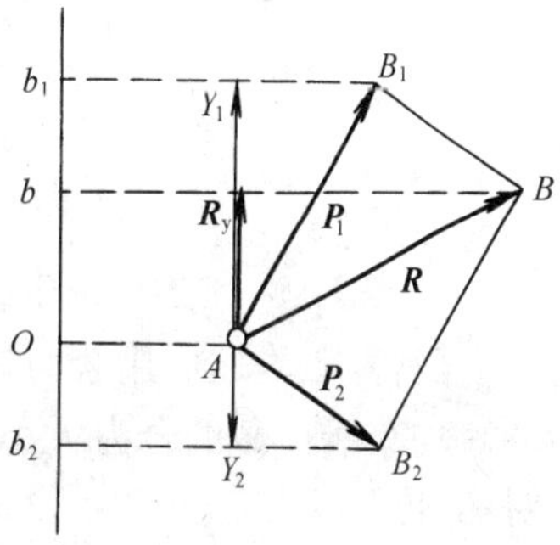

如图 3-3 所示，设力 $\boldsymbol{P}_1$、$\boldsymbol{P}_2$ 作用于物体的 A 点，$\boldsymbol{R}$ 为其合力。任选力系所在平面内一点 O 为矩心，过 O 点并垂直于 OA 的轴作为 y 轴。$\boldsymbol{P}_1$、$\boldsymbol{P}_2$、$\boldsymbol{R}$ 在 y 轴上投影分别为：Ob_1、Ob_2、Ob。$\boldsymbol{P}_1$、$\boldsymbol{P}_2$、$\boldsymbol{R}$ 对 O 点的力矩为：

图 3-3

$$\left.\begin{aligned} m_O(\boldsymbol{P}_1) &= Ob_1 \cdot OA = Y_1 \cdot OA \\ m_O(\boldsymbol{P}_2) &= -Ob_2 \cdot OA = Y_2 \cdot OA \\ m_O(\boldsymbol{R}) &= Ob \cdot OA = R_y \cdot OA \end{aligned}\right\} \qquad (a)$$

由合力投影定理可得

$$\boldsymbol{R}_y = \boldsymbol{Y}_1 + \boldsymbol{Y}_2$$

上式两边同乘 OA 得

$$R_y \cdot OA = Y_1 \cdot OA + Y_2 \cdot OA \qquad (b)$$

将 (b) 式代入 (a) 式得

$$m_O(\boldsymbol{R}) = m_O(\boldsymbol{P}_1) + m_O(\boldsymbol{P}_2)$$

如果有 n 个平面汇交力作用于 A 点，可以多次应用上式。因此得出，平面汇交力系的合力对平面内任一点之矩，等于力系各分力对同一点力矩的代数和：

即 $\qquad m_O(\boldsymbol{R}) = m_O(\boldsymbol{P}_1) + m_O(\boldsymbol{P}_2) \cdots\cdots + m_O(\boldsymbol{P}_n) = \Sigma m_O(\boldsymbol{P})$ $\qquad (3-2)$

称为合力矩定理。

合力矩定理常常可以用来确定物体的重心位置；也可以用来简化力矩的计算。例如在计算力对某点之矩时，有时力臂不易求出，可以将此力分解相互垂直的分力，如两分力对该点的力臂已知，即可方便地求出两分力对该点的力矩的代数和，从而求出已知力对该点之矩。

【例 3-2】　计算图 3-4 中 P 对 O 点之矩。

【解】　P 对 O 点取矩时力臂不易找出。将 P 分解成互相垂直的两个分力 P_x、P_y，它们对 O 点的矩分别为

$$m_O(\boldsymbol{P}_x) = -P_x b = Pb\cos\alpha$$
$$m_O(\boldsymbol{P}_y) = P_y a = Pa\sin\alpha$$

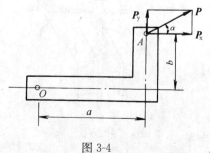

图 3-4

由合力矩定理

$$m_O(\boldsymbol{P}) = m_O(\boldsymbol{P_x}) + m_O(\boldsymbol{P_y}) = -Pb\cos\alpha + Pa\sin\alpha$$

【例 3-3】　已知 $q=1\mathrm{kN/m}$，$l=0.5\mathrm{m}$，试计算图 3-5 中的均布线荷载 q 对 A 点之矩。

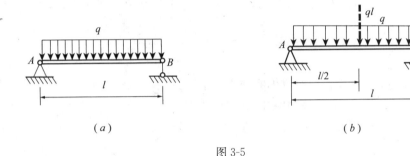

图 3-5

【解】　本题应用合力矩定理计算，能非常方便得到结果。

均布线荷载的合力大小为 ql，合力到 A 点的距离为 $l/2$（图 3-5b），因此均布线荷载 q 对 A 点之矩为

$$M_A(q) = ql \cdot l/2 = ql^2/2 = 1 \times 0.5^2/2 = 0.125\mathrm{kN \cdot m}$$

第三节　力偶及其基本性质

一、力偶和力偶矩

在生产实践中，为了使物体发生转动，常常在物体上施加两个大小相等、方向相反、不共线的平行力。例如钳工用丝锥攻丝时两手加力在丝杠上（如图 3-6 所示）。

当大小相等、方向相反、不共线的两个平行力 $\boldsymbol{F}$ 和 $\boldsymbol{F'}$ 作用在同一物体时，它们的合力 $\boldsymbol{R}=0$，即 $\boldsymbol{F}$ 和 $\boldsymbol{F'}$ 没有合力。但因二力不共线，所以也不能平衡。它们的作用效果是使物体发生转动。力学上把这样大小相等、方向相反、不共线的两个平行力叫力偶。用符号 (F, F') 表示。两个相反力之间垂直距离 d 叫力偶臂（如图 3-7 所示），两个力的作用平面称为力偶面。力偶不能再简化成比力更简单的形式，所以力偶与力一样被看成是组成力系的基本元素。

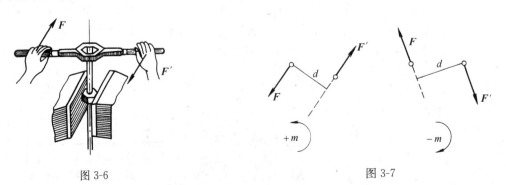

图 3-6　　　　　　　　　　　　　　　　　图 3-7

如何度量力偶对物体的作用效果呢？由实践可知，组成力偶的力越大，或力偶臂越大，则力偶使物体转动的效应越强；反之，就越弱。这说明力偶的转动效应不仅与两个力的大小有关，而且还与力偶臂的大小有关。与力矩类似，用力和力偶臂的乘积并冠以适当正负号（以示转向）来度量力偶对物体的转动效应，称为力偶矩，用 m 表示。

力偶对物体的转动效应仅与力偶矩大小及转向有关，因此力偶用一带箭头的弧线表示，箭头表示转向。使物体逆时针方向转动时，力偶矩为正；反之为负。如图 3-7 所示。所以力偶矩是代数量，即

$$m = \pm Fd \tag{3-3}$$

力偶矩的单位与力矩的单位相同，常用牛顿·米（N·m）。

二、力偶的基本性质

性质 1 力偶没有合力，所以不能用一个力来代替。

从力偶的定义和力的合力投影定理可知，力偶中的二力在其作用面内的任意坐标轴上的投影的代数和恒为零，所以力偶对物体只能有转动效应，而一个力在一般情况下对物体有移动和转动两种效应。因此，力偶与力对物体的作用效应不同，不能用一个力代替，也就是说力偶不能和一个力平衡，力偶只能和转向相反的力偶平衡。

性质 2 力偶对其作用面内任一点之矩恒等于力偶矩，而与矩心位置无关。

图 3-8 所示力偶 (F, F')，其力偶臂为 d，逆时针转向，其力偶矩为 $m = Fd$，在其所在的平面内任选一点 O 为矩心，与离 F' 的垂直距离为 x，则它到 F 的垂直距离 $x + d$。显然，力偶对 O 点的力矩是力 F、F' 分别对 O 点的力矩的代数和，其值为：

$$m_O(F, F') = F(d + x) - F'_x = Fd = m$$

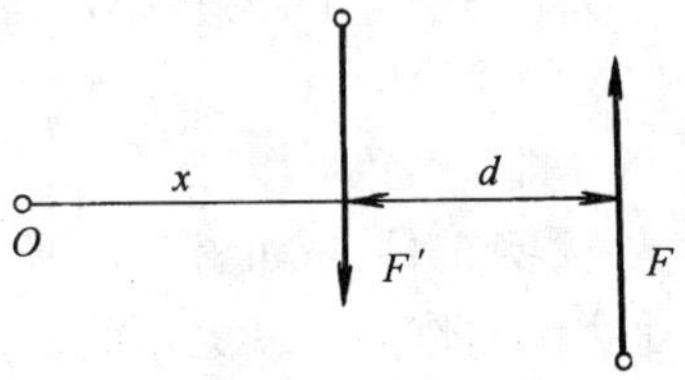

由于 O 点是任意选取的，所以性质 2 已得证。

图 3-8

性质 3 在同一平面内的两个力偶，如果它们的力偶矩大小相等，转向相同，则这两个力偶等效。称为力偶的等效性（其证明从略）。

从以上性质可以得到两个推论。

推论 1 力偶可在其作用面内任意转移，而不改变它对物体的转动效应。也就是说力偶对物体的转动效应与它在作用面内的位置无关。例如图 3-9 (a) 作用在方向盘上的力偶 (P_1, P'_1) 与 (P_2, P'_2)，只要它们的力偶矩大小相等，转向相同，作用位置虽不同，转动效应是相同的。

推论 2 在力偶矩大小不变的条件下，可以改变力偶中的力的大小和力偶臂的长短，而不改变它对物体的转动效应。例如图 3-9 (b) 所示，在攻螺纹时，作用在螺纹杠上的 (F_1, F'_1) 或 (F_2, F'_2)，虽然 d_1 和 d_2 不相等，但只要调整力的大小，使力偶矩 $F_1 d_1 = F_2 d_2$，两力偶的作用效果是相同的。

总之，度量力偶转动效应的三要素是：力偶矩的大小；力偶的转向，力偶所在平面。不同的力偶只要它们的三要素相同，对物体的转动效应就是一样的。

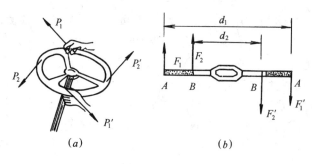

图 3-9

第四节 平面力偶系的合成与平衡

一、平面力偶系的合成

作用在物体上的一群力偶或一组力偶，称为力偶系。作用面均在同一平面内的力偶系称为平面力偶系。

因为力偶对物体的作用效果是转动，所以同一平面上的多个力偶对物体的作用效果也是转动，作用在同一物体多个力偶的合成的结果必然也应该是一个力偶，并且这个力偶的力偶矩等于各个分力偶的力偶矩之和。即作用在同一平面上的力偶，其合力偶等于各分力偶矩的代数和：

即
$$M = m_1 + m_2 + \cdots + m_n = \Sigma m \qquad (3\text{-}4)$$

【例 3-4】 如图 3-10 所示，在物体的某平面内受到三个力偶的作用，其大小为：$F_1 = 200N$，$F_2 = 600N$，$m_3 = 300N \cdot m$，求它们的合力偶矩。

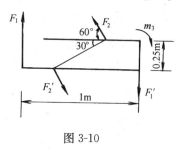

图 3-10

【解】 各力偶矩分别为 $m_1 = -F_1 d_1 = -200 \times 1 = -200N \cdot m$

$$m_2 = F_2 d_2 = +600 \times \frac{0.25}{\sin 30°} = 300N \cdot m$$

$$m_3 = -300N \cdot m$$

由式（3-4）可得合力矩为 $M = \Sigma m = m_1 + m_2 + m_3 = -200 + 300 - 300 = -200N \cdot m$
即合力偶矩的大小为 $200N \cdot m$，顺时针转向，作用在原力偶系的平面内。

二、平面力偶系的平衡条件

平面力偶系可以合成为一个合力偶，当合力偶矩等于零时，物体处于平衡状态；反之，若合力偶矩不为零，则物体必产生转动效应而不平衡。这样可得到平面力偶系平衡的必要和充分条件是：力偶系中所有各力偶矩的代数和等于零。用下式表示为

$$\Sigma m = 0 \qquad (3\text{-}5)$$

应用式（3-5）解决平面力偶系的平衡问题，只能求出一个未知量。

【例 3-5】 梁 AB 上作用有一力偶，其转向如图 3-11（a），力偶矩 $m = 15 \, kN \cdot m$，梁长 $l = 3m$，梁的自重不计，求 A、B 处支座反力。

【解】　梁的 B 端是可动铰支座，其支座反力 R_B 的方向是沿垂直方向的；梁的 A 端是固定铰支座，其反力的方向本来是未定的，但因梁上只受一个力偶的作用，根据力偶只能与力偶平衡的性质，R_A 必须与 R_B 组成一个力偶。这样 R_A 的方向也只能是沿垂直方向的，假设 R_A 与 R_B 组成一个力偶。这样 R_A 的方向也只能是沿垂直方向的，假设 R_A 与 R_B 的指向如图 3-11 (b) 所示，由平面力偶系的平衡条件得

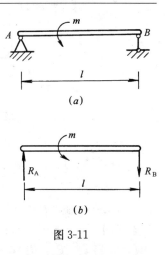

$$\Sigma m = 0, m - R_A l = 0$$

$$R_A = \frac{m}{l} = \frac{15}{3} = 5\text{kN}(\uparrow)$$

$$R_B = 5\text{kN}(\downarrow)$$

图 3-11

三、力的平移定理

作用在刚体上的一个力 F，可以平移到同一刚体上的任一点 O，但必须同时附加一个力偶，其力偶矩等于原力 F 对新作用点 O 的矩，称为力的平行移动定理，简称力的平移定理，如图 3-12 所示。

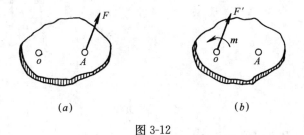

(a)　　　　　　　　　　　(b)

图 3-12

应用力的平移定理时，须注意下列两点：

1. 平移力 F' 的大小与作用点位置无关。即 O 点可选择在刚体上的任意位置，而 F' 的大小都与原力相同。但附加力偶矩 $m = \pm Fd$ 的大小和转向与作用点的位置有关，因为附加力偶矩的力臂 d 值因作用点位置的不同而变化。

2. 力的平移定理说明一个力可以和一个力加上一力偶等效。因此，也可将同平面内的一个力和一个力偶合为另一个力，如将图 3-12 (b) 化图为 3-12 (a)。

应用力的平移定理，有时能更清楚地看出力对物体的作用效果。例如使用丝锥攻螺纹时，要求用双手均匀加力，这时螺杆仅受一力偶作用，如图 3-13 (a) 所示。如双手用力不匀或用单手加力如图 3-13 (b) 所示，这时丝锥将受一个力和一个力偶的共同作用，这个力要引起螺杆的弯曲甚至折断。

思 考 题

1. 试举实例比较力矩和力偶矩的异同点。

2. 平衡状态中的两个力，作用与反作用公理中的两个力，与构成力偶的两个力各有什么异同点？

3. 力偶不能和一个力平衡，为什么图 3-14 所示的轮子又能平衡呢？

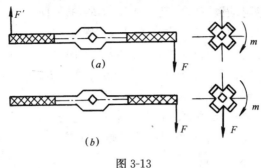

图 3-13

4. 力偶在任一坐标轴上的投影为零，因此力偶对物体的作用效应为零的说法对呢？

5. 能否用力多边形封闭来判断力偶系是否平衡？如图 3-15 所示，作用在同一物体上的两力偶 (P_1, P_1')、(P_2, P_2')，其力多边形封闭，此时物体是否平衡？为什么？

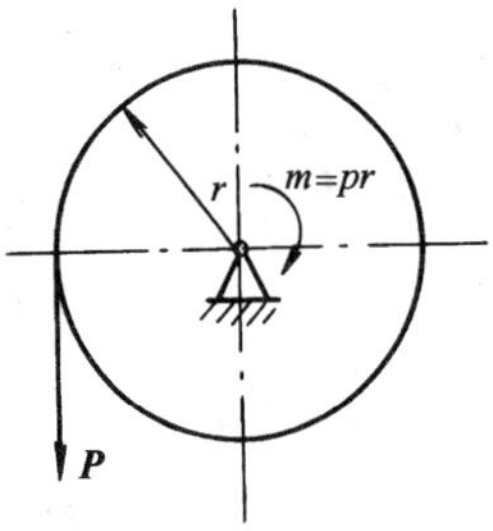

图 3-14 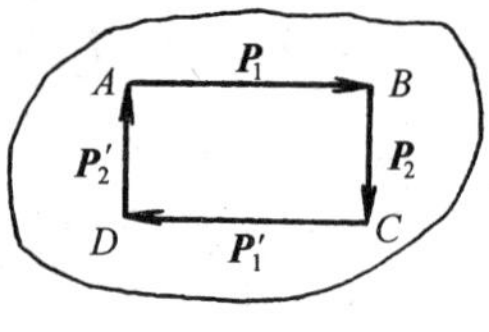   图 3-15

习   题

3-1   计算图 3-16 各图 P 力对 O 点之矩。

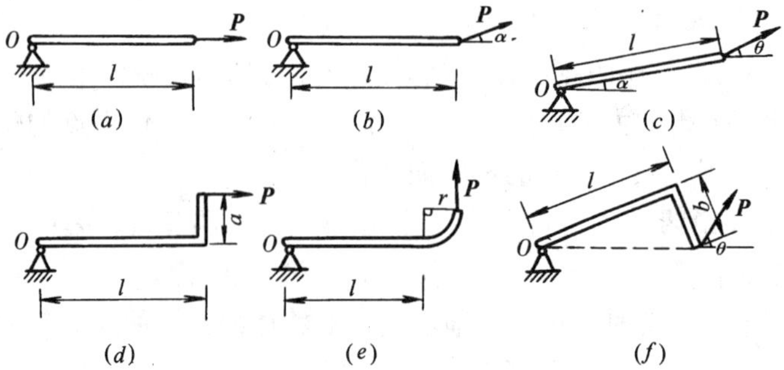

图 3-16

3-2   求图 3-17 所示三个力偶的合力偶矩，已知 $F_1 = F_1' = 80N$；$F_2 = F_2' = 130N$；$F_3 = F_3' = 100N$；$d_1 = 70cm$；$d_2 = 60cm$；$d_3 = 50cm$。

3-3   各梁受荷载情况如图 3-18 所示，试求
    (1) 各力偶分别对 A、B 点的矩。
    (2) 各力偶中二个力在 x、y 轴上的投影。

3-4   悬臂梁受荷情况和部分尺寸如图 3-19 所示，试计算梁上均布线荷载 q 对 A 点的力矩。

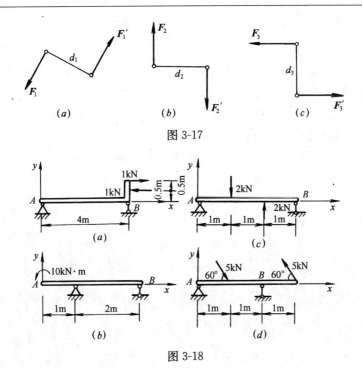

图 3-17

图 3-18

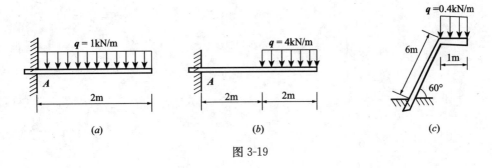

图 3-19

3-5　求图 3-20 所示各梁的支座反力。

3-6　如图 3-21 所示，已知皮带轮上作用力偶矩 $m=80\mathrm{N\cdot m}$，皮带轮的半径 $d=0.2\mathrm{m}$，皮带紧拉边力 $T_1=500\mathrm{N}$，求平衡时皮带松边的拉力 T_2。

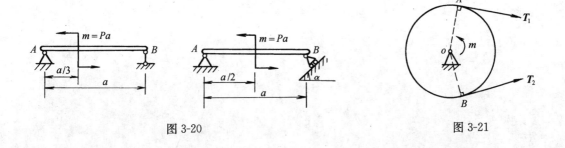

图 3-20

图 3-21

习题答案

3-1　(a) $m_O=0$；(b) $m_O=Pl\sin\alpha$；(c) $m_O=Pl\sin(\theta-\alpha)$；(d) $m_O=Pa$；(e) $m_O=P(l+r)$；(f) $m_O=P\sqrt{l^2+b^2}\sin\theta$

3-2　$M=28\text{N}\cdot\text{m}$

3-3　(1) $R_A=R_B=P$；(2) $R_AR_B=P/\cos\alpha$

3-4　(a) $m_a=2\text{kN}\cdot\text{m}$；(b) $m_a=24\text{kN}\cdot\text{m}$；(c) $m_a=2.08\text{ kN}\cdot\text{m}$

3-6　$T_2=100\text{N}$

第四章 平面一般力系

学习要点：掌握平面一般力系的概念与简化方法；掌握一般力系的平衡条件；能熟练运用平面一般力系平衡方程求解物体和简单物体系统的平衡问题。

平面一般力系是指各力的作用线位于同一平面内但不全汇交于一点，也不全互相平行的力系。平面一般力系是工程上最常见的力系，很多实际问题都可简化成平面一般力系问题处理。例如，图 4-1 所示的三角形屋架，它的厚度比其他两个方向的尺寸小得多，这种结构称为平面结构，它承受屋面传来的竖向荷载 P，风荷载 Q 以及两端支座的约束反力 X_A、Y_A、Y_B，这些力组成平面一般力系。

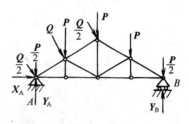

图 4-1

在工程中，有些结构构件所受的力，本来不是平面力系，但可简化为平面力系。例如，图 4-2（a）所示的重力坝，它的纵向较长，横截面相同，且长度相等的各段受力情况也相同，对其进行受力分析时，往往取 1m 的堤段来考虑，它所受到的重力、水压力和地基反力也可简化到 1m 长坝身的对称面上而组成平面力系，如图 4-2（b）所示。

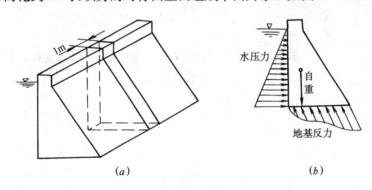

（a）   （b）

图 4-2

第一节 平面一般力系向作用面内任一点简化

一、简化方法和结果

设在物体上作用有平面一般力系 F_1，F_2，…，F_n，如图 4-3（a）所示。为将这力系简化，首先在该力系的作用面内任选一点 O 作为**简化中心**，根据力的平移定理，将各力全部平移到 O 点后（图 4-3b 所示），则原力系就为平面汇交力系 F_1'，F_2'，…，F_n' 和力偶矩为 m_1，m_2，…，m_n 的附加平面力偶系所代替。

其中平面汇交力系 $F_1{}'$，$F_2{}'$，$\cdots$，$F_n{}'$ 中各力的大小和方向分别与原力系中对应的各力相同，即

$$F_1{}' = F_1, \quad F_2{}' = F_2, \quad \cdots \quad F_n{}' = F_n$$

各附加的力偶矩分别等于原力系中各力对简化中心 O 点的矩，即

$$m_1 = M_O(F_1), \quad m_2 = M_O(F_2), \quad m_n = M_O(F_n)$$

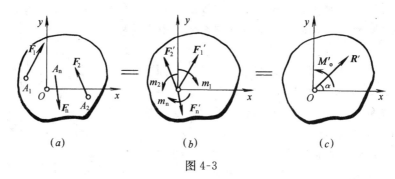

(a) $\qquad\qquad$ (b) $\qquad\qquad$ (c)

图 4-3

由平面汇交力系合成的理论可知，$F_1{}'$，$F_2{}'$，$\cdots$，$F_n{}'$ 可合成为一个作用于 O 点的力 R'，并称为原力系的主矢量简称主矢（图 4-3c），即

$$R' = F_1{}' + F_2{}' + \cdots + F_n{}' = F_1 + F_2 + \cdots + F_n$$
$$R' = \Sigma F_i \tag{4-1}$$

求主矢 R' 的大小和方向，可应用解析法，过 O 点取直角坐标系 Oxy，如图 4-3 所示。主矢 R' 在 x 轴和 y 轴上的投影为

$$R_x{}' = x_1{}' + x_2{}' + \cdots + x_n{}' = x_1 + x_2 + \cdots + x_n = \Sigma X$$
$$R_y{}' = y_1{}' + y_2{}' + \cdots + y_n{}' = y_1 + y_2 + \cdots + y_n = \Sigma Y$$

式中 $x_n{}'$、$y_n{}'$ 和 x_n、y_n 分别是力 $F_i{}'$ 和 F_i 在坐标轴 x 和 y 轴上的投影。由于 $F_i{}'$ 和 F_i 大小相等、方向相同，所以它们在同一轴上的投影相等。

主矢 R' 的大小和方向为

$$R' = \sqrt{R_x{}'^2 + R_y{}'^2} = \sqrt{(\Sigma x)^2 + (\Sigma y)^2} \tag{4-2}$$

$$\tan\alpha = \left|\frac{R_y{}'}{R_x{}'}\right| = \left|\frac{\Sigma y}{\Sigma x}\right| \tag{4-3}$$

α 为 R' 与 x 轴所夹的锐角，R' 的指向由 Σx 和 Σy 的正负号确定。

由力偶系合成的理论知，m_1，m_2，$\cdots$，m_n 可合成为一个力偶 $M_O{}'$（如图 4-3c），并称为原力系对简化中心 O 的主矩，即

$$M_O{}' = m_1 + m_2 + \cdots + m_n = M_O(F_1) + M_O(F_2) + \cdots + M_O(F_n)$$
$$= \Sigma M_O(F_i) \tag{4-4}$$

综上所述可知：平面一般力系向作用面内任一点简化的结果，是一个力和一个力偶。这个力作用在简化中心，它的矢量称为原力系的主矢，并等于这个力系中各力的矢量和；这个力偶的力偶矩称为原力系对简化中心的主矩，并等于原力系各力对简化中心的力矩的代数和。

应当注意，作用于简化中心的力 R' 一般并不是原力系的合力，力偶矩为 $M_O{}'$ 也不是原力系的合力偶，只有 R' 与 $M_O{}'$ 两者相结合才与原力系等效。

由于主矢等于原力系各力的矢量和，因此主矢 R' 的大小和方向与简化中心的位置无

关。而主矩等于原力系各力对简化中心的力矩的代数和,取不同的点作为简化中心,各力的力臂都要发生变化,则各力对简化中心的力矩也会改变,因而,主矩一般随着简化中心的位置不同而改变。

二、平面一般力系简化结果的讨论

平面力系向一点简化,一般可得到一个力和一个力偶,但这并不是最后简化结果。根据主矢与主矩是否存在,可能出现下列几种情况:

(1) 若 $R'=0$,$M_O'\neq0$,说明原力系与一个力偶等效,而这个力偶的力偶矩就是主矩。

由于主矢 R' 与简化中心的位置无关,当力系向某点 O 简化时,其主矢 $R'=0$,则该力系向作用面内任一点简化时,其主矢也必然为零。在这种情况下,简化结果与简化中心的位置无关。也就是说,无论向哪一点简化,都是一个力偶,而且力偶矩保持不变。

(2) 若 $R'\neq0$,$M_O'=0$,则作用于简化中心的力 R' 就是原力系的合力,作用线通过简化中心。

(3) 若 $R'\neq0$,$M_O'\neq0$,这时根据力的平移定理的逆过程,可以进一步简化成一个作用于另一点 O' 的合力 R,如图 4-4 所示。

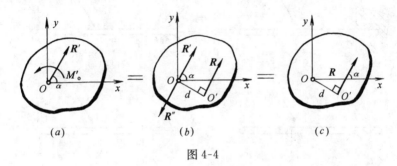

图 4-4

将力偶矩 m 的力偶用两个反向平行力 R,R'' 表示,并使 R'' 和 R' 等值、共线,使它们构成一平衡力图 4-4 (b),为保持 m 不变,只要取力臂 d 为

$$d=\frac{|M_O'|}{R'}=\frac{|M_O'|}{R}$$

将 R'' 和 R' 这一平衡力系去掉,这样就只剩下 R 力与原力系等效。因此,力 R 就是原力系的合力。

(4) $R'=0$,$M_O'=0$,则力系平衡。

三、平面一般力系的合力矩定理

由上面分析可知,当 $R'\neq0$,$M_O'\neq0$ 时,还可进一步简化为一合力 R,见图 4-4,合力 R 对 O 点的矩是

$$M_O(R)=R\cdot d$$

而

$$R\cdot d=M_O' \qquad M_O'=\Sigma M_O(F)$$

所以

$$M_O(\pmb{R}) = \Sigma M_O(\pmb{F})$$

由于简化中心 O 是任意选取的,故上式有普遍的意义。于是可得到**平面力系的合力矩定理**:设平面力系合成为一合力,则合力对作用面内任一点的矩等于各个分力对同一点的矩的代数和。

【例 4-1】 如图 4-5 (a) 所示,梁 AB 的 A 端是固定端支座,试用力系向某点简化的方法说明固定端支座的反力情况。

【解】 梁的 A 端嵌入墙内成为固定端,固定端约束的特点是使梁的端部固定既不能移动也不能转动。在主动力作用下,梁插入部分与墙接触的各点都受到大小和方向都不同的约束反力作用,如图 4-5 (b)。这些约束反力就构成一个平面一般力系,将该力系向梁上 A 点简化就得到一个力 $\pmb{R}_A$ 和一个力偶矩为 M_A 的力偶,如图 4-5 (c)。为了便于计算,一般可将约束反力 $\pmb{R}_A$ 用它的水平分力 $\pmb{X}_A$ 和垂直分力 $\pmb{Y}_A$ 来代替。因此,在平面力系情况下,固定端支座的约束反力可简化为两个约束反力 $\pmb{X}_A$、$\pmb{Y}_A$ 和一个力偶矩为 M_A 的约束反力偶,它们的指向都是假定的,如图 4-5 (d)。

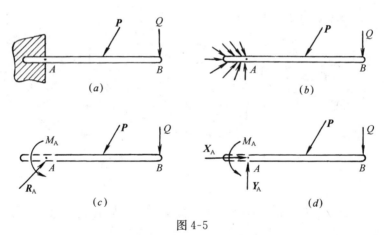

图 4-5

【例 4-2】 已知挡土墙自重 $G=400$kN,水压力 $Q=180$kN,土压力 $P=300$kN,各力的方向及作用线位置如图4-6 (a)所示。试将这三个力向底面中心 O 点简化,并求简化的最后结果。

【解】 以底面中心 O 为简化中心,取坐标系如图4-6 (a) 所示,由式 (4-2) 和式 (4-3) 可求得主矢 R' 的大小和方向。由于

$$\Sigma X = Q - P\cos45° = 180 - 300 \times 0.707 = -32.1\text{kN}$$

$$\Sigma Y = -P\sin45° - G = -300 \times 0.707 - 400 = -612.1\text{kN}$$

所以

$$R' = \sqrt{(\Sigma X)^2 + (\Sigma Y)^2} = \sqrt{(-32.1)^2 + (-612.1)^2} = 612.9\text{kN}$$

$$\tan\alpha = \frac{|\Sigma Y|}{|\Sigma X|} = \frac{612.1}{32.1} = 19.1$$

$$\alpha = 87°$$

因为 ΣX 和 ΣY 都是负值,故 $\pmb{R}'$ 指向第三象限与 x 轴之夹角为 α,再由式 (4-4)可求得

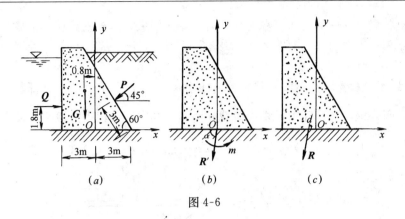

图 4-6

主矩为

$$m = \Sigma M_O(F)$$

$$= -Q \times 1.8 + P\cos 45° \times 3 \times \sin 60° - P\sin 45° \times (3 - 3\cos 60°) + G \times 0.8$$

$$= -180 \times 1.8 + 300 \times 0.707 \times 3 \times 0.866 - 300 \times 0.707 \times (3 - 3 \times 0.5) + 400 \times 0.8$$

$$= 228.9 \text{kN} \cdot \text{m}$$

计算结果为正值表示 m 是逆时针转向。

因为主矢 $R' \neq 0$，主矩 $m \neq 0$，如图 4-6 （b）所示，所以还可进一步合成为一个合力 R。R 的大小、方向与 R' 相同，它的作用线与 O 点的距离为

$$d = \frac{|m|}{R'} = \frac{228.9}{612.9} = 0.375 \text{m}$$

因 m 为正，故 $M_O(R)$ 也应为正，即合力 R 应在 O 点左侧，如图 4-6 （c）所示。

第二节 平面一般力系平衡条件及其应用

一、平面一般力系平衡方程的基本形式

平面一般力系向任一点简化时，当主矢、主矩同时等于零，则该力系为平衡力系。因此，平面一般力系处在平衡状态的必要与充分条件是力系的主矢量与力系对于任一点的主矩都等于零，即

$$R = 0 \qquad M_O' = 0$$

根据式 （4-2）及式 （4-4），可得到平面一般力系的平衡条件为

$$\left. \begin{array}{l} \Sigma X = 0 \\ \Sigma Y = 0 \\ \Sigma M_O(F) = 0 \end{array} \right\} \qquad (4\text{-}5)$$

式 （4-5）说明，力系中所有各力在两个坐标轴上的投影的代数和均等于零，所有各力对任一点的矩的代数和等于零。

式 （4-5）中包含两个投影方程和一个力矩方程，是平面一般力系平衡方程的基本形式。这三个方程是彼此独立的（即其中的一个不能由另外两个得出）。当方程中含有未知数时，式 （4-5）即为三个方程组成的联立方程组，可以用来确定三个未知量。

【例 4-3】   梁 AB 一端为固定端支座，另一端无约束，这样的梁称为悬臂梁。它承受有均布荷载 q 和一集中力 P，如图 4-7 (a) 所示。已知 $P=ql$，$\alpha=45°$，梁的自重不计，求支座 A 的反力。

【解】   取梁 AB 为研究对象，其受力图如图 4-7 (b) 所示。选定坐标系，列出平面一般力系的平衡方程，在计算中可将线荷载 q 用作用其中心的集中力 $Q=\dfrac{ql}{2}$ 来代替。

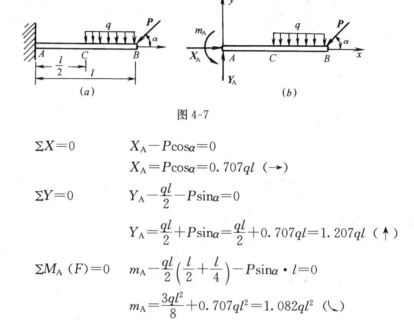

图 4-7

$$\Sigma X=0 \qquad X_A-P\cos\alpha=0$$
$$X_A=P\cos\alpha=0.707ql \ (\rightarrow)$$
$$\Sigma Y=0 \qquad Y_A-\frac{ql}{2}-P\sin\alpha=0$$
$$Y_A=\frac{ql}{2}+P\sin\alpha=\frac{ql}{2}+0.707ql=1.207ql \ (\uparrow)$$
$$\Sigma M_A(F)=0 \qquad m_A-\frac{ql}{2}\left(\frac{l}{2}+\frac{l}{4}\right)-P\sin\alpha\cdot l=0$$
$$m_A=\frac{3ql^2}{8}+0.707ql^2=1.082ql^2 \ (\curvearrowright)$$

力系既然平衡，则力系中各力在任一轴上的投影代数和必然等于零，力系中各力对任一点之矩的代数和也必然为零。因此，我们可再列出其他的平衡方程，用以校核计算有无错误。

校核：
$$\Sigma M_B=\frac{ql}{2}\cdot\frac{l}{4}-Y_A\cdot l+m_A$$
$$=\frac{ql^2}{8}-1.207ql^2+1.082ql^2$$
$$=0$$

可见，Y_A 和 m_A 计算无误。

【例 4-4】   钢筋混凝土刚架，所受荷载及支承情况如图 4-8 (a) 所示。已知 $P=$ 10kN，$m=2$kN·m，$Q=20$kN，试求支座 A、B 处的反力。

【解】   取刚架为研究对象，画其受力图如图 4-8 (b) 所示，图中各支座反力指向都是假设的。

本题中有一个力偶荷载，由于力偶在任一轴上投影为零，故写投影方程时不必考虑力偶，由于力偶对平面内任一点的矩都等于力偶矩，故写力矩方程时，可直接将力偶矩 m 列入。

设坐标系如图 4-8 (b) 所示，列三个平衡方程

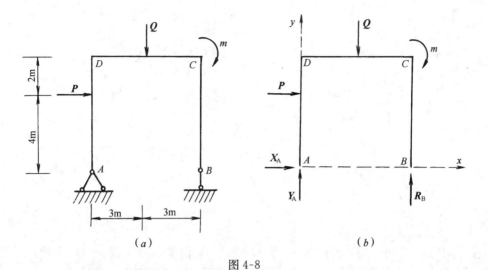

图 4-8

$$\Sigma X=0 \qquad X_A+P=0$$
$$X_A=-P=-10\text{kN}\ (\leftarrow)$$
$$\Sigma M_A=0 \qquad R_B\times6-P\times4-Q\times3-m=0$$
$$R_B=\frac{4P+3Q+m}{6}=\frac{4\times10+3\times20+2}{6}=17\text{kN}\ (\uparrow)$$
$$\Sigma Y=0 \qquad Y_A+R_B-Q=0$$
$$Y_A=Q-R_B=20-17=3\text{kN}\ (\uparrow)$$

校核：
$$\Sigma M_C=6X_A-6Y_A+2P+3Q-m$$
$$=6\times(-10)-6\times3+2\times10+3\times20-2$$
$$=0$$

说明计算无误。

【例 4-5】 一水平托架承受重为 G 的重物，如图 4-9（a）所示，A、B、C 各处均为铰链连接。各杆的自重不计，试求托架 A、B 两处的约束反力。

【解】 取托架水平杆 AD 作为研究对象，其受力图如图 4-9（b）所示。由于杆 BC 为二力杆，它对托架水平杆的约束反力 S_B 沿杆 BC 轴线作用，A 处为固定铰支座，其约束反力可用相互垂直的一对反力 X_A 和 Y_A 来代替。取坐标系如图，列出三个平衡方程。

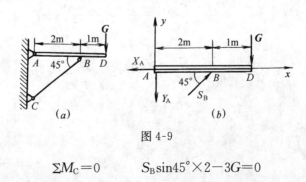

图 4-9

$$\Sigma M_C=0 \qquad S_B\sin45°\times2-3G=0$$

$$S_B = \frac{3G}{2\sin 45°} = \frac{3\sqrt{2}G}{2}$$

$\sum X = 0$　　　$-X_A + S_B \cos 45° = 0$

　　　　　　　　$X_A = S_B \cos 45° = 1.5G$

$\sum Y = 0$　　　$-Y_A + S_B \sin 45° - G = 0$

　　　　　　　　$Y_A = S_B \sin 45° - G = \dfrac{G}{2}$

校核：　　　$\sum M_D = Y_A \times 3 - S_B \sin 45° \times 1$

　　　　　　　　$= \dfrac{G}{2} \times 3 - \dfrac{3\sqrt{2}}{2}G \times \dfrac{\sqrt{2}}{2} \times 1$

　　　　　　　　$= 0$

说明计算无误。

【例 4-6】　图 4-10 所示上料小车重 $G = 10\text{kN}$，沿着与水平成 $\alpha = 60°$ 的轨道，匀速提升，料车的重心在 C 点。试求提升料车的牵引力 T 和料车对轨道的压力。

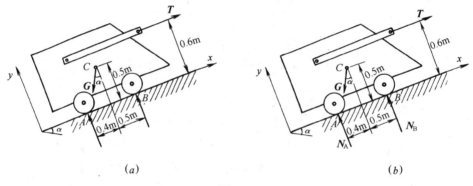

(a)　　　　　　　　　　　　(b)

图 4-10

【解】　取料车为研究对象，略去车轮与轨道的摩擦力，作用在其上的力有重力 G，牵引力 T 和轨道对车轮的约束反力 N_A 和 N_B。选取图示坐标轴，列三个平衡方程。

$\sum X = 0$　　　$T - G\sin 60° = 0$

　　　　　　　　$T = G\sin 60° = 8.66\text{kN}$

$\sum M_B = 0$　　　$-T \times 0.6 + G\sin 60° \times 0.5 + G\cos 60° \times 0.5 - N_A \times 0.9 = 0$

　　　　　　　　$N_A = \dfrac{-0.6T + 0.5G\sin 60° + 0.5\cos 60° \cdot G}{0.9} = 1.82\text{kN}$

$\sum Y = 0$　　　$N_A + N_B - G\cos 60° = 0$

　　　　　　　　$N_B = G\cos 60° - N_A = 3.18\text{kN}$

校核：　　　$\sum M_C = -N_A \times 0.4 + N_B \times 0.5 - T \times 0.1$

　　　　　　　　$= -1.82 \times 0.4 + 3.18 \times 0.5 - 8.66 \times 0.1$

　　　　　　　　$= 0$

说明计算无误。

二、平面一般力系平衡方程的其他形式

前面我们通过平面一般力系的平衡条件导出了平面一般力系平衡方程的基本形式，除了这种形式外，还可将平衡方程表示为二力矩形式及三力矩形式。

1. 二力矩形式的平衡方程

在力系作用面内任取两点 A、B 及 X 轴，如图 4-11 所示，可以证明平面一般力系的平衡方程可改写成两个力矩方程和一个投影方程的形式，即

$$\left.\begin{array}{l} \Sigma X=0 \\ \Sigma M_A=0 \\ \Sigma M_B=0 \end{array}\right\} \tag{4-6}$$

式中 x 轴不与 A、B 两点的连线垂直。

证明：首先将平面一般力系向 A 点简化，一般可得到过 A 点的一个力和一个力偶。若 $M_A=0$ 成立，则力系只能简化为通过 A 点的合力 R 或成平衡状态。如果 $\Sigma M_B=0$ 又成立，说明 R 必通过 B 点。可见合力 R 的作用线必为 AB 连线。又因 $\Sigma X=0$ 成立，则 $R_x=\Sigma X=0$，即合力 R 在 X 轴上的投影为零，因 AB 连线不垂直 x 轴，合力 R 亦不垂直于 x 轴，由 $R_x=0$ 可推得 $R=0$，可见满足方程（4-6）的平面一般力系，若将其向 A 点简化，其主矩和主矢都等于零，从而力系必为平衡力系。

2. 三力矩形式的平衡方程

在力系作用面内任意取三个不在一直线上的点 A、B、C，如图 4-12 所示，则

$$\left.\begin{array}{l} \Sigma M_A=0 \\ \Sigma M_B=0 \\ \Sigma M_C=0 \end{array}\right\} \tag{4-7}$$

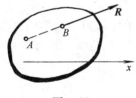

图 4-11

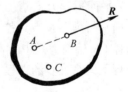

图 4-12

式中，A、B、C 三点不在同一直线上。

同上面讨论一样，若 $\Sigma M_A=0$ 和 $\Sigma M_B=0$ 成立，则力系合成结果只能是通过 A、B 两点的一个力（图 4-12）或者平衡。如果 $\Sigma M_C=0$ 成立，则合力必然通过 C 点，而一个力不可能同时通过不在一直线上的三点，因此，力系必然平衡，即 $R=0$。

综上所述，平面一般力系共有三种不同形式的平衡方程，即式（4-5）、式（4-6）、式（4-7），但无论采用哪种形式，都只能写出三个独立的平衡方程，而不可能有第四个。应用平面一般力系的三个平衡方程，最多只能解出三个未知数。

3. 平面力系的特殊情况

平面一般力系是平面力系的一般情况。除前面讲的平面汇交力系，平面力偶系外，还有平面平行力系都可以看为平面一般力系的特殊情况，它们的平衡方程都可以从平面一般

力系的平衡方程得到，现讨论如下。

（1）平面汇交力系

对于平面汇交力系，可取力系的汇交点作为坐标的原点，图 4-13 （a）所示，因各力的作用线均通过坐标原点 O，各力对 O 点的矩必为零，即恒有 ΣM_O（F）$=0$。因此，只剩下两个投影方程

$$\Sigma X=0 \qquad \Sigma Y=0$$

即为平面汇交力系的平衡方程。

（2）平面力偶系

平面力偶系如图 4-13 （b）所示，因构成力偶的两个力在任何轴上的投影必为零，则恒有 $\Sigma X=0$ 和 $\Sigma Y=0$，只剩下第三个力矩方程 $\Sigma M_O=0$，但因力偶对某点的矩等于力偶矩，则力矩方程可改写为

$$\Sigma m_{Oi}=0$$

即为平面力偶系的平衡方程。

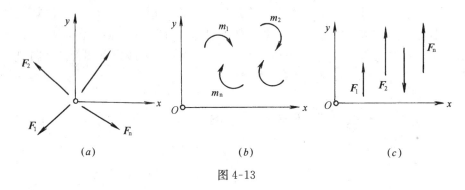

图 4-13

（3）平面平行力系

平面平行力系是指其各力作用线在同一平面上并相互平行的力系，如图 4-13 （c）所示，选择 Oy 轴与力系中的各力平行，则各力在 x 轴上的投影恒为零，即 $\Sigma X=0$，则平衡方程只剩下两个独立的方程

$$\left.\begin{array}{r}\Sigma Y=0 \\ \Sigma M_O=0\end{array}\right\} \qquad (4\text{-}8)$$

若采用二力矩式（4-6），可得

$$\left.\begin{array}{r}\Sigma M_A（F）=0 \\ \Sigma M_B（F）=0\end{array}\right\} \qquad (4\text{-}9)$$

式中 A、B 两点的连线不与各力作用线平行。

平面平行力系只有两个独立的平衡方程，只能求解两个未知量。

【例 4-7】   某屋架如图 4-14 （a）所示，设左屋架及盖瓦共重 $P_1=2\text{kN}$，右屋架受到风力及荷载作用，其合力 $P_2=5\text{kN}$，P_2 与 BC 夹角为 $80°$，试求 A、B 支座的反力。

【解】   取整个屋架为研究对象，画其受力图，并选取坐标轴 x 轴和 y 轴，如图 4-14 （b）所示，列出三个平衡方程

$$\Sigma X=0 \qquad X_A-P_2\cos 70°=0$$

$$X_A = P_2 \cos 70° = 5 \times 0.342 = 1.71\text{kN}$$

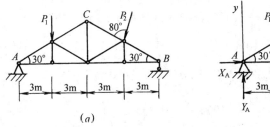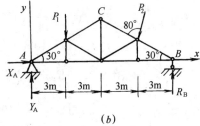

图 4-14

$$\Sigma M_A = 0 \quad R_B \times 12 - 3 \times P_1 - P_2 \sin 70° \times 9 + P_2 \cos 70° \times 3 \times \tan 30° = 0$$

$$R_B = \frac{3P_1 + 9P_2 \sin 70° - 3P_2 \cos 70° \times \tan 30°}{12}$$

$$= \frac{3 \times 2 + 9 \times 5 \times 0.94 - 3 \times 5 \times 0.342 \times 0.577}{12}$$

$$= 3.78\text{kN}$$

$$\Sigma M_B = 0 \quad -12Y_A + 9 \times P_1 + P_2 \sin 70° \times 3 + P_2 \cos 70° \times 3 \times \tan 30° = 0$$

$$Y_A = \frac{9P_1 + 3P_2 \sin 70° + 3P_2 \cos 70° \cdot \tan 30°}{12}$$

$$= \frac{9 \times 2 + 3 \times 5 \times 0.94 + 3 \times 5 \times 0.342 \times 0.577}{12}$$

$$= 2.92\text{kN}$$

校核：
$$\Sigma Y = Y_A + R_B - P_1 - P_2 \sin 70°$$
$$= 2.92 + 3.78 - 2 - 5 \times 0.94$$
$$= 0$$

说明计算无误。

【例 4-8】 外伸梁受荷载如图 4-15（a）所示，已知均布荷载集度 $q = 20\text{kN/m}$，力偶矩 $m = 38\text{kN·m}$，集中力 $P = 20\text{kN}$，试求支座 A、B 的反力。

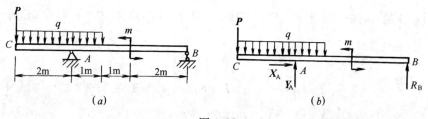

图 4-15

【解】 取梁 BC 为研究对象，画其受力图如图 4-15（b）所示，选取坐标轴，X 轴、Y 轴，建立三个平衡方程

$$\Sigma X = 0 \quad X_A = 0$$

$$\Sigma M_B = 0 \quad 6P + 3q \times \left(6 - \frac{3}{2}\right) + m - 4Y_A = 0$$

$$Y_A = \frac{1}{4}(6P + 3q \times 4.5 + 38)$$

$$= \frac{1}{4}(6 \times 20 + 3 \times 20 \times 4.5 + 38)$$

$$= 107 \text{kN}$$

$$\Sigma M_A = 0 \qquad 4R_B + m + 2P + 3q\left(2 - \frac{3}{2}\right) = 0$$

$$R_B = -\frac{1}{4}(m + 2P + 3q \times 0.5)$$

$$= -\frac{1}{4}(38 + 2 \times 20 + 3 \times 20 \times 0.5)$$

$$= -27 \text{kN}$$

R_B 得负值，说明其实际方向与假设方向相反，即应指向下。

　　　　校核：　$\Sigma Y = R_B + Y_A - P - 3q = -27 + 107 - 20 - 3 \times 20 = 0$

说明计算无误。

【例 4-9】　求图 4-16（a）刚架的支座反力。

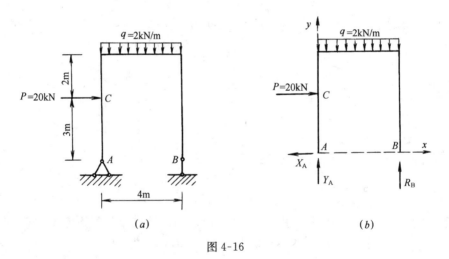

图 4-16

　　【解】　取整体为研究对象，受力图如 4-16（b）所示，选取坐标轴 x 和 y 轴，建立三个平衡方程.

$$\Sigma M_A = 0 \qquad 4R_B - 3P - 4q \times 2 = 0$$

$$R_B = \frac{1}{4}(3P + 8q) = \frac{1}{4}(3 \times 20 + 8 \times 2) = 19 \text{kN}$$

$$\Sigma M_B = 0 \qquad -4Y_A - 3P + 4q \times 2 = 0$$

$$Y_A = \frac{1}{4}(8q - 3P) = \frac{1}{4}(8 \times 2 - 3 \times 20) = -11 \text{kN}$$

Y_A 为负值，表示力的实际方向与假设方向相反。

$$\Sigma M_C = 0 \qquad -3X_A - 4q \times 2 + 4R_B = 0$$

$$X_A = \frac{1}{3}(4R_B - 8q) = \frac{1}{3}(4 \times 19 - 8 \times 2) = 20 \text{kN}$$

校核：$\Sigma Y = Y_A + R_B - 4q = -11 + 19 - 4 \times 2 = 0$

说明计算无误。

【例 4-10】 图 4-17（a）的梁 AB，其两端支撑在墙内，受到荷载 $P = 10$kN，$m = 16$ kN·m的作用，不计梁自重，求墙壁对梁 A、B 两端的约束反力。

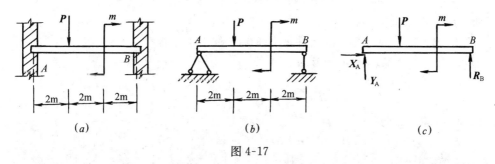

图 4-17

【解】 首先考虑墙壁对梁的约束的类型。当梁端伸入墙内的长度较短时，墙壁可限制梁的水平和铅直方向上的移动，而对梁转动约束的能力很小，一般就不考虑阻止转动的约束性能，而将它简化为一固定铰支座。在工程上，为了计算方便，通常可将梁的另一端简化为可动铰支座。这种一端固定铰支座，一端可动铰支座的梁，称之为简支梁，如图 4-17（b）所示。

取 AB 梁为研究对象，画其受力图如图 4-17（c）所示，建立平衡方程

$$\Sigma M_A = 0 \qquad 6R_B - 2P - m = 0$$

$$R_B = \frac{1}{6}(2P + m) = \frac{1}{6}(2 \times 10 + 16) = 6\text{kN}$$

$$\Sigma M_B = 0 \qquad -6Y_A + 4P - m = 0$$

$$Y_A = \frac{1}{6}(4P - m) = \frac{1}{6}(4 \times 10 - 16) = 4\text{kN}$$

$$\Sigma X = 0 \qquad X_A = 0$$

校核： $\qquad \Sigma Y = Y_A + R_B - P = 4 + 6 - 10 = 0$

可见，Y_A、R_B 计算无误。

【例 4-11】 图 4-18 所示为塔式起重机。已知轨距 $b = 4$m，机身重 $G = 220$kN，其作用线到右轨的距离 $e = 1.5$m，起重机的平衡重 $Q = 100$kN，其作用线到左轨的距离 $a = 6$m，荷载 P 的作用线到右轨的距离 $l = 8$m，试（1）验证空载时（$P = 0$ 时）起重机是否会向左倾倒？（2）求出起重机不向右倾倒的最大荷载 P。

【解】 以起重机为研究对象，作用于起重机上的力有主动力 G、P、Q 及约束反力 N_A 和 N_B，它们组成一个平行力系（图 4-18）。

（1）使起重机不向左倒的条件是 $N_B \geqslant 0$，当空载时，取 $P = 0$，列平衡方程

$$\Sigma M_A = 0 \qquad Q \cdot a + N_B \cdot b - G(e + b) = 0$$

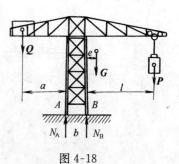

图 4-18

$$N_B = \frac{1}{b} \left[G \left(e + b \right) - Q \cdot a \right]$$

$$= \frac{1}{4} \left[220 \left(1.5 + 4 \right) - 100 \times 6 \right]$$

$$= 152.5 \text{kN} > 0$$

所以起重机不会向左倾倒。

（2）使起重机不向右倾倒的条件是 $N_A \geqslant 0$，列平衡方程

$$\Sigma M_B = 0 \quad Q \left(a + b \right) - N_A \cdot b - G \cdot e - P \cdot l = 0$$

$$N_A = \frac{1}{b} \left[Q \left(a + b \right) - G \cdot e - P \cdot l \right]$$

欲使 $N_A \geqslant 0$，则需

$$Q \left(a + b \right) - G \cdot e - P \cdot l \geqslant 0$$

$$P \leqslant \frac{1}{l} \left[Q \left(a + b \right) - G \cdot e \right]$$

$$= \frac{1}{8} \left[100 \left(6 + 4 \right) - 220 \times 1.5 \right]$$

$$= 83.75 \text{kN}$$

当荷载 $P \leqslant 83.75$kN 时，起重机是稳定的。

三、物体系统的平衡

前面研究了用平面一般力系的平衡方程求解单个物体的平衡问题。但是在工程结构中往往是由若干个物体通过一定的约束来组成一个系统。这种系统称为物体系统。例如，图示 4-19 （a）所示的组合梁，就是由梁 AC 和梁 CD 通过铰 C 连接，并支承在 A、B、D 支座而组成的一个物体系统。

在一个物体系统中，一个物体的受力与其他物体是紧密相关的；整体受力又与局部紧密相关的；当整个物体系统处于平衡时，其中每一个或每一部分物体也必然处于平衡。所谓物体系统的平衡是指组成系统的每一个物体及系统的整体都处于平衡状态。

在研究物体系统的平衡问题时，不仅要知道外界物体对这个系统的作用力，同时还应分析系统内部物体之间的相互作用力。通常将系统以外的物体对这个系统的作用力称为外力，系统内各物体之间的相互作用力称为内力。例如图 4-19 的组合梁，荷载及 A、B、D 支座的反力就是外力（图 4-19b），而在铰 C 处左右两段梁之间的相互作用的力就是内力。

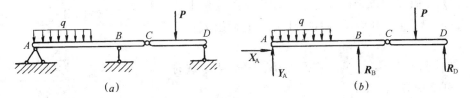

图 4-19

应当注意，外力和内力是相对的概念，是对一定的考察对象而言的，例如图 4-19 组合梁在铰 C 处两段梁的相互作用力，对组合梁的整体来说，就是内力，而对于左段梁或右段梁来说，就成为外力了。

在静力学里考察的物体系统都是在主动力和约束力作用下保持平衡的。为了求出未知的约束力，可取系统中的任一物体作为考察对象，根据该物体的平衡，一般可写出三个独立的平衡方程。如果该物体系统有 n 个物体，则就有 $3n$ 个独立的平衡方程，可以求出 $3n$ 个未知量。在这些未知量中不仅包括外力（例如约束反力），而且也包括内力或其他的几何参数。如整个系统中未知量的数目不超过 $3n$ 个，即所有未知量都可以由平衡方程解出，这样的问题称为静定问题；当未知量的数目超过 $3n$ 个，则未知量不能由平衡方程全部解出，这样的问题，则称为超静定问题，在静力学中，我们不考虑超静定问题。

在解答物体系统的平衡问题时，可以选取整个物体系统作为研究对象，也可以选取物体系统中某部分物体（一个物体或几个物体组合）作为研究对象，以建立平衡方程。但是，对一个物体系统来说，不论是整个系统或其中几个物体的组合或个别物体写出的平衡方程，总共只有 $3n$ 个独立的。因为作用于系统的力满足 $3n$ 个平衡方程之后，整个系统或其中的任何一部分必成平衡。因而，多余的方程只是系统平衡的必然结果，而不再构成平衡条件。

在解决物体系统的平衡问题时，由于未知量较多，应尽量避免从总体的联立方程组中解出，通常可选取整个系统为研究对象，看能否从中解出一或两个未知量，然后再分析每个物体的受力情况，判断选取哪个物体为研究对象，使之建立的平衡方程中包含的未知数量少，以简化计算。

下面举例说明求解物体系统平衡问题的方法。

【例 4-12】 组合梁受荷载如图 4-20（a）所示。已知 $P_1 = 10\text{kN}$，$P_2 = 20\text{kN}$，梁自重不计，求支座 A、C 的反力。

【解】 组合梁由两段梁 AB 和 BC 组成，作用于每一个物体的力系都是平面一般力系，共有 6 个独立的平衡方程；而约束力的未知数也是 6（A 处有三个，B 处有两个，C 处有 1 个）。首先取整个梁为研究对象，受力图如 4-20（b）所示。

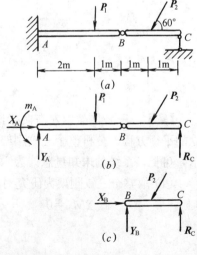

$$\Sigma X = 0 \qquad X_A - P_2 \cos 60° = 0$$
$$X_A = P_2 \cos 60° = 10\text{kN}$$

其余三个未知数 Y_A、m_A 和 R_B，无论怎样选取投影轴和矩心，都无法求出其中任何一个，因此，必须将 AB 和 BC 分开考虑，现取 BC 为研究对象，受力图如图 4-20（c）所示。

$$\Sigma X = 0 \qquad X_B - P_2 \cos 60° = 0$$
$$X_B = P_2 \cos 60° = 10\text{kN}$$
$$\Sigma M_B = 0 \qquad 2R_C - P_2 \sin 60° \times 1 = 0$$
$$R_C = \frac{P_2 \sin 60°}{2} = 8.66\text{kN}$$
$$\Sigma Y = 0 \qquad R_C + Y_B - P_2 \sin 60° = 0$$

图 4-20

$$Y_B = -R_C + P_2 \sin 60° = 8.66 \text{kN}$$

再回到受力图 4-20 （b）

$$\Sigma M_A = 0 \quad 5R_C - 4P_2 \sin 60° - P_1 \times 2 + m_A = 0$$

$$m_A = 4P_2 \sin 60° + 2P_1 - 5R_C = 45.98 \text{kN}$$

$$\Sigma Y = 0 \quad Y_A + R_C - P_1 - P_2 \sin 60° = 0$$

$$Y_A = P_1 + P_2 \sin 60° - R_C = 18.66 \text{kN}$$

校核：对整个组合梁，列出

$$\Sigma M_B = m_A - 3Y_A + P_1 \times 1 - 1 \times P_2 \sin 60° + 2R_C$$
$$= 45.98 - 3 \times 18.66 + 10 \times 1 - 1 \times 20 \times 0.866 + 2 \times 8.66$$
$$= 0$$

可见计算无误。

【例 4-13】   钢筋混凝土三铰刚架受荷载如图 4-21 （a）所示，已知 $q = 12 \text{kN/m}$，$P = 24 \text{kN}$，求支座 A、B 和连接铰 C 的约束反力。

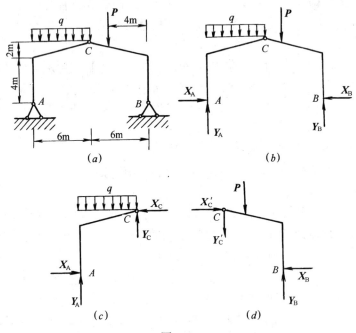

图 4-21

【解】   三铰刚架由左右两半刚架组成，受到平面一般力系的作用，可以列出六个独立的平衡方程。分析整个三铰刚架和左、右两半刚架的受力，画出受力图如图 b、c、d 所示，可见，系统的未知量总计为六个，可用六个平衡方程求解出六个未知量。

（1）取整个三铰刚架为研究对象，如图 4-21 （b）。

$$\Sigma M_A = 0 \quad -q \times 6 \times 3 - P \times 8 + Y_B \times 12 = 0$$

$$Y_B = \frac{1}{12}(q \times 6 \times 3 + P \times 8) = 34 \text{kN}$$

$$\Sigma M_B = 0 \quad q \times 6 \times 9 + P \times 4 - Y_A \times 12 = 0$$

$$Y_A = \frac{1}{12} \ (q \times 6 \times 9 + P \times 4) \ = 62 \mathrm{kN}$$

$$\Sigma X = 0 \qquad X_A - X_B = 0$$

$$X_A = X_B \tag{a}$$

(2) 取左半刚架为研究对象,如图 4-21 (c)。

$$\Sigma M_C = 0 \qquad X_A \times 6 + q \times 6 \times 3 - Y_A \times 6 = 0$$

$$X_A = \frac{1}{6} \ (6Y_A - q \times 6 \times 3) \ = 26 \mathrm{kN}$$

$$\Sigma Y = 0 \qquad Y_A + Y_C - q \times 6 = 0$$

$$Y_C = q \times 6 - Y_A = 10 \mathrm{kN}$$

$$\Sigma X = 0 \qquad X_A - X_C = 0$$

$$X_C = X_A = 26 \mathrm{kN}$$

将 X_A 的值代入 (a),可得

$$X_B = X_A = 26 \mathrm{kN}$$

校核:考虑右半刚架的平衡,由于

$$\Sigma X = X_C{}' - X_B = 26 - 26 = 0$$

$$\Sigma M_C = -P \times 2 + Y_B \times 6 - X_B \times 6$$

$$= -24 \times 2 + 34 \times 6 - 26 \times 6$$

$$= 0$$

$$\Sigma Y = Y_B - Y_C{}' - P = 34 - 10 - 24 = 0$$

可见计算无误。

【例 4-14】 梁 AE 由直杆连接支承于墙上,如图 4-22 (a) 所示,受荷载 $q = 8 \mathrm{kN/m}$ 作用,不计杆重,求 A 和 B 的约束反力及 1、2、3 各杆所受的力。

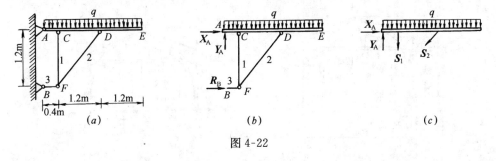

图 4-22

【解】 1、2、3 杆两端均为铰接,中间不受力,故三杆都是二力杆,由于二力杆对物体的约束力是一个沿杆中心线的力。因此,3 杆对 B 支座产生的作用力 S_3 是水平方向的,根据作用与反作用定律,B 支座对 3 杆的约束力也必然是水平方向的,且 $R_B = S_3$,若取整体为研究对象,画受力图如 4-22 (b) 所示,可列出三个平衡方程求解出三个未知量 X_A、Y_A、R_B,再考虑 AE 梁的平衡,受力图如图 4-22 (c) 所示,利用平衡条件可求出 1、2 杆的内力 S_1、S_2。

根据以上分析,计算如下:

(1) 取整体为研究对象,如图 4-22 (b)。

$$\Sigma M_A(F)=0 \qquad R_B\times1.2-q\times2.8\times1.4=0$$

$$R_B=\frac{q\times2.8\times1.4}{1.2}=26.13\text{kN}$$

$$且\ S_3=R_B=26.13\text{kN}\qquad(压力)$$

$$\Sigma X=0 \qquad R_B+X_A=0$$

$$X_A=R_B=-26.13\text{kN}$$

$$\Sigma Y=0 \qquad Y_A-2.8\times q=0$$

$$Y_A=2.8\times q=22.4\text{kN}$$

（2）取 AE 杆为研究对象，如图 4-22（c）。

$$\Sigma X=0 \qquad -X_A-S_2\cos45°=0$$

$$S_2=-\frac{X_A}{\cos45°}=-36.95\text{kN}$$

$$\Sigma Y=0 \qquad Y_A-S_1-S_2\sin45°-q\times2.8=0$$

$$S_1=Y_A-S_2\sin45°-q\times2.8$$

$$=22.4-(-36.95\sin45°)-8\times2.8$$

$$=26.13\text{kN}$$

校核：如图 4-22（c）。

$$\Sigma M_A=-q\times2.8\times1.4-S_1\times0.4-S_2\sin45°\times1.6$$

$$=-8\times2.8\times1.4-26.13\times0.4-(-36.95)\times\sin45°\times1.6$$

$$=0$$

可见计算无误。

【例 4-15】 如图 4-23（a）所示，厂房结构为三铰拱架，吊车横梁的重量 12kN，作用于桥中间，吊车重 8kN，左、右拱架各重 60kN，风压的合力为 12kN，求支座 A、B 的约束反力。

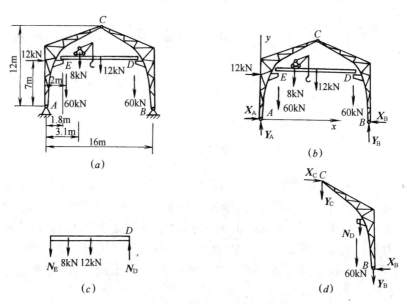

图 4-23

【解】　取整个结构为研究对象（图 4-23b），列平衡方程

$$\Sigma M_A=0 \qquad Y_B \cdot 16-8\times3.1-12\times8-60\times2-60\times14-12\times7=0$$

$$Y_B=72.8\text{kN}\ (\uparrow)$$

$$\Sigma Y=0 \qquad Y_A+Y_B-60-60-8-12=0$$

$$Y_A=67.2\text{kN}\ (\uparrow)$$

取横梁 ED 为研究对象（图 4-23c），列平衡方程

$$\Sigma M_E=0 \qquad N_D \cdot 12.4-8\times1.3-12\times6.2=0$$

$$N_D=6.84\text{kN}$$

$$\Sigma Y=0 \qquad N_E+N_D-8-12=0$$

$$N_E=13.16\text{kN}$$

取右半拱为研究对象（图 4-23d），列平衡方程

$$\Sigma M_C=0 \qquad Y_B \cdot 8-X_B \cdot 12-60\times6-N_D^{'} \cdot 6.2=0$$

$$X_B=15\text{kN}\ (\leftarrow)$$

再取整个结构为研究对象（图 4-23b），列平衡方程

$$\Sigma X=0 \qquad X_A-X_B+12=0$$

$$X_A=3\text{kN}\ (\rightarrow)$$

校核：图 4-23 （b）

$$\Sigma M_C =12\times5+X_A \cdot 12-Y_A \cdot 8+Y_B \cdot 8-X_B \cdot 12-60\times6+60\times6$$
$$+8\times4.9$$
$$=12\times5+3\times12-67.2\times8+72.8\times8-15\times12-60\times6$$
$$+60\times6+8\times4.9$$
$$=0$$

说明计算无误。

思 考 题

1. 平面一般力系向简化中心简化时，可能产生几种结果？

2. 为什么说平面汇交力系、平面平行力系已包括在平面一般力系中？

3. 不平行的平面力系，已知该力系在 y 轴上投影的代数和等于零，且对平面内任意一点之矩的代数和等于零。问此力系的简化结果是什么？

4. 一平面力系向 A、B 两点简化的结果相同，且主矢和主矩都不为零，问能否可能。

5. 平面一般力系的平衡方程有几种形式？应用时有什么限制条件？

6. 图 4-24 所示的物体系统处于平衡状态，如要计算各支座的约束反力，应怎样选取研究对象？

7. 如图 4-25 所示梁，先将作用于 D 点的力 $\boldsymbol{P}$ 平移至 E 点成为 $\boldsymbol{P'}$，并附加一个力偶 $m=-3\text{Pa}$，然后求铰的约束反力，对不对，为什么？

习 题

4-1　图 4-26 所示一平面力系，已知 $F_1=10\text{N}$，$F_2=25\text{N}$，$F_3=40\text{N}$，$F_4=16\text{N}$，$F_5=14\text{N}$，求力系向 O 点简化的结果（图中每小格边长为 1m）。

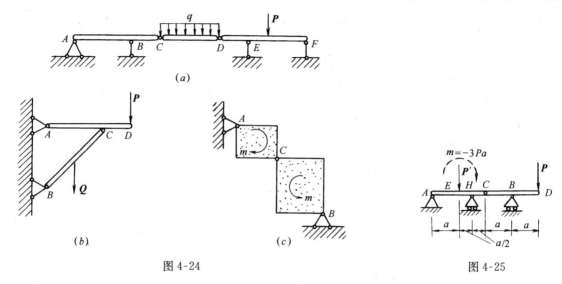

图 4-24　　　　　　　　　　　　图 4-25

4-2　重力坝受力情形如图 4-27 所示，设坝的自重分别为 $G_1=9600\text{kN}$，$G_2=21600\text{kN}$，上游水压力 $P=10120\text{kN}$，试将力系向坝底 O 点简化，并求其最后的简化结果。

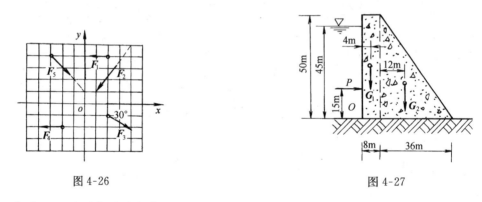

图 4-26　　　　　　　　　　　　图 4-27

4-3　求图 4-28 所示各梁的支座反力。

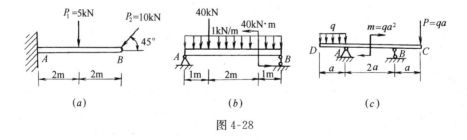

图 4-28

4-4　求图 4-29 所示各梁的支座反力。

4-5　求图 4-30 所示各梁的支座反力。

4-6　已知 $P_1=10\text{kN}$，$P_2=20\text{kN}$，求图 4-31 所示刚架支座 A、B 的反力。

4-7　求图 4-32 所示刚架的支座反力。

4-8　试求图 4-33 所示桁架的支座反力。

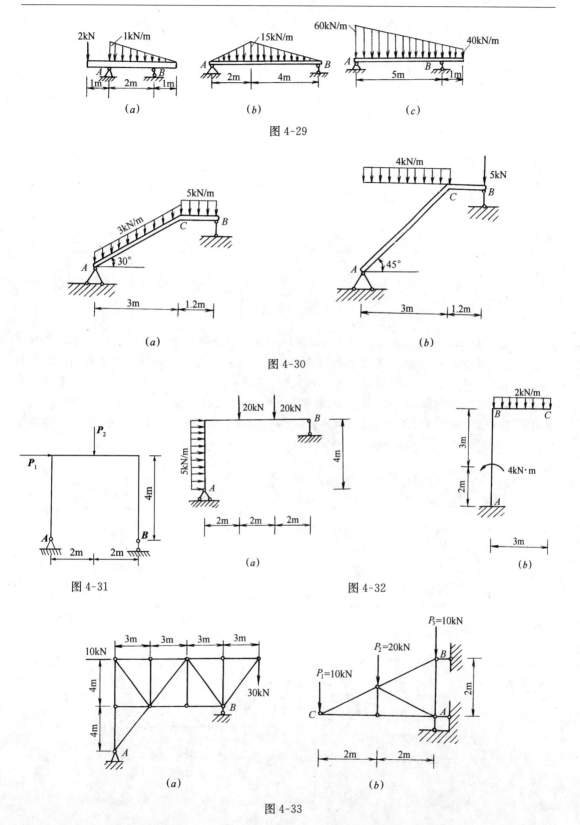

图 4-29

图 4-30

图 4-31

图 4-32

图 4-33

4-9　某厂房柱，高9m，柱的上段BC重$P_1=10$kN，下段CA重$P_2=40$kN，风力$q=2.5$kN/m，柱顶水平力$Q=6$kN，各力作用位置如图4-34所示，求固定端支座A的反力。

4-10　如图4-35所示结构已知水平杆AB长3m，$P=1.2$kN，$Q=2$kN，不计摩擦，试求绳的拉力及铰链A的反力。

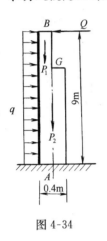

图 4-34

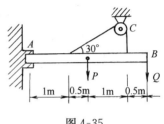

图 4-35

4-11　图4-36所示塔式起重机，重$G=500$kN（不包括平衡锤重量Q），如图示。跑车E的最大起重量$P=250$kN，离B轨的最远距离$l=10$m，为了防止起重机左右翻倒，需在D点加一平衡锤。要使跑车在空载和满载时，起重机在任何位置不致翻倒，求平衡锤的最小重量和平衡锤到左轨A的最大距离x。跑车自重不计，且$e=1.5$m，$b=3$m。

4-12　图4-37所示混凝土浇灌器连同载共重$G=60$kN，重心在C点，用缆绳沿铅垂导轨匀速吊起（不计摩擦）。已知$a=30$cm，$b=60$cm，$\alpha=10°$，求缆绳的拉力及A、B导轮的压力。

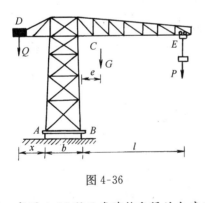

图 4-36

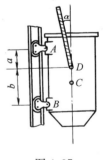

图 4-37

4-13　求图4-38所示多跨静定梁的支座反力。

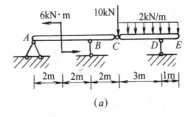

(a)

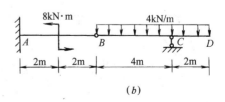

(b)

图 4-38

4-14　图 4-39 所示多跨静定梁 AB 段和 BC 段用铰链 B 连接，并支承于连杆 1、2、3、4 上，已知 AD＝EC＝6m，AB＝BC＝8m，α＝60°，a＝4m，P＝150kN，试求各连杆所受的力。

4-15　多跨梁上的起重机（图 4-40），起重量 P＝10kN，起重机重 G＝50kN，其重心位于铅垂线 EC 上，梁自重不计。试求 A、B、D 三处的支座反力。

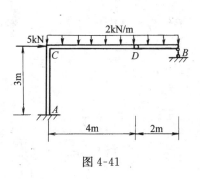

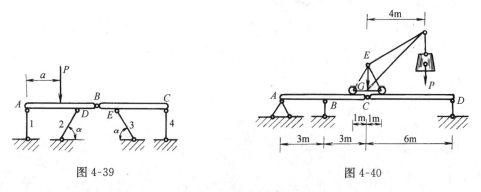

图 4-39　　　　　　　　　　　　　图 4-40

4-16　图 4-41 所示结构，杆 ACD 和 DB 用铰链 D 连接，试求 A、B 的支座反力。

4-17　静定刚架如图 4-42 所示，荷载 q_1＝1kN/m，q_2＝4kN/m，求 A、B、E 三支座的约束反力。

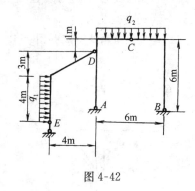

图 4-41　　　　　　　　　　　　　图 4-42

4-18　图 4-43 所示构架，不计自重，A、B、D、E、F、G 都是铰链，设 P＝5kN，Q＝3kN，a＝2m。试求铰链 G 和杆 ED 所受的力。

4-19　图 4-44 所示一台秤，空载时，台秤及其支架 BCE 的重量与杠杆 AB 的重量恰好平衡；当秤台上有重物时，在 AO 上加一重 W 的秤锤，OB＝a，求 AO 上的刻度 x 与重量 Q 之间的关系。

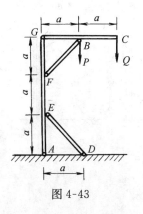

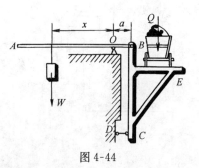

图 4-43　　　　　　　　　　　　　图 4-44

4-20 一梁 ABC 的支承及荷载如图 4-45 所示，已知 $P=10\text{kN}$，$M=5\text{kN} \cdot \text{m}$。求固定端 A 的约束力。

4-21 图 4-46 所示水平梁 AB 由铰链 A 和杆 BC 所支持，在梁上 D 处用销子安放半径为 $r=0.1\text{m}$ 的滑轮，已知 $Q=1.8\text{kN}$，$AD=0.2\text{m}$，$BD=0.4\text{m}$，$\alpha=45°$，不计梁、杆、滑轮的重量，试求铰链 A 和杆 BC 对梁的反力。

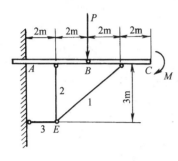

图 4-45

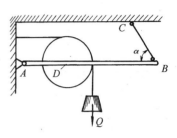

图 4-46

4-22 图 4-47 所示杆件结构受力 P 作用，D 端搁在光滑斜面上。已知 $P=1\text{kN}$，$AC=1.6\text{m}$，$BC=0.9\text{m}$，$CD=1.2\text{m}$，$AD=2\text{m}$，$EC=1.2\text{m}$，若 AB 水平，ED 铅垂，求 BD 杆的内力和 A 的支座反力。

4-23 下撑式屋架结构及荷载如图 4-48 所示。求支座 A、B 的约束力及 1、2、3、4、5 杆的内力。

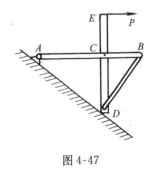

图 4-47

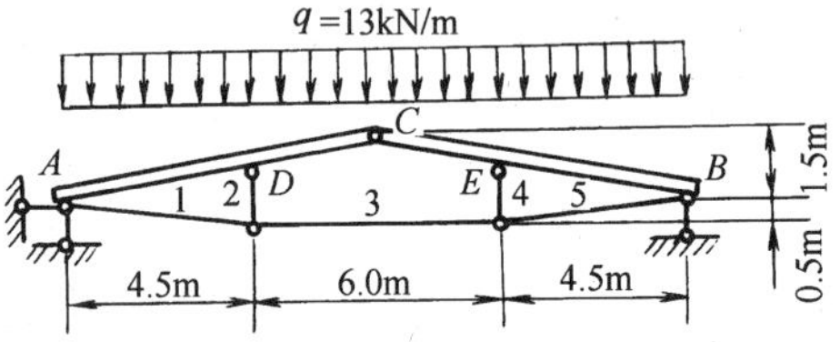

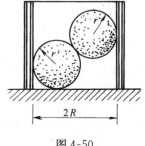

图 4-48

4-24 求图 4-49 所示结构 A、B 的支座反力及杆 DE 的内力。

4-25 如图 4-50 所示无底的圆柱形空筒放在光滑在面上，内放两个圆球。每个球重为 Q，半径为 r，筒的半径为 R，摩擦不计。求圆筒不致翻倒的最小重量 $G_{\min}$。已知 $r<R<2r$。

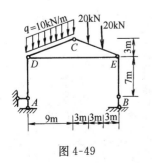

图 4-49

图 4-50

4-26　图4-51所示梯子，A点为铰接，梯子放在光滑的水平面上，在AC部分上作用一铅垂力P，不计梯重。求梯子平衡时，绳DE的拉力。设a、l、h、α均为已知。

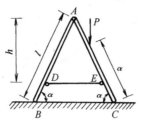

图4-51

习　题　答　案

4-1　$R=41.13\text{N}$　　　$m=-1.65\text{N}\cdot\text{m}$

4-2　$R=32800\text{kN}$　　　$\alpha=72.03°$　　　$d=18.97\text{m}$

4-3　(a)　$X_A=7.07\text{kN}(\rightarrow)$　　　$Y_A=12.07\text{kN}(\uparrow)$　　　$m_A=38.28\text{kN}\cdot\text{m}$

　　　(b)　$X_A=0$　　$Y_A=42\text{kN}(\uparrow)$　　　$Y_B=2\text{kN}(\uparrow)$

　　　(c)　$X_A=0$　　$Y_A=0.25qak\text{N}(\uparrow)$　　　$Y_B=1.75qak\text{N}(\uparrow)$

4-4　(a)　$X_A=0$　　$Y_A=3.75\text{kN}(\uparrow)$　　　$Y_B=0.25\text{kN}(\downarrow)$

　　　(b)　$X_A=0$　　$Y_A=25\text{kN}(\uparrow)$　　　$Y_B=20\text{kN}(\uparrow)$

　　　(c)　$X_A=0$　　$Y_A=132\text{kN}(\uparrow)$　　　$Y_B=168\text{kN}(\uparrow)$

4-5　(a)　$X_A=0$　　$Y_A=7.54\text{kN}(\uparrow)$　　　$Y_B=8.85\text{kN}(\uparrow)$

　　　(b)　$X_A=0$　　$Y_A=7.71\text{kN}(\uparrow)$　　　$Y_B=9.29\text{kN}(\uparrow)$

4-6　$X_A=-10\text{kN}(\leftarrow)$　　　$Y_A=0$　　　$Y_B=20\text{kN}(\uparrow)$

4-7　(a)　$X_A=20\text{kN}(\leftarrow)$　　　$Y_A=26.67\text{kN}(\uparrow)$　　　$Y_B=13.33\text{kN}(\uparrow)$

　　　(b)　$X_A=0$　　$Y_A=6\text{kN}(\uparrow)$　　　$m_A=5\text{kN}\cdot\text{m}$

4-8　(a)　$X_A=0$　　$Y_A=18.89\text{kN}(\downarrow)$　　　$Y_B=48.89\text{kN}(\uparrow)$

　　　(b)　$X_A=0$　　$Y_A=40\text{kN}(\uparrow)$　　　$X_B=40\text{kN}(\rightarrow)$

4-9　$X_A=16.5\text{kN}(\leftarrow)$　　　$Y_A=50\text{kN}(\uparrow)$　　　$m_A=46.25\text{kN}\cdot\text{m}$

4-10　$X_A=1.39\text{kN}(\leftarrow)$　　　$Y_A=0.2\text{kN}(\downarrow)$　　　$T=1.6\text{kN}$

4-11　$Q_{min}=\dfrac{1000}{3}\text{kN}$　　　$x_{max}=6.75\text{m}$

4-12　$T=60.9\text{kN}$　　　$N_A=7.05\text{kN}$　　　$N_B=3.53\text{kN}$

4-13　(a)　$X_A=0$　　$Y_A=4.84\text{kN}(\downarrow)$　　　$R_B=17.51\text{kN}(\uparrow)$　　　$R_D=5.33\text{kN}(\uparrow)$

　　　(b)　$X_A=0$　　$Y_A=6\text{kN}(\uparrow)$　　　$m_A=141.2\text{kN}\cdot\text{m}$　　$R_C=18\text{kN}(\uparrow)$

4-14　$N_1=62.5\text{kN}(\uparrow)$　　$N_2=57.34\text{kN}(\nearrow)$　　$N_3=57.34\text{kN}(\searrow)$　　$N_4=12.41\text{kN}(\downarrow)$

4-15　$X_A=0$　$Y_A=48.33\text{kN}(\downarrow)$　　$R_B=100\text{kN}(\uparrow)$　　$R_D=8.33\text{kN}(\uparrow)$

4-16　$X_A=5\text{kN}(\leftarrow)$　　$Y_A=10\text{kN}(\uparrow)$　　$m_A=39\text{kN}\cdot\text{m}$　　$R_B=2\text{kN}(\uparrow)$

4-17　$X_A=0.67\text{kN}(\rightarrow)$　　$Y_A=3.67\text{kN}$　　$X_B=4.67\text{kN}(\leftarrow)$　　$Y_B=15.33\text{kN}(\uparrow)$
　　　$R_E=5\text{kN}(\uparrow)$

4-18　$X_G=11\text{kN}$　$Y_G=3\text{kN}$　$S_{DE}=-15.56\text{kN}$

4-19 $x = \dfrac{Q \cdot a}{W}$

4-20 $X_A = 3.3\text{kN}(\leftarrow)$ $Y_A = 7.50\text{kN}(\uparrow)$ $m_A = 30\text{kN} \cdot \text{m}$

4-21 $X_A = 2.40\text{kN}(\rightarrow)$ $Y_A = 1.20\text{kN}(\uparrow)$ $T = 0.85\text{kN}$

4-22 $X_A = 1.36\text{kN}(\leftarrow)$ $Y_A = 0.48\text{kN}(\downarrow)$ $S_{BD} = 1.07\text{kN}$

4-23 $R_A = R_B = 97.5\text{kN}(\uparrow)$ $S_1 = S_5 = 183.93\text{kN}$ $S_2 = S_4 = 20.31\text{kN}$

    $S_3 = 182.81\text{kN}$

4-24 $X_A = 0$ $Y_A = 81.18\text{kN}(\uparrow)$ $Y_B = 53.72\text{kN}(\uparrow)$ $S_{DE} = 101.19\text{kN}$

4-25 $G_{\min} = \dfrac{2Q(R-r)}{R}$

4-26 $T = \dfrac{P \cdot a}{2h}\cos\alpha$

第五章 材料力学的基本概念

学习要点：掌握变形固体的概念及其基本假设，掌握弹性变形及塑性变形的概念；了解杆件变形的基本形式。

第一节 变形固体及其基本假设

一、变 形 固 体

在静力学中，曾把固体（物体）都看作是刚体，即假设固体在外力作用下，其大小和形状都不发生变化。实际上，刚体在自然界中是不存在的。工程上所用的固体材料，如钢、铸铁、木材、混凝土等，它们在外力作用下会或多或少地产生变形，有些变形可直接观察到，有些变形可通过仪器测出。在外力作用下，会产生变形的固体材料称为**变形固体**。

在静力学中，主要研究的是物体在力作用下平衡的问题。物体的微小变形对研究这种问题的影响是很小的，可以作为次要因素忽略不计。因此，可以认为物体在外力作用下，大小形状都不发生变化，所以可把物体视为一个刚体来进行理论分析。而在材料力学中，主要研究的是构件在外力作用下的强度、刚度和稳定性的问题。对于这类问题，即使是微小的变形往往也是主要影响的因素之一，必须予以考虑而不能忽略。因此，在材料力学中，必须将组成构件的各种固体视为变形固体。

变形固体在外力作用下会产生两种不同性质的变形：一种是外力消除时，变形随着消失，这种变形称为**弹性变形**；另一种是外力消除后，不能消失的变形称为**塑性变形**。一般情况下，物体受力后，即有弹性变形，又有塑性变形。但工程中常用的材料，当外力不超过一定范围时，塑性变形很小，忽略不计，认为只有弹性变形，这种只有弹性变形的变形固体称为完全弹性体。只引起弹性变形的外力范围称为**弹性范围**。本书主要讨论材料在弹性范围内的变形及受力。

二、变形固体的基本假设

变形固体有多种多样，其组成和性质是复杂的。对于用变形固体材料做成的构件进行强度、刚度和稳定性计算时，为了使问题得到简化，常略去一些次要的性质，而保留其主要的性质。根据其主要的性质对变形固体材料作出下列假设。

1. 均匀连续假设

假设变形固体在其整个体积内毫无空隙的充满了物质，并且物体各部分材料力学性能完全相同。

变形固体是由很多微粒或晶体组成的，各微粒或晶体之间是有空隙的，且各微粒或晶体彼此的性质并不完全相同。但是由于这些空隙与构件的尺寸相比是极微小的，因此这些空隙的存在以及由此引起的性质上的差异，在研究构件受力和变形可以略去不计。

2. 各向同性假设

假设变形固体沿各个方向的力学性能均相同。

实际上，组成固体的各个晶体在不同方向上有着不同的性质。但由于构件所包含的晶体数量极多，且排列也完全没有规则，变形固体的性质是这些晶粒性质的统计平均值。这样，在以构件为对象的研究问题中，就可以认为是各向同性的。工程中使用的大多数材料，如钢材、玻璃、铜和浇灌好的混凝土，可以认为是**各向同性的材料**。但也有一些材料，如轧制钢材、木材和复合材料等，沿其各方向的力学性能显然是不同的，称为**各向异性材料**。

根据上述假设，可以认为，在物体内的各处，沿各方向的变形和位移等是连续的，可用连续函数来表示，可从物体中任一部分取出一微块来研究物体的性质，也可将那些大尺寸构件的试验结果用于微块上去。

3. 小变形假设

在实际工程中，构件在荷载作用下，其变形与构件的原尺寸相比通常很小，可忽略不计，所以在研究构件的平衡和运动时，可按变形前的原始尺寸和形状进行计算。这样做，可使计算工作大为简化，而又不影响计算结果的精度。

总的来说，在材料力学中是把实际材料看作是连续、均匀、各向同性的变形固体，且限于小变形范围。

第二节 杆件变形的基本形式

作用在杆件上的外力是多种多样的，因此，杆件的变形也是多种多样的。但总不外乎是由下列四种基本变形之一，或者是几种基本变形形式的组合。

一、轴向拉伸和轴向压缩

在一对大小相等、方向相反、作用线与杆轴线重合的外力作用下，杆件的主要变形是长度改变。这种变形称为轴向拉伸（图 5-1a）或轴向压缩（图 5-1b）。

二、剪　　切

在一对相距很近、大小相等、方向相反的横向外力作用下，杆件的主要变形是相邻横截面沿外力作用方向发生错动。这种变形形式称为剪切（图 5-1c）。

三、扭　　转

在一对大小相等、方向相反、位于垂直于杆轴线的两平面内的外力偶作用下，杆的任意横截面将绕轴线发生相对转动，而轴线仍维持直线，这种变形形式称为扭转（图 5-1d）。

四、弯　　曲

在一对大小相等、方向相反、位于杆的纵向平面内的外力偶作用下，杆件的轴线由直线弯曲成曲线，这种变形形式称为纯弯曲（图 5-1e）。

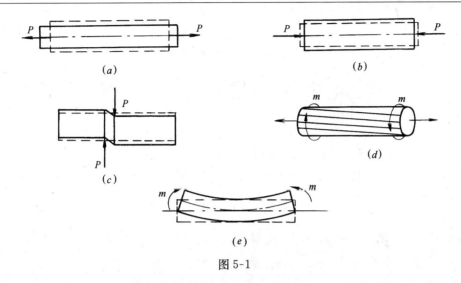

图 5-1

　　在工程实际中，杆件可能同时承受不同形式的荷载而发生复杂的变形，但都可看作是上述基本变形的组合。由两种或两种以上基本变形组成的复杂变形称为组合变形。

　　本书以下几章中，将分别讨论上述各种基本变形，然后再讨论组合变形。

第六章　轴向拉伸和压缩

学习要点：理解内力、截面法、应力、应变的概念；掌握用截面法计算轴力并能绘制轴力图；掌握拉杆、压杆横截面及斜截面上的应力计算；掌握轴向拉压杆变形的计算、虎克定律的适用范围；理解材料在拉伸（压缩）时的力学性能；掌握拉压杆的强度条件及强度计算方法；理解应力集中的概念。

第一节　轴向拉伸和压缩的内力与应力

一、轴向拉伸和压缩的概念

在工程结构及机械设备中，例如图 6-1 所示的桁架的竖杆、斜杆和上下弦杆，图 6-2 所示起重架的 1、2 杆和做材料试验用的万能试验机的立柱。作用在这些杆上外力的合力作用线与杆轴线重合。在这种受力情况下，杆所产生的变形是纵向伸长或缩短，产生轴向拉伸或压缩的杆件称为拉杆或压杆。

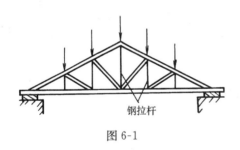

图 6-1

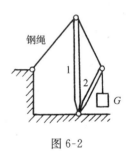

图 6-2

二、内力的概念

物体是由质点组成的，物体未受到外力作用时，各质点间本来就有相互作用力。物体在外力作用下，其内部各质点的相对位置将发生改变，其质点的相互作用力也会发生变化。这种相互作用力由于物体受到外力作用而引起的改变量，称为"附加内力"，通常简称为内力。

三、截面法·轴力·轴力图

由于内力是物体内部相互作用的力，其大小和指向只有将物体假想地截开后才能确定。如图 6-3（a）的拉杆，要确定杆件任一截面 m—m 上的合力，可假想用一横截面将杆沿截面 m—m 截开，取左段为研究对象（图 6-3b）。由于整个杆件是处于平衡状态的，所以左段亦应保持平衡，由平衡条件 $\Sigma X = 0$ 可知，截面 m—m 上的分布内力的合力必是与杆轴相重合的一个力，且 $N = P$，其指向背离截面。同样，若取右段为研究对象（图 6-3c），可得出相同的结果。作用线与杆轴线相重合的内力称为**轴力**。用符号 N 表示。

对于压杆，也可通过上述方法求得其任一横截面 m—m 上的轴力 N，其指向如图 6-4 所示。

为了区分拉伸和压缩，对轴力 N 的正负号作这样的规定：拉伸时的轴力值为正，称为**拉力**，其指向是离开截面的；压缩时的轴力值为负，称为压力，其指向是指向截面的。

轴力的单位为牛顿（N）或千牛顿（kN）。

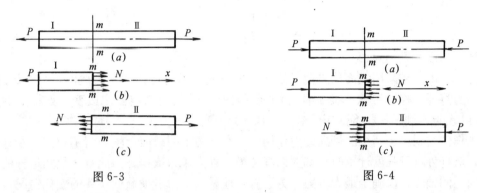

图 6-3　　　　　　　　　　　图 6-4

这种假想地用一截面将物体截开为两部分，取其中一部分为研究对象，利用平衡条件求解截面内力的方法称为**截面法**。

综上所述，截面法包括以下三个步骤：

（1）沿所求内力的截面假想地将杆件截成两部分。

（2）取出任一部分为研究对象，并在截开面上用内力代替弃去部分对该部分的作用。

（3）列出研究对象的平衡方程，并求解内力。

【例 6-1】 杆件受力图如图 6-5（a）所示，在力 P_1、P_2、P_3 作用下处于平衡。已知 $P_1 = 10\text{kN}$，$P_2 = 15\text{kN}$，$P_3 = 5\text{kN}$，求杆件 AB 和 BC 段的轴力。

【解】 杆件承受多个轴向力作用时，外力将杆分开几段，各段杆的内力将不相同，因此要分段求出杆的内力。

（1）求 AB 段的轴力

用 1—1 截面在 AB 段内将杆件截开，取左段为研究对象（图 6-5b），截面上的轴力用 N_1 表示，并假设为拉力，由平衡方程

$$\Sigma X = 0$$
$$N_1 - P_1 = 0$$
$$N_1 = P_1 = 10\text{kN}$$

得正号，说明假设方向与实际方向相同，AB 段的轴力为拉力。

（2）求 BC 段的轴力

用 2—2 截面在 BC 段内将杆截开，取左段为研究对象（图 6-5c），截面上的轴力用 N_2 表示，由平衡方程

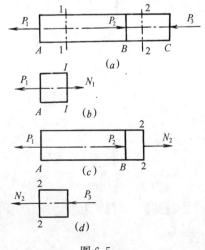

图 6-5

$$\Sigma X=0$$
$$N_2+P_2-P_1=0$$
$$N_2=P_1-P_2=10-15=-5\text{kN}$$

得负号，说明假设方向与实际方向相反，BC 杆的轴力是压力。

若取右段为研究对象，如图 6-5（d），由平衡方程

$$\Sigma X=0$$
$$-N_2-P_3=0$$
$$N_2=-P_3=-5\text{kN}$$

结果与取左段相同。

必须指出：在采用截面法之前，是不能随意使用力的可传性和力偶的可移性原理的。这是因为将外力移动后就改变了杆件的变形性质，并使内力也随之改变。如将上例中的 P_2 移到 A 点，则 AB 段将受压而缩短，其轴力也变为压力。

当杆件受到多于两个的轴向外力作用时，在杆的不同截面上轴力将不相同，在这种情况下，对杆件进行强度计算时，都要以杆的最大轴力作为依据。为此就必须知道杆的各个横截面上的轴力，以确定最大轴力。为了直观地看出轴力沿横截面位置的变化情况，可按选定的比例尺，用平行于轴线的坐标表示横截面的位置，用垂直于杆轴线的坐标表示各横截面轴力的大小，绘出表示轴力与截面位置关系的图线，称为**轴力图**。画图时，习惯上将正值的轴力画在上侧，负值的轴力画在下侧。

【例 6-2】　杆件受力如图 6-6（a）所示。试求杆内的轴力并作出轴力图。

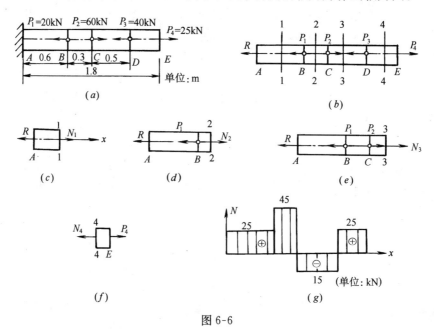

图 6-6

【解】　（1）为了运算方便，首先求出支座反力 R（图 6-6b），整个杆的平衡方程

$$\Sigma X=0$$
$$-R+60-20-40+25=0$$

$$R=25\text{kN}$$

（2）求各段杆的轴力

求 AB 段轴力：用 1—1 截面将杆件在 AB 段内截开，取左段为研究对象（图 6-6c），以 N_1 表示截面上的轴力，并假设为拉力，由平衡方程

$$\Sigma X=0$$
$$-R+N_1=0$$
$$N_1=R=25\text{kN}$$

得正号，表示 AB 段的轴力为拉力。

求 BC 段的轴力：用 2—2 截面将杆件截断，取左段为研究对象（图 6-6d），由平衡方程

$$\Sigma X=0$$
$$-R+N_2-20=0$$
$$N_2=20+R=45\text{kN}$$

得正号，表示 BC 段的轴力为拉力。

求 CD 段轴力：用 3—3 截面将杆件截断，取左段为研究对象（图 6-6e），由平衡方程

$$\Sigma X=0$$
$$-R-20+60+N_3=0$$
$$N_3=-15\text{kN}$$

得负号，表示 CD 段的轴力为压力。

求 DE 段轴力：用 4—4 截面将杆件截断，取右段为研究对象（图 6-6f），由平衡方程

$$\Sigma X=0$$
$$25-N_4=0$$
$$N_4=25\text{kN}$$

得正号，表示 DE 段的轴力为拉力。

（3）画轴力图

以平行于杆轴的 x 轴为横坐标，垂直于杆轴的坐标轴为 N 轴，按一定比例将各段轴力标在坐标轴上，可作出轴力图如图 6-6（g）所示。

四、应力的概念

用截面法可求出整个截面上分布内力的合力，由于杆件材料是连续的，所以内力必然是分布在整个截面上。用内力的合力的大小，还不能判断杆件是否会因强度不足而破坏，例如，两根材料相同、截面面积不同的杆，受同样大小的轴向拉力 P 作用，显然两根杆件横截面上的内力是相等的，随着外力的增加，截面积小的杆件必然先断。这是因为轴力只是杆横截面上分布内力的合力，而要判断杆的强度问题，还必须知道，内力在截面上分布的密集程度（简称内力集度）。

内力在一点处的分布集度称为**应力**。为了说明截面上某一点 E 处的应力，可绕 E 点取一微小面积 ΔA，作用在微面积 ΔA 上的内力合力记为 ΔP（图 6-7a），则比值

$$p_m=\frac{\Delta P}{\Delta A}$$

称为 ΔA 上的平均应力。

一般情况下，截面上各点处的内力虽然是连续分布的，但并不一定均匀，因此，平均应力的值将随 ΔA 的大小而变化，它还不能表明内力在 E 点处的真实强弱程度。只有当 ΔA 无限缩小并趋于零时，平均应力 p_m 的极限值 p 才能代表 E 点处的内力集度。

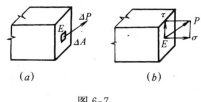

图 6-7

$$p=\lim_{\Delta A\to 0}\frac{\Delta P}{\Delta A}=\frac{\mathrm{d}P}{\mathrm{d}A}$$

p 称为 E 点处的应力。

通常应力 p 与截面既不垂直也不相切。材料力学总是将它分解为垂直于截面和相切于截面的两个分量（图 6-7b），与截面垂直的应力分量称为正应力（或法向应力），用 σ 表示；与截面相切的应力分量称为剪应力（或切向应力），用 τ 表示。

应力的单位是帕斯卡，简称为帕，符号为 "Pa"。

$$1Pa=1N/m^2 \qquad （1 \text{帕}＝1 \text{牛}/\text{米}^2）$$

工程实际中应力数值较大，常用千帕（kPa）、兆帕（MPa）及吉帕（GPa）作为单位。

$$1kPa=10^3 Pa$$
$$1MPa=10^6 Pa$$
$$1GP=10^9 Pa$$

工程图纸上，长度尺寸常以 mm 为单位，则

$$1MPa=10^6 N/m^2=10^6 N/10^6 mm^2=1N/mm^2$$

五、轴向拉压杆横截面及斜截面上的应力

（一）横截面上的正应力

对于轴向拉伸和压缩的直杆，用截面法确定横截面上的内力后，还不能判断杆件在外力作用下是否有足够的强度而不致发生破坏，要解决强度问题，还必须知道内力在截面上的分布规律。应力在截面上的分布不能直接观察到，但内力与变形有关，因此，可以通过对杆件的变形进行实验研究来推测应力的分布。

取一根等直杆（图 6-8a），为了便于实验观察轴向受拉杆所发生的变形现象，未受力前在杆件表面均匀地画上若干与杆轴线平行的纵线及与轴线垂直的横线，使杆表面形成许多大小相同的方格。然后在杆的两端施加一对轴向拉力 P（图 6-8b），可以观察到，所有的纵线都伸长了，但仍互相平行，小方格变成长方格。所有的横线仍保持为直线，且仍垂直于杆轴，只是相对距离增大了。

根据上述现象，可作如下假设：

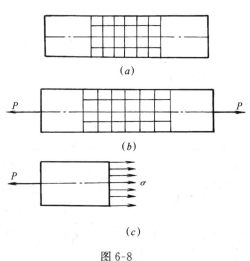

（a）

（b）

（c）

图 6-8

（1）平面假设　若将各条横线看作是一个横截面，则杆件横截面在变形前后均为平面且与杆轴线垂直，任意两个横截面只是作相对平移。

（2）若将各纵线看作是杆件由许多纤维组成，根据平面假设，任意两横截面之间的所有纤维的伸长都相同，即杆横截面上各点处的变形都相同。

由于前面已假设材料是均匀连续的，而杆的分布内力集度又与杆的变形程度有关，因而，从上述均匀变形的推理可知，拉杆在横截面上的内力是均匀分布的。由于拉压杆的内力为轴力，轴力是垂直于横截面的，故它相应的内力分布必然沿此截面的垂直方向。由上可得结论：**轴向拉伸时，杆件横截面上各点处产生正应力，且大小相等**（图 6-8c）。

$$\sigma = \frac{N}{A} \tag{6-1}$$

式中　N 为轴力，A 为杆的横截面面积。

当杆受轴向压缩时，情况完全类似，上式同样适用。由于前面已规定了轴力的正负号，由式（6-1）可知，正应力也随轴力 N 而有正负之分，**拉应力为正，压应力为负**。

【例 6-3】　若例 6-2 中的等直杆其截面为 $50mm \times 50mm$ 正方形时，试求杆中各段横截面上的应力。

【解】　杆的横截面面积

$$A = 0.05 \times 0.05 = 0.0025m^2 = 25 \times 10^{-4} m^2$$

在例 6-2 中已求得四段中的轴力分别为 $N_1 = 25kN$，$N_2 = 45kN$，$N_3 = -15kN$，$N_4 = 25kN$，代入正应力计算公式 $\sigma = \frac{N}{A}$ 可得

第 1 段内任一横截面上的应力

$$\sigma_1 = \frac{N_1}{A} = \frac{25 \times 10^3}{25 \times 10^{-4}} = 10 \times 10^6 Pa = 10MPa$$

第 2 段内任一横截面上的应力

$$\sigma_2 = \frac{N_2}{A} = \frac{45 \times 10^3}{25 \times 10^{-4}} = 18 \times 10^6 Pa = 18MPa$$

第 3 段内任一横截面上的应力

$$\sigma_3 = \frac{N_3}{A} = \frac{-15 \times 10^3}{25 \times 10^{-4}} = -6 \times 10^6 Pa = -6MPa$$

第 4 段内任一横截面上的应力

$$\sigma_4 = \frac{N_4}{A} = \frac{25 \times 10^3}{25 \times 10^{-4}} = 10 \times 10^6 Pa = 10MPa$$

（二）斜截面上的应力

上面已分析了拉压杆横截面上的正应力。但是，横截面只是一个特殊方位的截面。为了全面了解拉压杆各处的应力情况，现研究更一般的情况，即任一斜截面上的应力。

设有一等直杆，在两端分别受到一个大小相等的轴向拉力 P 的作用（图 6-9a），现分析任意斜截面 m—n 上的应力，截面 m—n 的方位用它的外法线 on 与 x 轴的夹角 α 表示，并规定 α 从 x 轴起算，逆时针转向为正。

将杆件在 m—n 截面处截开，取左半段为研究对象（图 6-9b），由静力平衡方程 $\Sigma X = 0$，

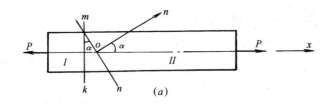

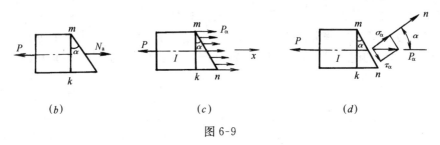

图 6-9

可求得 $m—n$ 截面上的内力

$$N_\alpha = P = N \tag{a}$$

N 为横截面 $m—k$ 上的轴力。

若将 p_α 表示 $m—n$ 截面上任一点的总应力，按照上面所述横截面上正应力变化规律的分析过程，同样可得到斜截面上各点处的总应力相等的结论见图 6-9（c）所示，于是可得

$$p_\alpha = \frac{N_\alpha}{A_\alpha} = \frac{N}{A_\alpha} \tag{b}$$

式中 A_α 是斜截面面积，从几何原理可知，$A_\alpha = \dfrac{A}{\cos\alpha}$，将它代入（$b$）式得

$$p_\alpha = \frac{N}{A}\cos\alpha$$

式中 $\dfrac{N}{A}$ 为横截面上的正应力 σ，故得

$$p_\alpha = \sigma\cos\alpha$$

p_α 是斜截面任一点处的总应力，为研究方便，通常将 p_α 分解为垂直于斜截面的正应力 σ_α 和相切于斜截面的剪应力 τ_α（图 6-9d），可得

$$\sigma_\alpha = p_\alpha \cdot \cos\alpha = \sigma\cos^2\alpha \tag{6-2}$$

$$\tau_\alpha = p_\alpha\sin\alpha = \sigma\cos\alpha\sin\alpha = \frac{1}{2}\sigma\sin2\alpha \tag{6-3}$$

式（6-2）、式（6-3）表示出轴向受拉杆斜截面上任一点的 σ_α 和 τ_α 的数值随斜截面位置 α 角而变化的规律。同样它们也适用于轴向受压杆。

σ_α 和 τ_α 的正负号规定如下：正应力 σ_α 以拉应力为正，压应力为负；剪应力 τ_α 以它使研究对象绕其中任意一点有顺时针转动趋势时为正，反之为负。

由式（6-2）、式（6-3）可见，轴向拉压杆在斜截面上有正应力和剪应力，它们的大小随截面的方位 α 而变。

当 $\alpha = 0°$ 时，正应力达到最大值

$$\sigma_{\max} = \sigma$$

由此可见，拉压杆的最大正应力发生在横截面上。

当 $\alpha=45°$ 时，剪应力达到最大值

$$\tau_{max}=\frac{\sigma}{2}$$

即拉压杆的最大剪应力发生在与杆轴成 $45°$ 的斜截面上。

第二节　轴向拉（压）杆的变形·虎克定律

一、轴向拉（压）杆的变形

杆受轴向力作用时，沿杆轴方向会产生伸长（或缩短），称为纵向变形；同时杆的横向尺寸将减小（或增大）。下面先结合轴向受拉杆的变形情况，介绍一些有关的基本概念。

设有一原长为 L 的杆，受到一对轴向拉力 P 的作用后，其长度增为 L_1，则杆的纵向拉长为（图6-10）

图 6-10

$$\Delta L=L_1-L$$

它只反映杆的总变形量，而无法说明杆的变形程度。由于杆的各段是均匀伸长的，所以可用单位长度的变形量来反映杆的变形程度。单位长度的纵向伸长称为纵向线应变。用 ε 表示，即

$$\varepsilon=\frac{\Delta L}{L} \tag{6-4}$$

对于轴向受拉杆的横向变形，设拉杆原始横向尺寸为 d，受力后缩小到 d_1，则其横向缩小为

$$\Delta d=d-d_1$$

与之相应的应变（横向应变）ε' 为

$$\varepsilon'=\frac{\Delta d}{d} \tag{6-5}$$

拉伸时 ε 为正，ε' 为负。

以上的一些概念也同样适用于压杆，但压杆的纵向线应变为负，而横向线应变为正。

二、虎 克 定 律

对于工程上常用的材料，如低碳钢、合金钢等所制成的轴向受拉（压）杆，由实验证明：当杆的应力未超过某一极限时，纵向变形 ΔL 与外力 P、杆长 L 及横截面面积 A 之间存在如下比例关系

$$\Delta L\propto\frac{PL}{A}$$

引入比例常数 E，则有

$$\Delta L=\frac{PL}{EA} \tag{6-6}$$

在内力不变的杆段中，$N=P$，可将上式改写成

$$\Delta L = \frac{NL}{EA} \qquad (6\text{-}7)$$

这一比例关系，是1678年首先由英国科学家虎克提出的，故称为虎克定律。式中比例常数E称为弹性模量，从式（6-6）知，当其他条件相同时，材料的弹性模量越大，则变形越小，它表示材料抵抗弹性变形的能力。E的数值随材料而异，是通过试验测定的，其单位与应力单位相同。EA称为杆件的抗拉（压）刚度，对于长度相等，且受力相同的拉杆，其抗拉（压）刚度越大，则变形就越小。

根据式（6-1）及式（6-4），有$\varepsilon = \frac{\Delta L}{L}$、$\sigma = \frac{N}{A}$，代入式（6-7）可得

$$\sigma = E \cdot \varepsilon \qquad (6\text{-}8)$$

式（6-8）是虎克定律的另一表达形式，它表明**当杆件应力不超过某一极限时，应力与应变成正比**。

上述的应力极限值，称为材料的比例极限，用σ_P表示（详见下节）。

实验结果表明，当杆件应力不超过比例极限时，横向线应变ε'与纵向线应变ε的绝对值之比为一常数，此比值称为横向变形系数或泊松比，用μ表示。

$$\mu = \left| \frac{\varepsilon'}{\varepsilon} \right| \qquad (6\text{-}9)$$

μ是无单位的量，其数值随材料而异，可见试验测定。

考虑到此两应变ε'和ε的正负号恒相反，故有

$$\varepsilon' = -\mu\varepsilon$$

弹性模量E和泊松比μ都是表示材料弹性性能的常数。表6-1列出了几种材料的E和μ值。

几种材料的 E、μ 值

表 6-1

材料名称	E (10^3MPa)	μ	G (10^3MPa)
碳 钢	196～206	0.24～0.28	78.5～79.4
合金钢	194～206	0.25～0.30	78.5～79.4
灰口铸铁	113～157	0.23～0.27	44.1
白口铸铁	113～157	0.23～0.27	44.1
纯 铜	108～127	0.31～0.34	39.2～48.0
青 铜	113	0.32～0.34	41.2
冷拔黄铜	88.2～97	0.32～0.42	34.4～36.3
硬铝合金	69.6	—	26.5
轧制铝	65.7～67.6	0.26～0.36	25.5～26.5
混凝土	15.2～35.8	0.16～0.18	—
橡 胶	0.00785	0.461	—
木材（顺纹）	9.8～11.8	0.0539	—
木材（横纹）	0.49～0.98	—	—

【例6-4】 图6-11为一方形截面砖柱，上段柱边长为240mm，下段柱边长为

370mm。荷载 $P=50\text{kN}$，不计自重，材料的弹性模量 $E=0.03\times10^5\text{MPa}$，试求砖柱顶面的位移。

【解】 设砖柱顶面 A 下降的位置为 Δl，显然它的位移就等于全柱的总缩短。由于上、下两柱的截面面积及轴力都不相等，故应分别求出两段变形，然后求其总和，即

$$\Delta l = \Delta l_{AB} + \Delta l_{BC}$$

$$= \frac{N_{AB}\cdot l_{AB}}{E\cdot A_{AB}} + \frac{N_{BC}\cdot l_{BC}}{E\cdot A_{BC}}$$

$$= \frac{(-50\times10^3)\times3}{0.03\times10^5\times10^6\times0.24^2} + \frac{(-150\times10^3)\times4}{0.03\times10^5\times10^6\times0.37^2}$$

$$= -0.00233\text{m}$$

$$= -2.33\text{mm} \quad (\text{向下})$$

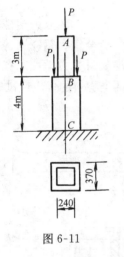

图 6-11

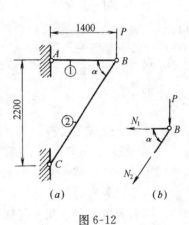

图 6-12

【例 6-5】 计算图示 6-12（a）结构杆①及杆②的变形。已知杆①为钢杆，$A_1=7\text{cm}^2$，$E_1=200\text{GPa}$；杆②为木杆，$A_2=400\text{cm}^2$，$E_2=10\text{GPa}$，$P=100\text{kN}$。

【解】 （1）求各杆的轴力。取 B 节点为研究对象（图 6-12b），列平衡方程得

$$\Sigma Y = 0$$

$$-P - N_2\sin\alpha = 0 \qquad\qquad (a)$$

$$\Sigma X = 0$$

$$-N_1 + N_2\cos\alpha = 0 \qquad\qquad (b)$$

因 $\tan\alpha = \dfrac{AC}{AB} = \dfrac{2200}{1400} = 1.57$，故 $\alpha = 57.53°$，$\sin\alpha = 0.843$，$\cos\alpha = 0.537$，代入式（a）、（b）解得

$$N_1 = 63.7\text{kN} \qquad N_2 = -118.6\text{kN}$$

（2）计算杆的变形

$$\Delta l_1 = \frac{N_1 l_1}{E_1 A_1} = \frac{63.7\times10^3\times1.4}{200\times10^9\times7\times10^{-4}}$$

$$= 6.37\times10^{-4}\text{m}$$

$$= 0.637\text{mm}$$

$$\Delta l_2 = \frac{N_2 l_2}{E_2 A_2} = \frac{-118.6 \times 10^3 \times \dfrac{2.2}{\sin\alpha}}{10 \times 10^9 \times 400 \times 10^{-4}}$$

$$= -7.70 \times 10^{-4}$$

$$= -0.77 \text{mm}$$

第三节 材料在拉伸和压缩时的力学性能

前面所讨论的拉（压）杆的计算中，曾涉及材料在轴向拉（压）时的一些有关数据，如弹性模量和比例极限等。材料在外力作用下表现出来的强度和变形方面的性质称为**材料的力学性能**。它们都是通过材料试验来测定的。本节只讨论材料在常温、静载下的力学性能。

工程中使用的材料种类很多，可根据试件在拉断时塑性变形的大小，区分为塑性材料和脆性材料。塑性材料在拉断时具有较大的塑性变形，如低碳钢、合金钢、铅、铝等；脆性材料在拉断时，塑性变形很小，如铸铁、砖、混凝土等。这两类材料其力学性能有明显的不同。实验研究中常把工程上用途较广泛的低碳钢和铸铁作为两类材料的代表性试验。

一、材料在拉伸时的力学性能

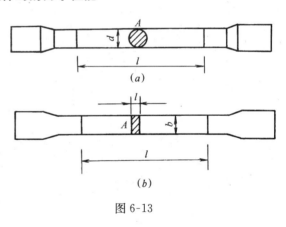

图 6-13

在做试验时，应该将材料做成标准试件，如图 6-13 所示。试件的中间部分较细，两端加粗，便于将试件安装在试验机的夹具中。在中间等直部分上标出一段作为工作段，用来测量变形，其长度称为标距 l。为了便于比较不同粗细试件工作段的变形程度，通常对圆截面标准试件的标距 l 与横截面直径的比例加以规定：$l = 10d$ 和 $l = 5d$。矩形截面试件标距和截面面积 A 之间的关系规定为：$l = 11.3\sqrt{A}$ 和 $l = 5.65\sqrt{A}$。

（一）低碳钢的拉伸试验

1. 拉伸图、应力-应变图

将低碳钢的标准试件夹在万能试验机上，然后开动试验机，缓慢加力。从零开始直至拉断为止。在试验过程中，注意观察出现的各种现象和记录一系列拉力 P 与试件标距相应的纵向伸长 Δl 的数据。以拉力 P 为纵坐标，Δl 为横坐标，将 P 与 Δl 的关系按一定比例绘制成曲线，这条曲线就称为材料的**拉伸图**。如图 6-14 所示。一般试验机上均有自动绘图装置，试件拉伸过程中能自动绘出拉伸图。

由于 Δl 与试件的标距 l 及横截面面积 A 有关，因此，即使是同一种材料，当试件尺寸不同时，其拉伸图也不同。为了消除试件尺寸的影响，常对拉伸图的纵坐标即 P 除以试

件横截面的原面积 A，用应力 $\sigma=\dfrac{P}{A}$ 表示；将其横坐标 Δl 除以试件工作段的原长 l，用线

应变 $\varepsilon=\dfrac{\Delta l}{l}$ 表示。这样得到的曲线即与试件的尺寸无关，而可以代表材料的力学性能。此

曲线称为应力-应变图（$\sigma\varepsilon$ 图），如图 6-15 所示。

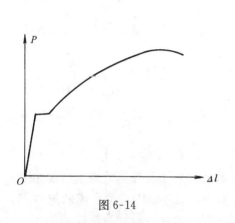

图 6-14

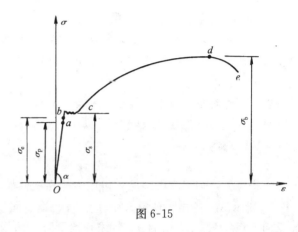

图 6-15

2. 拉伸过程的四个阶段

低碳钢在拉伸过程中可分为四个阶段，下面从 $\sigma\varepsilon$ 曲线来讨论低碳钢拉伸时的力学性能。

（1）弹性阶段（图 6-15 中 ob 段）

在试件的应力不超过 b 点所对应的应力时，材料的变形全部是弹性的，即卸除荷载时，试件的变形可全部消失。与这段图线的最高点 b 相对应的应力值称为材料的**弹性极限**，以 σ_e 表示。

在弹性阶段时，拉伸的初始阶段 Oa 为直线，表明 σ 与 ε 成正比。a 点对应的应力称为材料的**比例极限**，用 σ_P 表示。低碳钢受拉时的比例极限 σ_P 约为 200MPa。

图中直线 Oa 与横坐标 ε 的夹角 α，材料的弹性模量 E 可由夹角的正切表示，即

$$E=\frac{\sigma}{\varepsilon}=\tan\alpha \tag{6-10}$$

弹性极限 σ_e 与比例极限 σ_P 二者意义不同，但由试验得出的数值很接近，因此，通常工程上对它们不加严格区分，常近似认为在弹性范围内材料服从虎克定律。

（2）屈服阶段（图 6-15 中的 bc 段）

当应力超过 b 点对应的应力后，应变增加很快，应力仅在一个微小的范围内波动，在 $\sigma\varepsilon$ 图上呈现出一段接近水平的"锯齿"形线段 bc。这时材料的应力几乎不增加，但应变迅速增加的现象称**屈服（或流动）**。bc 段称为屈服阶段。在屈服阶段，$\sigma\varepsilon$ 图中曲线有一段微小的波动，其最高点的应力值称为屈服高限，而最低点的应力值称为屈服低限。实验表明，很多因素对屈服高限的数值有影响，而屈服低限则较为稳定。因此，通常将屈服低限称为材料的**屈服极限**或**流动极限**，以 σ_s 表示。低碳钢的屈服极限 σ_s 约为 240MPa。

当材料到达屈服阶段时，如果试件表面光滑，则在试件表面上可以看到许多倾斜的与试件轴线约成 45° 的条纹，这种条纹就称为滑移线。这是由于在 45° 斜面上存在最大剪应

力，造成材料内部晶格之间发生相互滑移所致。一般认为，晶体的相对滑移是产生塑性变形的根本原因。

应力达到屈服时，材料出现了显著的塑性变形，使构件不能正常工作，故在构件设计时，一般应将构件的最大工作应力限制在屈服极限 σ_s 以下，因此，屈服极限是衡量材料强度的一个重要指标。

（3）强化阶段（图 6-15 的 cd 段）

经过屈服阶段，材料又恢复了抵抗变形的能力，$\sigma\varepsilon$ 图中曲线又继续上升，这表明若要试件继续变形，必须增加应力，这一阶段称为强化阶段。

由于试件在强化阶段中的变形主要是塑性变形，所以要比在弹性阶段内试件的变形大得多，在此阶段，可以明显地看到整个试件的横向尺寸在缩小。图 6-15 中曲线最高点 d 所对应的应力称为强度极限，以 σ_b 表示。它是衡量材料强度的一个重要指标。低碳钢的强度极限约为 400MPa。

（4）颈缩阶段（图 6-15 中的 de 段）

当应力达到强度极限后，可以看到在试件的某一小段内的横截面显著收缩，出现如图 6-16 所示的"颈缩"现象。由于颈缩处截面面积迅速缩小，试件继续变形所需的拉力 P 反而下降，图 6-15 中的 $\sigma\varepsilon$ 曲线开始下降，曲线出现 de 段的形状，最后当曲线到达 e 点时，试件被拉断，这一阶段称为"颈缩"阶段。

对于低碳钢来说，屈服极限 σ_s 和强度极限 σ_b 是衡量材料强度的两个重要指标。

3. 塑性指标

试件断裂后，弹性变形消失了，塑性变形残余了下来。试件断裂后所遗留下来的塑性变形大小，常用来衡量材料的塑性性能。塑性性能指标有两个：

（1）延伸率

图 6-17 试件的工作段在拉断后的长度 l_1 与原长 l 之差（即在试件拉断后其工作段总的塑性变形）除以 l 的百分比，称为材料的延伸率。即

$$\delta = \frac{l_1 - l}{l} \times 100\% \tag{6-11}$$

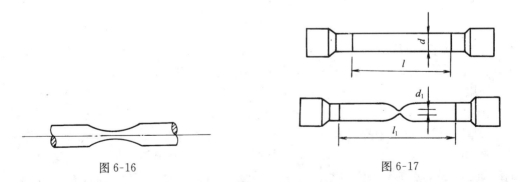

图 6-16　　　　　　　　　　　　　　　图 6-17

延伸率是衡量材料塑性的一个重要指标，一般可按延伸率的大小将材料分为两类。$\delta > 5\%$ 的材料作为塑性材料，$\delta < 5\%$ 作为脆性材料。低碳钢的延伸率约为 $20\% \sim 30\%$。

（2）截面收缩率

试件断裂处的最小横截面面积用 A_1 表示，原截面面积为 A，则比值

$$\psi = \frac{A - A_1}{A} \times 100\% \qquad (6\text{-}12)$$

称为截面收缩率。低碳钢的 ψ 值约为 60% 左右。

4. 冷作硬化

在试验过程中，如加载到强化阶段某点 f 时（图 6-18），将荷载逐渐减小到零，可以看到，卸载过程中应力与应变仍保持为直线关系，且卸载直线 fO_1 与弹性阶段内的直线 Oa 近乎平行。在图 6-18（a）所示的 $\sigma\varepsilon$ 曲线中，f 点的横坐标可以看成是 OO_1 与 O_1g 之和，其中 OO_1 是塑性变形 ε_s，O_1g 是弹性变形 ε_e。

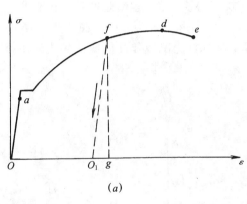

图 6-18

如果卸载后立即再加荷载，直到试件拉断，所得的加载曲线如图 6-18（b）中的 O_1fde，比较图 6-18（a）与图 6-18（b），可见卸载后再加载，材料的比例极限和屈服极限都得到提高，而塑性下降。这种将材料预拉到强化阶段，然后卸载，当再加载时，比例极限和屈服极限得到提高，塑性降低现象，称为冷作硬化。在工程上常利用冷作硬化来提高钢筋和钢缆绳等构件的屈服极限，达到节约钢材料的目的。

（二）其他材料拉抻时的力学性能

1. 其他塑性材料

与低碳钢在 $\sigma\varepsilon$ 曲线上相似的材料，如 16 锰钢及另外一些高强度低合金钢，它们与低碳钢相比，屈服极限和强度极限都显著提高了，但屈服阶段稍短，且延伸率略低。

其他金属材料的拉伸试验和低碳钢拉伸实验作法相同，但材料所显示的力学性能有很大的差别，如图 6-19 的 $\sigma\varepsilon$ 曲线中，1、2、3、4 分别是锰钢、硬铝、退火球墨铸铁和低碳钢的应力-应变曲线。从图中可见，前三种材料就不象低碳钢那样具有明显的屈服阶段，这些材料的共同特点

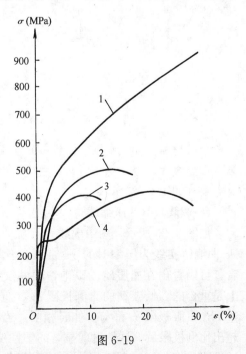

图 6-19

是延伸率 δ 均较大，它们和低碳钢一样都属于塑性材料。

对于没有屈服阶段的塑性材料，通常用**名义屈服极限**作为衡量材料强度的指标。规定将对应于塑性应变为 $\varepsilon_s = 0.2\%$ 时的应力定为名义屈服极限，并以 $\sigma_{0.2}$ 表示。如图 6-20 所示。图中 CD 直线与弹性阶段内的直线部分平行。

2. 脆性材料

工程上常用的脆性材料，如铸铁、玻璃钢、混凝土等。这些材料在拉伸时，一直到断裂，变形都不显著，而且没有明显的屈服阶段和颈缩现象，只有断裂时的强度极限 σ_b。图 6-21 所示是灰口铸铁和玻璃钢受拉伸时的 $\sigma\text{-}\varepsilon$ 曲线。玻璃钢几乎到试件拉断时都是直线，即弹性阶段一直延续到接近断裂。灰口铸铁的 $\sigma\text{-}\varepsilon$ 全部是曲线，没有明显的直线部分，但由于直到拉断时变形都非常小，因此，一般近似地将 $\sigma\text{-}\varepsilon$ 曲线用一条割线来代替（如图 6-21 中虚线），从而确定其弹性模量，称之为割线弹性模量。并认为材料在这一范围内是符合虎克定律的。

衡量脆性材料强度的惟一指标是强度极限 σ_b。

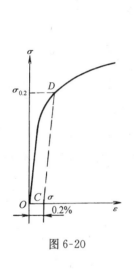

图 6-20

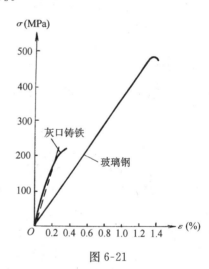

图 6-21

二、材料在压缩时的力学性能

金属材料（如低碳钢、铸铁等）压缩试验的试件为圆柱形，高约为直径的 $1.5\sim3$ 倍，高度不能太大，否则受压后容易发生弯曲变形；非金属材料（如混凝土、石料等）试件为立方块（如图 6-22 所示）。

（一）低碳钢的压缩试验

如图 6-23 所示，图中虚线表示拉伸时的 $\sigma\text{-}\varepsilon$ 曲线，实线为压缩时的 $\sigma\text{-}\varepsilon$ 曲线。比较两者，可以看出在屈服阶段以前，两曲线基本上是重合的。低碳钢的比例极限 σ_P，弹性模量 E，屈服极限 σ_s 都与拉伸时相同。当应力超出比例极限后，试件出现显著的塑性变形，试件明显缩短，横截面增大，随着荷载的增

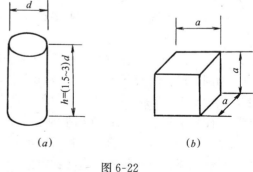

图 6-22

加，试件越压越扁，但并不破坏。因此，不能测出强度极限。

低碳钢的力学性能指标，通过拉伸试验都可测定，一般不须作压缩实验。类似情况在其他塑性材料中也存在。

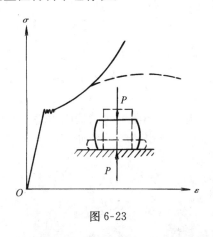

图 6-23

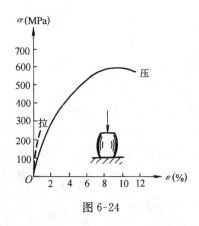

图 6-24

（二）铸铁的压缩试验

铸铁受压缩时的 σ-ε 曲线，如图 6-24 所示。图中虚线表示受拉时的 σ-ε 曲线。由图可见，铸铁压缩时的强度极限约为受拉时的 2～4 倍，延伸率也比拉伸时大。

铸铁试件将沿与轴线成 45° 的斜截面上发生破坏，即在最大剪应力所在面上破坏。说明铸铁的抗压强度高于抗拉强度。

其他脆性材料如混凝土、石料及非金属材料的抗压强度也远高于抗拉强度。

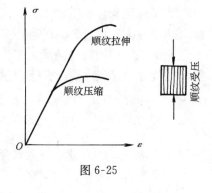

图 6-25

木材是各向异性材料，其力学性能具有方向性，顺纹方向的强度要比横纹方向高得多，而且其抗拉强度高于抗压强度，如图 6-25 所示。

三、两类材料力学性能的比较

通过上面试验分析，塑性材料和脆性材料在力学性能上的主要差别是：

（一）强度方面

塑性材料拉伸和压缩的弹性极限、屈服极限基本相同。脆性材料压缩时的强度极限远比拉伸时大，因此，一般适用于受压构件。塑性材料在应力超过弹性极限后有屈服现象；而脆性材料没有屈服现象，破坏是突然的。

（二）变形方面

塑性材料的 δ 和 ψ 值都比较大，构件破坏前有较大的塑性变形，材料的可塑性大，便于加工和安装时的矫正。脆性材料的 δ 和 ψ 较小，难以加工，在安装时的矫正中易产生裂纹和损坏。

必须指出，上述关于塑性材料和脆性材料的概念是指常温、静载时的情况。实际上，材料是塑性的还是脆性的，并非一成不变的，它将随条件而变化。如加载速度、温度高低、受力状态都能使其发生变化。例如，低碳钢在低温时也会变得很脆。

第四节　轴向拉（压）杆的强度条件及其应用

一、材料的极限应力

任何一种构件材料都存在一个能承受力的固有极限，称为极限应力，用 σ^0 表示。当杆内的工作应力到达此值时，杆件就会破坏。

通过材料的拉伸（或压缩）试验，可以找出材料在拉伸和压缩时的极限应力。对塑性材料，当应力达到屈服极限时，将出现显著的塑性变形，会影响构件的使用。对于脆性材料，构件达到强度极限时，会引起断裂，所以

对塑性材料　　　$\sigma^0 = \sigma_s$

对脆性材料　　　$\sigma^0 = \sigma_b$

二、容许应力和安全系数

为了保证构件能正常工作，必须使构件工作时产生的工作应力不超过材料的极限应力。由于在实际设计计算时有许多因素无法预计，因此，设计计算时，必须使构件有必要的安全储备。即构件中的最大工作应力不超过某一限值，其极限值规定将极限应力 σ^0 缩小 K 倍，作为衡量材料承载能力的依据，称为**容许应力**（或称为许用应力），用 $[\sigma]$ 表示，即

$$[\sigma] = \frac{\sigma^0}{K} \tag{6-13}$$

K 是一个大于 1 的系数，称为**安全系数**。

安全系数 K 的确定相当重要又比较复杂，选用过大，设计的构件过于安全，用料增多，选用过小，安全储备减少，构件偏于危险。

在确定安全系数时，必须考虑各方面的因素，如荷载的性质，荷载数值及计算方法的准确程度、材料的均匀程度、材料力学性能和试验方法的可靠程度，结构物的工作条件及重要性等等。例如，在静载作用下，脆性材料破坏时没有明显变形的"预告"，所以所取的安全系数要比塑性材料大。一般工程中

脆性材料　　$[\sigma] = \dfrac{\sigma_b}{K_b}$

$K_b = 2.5 \sim 3.0$

塑性材料　　$[\sigma] = \dfrac{\sigma_s}{K_s}$ 或 $[\sigma] = \dfrac{\sigma_{0.2}}{K_s}$

$K_s = 1.4 \sim 1.7$

常用材料的容许应力可见表 6-2。

常用材料的容许应力

（适用于常温、静载和一般工作条件）　　　表 6-2

材料名称	牌　号	应力种类（MPa）		
		$[\sigma]$	$[\sigma_y]$	$[\tau]$
普通碳钢	Q215	137～152	137～152	84～93
普通碳钢	Q235	152～167	152～167	93～98
优质碳钢	45	216～238	216～238	128～142
低碳合金钢	16Mn	211～238	211～238	127～142
灰铸铁		28～78	118～147	—
铜		29～118	29～118	—
铝		29～78	29～78	—
松木（顺纹）		6.9～9.8	8.8～12	0.98～1.27
混凝土		0.098～0.69	0.98～8.8	

注：1. $[\sigma]$ 为容许拉应力，$[\sigma_y]$ 为许用压应力，$[\tau]$ 为许用剪应力。

2. 材料质量较好，厚度或直径较小时取上限；材料质量较差，尺寸较大时取下限；其详细规定，可参阅有关设计规范或手册。

三、轴向拉（压）杆的强度条件和强度计算

由前面讨论知道，拉（压）杆的工作应力 $\sigma = \dfrac{N}{A}$，为了保证构件能安全正常的工作，则杆内最大的工作应力不得超过材料的容许应力。即

$$\sigma_{max} = \frac{N}{A} \leqslant [\sigma] \tag{6-14}$$

式（6-14）称为拉（压）杆的强度条件。

在轴向拉（压）杆中，产生最大正应力的截面称为危险截面。对于轴向拉压的等直杆，其轴力最大的截面就是危险截面。

应用强度条件式（6-14）可以解决轴向拉（压）杆在强度计算的三类问题：

1. 强度校核　已知杆的材料、尺寸（已知 $[\sigma]$ 和 A）和所受的荷载（已知 N）的情况下，可用式（6-14）检查和校核杆的强度。如 $\sigma_{max} = \dfrac{N}{A} \leqslant [\sigma]$，表示杆的强度是满足的，否则不满足强度条件。

2. 截面选择　已知所受的荷载，构件的材料，则构件所需的横截面面积 A 可用下式计算

$$A \geqslant \frac{N}{[\sigma]}$$

3. 确定容许荷载　已知杆的尺寸、材料，确定杆能承受的最大轴力，并由此计算杆能承受的容许荷载。

$$[N] \leqslant A[\sigma]$$

【例 6-6】　已知 Q235 号的钢拉杆受轴向拉力 $P = 23kN$ 作用，杆为圆截面杆，直径 $d = 16mm$，许用应力 $[\sigma] = 170MPa$。试校核杆的强度。

【解】　杆的横截面面积

$$A = \frac{\pi}{4}d^2 = \frac{1}{4} \times 3.14 \times 16^2 = 200.96mm^2$$

杆横截面上的应力

$$\sigma = \frac{N}{A} = \frac{P}{A} = \frac{23 \times 10^3}{200.96} = 114.45 \text{N/mm}^2$$

$$= 114.45 \text{MPa} < [\sigma] = 170 \text{MPa}$$

所以满足强度条件。

【例 6-7】 图示支架①杆为直径 $d = 14$mm 的钢圆截面杆，许用应力 $[\sigma]_1 = 160$MPa，②杆为边长 $a = 10$cm 的正方形截面杆，$[\sigma]_2 = 5$MPa，在结点 B 处挂一重物 P，求许可荷载 $[P]$。

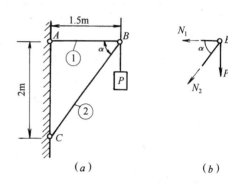

图 6-26

【解】 (1) 计算杆的轴力

取结点 B 为研究对象（图 6-26b），列平衡方程

$$\Sigma X = 0 \qquad -N_1 - N_2 \cos\alpha = 0$$

$$\Sigma Y = 0 \qquad -P - N_2 \sin\alpha = 0$$

式中 α 由几何关系得：$\tan\alpha = \frac{2}{1.5} = 1.333$，则 $\alpha = 53.13°$。解方程得：$N_1 = 0.75P$（拉力）　　$N_2 = -1.25P$（压力）

(2) 计算许可荷载

先根据杆①的强度条件计算杆①能承受的许可荷载

$$\sigma_1 = \frac{N_1}{A_1} = \frac{0.75P}{A_1} \leqslant [\sigma]_1$$

所以

$$[P] \leqslant \frac{A_1 [\sigma]_1}{0.75} = \frac{\frac{1}{4} \times 3.14 \times 14^2 \times 160}{0.75}$$

$$= 3.28 \times 10^4 \text{N} = 32.8 \text{kN}$$

再根据杆②的强度条件计算杆②能承受的许可荷载 $[P]$

$$\sigma_2 = \frac{N_2}{A_2} = \frac{1.25P}{A_2} \leqslant [\sigma]_2$$

所以

$$[P] \leqslant \frac{A_2 [\sigma]_2}{1.25} = \frac{100^2 \times 5}{1.25} = 4.0 \times 10^4 \text{N}$$

$$= 40.0 \text{kN}$$

比较两次所得的许可荷载，取其较小者，则整个支架的许可荷载为 $[P] \leqslant 32.8$kN。

【例 6-8】 图示雨篷结构简图，水平梁 AB 上受均布荷载 $q = 10$kN/m 的作用，B 端用圆钢杆 BC 拉住，钢杆的许用应力 $[\sigma] = 160$MPa，试选择钢杆的直径。

【解】 (1) 求杆 BC 的轴力。取梁 AB 为研究对象（图 6-27b），列平衡方程

$$\Sigma M_A = 0 \qquad N_{BC} \cdot \sin\alpha \times 4 - 10 \times 4 \times 2 = 0$$

式中 $\tan\alpha = \frac{3}{4} = 0.75$，$\alpha = 36.87°$。

解方程得　　　　　　　　　　$N_{BC} = 33.32$kN

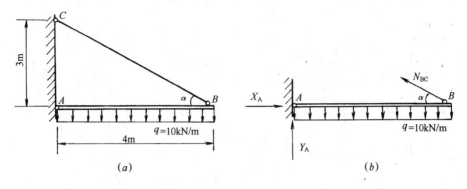

图 6-27

（2）计算杆的直径 d

根据 BC 杆的强度条件有

$$\sigma_{BC} = \frac{N_{BC}}{A_{BC}} = \frac{N_{BC}}{\frac{1}{4}\pi d^2} \leqslant [\sigma]$$

所以

$$d \geqslant \sqrt{\frac{N_{BC} \times 4}{[\sigma] \times \pi}} = \sqrt{\frac{33.32 \times 10^3 \times 4}{160 \times 3.14}} = 16.29\text{mm}$$

取　$d = 17\text{mm}$。

第五节　应力集中的概念

一、应力集中的概念

等截面直杆受轴向拉伸和压缩时，横截面上的应力是均匀分布的。但是工程上由于实际的需要，常在一些构件上钻孔，开槽以及制成阶梯形等，以致截面的形状或尺寸发生突变。由实验和理论研究表明，构件在截面突变处应力并不是均匀分布的。例如图 6-28（a）所示开有圆孔的直杆受到轴向拉伸时，在圆孔附近的局部区域内，应力的数值剧烈增加，而在稍远的地方，应力迅速降低而趋于均匀（图 6-28b）。又如图 6-29（a）所示具有浅槽的圆截面拉杆，在靠近槽边处应力很大，在开槽的横截面上，其应力分布如图 6-29（b）所示。这种由于杆件外形的突然变化而引起局部应力急剧增大的现象，称为应力集中。

二、应力集中对构件强度的影响

应力集中对构件强度的影响随构件性能不同而异。当构件截面有突变时会在突变部分发生应力集中现象，截面应力呈不均匀分布（图 6-30a）。继续增大外力时，塑性材料构件截面上的应力最高点首先到达屈服极限 σ_s（图 6-30b）。若再继续增加外力，该点的应力不会增大，只是应变增加，其他点处的应力继续提高，以保持内外力平衡。外力不断加大，截面上到达屈服极限的区域也逐渐扩大（图 6-30c、d），直至整截面上各点应力都达到屈服极限，构件才丧失工作能力。因此，对于用塑性材料制成的构件，尽管有应力集中，

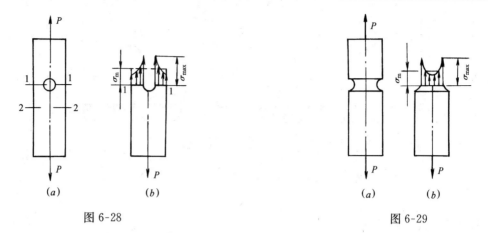

图 6-28   图 6-29

却并不显著降低它抵抗荷载的能力，所以在强度计算中可以不考虑应力集中的影响。脆性材料没有屈服阶段，当应力集中处的最大应力达到材料的强度极限时，将导致构件的突然断裂，大大降低了构件的承载能力。因此，必须考虑应力集中对其强度的影响。

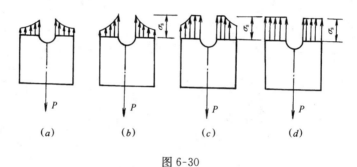

图 6-30

思 考 题

1. 什么叫内力？为什么轴向拉压杆的内力必定垂直于横截面且沿杆轴方向作用？
2. 指出图 6-31 所示杆件中哪些部位属于轴向拉伸和压缩？

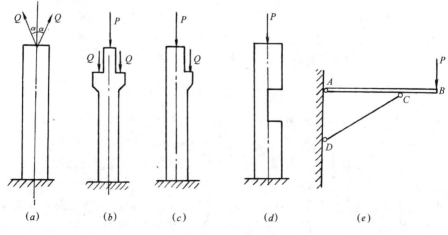

图 6-31

3. 两根材料不同，截面面积不同的杆，受同样的轴向拉力作用时，它们的内力是否相同？

4. 在拉（压）杆中，轴力最大的截面一定是危险截面，这种说法对吗？为什么？

5. 低碳钢在拉伸试验中表现为几个阶段？有哪几个特征点？怎样从 $\sigma\varepsilon$ 曲线上求出拉压弹性模量 E 的值？

6. 指出下列概念的区别：(1) 外力和内力；(2) 线应变和延伸率；(3) 工作应力、极限应力和许用应力；(4) 屈服极限和强度极限。

7. 三种材料的应力应变图如图 6-32 所示。问哪一种材料：(1) 强度高？(2) 刚度大？(3) 塑性好？

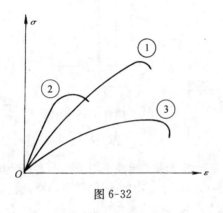

图 6-32

8. 虎克定律有几种表达形式，它们的应用条件是什么？

习　题

6-1　求图 6-33 所示各杆 1—1、2—2 和 3—3 横截面上的轴力，并作轴力图。

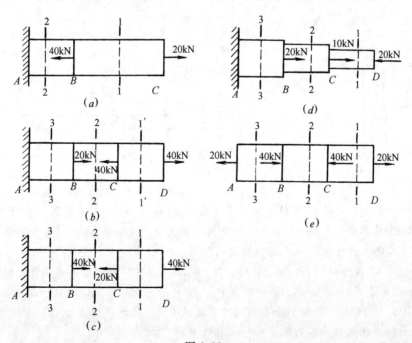

图 6-33

6-2　作图 6-34 所示阶梯状直杆的轴力图，如横截面的面积 $A_1＝200mm^2$，$A_2＝300mm^2$，A_3 ＝400mm²，求各横截面上的应力。

6-3　图 6-35 所示一高 10m 的石砌桥墩，其横截面尺寸如图所示。已知轴向压力 $P＝800kN$，材料的表观密度 $\rho＝23kN/m^3$，试求桥墩底面上的压应力的大小。

6-4　图 6-36 所示一承受轴向拉力 $P＝10kN$ 的等直杆，已知杆的横截面面积 $A＝100mm^2$，试求 $\alpha＝0°$、$30°$、$60°$、$90°$ 的各斜截面上的正应力和剪应力。

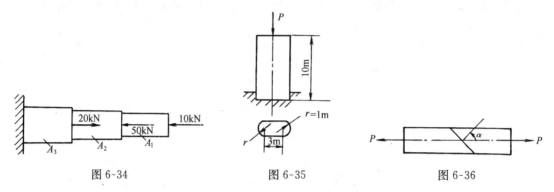

图 6-34　　　　　图 6-35　　　　　图 6-36

6-5　图 6-37 所示为正方形截面短柱承受荷载 $P_1＝580kN$，$P_2＝660kN$。其上柱长 $a＝0.6m$，边长 70mm；下柱长 $b＝0.7m$，边长 120mm，材料的弹性模量 $E＝2×10^5MPa$。试求（1）短柱顶面的位移；（2）上下柱的线应变之比值。

6-6　钢杆长 $l＝2m$，截面面积 $A＝200mm^2$，受到拉力 $P＝32kN$ 的作用，钢杆的弹性模量 $E＝2.0×10^5MPa$，试计算此钢杆的伸长量 Δl。

6-7　图 6-38 所示硬铝试件，$a＝2mm$，$b＝20mm$，$l＝70mm$，在轴向拉力 $P＝6kN$ 作用下，测得试验段伸长 $\Delta l＝0.15mm$，板宽缩短 $\Delta b＝0.014mm$，试计算硬铝的弹性模量 E 和泊松比 μ。

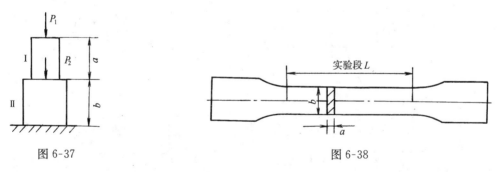

图 6-37　　　　　　　　　图 6-38

6-8　图 6-39 所示实心圆钢杆 AB 和 AC 在 A 点用铰连接，在 A 受到一个竖直向下的力 $P＝40kN$ 的作用，已知 AB 和 AC 的直径分别为 $d_1＝12mm$，$d_2＝15mm$，钢的弹性模量 $E＝210GPa$，试计算 A 点在铅垂方向的位移。

6-9　在如图 6-40 所示结构中，梁 AB 的长度 $L＝2m$，其变形和重量忽略不计，钢杆 1 长 $L_1＝1.5m$，直径 $d_1＝18mm$，$E_1＝200GPa$；钢杆 2 长 $L_2＝1m$，直径 $d_2＝30mm$，$E_2＝100GPa$。试问（1）荷载 P 加在何处才能使 AB 梁保持水平位置？（2）若此时 $P＝30kN$，则两拉杆内的正应力各为多少？

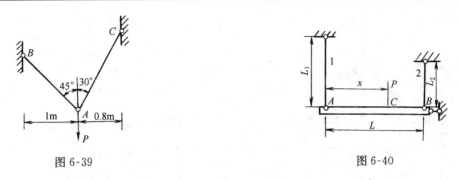

图 6-39　　　　　　　　　　　图 6-40

6-10　图 6-41 所示矩形截面木杆，两端的截面被圆孔削弱，中间的截面被两个切口减弱，承受轴向拉力 $P=70\text{kN}$，杆材料的容许应力 $[\sigma]=7\text{MPa}$，试校核此杆的强度。

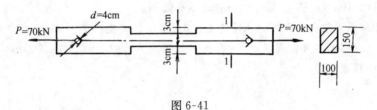

图 6-41

6-11　图 6-42 所示为一个三角托架，已知：杆 AC 是圆截面钢杆，容许应力 $[\sigma]=170\text{MPa}$，杆 BC 是正方形截面木杆，容许应力 $[\sigma]=12\text{MPa}$，荷载 $P=60\text{kN}$，试选择钢杆的直径 d 和木杆的截面边长 a。

6-12　起重机如图 6-43 所示，绳索 AB 的横截面面积为 500mm^2，许用应力 $[\sigma]=45\text{MPa}$，试根据绳索的强度条件求起重机的许用起重量 $[P]$。

6-13　悬臂吊车如图 6-44 所示，小车可在 AB 梁上移动，斜杆 AC 的截面为圆形，许用应力 $[\sigma]=170\text{MPa}$，已知小车荷载 $P=200\text{kN}$，试求杆 AC 的直径 d。

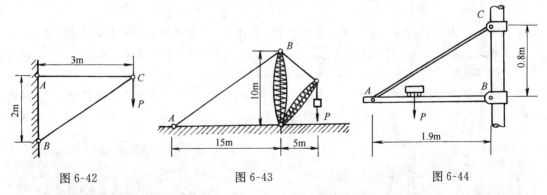

图 6-42　　　　　　　图 6-43　　　　　　　图 6-44

6-14　用绳索起吊钢筋混凝土管子如图 6-45 所示。如管子的重量 $G=12\text{kN}$，绳索的直径 $d=40\text{mm}$，容许应力 $[\sigma]=10\text{MPa}$，试校核绳索的强度。

6-15　如图 6-46 所示，先在 AB 两点之间拉一根直径 $d=1\text{mm}$ 的钢丝，然后在钢丝中间起吊一荷载 P。已知钢丝在力 P 作用下产生变形，其应变达到 0.09%，如果 $E=200\text{GPa}$，钢丝自重不计，试计算（1）钢丝在点 C 下降的距离；（2）荷载 P 的大小。

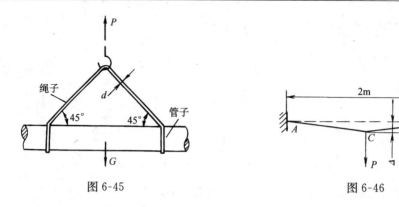

图 6-45

图 6-46

6-16　一结构受力如图 6-47 所示，杆件 AB、AD 均由等边角钢制成。已知材料的许用应力 $[\sigma]=170$MPa，试确定 AB、AD 杆的截面面积。

6-17　图 6-48 所示支架受力 $P=130$kN 作用。AC 是钢杆，直径 $d_1=30$mm，许用应力 $[\sigma]_{钢}=160$MPa。BC 是铝杆，直径 $d_2=40$mm，许用应力 $[\sigma]_{铝}=60$MPa，已知 $\alpha=30°$，试校核该结构的强度。

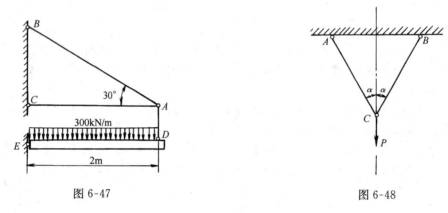

图 6-47

图 6-48

6-18　图 6-49 所示 ACB 刚性梁，用一圆钢杆 CD 悬挂着，B 端作用集中力 $P=25$kN。已知 CD 杆的直径 $d=20$mm，许用应力 $[\sigma]=160$MPa，试校核 CD 杆的强度，并求：(1) 结构的许可荷载 $[P]$；(2) 若 $P=60$kN，设计 CD 杆的直径。

6-19　图 6-50 所示为一双层吊架，设 1、2 杆的直径为 8mm，3、4 杆的直径为 12mm。杆材料的许用应力 $[\sigma]=170$MPa，试验算各杆的强度。

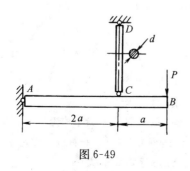

图 6-49

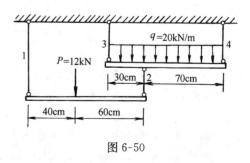

图 6-50

习 题 答 案

6-1 (a) $N_1=20kN$ $N_2=-20kN$

(b) $N_1=40kN$ $N_2=0$ $N_3=20kN$

(c) $N_1=40kN$ $N_2=20kN$ $N_3=60kN$

(d) $N_1=-20kN$ $N_2=-10kN$ $N_3=10kN$

(e) $N_1=20kN$ $N_2=-20kN$ $N_3=20kN$

6-2 $\sigma_1=-50MPa$ $\sigma_2=-200MPa$ $\sigma_3=-100MPa$

6-3 $\sigma=-0.32MPa$

6-4 $\alpha=0°$时,$\sigma_\alpha=100MPa$ $\tau_\alpha=0$

$\alpha=30°$时,$\sigma_\alpha=75MPa$ $\tau_\alpha=43.3MPa$

$\alpha=60°$时,$\sigma_\alpha=25MPa$ $\tau_\alpha=43.3MPa$

$\alpha=90°$时,$\sigma_\alpha=0$ $\tau_\alpha=0$

6-5 (1)$\Delta=0.66m$ (2)$\dfrac{\varepsilon_1}{\varepsilon_2}=1.38$

6-6 $\Delta l=1.6mm$

6-7 $E=7.01\times10^4MPa$ $\mu=0.33$

6-8 $\Delta_y=1.56mm$

6-9 (1)$x=1.351m$ (2)$\sigma_1=38.276MPa$ $\sigma_2=28.684MPa$

6-10 不安全 $\sigma=7.78MPa$

6-11 $d=26mm$ $a=95mm$

6-12 $P\leqslant37.5kN$

6-13 $d=63mm$

6-14 $\sigma=9.55MPa<[\sigma]$ 安全

6-15 (1)$\Delta=0.042m$ (2)$P=11.86N$

6-16 $A_{AB}=3530mm^2$ $A_{AD}=3056mm^2$

6-17 $\sigma_{AC}=106.24MPa$ $\sigma_{BC}=59.76MPa$ 安全

6-18 (1)$[P]=33.49kN$ (2)$d=27mm$

6-19 $\sigma_1=143.31MPa$ $\sigma_2=95.54MPa$ $\sigma_3=118.19MPa$ $\sigma_4=101.20MPa$ 安全

第七章　剪切与扭转

学习要点：理解剪切与挤压的概念；掌握剪切与挤压的强度条件及强度计算方法；理解圆轴扭转的概念；掌握圆轴扭转时横截面内力与应力的计算方法；掌握圆轴扭转时的强度条件及强度计算方法；了解非圆轴扭转的概念。

第一节　剪切与挤压的概念

一、剪　切

工程中许多连接构件所受到的荷载是和构件横截面平行的一对大小相等、方向相反、距离很近的力。例如图 7-1（a）所示是铆接结构的一部分的剖面图，有阴影线的是上下两块钢板，中间以铆钉联接。钢板分别受到一对力 P 作用。上面力 P 将钢板往右拉，下面力 P 将钢板往左拉。铆钉承受由钢板传来的作用力 P，上部力 P 向右，下部力 P 向左，作用线均与铆钉轴线垂直（即平行于铆钉横截面），相距很近，称为横向力。在这一对力 P 作用下，铆钉上下两部分将沿截面 m—m 发生相对错动现象，如图 7-1（b）所示。这种变形称为剪切变形，这种现象称为剪切现象。这类剪切现象在销钉连接件、榫接头、键连接等构件中都可能发生。显然，力增大时，铆钉的错动也加大，力大到一定程度时，铆钉将沿 m—m 面"剪断"。连接就失效，钢板就会脱开。剪切变形时相对错动的面称为剪切面，剪切面平行于横向力。

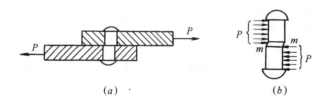

(a)　　　　　　　　　　(b)

图 7-1

二、挤　压

在构件受剪切的同时，还会伴有挤压现象。挤压是指两接触面间相互压紧而产生的局部受压现象。如上述铆钉和钢板之间上部和下部都有挤压现象。若压力过大，接触面间将会发生塑性变形。这时如果钢板材料比铆钉材料"软"，钢板接触面就会压溃（如图 7-2 所示），反之，铆钉就会压溃。总之，两者连接松动，不能再安全正常使用。

图 7-2

第二节 剪切和挤压的实用计算

一、剪切强度实用计算

用截面法先计算剪切面上的内力。如将图 7-1 中的铆钉，从剪切面 m—m 处假想用截

面截开，将杆分为上下两部分。取下部分为分离体如图
7-3 所示。考虑此部分的平衡，截面上一定有一个作用
线与 P 力平行的内力 V 存在。这个内力 V 即称为剪力，
其大小可由平衡条件得到

$$V = P \qquad (7\text{-}1)$$

剪力的单位是牛顿或千牛顿（N 或 kN）。

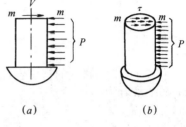

单位面积上剪力大小称为剪应力。用 τ 表示。剪
应力在剪切面上的实际分布状况是很复杂的。工程上
(a) $\qquad\qquad$ (b)

图 7-3

为了简化计算，采用一种经验方法来计算，即假设剪应力 τ 在剪切面上均匀分布，于
是得

$$\tau = \frac{V}{A} \qquad (7\text{-}2)$$

式中 V 为剪切面上的剪力；A 为剪切面的面积。

为了保证构件在剪切情况下的安全性，必须使构件在外力作用下所产生的剪切应力不
超过材料的容许剪切应力。

即剪切时的强度条件为

$$\tau = \frac{V}{A} \leqslant [\tau] \qquad (7\text{-}3)$$

式中 $[\tau]$ 为材料的容许剪应力，常用材料的容许剪应力可在有关手册中查到。一般地，
它与同种材料拉伸容许应力有如下关系：

塑性材料 $\quad [\tau] = (0.6\sim0.8)[\sigma]$

脆性材料 $\quad [\tau] = (0.8\sim1.0)[\sigma]$

二、挤压强度实用计算

挤压时两构件相互压紧的接触面称为挤压面 A_c。在铆钉和钢板连接中，实际接触面
是一个半圆面（如图 7-4a 所示 CDB 半圆柱面）。在采用经验法计算时取圆柱体的直径平
面面积如图 7-4 (b) 中所示，$A_c = dt$。

挤压面上的应力称为挤压应力 σ_c，它在挤压面上的分布也很复杂，如图 7-4 (a) 中所
示。在经验法计算时也假设挤压力 P_c 均匀分布在挤压面 A_c 上，于是有

$$\sigma_c = \frac{P_c}{A_c} \qquad (7\text{-}4)$$

与剪切强度计算类似。挤压时的强度条件为

$$\sigma_c = \frac{P_c}{A_c} \leqslant [\sigma_c] \tag{7-5}$$

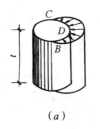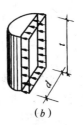

图 7-4

式中 $[\sigma_c]$ 为材料的挤压容许应力，也可在有关手册中查到。它与同种材料拉伸容许应力的关系有：

$$[\sigma_c] = (1.7 \sim 2.0)[\sigma]$$

【例 7-1】 如图 7-5 所示，两块钢板用三只铆钉连接，承受拉力 $P = 90\text{kN}$，钢板厚 $t = 12\text{mm}$，钢板宽度 $b = 100\text{mm}$。钢板的拉伸容许应力 $[\sigma] = 140\text{MPa}$，铆钉的容许剪应力 $[\tau] = 96\text{MPa}$，容许挤压应力 $[\sigma_c] = 265\text{MPa}$，求：

(1) 设计铆钉所需直径 d；

(2) 校核搭接部分的强度。

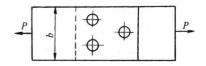

(a)

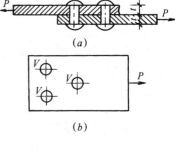

(b)

图 7-5

【解】 1. 计算铆钉直径

取连接件下部分研究，如图 7-5 (b) 所示。假定铆钉是平均承受荷载，由 $\Sigma X = 0$，

$$P - 3V = 0, V = \frac{P}{3} = 30\text{kN}$$

建立相应的强度条件：

$$\frac{V}{A} \leqslant [\tau], A \geqslant \frac{V}{[\tau]}, \text{即} \frac{\pi d^2}{4} \geqslant \frac{V}{[\tau]}$$

故 $d \geqslant \sqrt{\frac{4V}{\pi [\tau]}} = \sqrt{\frac{4 \times 30 \times 10^3}{3.14 \times 96 \times 10^6}} = 0.0199\text{m}$

取直径 $d = 20\text{mm}$

2. 校核强度

以上是由剪切强度条件计算得到的铆钉直径，需要进一步作铆钉的挤压强度计算和板的抗拉强度计算。

校核铆钉的挤压强度：

$$\sigma_c = \frac{P_c}{A_c} = \frac{P/3}{t \cdot d} = \frac{30 \times 10^3}{12 \times 10^{-3} \times 0.02} = 125\text{MPa} < [\sigma_c]$$

校核钢板的抗拉强度：

如图 7-6 所示，由于铆钉孔削弱了钢板的横截面，必须校核钢板较小净面积处，即两个孔处的拉伸强度。N 表示两孔处钢板净截面上轴力的合力。

$$P-V-N=0$$

由 $\Sigma X=0$，$P-V-N=0$，得 $N=60\text{kN}$

$A_{\text{净}}=$ 板宽－两孔直径面积

$$\therefore \quad \sigma=\frac{N}{A_{\text{静}}}=\frac{60\times 10^3}{0.012(0.1-2\times 0.02)}=83.3\times 10^6\text{Pa}$$

$$=83.3\text{MPa}<[\sigma]$$

图 7-6

经以上校核，说明搭接部分是安全的。

【例 7-2】 如图 7-7（a）所示的某起重机吊具，它由销轴将吊钩的上端与吊板连接，起吊物重 P，已知 $P=40\text{kN}$，销轴的直径 $d=2.2\text{cm}$，吊钩厚度 $t=2\text{cm}$，销轴容许剪应力 $[\tau]=60\text{MPa}$，容许挤压应力 $[\sigma_c]=120\text{MPa}$，试校核销轴的强度。

【解】 分析销轴受力状况。取 m—m，n—n 两截面所截的中段，如图 7-7（c）所示。销轴沿两个截面上受剪力 V 作用。

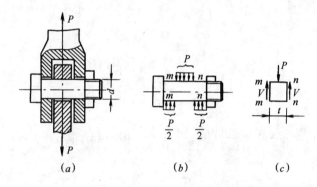

图 7-7

由 $\Sigma Y=0$，$2V-P=0$，得 $V=\dfrac{P}{2}$

利用式（7-3）校核剪切强度

$$\tau=\frac{V}{A}=\frac{20\times 10^3}{\dfrac{3.14\times 0.022^2}{4}}=52.63\times 10^6\text{Pa}$$

$$=52.6\text{MPa}<[\tau]$$

利用式（7-5）校核挤压强度

销轴的挤压面为半圆柱面 $A_C=dt$

$$\sigma_c=\frac{P_c}{A_c}=\frac{40\times 10^3}{4.4\times 10^{-4}}=90.9\times 10^6\text{Pa}\approx 91\text{MPa}<[\sigma_c]$$

经过以上校核，说明销轴安全。

【例 7-3】 木结构的榫接头如图 7-8 所示。已知构件宽度 $b=10\text{cm}$，承受拉力 $P=40\text{kN}$，容许拉应力 $[\sigma]=8\text{MPa}$（顺纹），容许挤压应力 $[\sigma_c]=12\text{MPa}$，容许剪应力 $[\tau]=1.2\text{MPa}$。求 l、a 和 h 的尺寸。

【解】 先判断并计算剪切面和挤压面的面积。剪切面为 $A=ld$；挤压面为 $A_c=ab$ 建立强度条件：

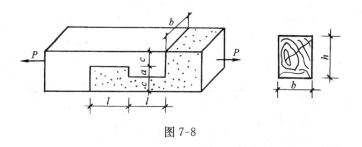

图 7-8

剪切：

由 $\tau = \dfrac{V}{A} \leqslant [\tau]$，有

$$A \geqslant \dfrac{V}{[\tau]} = \dfrac{P}{[\tau]}, \text{即}$$

$$l \geqslant \dfrac{P}{b[\tau]} = \dfrac{40 \times 10^3}{0.1 \times 1.2 \times 10^6} = 0.333\text{m}, \text{取} \; l = 34\text{cm},$$

挤压：

由　　　　　　　　$\sigma_\text{c} = \dfrac{P_\text{c}}{A_\text{c}} = \dfrac{P}{A_\text{c}} \leqslant [\sigma_\text{c}]$，有

$$A_\text{c} \geqslant \dfrac{P}{[\sigma_\text{c}]} \qquad \text{即}$$

$$a \geqslant \dfrac{P}{b[\sigma_\text{c}]} = \dfrac{40 \times 10^3}{0.1 \times 12 \times 10^6} = 0.034\text{m}, \text{取} \; a = 4\text{cm}$$

抗拉：

接头最薄弱处的面积为 $A = cb$

$$\sigma = \dfrac{N}{A} = \dfrac{P}{A} \leqslant [\sigma]$，有$$

$$c \geqslant \dfrac{P}{b[\sigma]} = \dfrac{40 \times 10^3}{0.1 \times 8 \times 10^6} = 0.05\text{m} = 5\text{cm}$$

故榫接头最小高度为　$h = 2c + a = 2 \times 5 + 4 = 14\text{cm}$

第三节　扭转的概念

　　扭转是工程中常遇到的现象，是构件的基本变形形式之一。我们用螺丝刀拧螺丝钉时，在螺丝刀柄上用手指作用一个力偶，螺丝钉的阻力就在螺丝刀的刀口上作用一个大小相等方向相反的力偶，如图 7-9 所示。这种在直杆两端，垂直于杆轴的两个平面内，作用有一对大小相等方向相反的力偶时，将使直杆的任意两横截面绕杆件轴线作相对转动，或者说两横截面间产生相对转角，称为扭转角。如图 7-10 所示，φ 角即为截面 B 相对截面 A 的扭转角。这种变形为扭转变形。这种现象即为扭转现象。

　　建筑工地上的卷扬机轴在工作时就是受扭转的构件。这些构件都是圆截面的。房屋建筑中，有的构件如雨篷在受力后，除发生弯曲变形外，也会发生扭转变形。我们主要讨论圆截面直杆（统称圆轴）的扭转问题，这是最基本的、最简单的扭转问题。

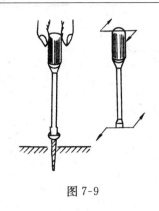

图 7-9

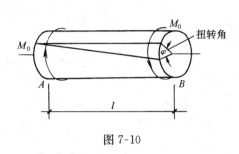

图 7-10

第四节　圆轴扭转时的内力与应力

一、内　力

如图 7-11（a）所示圆轴，在两端垂直于轴线的平面内作用一对力偶 M。现在分析 m—m 截面上的内力，采用截面法，假想用截面在 m—m 处截开。任取一段左半段为分离体，如图 7-11（b）所示。由静力学中力偶系平衡条件，可知 m—m 截面上必然存在一个与外力偶相平衡的内力偶 M_n。这个内力偶称为扭矩。其力偶矩大小，由 $\Sigma M_m = 0$，得：$M_n = M_e$；

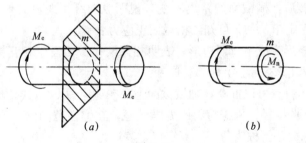

图 7-11

可见圆轴受扭转时，横截面上只有扭矩，没有其他内力。如取右半段为脱离体，也同样得到一个内力偶 M_n，大小与左段横截面上相同，但方向相反。这是内力的作用力与反作用力关系。为了使左右两段所表示的同一 m—m 截面上的扭矩有同样的正负号，对扭矩 M_n 作如下符号规定：以右手四指指向扭矩旋转方向，当右手大姆指的指向由横截面向外时为正，反之为负，称为右手螺旋法则。如图 7-12 所示。

扭矩的单位与力偶矩相同，常用牛顿·米或千牛·米（N·m 或 kN·m）。

二、应　力

研究扭转时横截面上应力分布规律，与研究受拉压杆件时一样，从观察分析杆件变形入手，作如下实验。如图 7-13（a）所示，在一橡胶圆轴表面上作许多平行的纵向线和圆周线，组成许多矩形格子。然后在两端加一对力偶，橡胶圆轴即发生变形，如图 7-13（b）

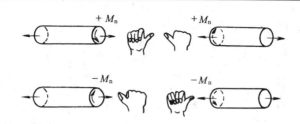

图 7-12

所示。我们可以观察到：

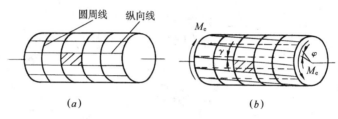

图 7-13

1. 原来的纵向线都倾斜了个角度 γ，变成互相平行的螺旋线，原来的矩形格子都变成了平行四边形。

2. 圆周线仍保持原来形状，两圆周线之间距离不变，只相对转动一个角度（即扭矩角）。

由以上现象，可以推论：

1. 由于直杆扭转后，横截面间距离不变，说明纵向纤维既没有伸长也没有缩短，纵向应变 $\varepsilon = 0$，由虎克定律 $\sigma = E\varepsilon$ 可知，横截面正应力 $\sigma = 0$。

2. 表面上的小矩形变成平行四边形，表明相邻两横截面发生相互错动，属剪切变形。剪切变形的大小以 γ 角来表示。γ 称为剪应变。

3. 由剪切变形的特点可以推断，轴横截面上存在剪应力 τ，它的方向沿着圆周切线方向，即垂直于横截面圆半径。根据材料的力学试验，在弹性范围内，剪应变 γ 与剪应力 τ 之间也存在直线比例关系。称为剪切虎克定律，表达为

$$\tau = G\gamma \qquad (7-6)$$

式中 G 称为剪变模量。常用材料的 G 值也可从有关手册中查到。

4. 横截面上的剪应力 τ 的分布规律，可从分析横截面上各点的剪应变 γ 着手。由于扭转后圆周线不变，可以假设圆截面变形后仍为圆平面，平面上直径仍为一直线，只是由原来位置转过一个角度 φ，如图 7-14（a）所示。从图中可以看到圆周处的点移动得最大，也就是图 7-14（b）所示表面上的剪应变 γ 最大。圆心处（即轴线位置）的点没有移动，剪应变 γ 为零。其余各点移动的大小与该点到圆心的距离成正比，即沿直径各点的剪应变 γ 与该点到圆心距离 ρ 成正比。因此沿直径各点的剪应力 τ，由剪切虎克定律可知，也与该点到圆心距离 ρ 成正比，方向与半径垂直，如图 7-14（b）所示。

由此可得出：圆截面上任一点剪应力 τ 的计算公式（推导从略）可表达为

$$\tau_\rho = \frac{M_n \rho}{I_P} \qquad (7-7)$$

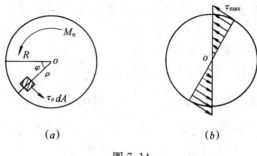

图 7-14

式中　M_n 为横截面上所受扭矩；ρ 为横截面任一点至圆心的距离；I_P 称为横截面对形心的极惯性矩。它是一个只决定于截面尺寸和形状的几何常量。简单图形的极惯性矩可从有关手册中查到。对于实心圆轴而言

$$I_P = \frac{\pi D^4}{32} \approx 0.1 D^4 \tag{7-8}$$

式中　D 为圆截面直径。对于空心圆轴而言

$$I_P = \frac{\pi (D^4 - d^4)}{32} \approx 0.1 D^4 (1 - a^4) \tag{7-9}$$

式中　D、d 分别为空心圆截面的外径与内径，a 为内外径之比，即 $a = d/D$。

I_P 的单位长度是四次方，常用 mm^4。

由（7-7）式可知最大剪应力 τ_{max} 在圆周处，即在 $\rho_{max} = R$ 处。R 为圆截面半径，$R = D/2$。于是

$$\tau_{max} = \frac{M_n \rho_{max}}{I_P} = \frac{M_n R}{I_P}$$

令 $W_P = I_P / R$，称为抗扭截面系数，上式可改写为

$$\tau_{max} = \frac{M_n}{W_P} \tag{7-10}$$

W_P 的单位为长度的三次方，常用 mm^3。它是一个抵抗破坏的参数，其计算可从有关手册上查到，对直径为 D 的圆截面

$$W_P = \frac{I_P}{\rho_{max}} = \frac{\pi D^3}{16} \approx 0.2 D^3$$

第五节　圆轴扭转时的强度计算

一、强 度 条 件

为了保证圆轴安全正常工作，轴内最大剪应力不应超过材料容许应力 $[\tau]$，即：

$$\tau_{max} = \frac{M_n}{W_P} \leqslant [\tau] \tag{7-11}$$

称为圆轴扭转时的强度条件。

式中　$[\tau]$ 为扭转时材料的容许剪应力可由有关手册中查到。在静荷载作用下，同

一材料的扭转时容许剪应力 $[\tau]$ 与拉伸时容许应力 $[\sigma]$ 之间关系为：

对于塑性材料 $[\tau] = (0.5 \sim 0.6)[\sigma]$

对于脆性材料 $[\tau] = (0.8 \sim 1.0)[\sigma]$

由式（7-11）强度条件可以进行三方面计算：

第一，对圆轴进行强度校核。若 $\dfrac{M_n}{W_P} \leqslant [\tau]$，则圆轴是安全的。

第二，当已知材料、圆截面尺寸时，确定圆轴所能随的最大容许荷载。即
$$[M_e] = [M_n] \leqslant [W_P][\tau]$$

第三，当已知荷载、材料时确定圆轴直径。由 $W_P \geqslant \dfrac{M_n}{[\tau]}$，决定实心圆轴直径为

$$D \geqslant \sqrt[3]{\dfrac{16M_n}{\pi[\tau]}}$$

空心圆轴外径为

$$D \geqslant \sqrt[3]{\dfrac{16M_n}{\pi(1-a^4)[\tau]}}$$

式中 $a = d/D$。

【例 7-4】　一传动轴如图 7-15 所示。轴上 A 为主动轮，B、C 为从动轮。已知轴的直径 $D=80\text{mm}$，材料的容许剪应力 $[\tau]=80\text{MPa}$。从动轮上的力偶矩 $M_B : M_C = 2 : 3$。试确定主动轮上能作用的最大力偶矩 M_A。

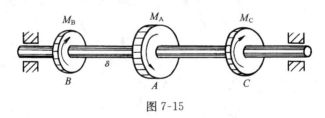

图 7-15

【解】　1. 分析圆轴的内力

现在 BA 和 AC 两段轴内所受的扭矩不同。由静力学力偶系平衡条件
$$M_A = M_B + M_C$$

可知 $M_B = \dfrac{2}{5}M_A$，$M_C = \dfrac{3}{5}M_A$

即 AC 段轴所受的力偶矩 M_C 比 BA 段轴所受的力偶矩 M_B 大。所以受扭转后的危险截面在 AC 段，截面上相应的扭矩为
$$M_n = M_c = \dfrac{3}{5}M_A$$

2. 计算容许扭矩

由强度条件 $[M_n] \leqslant [W_P][\tau]$

有

$$M_n = M_c = \dfrac{3}{5}M_A \leqslant [W_P][\tau] = \dfrac{\pi D^3}{16}[\tau]$$

得
$$M_A \leqslant \frac{5}{3} \frac{\pi D^3}{16} [\tau]$$

容许 M_A 值为

$$M_A = \frac{5}{3} \times \frac{3.14 \times (0.08)^3}{16} \times 80 \times 10^6 = 13.4 \times 10^3 \text{N} \cdot \text{m}$$
$$= 13.4 \text{kN} \cdot \text{m}$$

二、空 心 轴

由于圆轴受扭转时横截面上剪应力分布是不均匀的，当圆周边缘上各点的最大剪应力 τ_{max} 达到容许应力时，横截面其余各点的剪应力 τ 都未达容许应力，尤其是靠近圆心部分的各点离容许应力还很远。所以这部分材料并没有充分利用。为了充分发挥材料作用，工程中常将受扭圆轴做成空心轴。它的剪应力计算公式和强度条件，与实心圆轴相同，不同的只是在计算极惯性矩 I_P 和抗扭截面系数 W_P 时稍有不同而已。空心轴受扭转后横截面上剪应力 τ 的分布规律如图 7-16 所示。

当空心轴的内外径很接近，内外径比 $a \geqslant 0.9$ 时，壁厚 t 与圆环平均半径 R 相比很小，如图 7-17 （a）所示，称为薄壁圆轴（或称薄壁管）。这时，横截面上的剪应力 τ 可近似视为沿壁厚均匀分布，如图 7-17 （b）所示。剪应力计算公式为

$$\tau = \frac{M_n}{2\pi R^2 t} \tag{7-12}$$

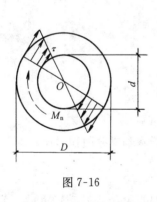

图 7-16

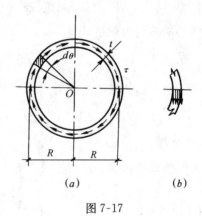

图 7-17

【例 7-5】　一根由无缝钢管制成的传动轴，外径 $D = 90 \text{mm}$，壁厚 $t = 5 \text{mm}$。工作时承受的最大扭矩为 $M_n = 3 \text{kNm}$。如材料的容许剪应力 $[\tau] = 60 \text{MPa}$，试校核该轴的扭转强度。

【解】　1. 用空心轴计算公式

$$d = D - 2t = 90 - 2 \times 5 = 80$$
$$a = d/D = \frac{8}{9} = 0.889$$
$$W_P = \frac{\pi D^3}{16} (1 - a^4) = \frac{\pi \times 90^3}{16} (1 - 0.889^4)$$

$$= 53740\text{mm}^3 = 53.74 \times 10^{-6}\text{m}^3$$

$$\tau_{\max} = \frac{M_\text{n}}{W_\text{P}} = \frac{3000}{53.74 \times 10^{-6}} = 55.8 \times 10^6 \text{N/m}^2$$

$$= 55.8\text{MPa} \leqslant [\tau]$$

满足强度条件，故安全。

2. 薄壁管计算公式

$$R = \frac{D-t}{2} = 42.5\text{mm}$$

$$\tau = \frac{M_\text{n}}{2\pi R^2 t} = \frac{3000}{2 \times 3.14 \times 42.5^2 \times 5 \times 10^{-3}}$$

$$= 52.89 \times 10^6 \text{N/m}^2 = 52.89\text{MPa}$$

可见误差很小。

【例 7-6】　如把上例中的传动轴改为实心轴，并要求它与原来的空心轴强度相同。试确定其直径，并比较实心轴与空心轴的重量。

【解】　因为要求与上例中的空心轴强度相同，故实心轴的最大剪应力也应为 55.8MPa，即

$$\tau_{\max} = \frac{M_\text{n}}{W_\text{P}} = \frac{3000}{\frac{\pi}{16}D_1^3} = 55.8 \times 10^6 \text{N/m}^2 \leqslant 55.8 \times 10^6$$

式中 D_1 为实心轴所需直径。

$$D_1 \geqslant \frac{3000 \times 16}{\pi \times 55.8 \times 10^6} = 0.0649\text{m} = 64.9\text{mm}$$

于是实心横截面面积是

$$A_1 \geqslant \frac{\pi D_1{}^2}{4} = 33.1 \times 10^{-4}\text{m}^2$$

而上例中空心轴的横截面积为

$$A_2 \geqslant \frac{\pi}{4}(D^2 - d^2) = \frac{\pi}{4}(90^2 - 80^2) \times 10^{-6}$$

$$= 13.35 \times 10^{-4}\text{m}^2$$

由两轴长度相等，材料相同的情况下，两轴重之比等于两轴横截面积之比，即

$$\frac{A_2}{A_1} = \frac{13.35}{33.1} = 0.403$$

可见，在荷载相同的条件下，空心轴的重量只为实心轴的 40%，其减轻重量，节约材料是非常明显的。

当然，这里只是从力学的角度分析，实际应用时应考虑综合方面的因素。

第六节　非圆截面构件的扭转问题

在建筑工程中，我们会遇到一些受扭构件的截面是矩形、T 形、工字形的。这些非圆截面构件受扭转后的变形与圆形截面构件不同，并要复杂得多。

非圆截面构件受扭后，横截面不再保持为平面。如在一矩形截面构件的表面在受力前

画上横向线和纵向线如图 7-18（a）所示，受力发生扭转后，横向线和纵向线都变成曲线如图 7-18（b）所示，横截面发生翘曲。因此，圆轴扭转时的应力计算公式不能应用于非圆截面构件。

非圆截面构件的扭转问题需要用弹性力学的方法计算。本节只以矩形截面构件的一些结果为例，说明横截面上剪应力分布的情况。

矩形截面杆扭转后，横截面上剪应力的分布规律大体如图 7-19 所示。

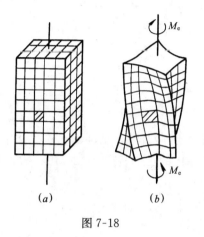
图 7-18

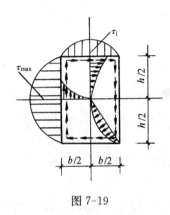
图 7-19

整个截面上的最大剪应力发生于矩形长边的中点，且

$$\tau_{max} = \frac{M_n}{W_n} = \frac{M_n}{ahb^2}$$

式中　　$W_n = ahb^2$，称为抗扭截面系数；a 是一个比值 h/b 有关的系数，可在有关手册中查得。

在相同截面积，承受相同的扭矩时，矩形截面杆的扭转剪应力比圆截面杆的大。

思　考　题

1. 剪切构件的受力和变形特点与轴向挤压比较有什么不同？

2. 试判断图 7-20 所示木榫接头的剪切面和挤压面。

3. 试判断图 7-21 所示铆接头 4 个铆钉的剪切面上的剪力 V 等于多少？已知 $P = 200\text{kN}$。

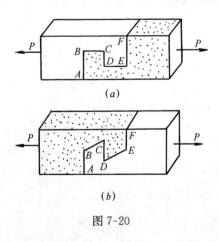
图 7-20

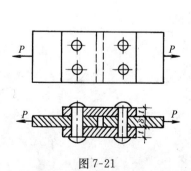
图 7-21

4. 什么叫挤压？挤压和轴向压缩有什么区别？

5. 怎样从观察分析构件受扭转后的变形，得出圆轴横截面上沿圆半径各点剪应力与该点到圆心距离成正比，方向与半径垂直的结论？

6. 从强度观点看，如图 7-22 所示的两个传动轴，三个轮的位置哪个布置得比较合理？

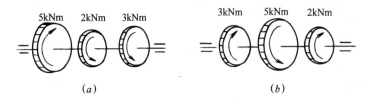

(a)   (b)

图 7-22

习　　题

7-1　如图 7-23 所示钢板由两个铆钉连接。已知铆钉直径 $d=2.4$cm，钢板厚度 $t=1.2$cm，拉力 $P=30$kN，铆钉容许剪应力 $[\tau]=60$MPa，容许挤压应力 $[\sigma_c]=120$MPa。试对铆钉作强度校核。

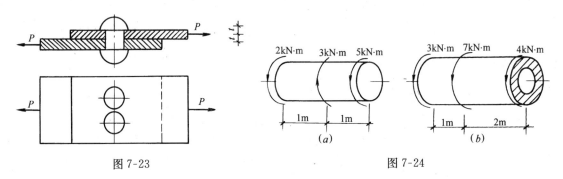

图 7-23   图 7-24

7-2　试求图 7-24 所示两传动轴各段的扭矩 M。

7-3　图 7-25 所示圆轴的直径 $D=100$mm，长 $l=1$m，两端作用有外力偶 $M_e=14$kN·m。试求（1）截面上 A、B、C 三点的剪应力；（2）最大剪应力。

7-4　若上题圆轴的材料的容许剪应力 $[\tau]=60$MPa，此圆轴是否安全？如不安全，应将圆轴直径加大到多少？

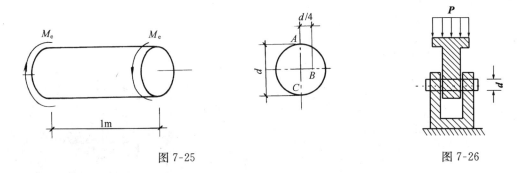

图 7-25   图 7-26

7-5 图 7-26 所示剪切器，若圆试件的直径 $d=15\text{mm}$，当压力 $P=31.5\text{kN}$ 时试件被剪断，试计算材料的剪切极限应力 τ_u。

7-6 若用一外径比 $a=0.6$ 的空心轴代替一直径 $D=400\text{mm}$ 的实心轴，两轴材料相同，长度相同，受力偶矩相同，试确定空心轴的外径，并比较两轴的重量。

习 题 答 案

7-1 安全

7-2 (a) $M_{n1}=2\text{kN}\cdot\text{m}$；$M_{n2}=5\text{kN}\cdot\text{m}$；

(b) $M_{n1}=-3\text{kN}\cdot\text{m}$；$M_{n2}=4\text{kN}\cdot\text{m}$

7-3 (1) $\tau_A=71.4\text{MPa}$；$\tau_B=35.7\text{MPa}$；$\tau_C=0$；(2) $\tau_D=71.4\text{MPa}$

7-4 $D=106\text{mm}$

7-5 $\tau_u=89.17\text{MPa}$

7-6 $D=420\text{mm}$，重量比$=0.71$

第八章　平面图形的几何性质

学习要点：理解静矩、惯性矩的定义；掌握组合平面图形形心与静矩的计算方法；掌握简单平面图形惯性矩的计算；掌握组合截面惯性矩的计算方法；能利用附录表计算常用截面、型钢的几何性质。

在建筑力学的计算中，总要用到杆件截面的一些几何量。如轴向拉压的横截面面积 A、圆轴扭转时的抗扭截面模量 W_P 和极惯性矩的 I_P。都与构件的强度、刚度和稳定性有关。本章将要介绍的重心、形心、静矩、惯性矩与惯性积都是截面的几何量。称为平面图形的几何性质。

第一节　重心和形心

一、重　心

实践证明，一个物体的重心太高，重力作用线落到物体支承面外，物体容易倾倒。在建筑工程设计挡土墙重力坝时，重心位置直接关系到建筑物的抗倾稳定性和内部受力的分布，所以确定物体重心位置在实践中有着重要意义。整个物体所受重力作用的一个特定点称重心。

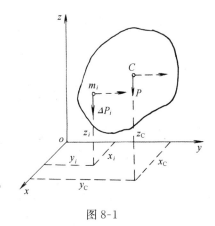

图 8-1

如图 8-1 所示，每一个物体都是由许多微小物体所组成。每一个微小物体都受到重力作用。某一微小部分 m_i 所受的重力为 ΔP_i，而 P 就是整个物体的重量。C 就是该物体的重心。运用合力矩定理得到重心坐标公式如下：

$$x_C = \frac{\Sigma x_i \Delta P_i}{P}, y_C = \frac{\Sigma y_i \Delta P_i}{P}, z_C = \frac{\Sigma z_i \Delta P_i}{P} \tag{8-1}$$

式中 x_i、y_i、z_i 为 m_i 的坐标，x_C、y_C、z_C 为重心的坐标。

如 m_i 的体积为 ΔV_i，总体积为 $V = \Sigma \Delta V_i$，则 $\Delta P_i = \gamma \Delta V_i$。其中 γ 为物体重度。

当 $P = \Sigma \Delta P_i = \Sigma \gamma \Delta V_i = \gamma V$。即得到均质物体的重心坐标位置：

$$x_C = \frac{\Sigma x_i \Delta V_i}{V}, y_C = \frac{\Sigma y_i \Delta V_i}{V}, z_C = \frac{\Sigma z_i \Delta V_i}{V} \tag{8-2}$$

【例 8-1】　混凝土基础尺寸如图 8-2 所示。试求其重心坐标位置尺寸 m_0。

【解】　①将混凝土基础分为 3 块，分别计算体积：

第 1 块为三角形，体积 $V_1 = \frac{1}{2} \times 1.5 \times 1.5 \times 0.5 = 0.563 \text{m}^3$

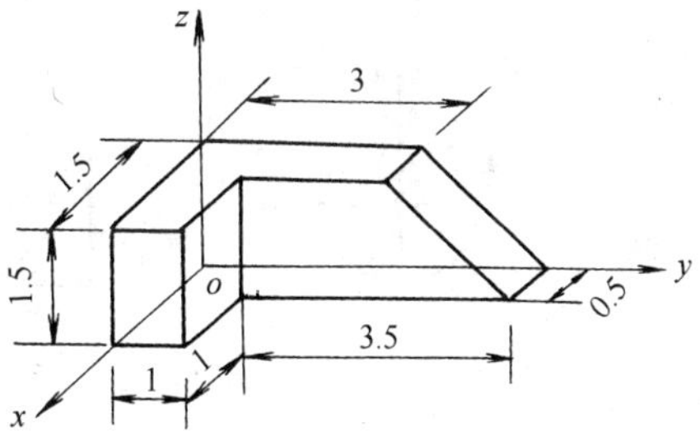

第2块为矩形，$V_2 = 3 \times 1.5 \times 0.5 = 2.25 \text{m}^3$

第3块为矩形，$V_3 = 1 \times 1.5 \times 1 = 1.5 \text{m}^3$

②分别计算各块重心坐标：

第1块为三角形，$x_1 = 0.25 \text{m}$

$$y_1 = 3.5 \text{m}$$

$$z_1 = 0.5 \text{m}$$

第2块为矩形，$x_2 = 0.25 \text{m}$

$$y_2 = 1.5 \text{m}$$

$$z_2 = 0.75 \text{m}$$

第3块为矩形，$x_3 = 1 \text{m}$

$$y_3 = 0.5 \text{m}$$

$$z_3 = 0.75 \text{m}$$

图 8-2

③代入重心体积坐标公式计算的图形重心坐标位置：

$$x_C = \frac{\Sigma x_i \Delta V_i}{V} = \frac{x_1 V_1 + x_2 V_2 + x_3 V_3}{V_1 + V_2 + V_3}$$

$$= \frac{0.25 \times 0.563 + 0.25 \times 2.25 + 1 \times 1.5}{0.563 + 2.25 + 1.5}$$

$$= \frac{0.14 + 0.56 + 1.5}{4.31} = 0.51 \text{m}$$

$$y_C = \frac{\Sigma y_i \Delta V_i}{V} = \frac{y_1 V_1 + y_2 V_2 + y_3 V_3}{V_1 + V_2 + V_3}$$

$$= \frac{3.5 \times 0.563 + 1.5 \times 2.25 + 0.5 \times 1.5}{0.563 + 2.25 + 1.5} = 1.41 \text{m}$$

$$z_C = \frac{\Sigma z_i \Delta V_i}{V} = \frac{z_1 V_1 + z_2 V_2 + z_3 V_3}{V_1 + V_2 + V_3}$$

$$= \frac{0.5 \times 0.563 + 0.75 \times 2.25 + 0.75 \times 1.5}{0.563 + 2.25 + 1.5} = 0.72 \text{m}$$

二、形　心

根据物体的几何形状所确定的几何中心，称为形心。当平面图形具有对称中心时，其对称中心就是形心。如有两个对称轴，形心就在对称轴的交点上，如图 8-3（a）所示。如有一个对称轴，其形心一定在对称轴上，具体位置必须经过计算才能确定，如图 8-3（b）所示。

从图 8-3（a）可以看出其 x_c，y_c 都等于零，而图 8-3（b）则要求解，但可知是由几个简单平面图形的组合而成。因此，我们可以进行分割如图 8-4 所示：

将角钢分成两个矩形的组合。令Ⅰ块面称为 A_1，形心坐标为 C_1，Ⅱ块面称为 A_2，形心坐标为 C_2，得到形心坐标公式为

$$x_C = \frac{x_1 A_1 + x_2 A_2}{A_1 + A_2} = \frac{\Sigma A_i x_i}{\Sigma A_i}$$

$$y_C = \frac{y_1 A_1 + y_2 A_2}{A_1 + A_2} = \frac{\Sigma A_i y_i}{\Sigma A_i} \tag{8-3}$$

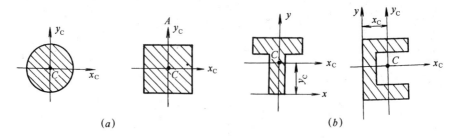

图 8-3

式中，x_C，y_C 是截面形心坐标，A_i 是组合截面中各部分的截面面积，x_i，y_i 是各部分面积对 x 轴、y 轴的形心坐标。

由以上分析，可以看出对于均质物体，其重心和形心必然重合。

【**例 8-2**】   试计算图 8-4 不等边角钢的形心。已知 $a=80\text{mm}$，$b=50\text{mm}$，$t=5\text{mm}$。

【**解**】   将图形分成两个矩形，坐标如图。

Ⅰ 块 $A_1=75\times5=375\text{mm}^2$

$$x_1=2.5\text{mm}，\quad y_1=\frac{75}{2}+5=42.5\text{mm}$$

Ⅱ 块 $A_2=50\times5=250\text{mm}^2$

$$x_2=25\text{mm}，\quad y_2=\frac{5}{2}=2.5\text{mm}$$

代入形心坐标公式

$$x_C=\frac{x_1A_1+x_2A_2}{A_1+A_2}=\frac{2.5\times375+25\times250}{375+250}$$
$$=11.5\text{mm}$$

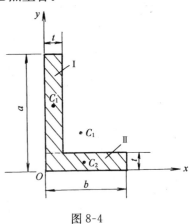

图 8-4

$$y_C=\frac{y_1A_1+y_2A_2}{A_1+A_2}=\frac{42.5\times375+2.5\times250}{375+250}=26.5\text{mm}$$

第二节   静   矩

一、定   义

平面图形的面积 A 与其形心到某一坐标轴的距离的乘积称为该平面图形对该轴的静矩。一般用 S 来表示。即：

$$S_x=Ay_C\qquad\qquad S_y=Ax_C\qquad\qquad(8\text{-}4)$$

静矩为代数量，可能为正、负、零。常用单位是 m^3 或 mm^3。

二、静矩的计算

由公式（8-4）可知，当坐标轴通过截面形心时，其静矩为零。反之，若静矩为零，则该轴必通过截面的形心。如图 8-5 所示，$S_x = 0$。

【例 8-3】 试计算图 8-5 槽形截面对 x 轴、y 轴的静矩。

【解】 将槽形截面分割成三个矩形，其面积分别为

$A_1 = 160 \times 20 = 3200\text{mm}^2$

$A_2 = 20 \times 200 = 4000\text{mm}^2$

$A_3 = 160 \times 20 - 3200\text{mm}^2$

矩形形心的 x 坐标为

$x_1 = 80\text{mm}$

$x_2 = 10\text{mm}$

$x_3 = 80\text{mm}$

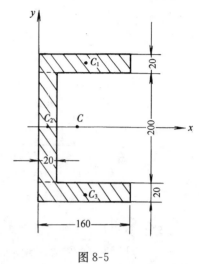

图 8-5

代入静矩公式计算

$$\begin{aligned}
S_y &= A_1 x_1 + A_2 x_2 + A_3 x_3 \\
&= 3200 \times 80 + 4000 \times 10 + 3200 \times 80 \\
&= 552000\text{mm}^3
\end{aligned}$$

因为 x 轴是对称轴且通过截面形心，所以

$$S_x = 0$$

第三节　惯性矩与惯性积

一、惯　性　矩

把平面图形分成无数多个微小面积（如图 8-6 所示），整个图形上微小面积 $\mathrm{d}A$ 与 x 轴（或 y 轴）距离平方乘积的总和称为平面图形对 x 轴（或 y 轴）的惯性矩。用 I_x（或 I_y）表示，记为

$$I_x = \int_A y^2 \mathrm{d}A \qquad I_y = \int_A x^2 \mathrm{d}A \tag{8-5}$$

下脚标指对某轴的惯性矩。单位是长度的四次方，习惯用 m^4 或 mm^4。

（一）简单图形的惯性矩计算公式（图 8-7）

矩形 $\qquad\qquad I_x = \dfrac{bh^3}{12}$

$$I_y = \dfrac{hb^3}{12} \tag{8-6}$$

圆形 $\qquad\qquad I_x = I_y \dfrac{\pi D^4}{64} \tag{8-7}$

圆环 $\qquad\qquad I_x = I_y = \dfrac{\pi (D^4 - d^4)}{64} \tag{8-8}$

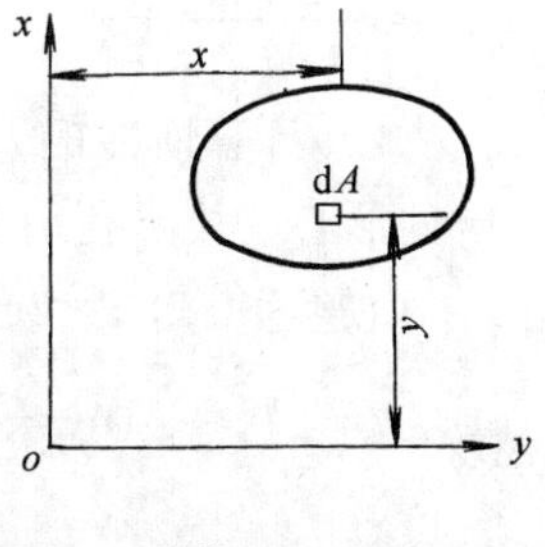

图 8-6

型钢惯性矩可以直接查表获得。

（二）惯性矩的平行移轴公式

在力学计算中，需要计算组合图形对其形心轴的惯性矩。如图 8-8 所示的 T 形，要计算 I_z，可将 T 形分为 A_1、A_2 的组合，分别计算出对 Z 轴的惯性矩 I_{1z}、I_{2z}，并把它们相加，就得到整个图形对形心轴 Z 的惯性矩 I_z，即

$$I_z = I_{1z} + I_{2z} = \Sigma I_{iz}$$

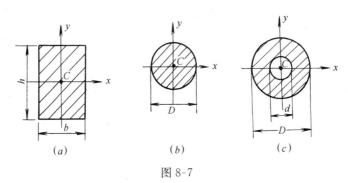

图 8-7

现计算 A_1 对 Z 轴的惯性矩 I_{1z}。矩形 A_1 的形心是 C_1，I_{1z} 轴通过形心 C_1，且与形心轴 z 平行，间距为 a，可算出矩形 A_1 对 z 的惯性矩是

$$I_{1z} = I_I + a^2 A_1 \tag{8-9}$$

式（8-9）叫做惯性矩的平行移轴公式。这表明平面图形对任一轴的惯性矩，等于平面图形对平行于该轴的形心轴的惯性矩，加上图形面积与两轴之间距离平方的乘积。

同理可写出 A_2 对 Z 轴的惯性矩是

$$I_{2z} = I_{II} + b^2 A_2$$

因此，T 形对形心轴 Z 的惯性矩是

$$I_z = I_{1z} + I_{2z} = I_I + a^2 A_1 + I_{II} + b^2 A_2$$

应用惯性矩的平行移轴公式，可以求出组合图形对形心轴的惯性矩。

【例 8-4】　试计算图 8-8 T 形对形心轴 y、z 的惯性矩。

【解】　（1）确定形心位置 C 的坐标。

因为 y 轴是对称轴，所以 $z_C = 0$，确定 y_C，将图形分为两个矩形 A_1、A_2，其各自形心坐标为：

$A_1 = 2 \times 6 = 12\text{cm}$　　　　　　$y_1 = -1\text{cm}$

$A_2 = 6 \times 2 = 12\text{cm}$　　　　　　$y_2 = -5\text{cm}$

$$y_C = \frac{y_1 A_1 + y_2 A_2}{A_1 + A_2} = \frac{-1 \times 12 - 5 \times 12}{12 + 12} = -3\text{cm}$$

（2）计算惯性矩 I_z，由于 Z 轴不通过矩形 A_1、A_2 的形心，故要利用平行移轴公式计算：

由题意得知 $a = 2\text{cm}$，$b = 2\text{cm}$

$$I_{1z} = I_I + a^2 A_1 = \frac{6 \times 2^3}{12} + 2^2 \times 12 = 52\text{cm}^4$$

$$I_{2z} = I_{II} + b^2 A_2 = \frac{2 \times 6^3}{12} + 2^2 \times 12 = 84\text{cm}^4$$

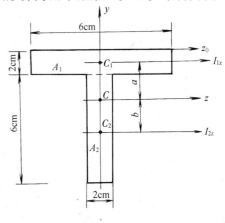

图 8-8

所以 $I_z = I_{1z} + I_{2z} = 84 + 52 = 136 \text{cm}^4$

（3）计算惯性矩 I_y。由于 y 轴通过矩形 A_1、A_2 的形心，所以直接等于两个矩形对 y 轴的惯性矩之和：

$$I_y = I_{1y} + I_{2y} = \frac{2 \times 6^3}{12} + \frac{6 \times 2^3}{12} = 40 \text{cm}^4$$

二、惯 性 积

在平面图形内，把微面积与它的两个坐标轴 x、y 的乘积的积分称为惯性积，用 I_{xy} 表示，即

$$I_{xy} = \int_A xy \, dA \tag{8-10}$$

惯性积是图形对某两个正交的坐标轴而言的，同一图形对不同的两个坐标轴有不同的惯性积。由于坐标值 x、y 有正有负，所以惯性积可以为正、负，也可以为零。单位为 m^4 或 mm^4。

如图 8-8 所示，图形有一根对称轴（y 轴），在对称轴两侧对称位置上取相同的微面积 dA 时，由于它们的 Z 坐标大小相等、方向相反，所以它们的乘积符号相反，之和为零，故 $I_{xy} = 0$。

由此可知，若平面图形具有一根对称轴，则该图形对于包括此对称轴在内的两正交坐标轴的惯性积一定等于零。

思 考 题

1. 何谓重心、形心？它们之间有何关系？
2. 静矩和形心有何关系？
3. 惯性矩的平行移轴公式是什么？
4. 何谓惯性矩？其特点是什么？

习 题

8-1   求图 8-9 所示图形的形心位置。

8-2   分别计算图 8-10 所示图形对形心 z_C 轴的静矩及惯性矩。

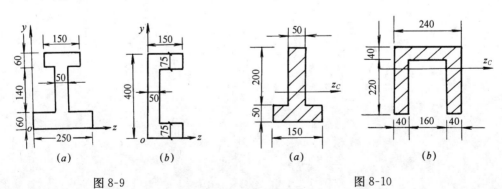

图 8-9   图 8-10

8-3　计算图 8-11 所示各平面图形对过形心的 z_c 轴的惯性矩。（图中尺寸单位为 cm）

8-4　试确定图 8-12 所示角钢截面的惯性积 I_{xy}。已知 $b=4$cm，$t=1$cm。

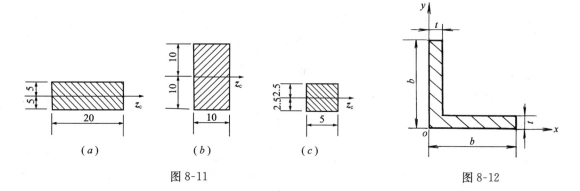

图 8-11   图 8-12

习 题 答 案

8-1　(a) $Z_C=125$mm；$Y_C=110.6$mm；

(b) $Z_C=57.1$mm；$Y_C=200$mm。

8-2　(a) $S_{ZC}=0$；$I_{ZC}=101.86\times10^6$mm^4；

(b) $S_{ZC}=0$；$I_{ZC}=177.25\times10^6$mm^4。

8-3　(a) $I_{ZC}=8.33\times10^6$mm^4；

(b) $I_{ZC}=2.08\times10^6$mm^4；

(c) $I_{ZC}=6.51\times10^4$mm^4。

8-4　$I_{xy}=7.75\times10^4$mm^4。

第九章 梁 的 弯 曲

学习要点：理解梁平面弯曲的概念及其受力特点、变形特点，了解梁的分类；掌握用截面法计算梁的剪力和弯矩；掌握绘制梁内力图的基本方法及其规律；理解荷载集度、剪力和弯矩之间的微分关系；理解叠加原理；掌握用叠加法画弯矩图。掌握正应力分布规律及横截面上任一点的正应力计算公式；理解正应力强度条件，掌握梁的正应力强度计算方法；理解剪应力的分布规律及剪应力强度条件；掌握梁的变形及刚度条件。掌握用叠加法求梁的变形、理解梁的挠度与转角的概念；了解梁的挠曲线近似微分方程、了解刚度条件及刚度计算；了解提高梁抗弯刚度的措施。

第一节　弯曲变形的概念

一、平面弯曲

弯曲变形是工程中最常见的一种基本变形，例如房屋建筑中的楼面梁、阳台挑梁在荷载作用下，都将发生弯曲变形。如图9-1（a）、（c）所示。杆件受到垂直于轴线的外力作用或纵向平面内力偶的作用，杆件的轴线由直线变成了曲线。如图9-1（b）、（d）所示，因此，工程上将以弯曲变形为主要变形的杆件称为梁。

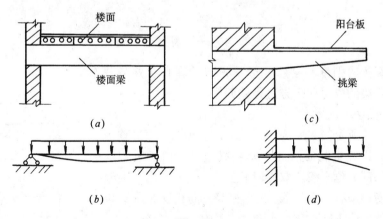

图 9-1

工程中常见的梁都具有一根对称轴，对称轴与梁轴线所组成的平面，称为纵向对称平面。如图9-2，如果作用在梁上的所有外力都位于纵向对称平面内，梁变形后，轴线将在纵向对称平面内弯曲，成为一条曲线。这种梁的弯曲平面与外力作用面相重合的弯曲，称为平面弯曲。它是最简单、最常见的弯曲变形。本章将讨论等截面直梁的平面弯曲问题。

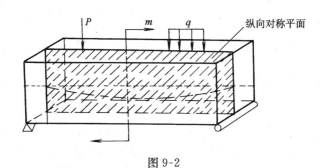

图 9-2

二、梁的分类

工程中常见的梁有三种形式：

（一）悬臂梁。梁一端为固定端，另一端为自由端，见图 9-3 (*a*)。

（二）简支梁。梁一端为固定铰支座，另一端为可动铰支座，见图 9-3 (*b*)。

（三）外伸梁。梁一端或两端伸出支座的简支梁，见图 9-3 (*c*)。

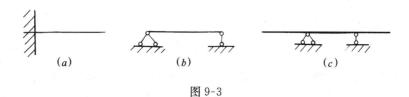

(*a*)   (*b*)   (*c*)

图 9-3

第二节　梁的内力与内力图

一、梁的内力——剪力 V 和弯矩 M

为了计算梁的强度和刚度变形首先应计算它在外荷载作用下的内力。梁的内力计算方法是截面法。

（一）截面法求内力

现以图 9-4 所示简支梁为例，其支座反力 R_A、R_B 均由平衡方程求得，用假想截面沿 *m—m* 将梁截开。由于梁本身平衡，所以它每部分也平衡。取左段研究，在 R_A 作用下为维持竖直方向平衡，须有一个与 R_A 大小相等方向相反的力 V 与之平衡，为保持该段不转动，须有一个与力矩 M_O (P) ＝R_A · x 大小相等，方向相反的力偶矩 M 与之平衡，V 与 M 即为梁 *m—m* 截面上的内力，其中 V 称为剪力，M 称为弯矩，剪力的单位为牛顿（N）或千牛顿（kN），弯矩的单位与力矩相同。剪力和弯矩两个内力可用平衡方程求得。

用截面法计算内力步骤是：

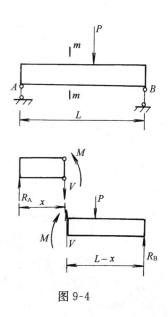

图 9-4

1. 计算支座反力。
2. 用假想的截面将梁截成两段，任取某一端为研究对象。
3. 画出研究对象的受力图。
4. 建立平衡方程，计算内力。

（二）剪力 V 和弯矩 M 的正负号规定

1. 剪力的正负号

截面上的剪力 V 使所考虑的脱离体有顺时针方向转动趋势时规定为正，如图 9-5 (a)；反之为负，如图 9-5 (b)。

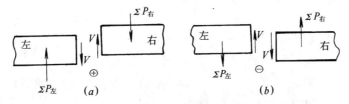

图 9-5

2. 弯矩的正负号

截面上的弯矩使所考虑的脱离体产生向下凸的变形时规定为正，如图 9-6 (a) 所示，反之向上凸时规定为负，如图 9-6 (b) 所示。下面举例说明内力的计算。注意，截面上的剪力和弯矩计算时均沿正方向假设。

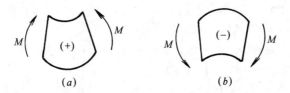

图 9-6

【例 9-1】 简支梁如图 9-7 所示。已知 $P=30\text{kN}$，$q=10\text{kN/m}$，求 1—1 截面上的剪力和弯矩。

【解】 （1）求支反力。

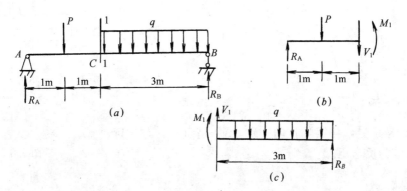

图 9-7

取整体为研究对象，设 R_A、R_B 向上，是图 9-7（a），列平衡方程

$$\Sigma M_A(F)=0$$

$$-P\times 1-q\times 3\times 3.5+R_B\times 5=0$$

$$R_B=\frac{P\times 1+q\times 3\times 3.5}{5}=\frac{30\times 1+10\times 3\times 3.5}{5}=27\text{kN}$$

$$\Sigma Y=0 \qquad R_A-P-q\times 3+R_B=0$$

$$R_A=P+q\times 3-R_B=30+10\times 3-27=33\text{kN}$$

（2）求截面 1—1 的内力

用截面法将梁截开取左段，并设剪力 V 向下，M 逆时针转，如图 9-7（b），列平衡方程求解

$$\Sigma Y=0 \quad R_A-P-V_1=0$$

$$V_1=R_A-P=33-30=3\text{kN}$$

$$\Sigma M_{C1}=0 \qquad\qquad （对截面 1—1 形心点 C_1 取矩）$$

$$M_1+P\times 1-R_A\times 2=0$$

$$M_1=-P\times 1+R_A\times 2=-30\times 1+33\times 2=36\text{kN}\cdot\text{m}$$

所得 V_1、M_1 均为正值，表示与实际方向相同，故为正剪力、正弯矩。

若取右段梁为研究对象，也设 V_1、M_1 为正，见图 9-7（c），列平衡方程

$$\Sigma Y=0 \quad V_1-q\times 3+R_B=0$$

$$V_1=q\times 3-R_B=10\times 3-27=3\text{kN}$$

$$\Sigma M_{C1}=0$$

$$-M_1-q\times 3\times 1.5+R_B\times 3=0$$

$$M_1=-q\times 3\times 1.5+R_B\times 3=-10\times 3\times 1.5+27\times 3=36\text{kN}\cdot\text{m}$$

可见 V_1、M_1 也为正值，结果与左段相同。

【例 9-2】　求图 9-8 所示悬臂梁截面 1-1 上的剪力和弯矩。

【解】　因为悬臂梁自由端在右段，为避免计算支反力，故取右段为研究对象，V、M 方向见图 9-8（b）。列平衡方程

$$\Sigma Y=0 \quad V_1-q\times\frac{L}{2}=0$$

$$V_1=\frac{qL}{2}$$

$$\Sigma M_{C1}=0$$

$$-M_1-q\times\frac{L}{2}\times\frac{L}{4}=0$$

$$M_1=\frac{-qL^2}{8}$$

可见 V_1 是正号，与实际方向一致，M_1 是负号，与实际方向相反，故为负弯矩。

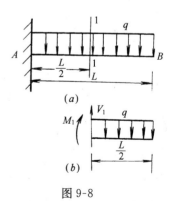

图 9-8

二、内 力 图

（一）剪力方程和弯矩方程

由剪力知弯矩的计算过程中可知梁内各横截面上的剪力和弯矩是随横截面位置的不同而变化。若梁横截面的位置由沿梁轴线的坐标用 x 来表示，则梁的各个横截面上的剪力和弯矩可以表示为坐标 x 的函数，即

$$V = V(x), M = M(x)$$

以上两式分别称为梁的剪力方程和弯矩方程，统称为内力方程。为了形象表示剪力 V 和弯矩 M 沿梁轴线的变化规律，可根据剪力方程和弯矩方程分别绘制出剪力和弯矩沿梁轴线变化的图形，分别称为剪力图和弯矩图，统称为内力图。由内力图可直观看出梁上最危险的截面，以便进行强度和刚度计算。

（二）剪力图和弯矩图的绘制方法

一般规定绘图坐标系如下图，坐标原点一般选在梁的左端截面。

作图时，剪力正值画在 x 轴上方，负值画在下方，而 M 正值画在 x 轴下方，负值画在上方。下面举例说明

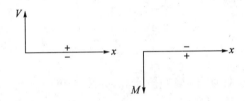

【例 9-3】 简支梁受集中力作用，如图 9-9（a）所示，试画出剪力图和弯矩图。

【解】 （1）求支反力

由整体平衡 $\Sigma M_A (F) = 0$

$$R_B L - Pa = 0$$

得 $R_B = \dfrac{Pa}{L}$

由 $\Sigma Y = 0$

$$R_A - P + R_B = 0$$

得 $R_A = P - R_B = P - \dfrac{Pa}{L} = \dfrac{Pb}{L}$

（2）列剪力方程和弯矩方程

梁在 P 力作用下，分为两段，故分别列 AC 段和 CB 段 V 和 M 方程。

AC 段：假想距 A 端 x_1 处切开，取左段研究如图 9-9（b），

$\Sigma Y = 0$ $-V(x_1) + R_A = 0$

$$-V(x_1) = R_A = \frac{Pb}{L} \qquad (0 < x_1 < a)$$

$\Sigma M_{C1} = 0$ $-M(x_1) + R_A x_1 = 0$

$$M(x_1) = R_A x_1 = x_1 \frac{Pb}{L} \qquad (0 \leqslant x_1 \leqslant a)$$

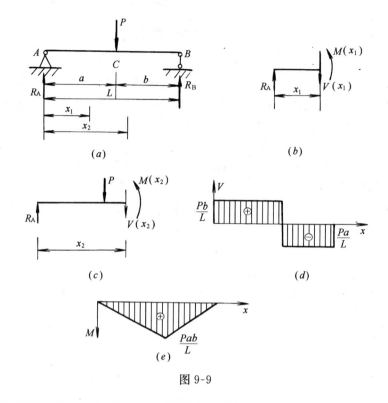

图 9-9

CB 段：假想距 A 端 x_2 处切开，取左段研究，如图 9-9(c)

$\Sigma Y = 0 \qquad R_A - P - V(x_2) = 0$

$$V(x_2) = R_A - P = \frac{Pb}{L} - P = -\frac{Pa}{L} \qquad (a < x_2 < L)$$

$\Sigma M_{C2} = 0 \qquad M(x_2) + P(x_2 - a) - R_A x_2 = 0$

$$M(x_2) = -P(x_2 - a) + \frac{Pb}{L} x_2$$

$$= \frac{Pa}{L}(L - x_2) \qquad (a \leqslant x_2 \leqslant L)$$

（3）画出剪力图和弯矩图，根据 V、M 方程性质判断内力图形状，描点画图。

V 图：AC 段剪力方程为常数，其值为 Pb/L，剪力图是一条平行于 x 轴的直线，因为是正值，画在 x 轴上方。CB 段剪力方程也是常数，其值为 $-Pa/L$，剪力图也是一条平行于 x 轴的直线，因为是负值，画在 x 轴下方，V 图见图 9-9 (d)。

M 图：AC 段弯矩方程是 x_1 的一次函数，弯矩图是一条斜直线，只要计算两个截面的数值，就可画出弯矩图。

当 $x_1 = 0 \qquad M_A = 0$

$\quad x_1 = a \qquad M_C = \dfrac{Pab}{L}$

BC 段弯矩方程是 x_2 的一次函数，弯矩图也是一条斜直线，同理可画出弯矩图。

当 $x_2 = a \qquad M_C = \dfrac{Pab}{L}$

$$x_2 = L \qquad M_B = 0$$

由于 M 是正值,画在 x 轴下方,全梁弯矩图见图 9-9 (e)。

(4) 讨论

可见当 $a = b$ 时,$V(x_1) = V(x_2) = \left| \dfrac{Pa}{L} \right|$ 而 $M_{max} = \dfrac{PL}{4}$。

【例 9-4】 悬臂梁 AB 受均布荷载 q 作用,如图 9-10 (a) 所示。试画出剪力图和弯矩图。

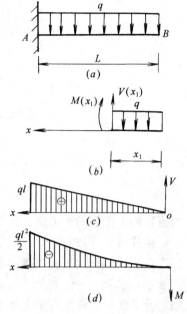

【解】 (1) 列剪力方程和弯矩方程,取右段可不求支反力,如图 9-10 (b)

$$\Sigma y = 0 \qquad V(x_1) - q x_1 = 0$$
$$V(x_1) = q x_1 \qquad (0 \leqslant x_1 < L)$$
$$\Sigma M_{C1} = 0 \qquad -M(x_1) - q(x_1)\frac{x_1}{2} = 0$$
$$M(x_1) = -\frac{q x_1^2}{2} \qquad (0 \leqslant x_1 \leqslant L)$$

图 9-10

(2) 画剪力图和弯矩图

由于均布荷载均匀分布整个梁无须分段,而剪力方程是 x 的一次函数,所以剪力图是一条斜直线。只要计算两个截面的数值,就可画出剪力图,如图 9-10 (c)

当 $x = 0$ 时 $\qquad V_B = 0$

$\quad x = L \qquad V_A = qL$

由弯矩方程可知是 x 的二次函数,所以弯矩图是一条二次抛物线,至少需要计算三个截面的数值,方可画弯矩图

当 $x = 0$ 时 $\qquad M_B = 0$

$\quad x = \dfrac{L}{2} \qquad M_C = \dfrac{qL^2}{8}$

$\quad x = L \qquad M_A = -\dfrac{qL^2}{2}$

因为弯矩值是负值,所以画在 x 轴上方,如图 9-10 (d)。可见悬臂梁受均载作用时,在固定端处剪力和弯矩都达到最大值。

【例 9-5】 简支梁受均布荷载作用,如图 9-11 (a) 所示,试画出其剪力图和弯矩图。

【解】 (1) 求支座反力。根据对称关系,可得 $R_A = R_B = ql/2$ ($\uparrow$)

(2) 列剪力方程和弯矩方程。设 A 端为坐标原点,用截面假想地将梁在距 A 段为 x 处截开,取左段梁为研究对象(图 9-11b),由平衡条件得

$$V(x) = R_A - q \cdot x = ql/2 - qx \quad (0 < x < 1) \qquad (a)$$
$$M(x) = R_A \cdot x - qx \cdot x/2 = ql/2 \cdot x - qx^2/2 \quad (0 \leqslant x \leqslant 1) \qquad (b)$$

(3) 画出剪力图和弯矩图

由式 (a) 得知,$V(x)$ 是 x 的一次函数,其剪力图是一条斜直线;当 $x = 0$ 时,$V_A = ql/2$;当 $x = 1$ 时,$V_B = -ql/2$。

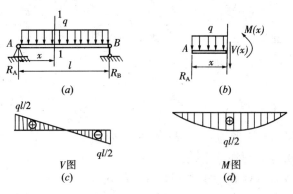

图 9-11

根据这两个截面的剪力值，画出剪力图（图 9-11c）如图所示。

由式（b）得知，$M(x)$ 是 x 的二次函数，弯矩图是一条二次抛物线，需要计算三个以上点的弯矩，才可大体描出弯矩图的形状：

当 $x=0$ 时，$M_A=0$；当 $x=l/2$ 时，$M_A=ql^2/8$；当 $x=l$ 时，$M_A=0$。

根据计算结果，画出弯矩图如图（图 9-11d）。

由画出的内力图可知：简支梁在均布荷载作用下，最大剪力发生在梁段，其值为 $|V_{max}|=ql/2$；最大弯矩发生在剪力为零的跨中截面，其值为 $M_{max}=ql^2/8$。这个特点是普遍的规律，在剪力为零的截面上有弯矩的极值（即正的或负的最大值）。

【例 9-6】　简支梁 AB，在 C 处有力偶 m_c 作用，如图 9-12（a）。试画出剪力图和弯矩图。

【解】　（1）计算支反力，取整体为研究对象

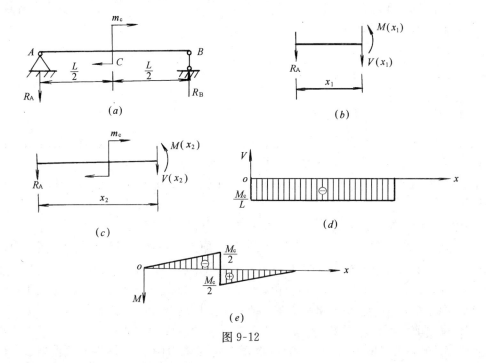

图 9-12

$\Sigma M_A(F)=0 \qquad -m_c+R_B L=0$

$$R_B=\frac{m_c}{L}$$

$\Sigma Y=0 \qquad -R_A+R_B=0$

$$R_A=R_B=\frac{m_c}{L}$$

（2）列剪力方程和弯矩方程

由于力偶 m_c 将梁分成两段，故须分段列出 V、M 方程。

AC 段：采用截面法，如图 9-12 (b)

$\Sigma Y=0 \qquad -R_A-V(x_1)=0$

$$V(x_1)=-R_A=-\frac{m_c}{L} \qquad\qquad (0<x_1\leqslant\frac{L}{2})$$

$\Sigma M_{C1}=0 \qquad M(x_1)+R_A x_1=0$

$$M(x_1)=-R_A x_1=-\frac{m_c}{L}x_1 \qquad\qquad (a\leqslant x_1<\frac{L}{2})$$

CB 段：采用截面法，如图 9-12(c)

$\Sigma Y=0 \qquad -R_A-V(x_2)=0$

$$V(x_2)=-R_A=-\frac{m_c}{L} \qquad\qquad (\frac{L}{2}\leqslant x_2<L)$$

$\Sigma M_{C2}=0 \qquad M(x_2)-m_c+R_A x_2=0$

$$M(x_2)=m_c-R_A x_2=m_c-(\frac{m_c}{L})x_2 \qquad\qquad (a<x_2\leqslant L)$$

（3）画出剪力图和弯矩图

V 图：AC 段、CB 段剪力都是常数，且是负值，是一条平行于 x 轴的直线，画在 x 轴下方。如图 9-12 (d) 所示。

M 图：AC 段、CB 段，弯矩都是 x_2 的一次函数，是一条斜直线，负值画在 x 轴上方，正值画在 x 轴下方。如图 9-12 (e) 所示。

AC 段　　当 $x_1=0$ 　　　　　$M_A=0$

$\qquad\qquad x_1=\frac{L}{2}$ 　　　　　$M_c=-\frac{m_c}{2}$

CB 段　　当 $x_2=\frac{L}{2}$ 　　　　$M_c=\frac{m_c}{2}$

$\qquad\qquad x_2=L$ 　　　　　$M_B=0$

从弯矩图可看出，在力偶 m_c 作用下，弯矩图发生突变，其绝对值正好等于集中力偶 m_c。

第三节　荷载集度、剪力、弯矩之间的微分关系

一、$q(x)$、$V(x)$、$M(x)$ 之间的微分关系

如图 9-13 所示，距 A 点为 x 的任意横截面上的内力方程为

$$V(x) = R_A - qx = \frac{qL}{2} - qx \qquad (0 \leqslant x \leqslant L) \qquad (a)$$

$$M(x) = \frac{qLx}{2} - \frac{qx^2}{2} \qquad (0 \leqslant x \leqslant L) \qquad (b)$$

将弯矩方程 $M(x)$ 对 x 求导，得

$$\frac{\mathrm{d}M(x)}{\mathrm{d}x} = \frac{qL}{2} - qx \qquad (c)$$

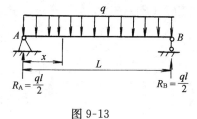

图 9-13

将剪力方程 $V(x)$ 对 x 求导，得

$$\frac{\mathrm{d}V(x)}{\mathrm{d}x} = -q \qquad (d)$$

显然，式（c）与式（a）相等，而式（d）表示分布载荷的集度，设分布荷载 q 向上为正，向下为负，我们可以得到：

$$\frac{\mathrm{d}M(x)}{\mathrm{d}x} = V(x) \qquad (9\text{-}1)$$

$$\frac{\mathrm{d}V(x)}{\mathrm{d}x} = q(x) \qquad (9\text{-}2)$$

$$\frac{\mathrm{d}^2 M(x)}{\mathrm{d}x^2} = q(x) \qquad (9\text{-}3)$$

从式（9-1）、式（9-2）、式（9-3）可看出，弯矩方程对 x 一阶导数得到剪力方程，而剪力方程对 x 一阶导数得到均布荷载 $q(x)$，这种微分关系是普遍存在的。根据数学的定义，一阶导数表示斜率，二阶导数表示凹凸性能，更可看出剪力的大小正好等于弯矩图的斜率，分布荷载集度 q 大小正好等于剪力图的斜率。这三者间的微分关系有助于校核或绘制 V、M 图。

二、利用 $q(x)$、$V(x)$、$M(x)$ 之间的微分关系，说明内力图的特点和规律

（一）梁上无荷载时，$q(x)=0$，即 $\dfrac{\mathrm{d}V(x)}{\mathrm{d}x}=0$，说明 $V(x)$ 是常数，剪力图水平线，斜率为零，而弯矩为一斜直线。当 $V(x)>0$ 时，弯矩图右下方倾斜。当 $V(x)<0$ 时，弯矩图右上方倾斜。

（二）梁上作用均布荷载时，$q(x)=q$，即 $\dfrac{\mathrm{d}V(x)}{\mathrm{d}x}=$ 常数，说明 $V(x)$ 是变量，剪力图为一斜直线。当 $q<0$ 时，朝下，V 图右下方倾斜。当 $q>0$ 时，朝上，V 图右上方倾斜。而弯矩图为二次抛物线，q 朝下，M 图上凹，q 朝上，M 图下凹。

（三）弯矩的极值。

当 $V(x)$ 由正到负过渡时，M 图斜率由正到负，在 $V(x)=0$ 处 M 图处于极大。

当 $V(x)$ 由负到正过渡时，M 图斜率由负到正，在 $V(x)=0$ 处 M 图处于极小。

【例 9-7】 应用内力图的规律，绘制图 9-14（a）所示 V、M 图。已知 $p=80\mathrm{kN}$，$q=40\mathrm{kN/m}$，$m=160\mathrm{kN \cdot m}$

【解】 （1）计算支反力，取整体为研究对象

$$\Sigma M_A(F) = 0$$

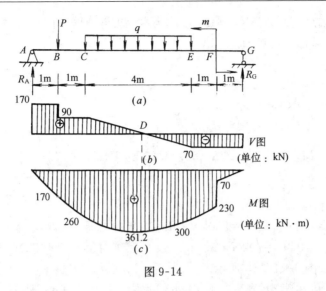

图 9-14

$$-p \times 1 - q \times 4 \times 4 + m + R_G \times 8 = 0$$

$$R_G = \frac{p + q \times 4 \times 4 - m}{8} = \frac{80 + 40 \times 4 \times 4 - 160}{8}$$

$$= 70kN(\uparrow)$$

$$\Sigma Y = 0 \quad R_A - p - q \times 4 + R_G = 0$$

$$R_A = P + q \times 4 - R_G = 80 + 40 \times 4 - 70 = 170kN(\uparrow)$$

（2）绘制剪力图

先分段进行：AB 段为平直线，B 截面有集中力 P 作用，剪力图突变。BC 段为平直线，CE 段为右下方斜直线，EG 段为平直线，在力偶 M_E 处剪力图无变化。

再计算各控制截面的剪力值。

支座处　A 端　$V_A = 170kN$　　　等于支反力大小

　　　　B 端　$V_{B左} = 170kN$

　　　　$V_{B右} = 90kN$

集中力作用发生突变，绝对值等于 80kN

　　　　$V_C = 90kN$

　　　　$V_E = 90 - 40 \times 4 = -70kN$

　　　　$V_G = 70kN$

如图 9-14（b）所示，从图中看到 CE 段由正到负必须经过零点，需要确定剪力为零的截面位置。由几何关系确定：

$$\because \frac{90}{CD} = \frac{70}{4 - CD}$$

$$\therefore CD = 2.25m$$

可知剪力为零的 D 点到 A 端支座距离 $AD = 4.25m$

（3）绘弯矩图

先分段定性：AB 段为右下方斜直线，BC 段也是右下方斜直线，因为剪力都是正值。而在集中力 P 作用 B 处，弯矩图出现转折，CE 段为二次抛物线，且上凹。在剪力为零的截面上，弯矩图出现极值，EF 段和 EG 段均为右上方斜直线，因为剪力是负值。

再计算各控制截面的弯矩值。

支座处 $M_A=0$

$M_G=0$

$M_B=170 \times 1=170 \text{kN} \cdot \text{m}$

$M_C=170 \times 2-80 \times 1=260 \text{kN} \cdot \text{m}$

$M_D=M_{max}=170 \times 4.25-80 \times 3.25-40 \times 2.25 \times \dfrac{2.25}{2}$

$\qquad =361.25 \text{kN} \cdot \text{m}$

$M_E=70 \times 2+160=300 \text{kN} \cdot \text{m}$

$M_{F左}=70 \times 1+160=230 \text{kN} \cdot \text{m}$ 集中力偶处发生突变

$M_{F右}=70 \times 1=70 \text{kN} \cdot \text{m}$ 其绝对值等于 160kN

绘制 M 图，如图 9-14（c）所示。

【例 9-8】   利用微分关系，画出外伸梁如图 9-15（a）所示的内力图。已知 $q=5 \text{kN/m}$，$P=15 \text{kN}$

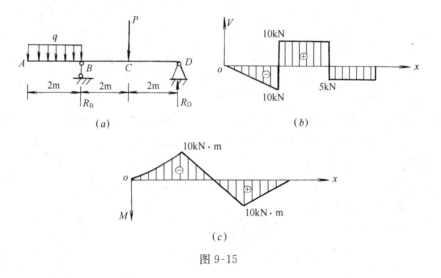

图 9-15

【解】   （1）先求支反力，取整体为研究对象

$$\Sigma M_B(F)=0$$

$$q \times 2 \times 1+R_D \times 4-P \times 2=0$$

$$R_D=\frac{-q \times 2 \times 1+p \times 2}{4}$$

$$=\frac{-5 \times 2+15 \times 2}{4}=5 \text{kN}$$

$$\Sigma y=0 \quad R_B-P-q \times 2+R_D=0$$

$$R_B=P+q \times 2-R_D=15+5 \times 2-5$$

$$=20 \text{kN}$$

（2）画内力图

根据梁上荷载情况将梁分为三段

V 图：AB 段，有均布荷载，V 图为右下方斜直线

$$V_A = 0, V_{B左} = -q \times 2 = -10\text{kN}$$

BC 段，无外力，V 图为水平直线

$$V_{B右} = V_{B左} + R_B = -10 + 20 = 10\text{kN}$$

CD 段，无外力，V 图为水平直线

$$V_{C左} = 10\text{kN}$$

$$V_{C右} = -P + 10 = 5\text{kN}$$

$$V_D = -R_D = -5\text{kN}$$

剪力图如图 9-15（b）所示。

M 图：AB 段有均载，M 图有二次曲线，q 朝下，M 图上凹

$$M_A = 0, M_B = -\frac{1}{2}q \times 2^2 = -\frac{1}{2} \times 5 \times 2^2 = -10\text{kN} \cdot \text{m}$$

BC 段，无外力，M 图为右下方斜直线，因为 V 图为正值

$$M_B = -10\text{kN} \cdot \text{m} \quad M_C = R_D \times 2 = 10\text{kN} \cdot \text{m}$$

CD 段，无外力，M 图为右上方斜直线，因为 V 图为负值

$$M_C = 10\text{kN} \cdot \text{m} \quad M_D = 0$$

绘制弯矩图如图 9-15（c）所示。

第四节　叠加法绘制弯矩图

一、叠加法原理

由于小变形的假设，在求梁的支反力、剪力和弯矩时，均可按其原始尺寸计算，所以当梁上存在几个荷载共同作用时，每一个荷载引起的支反力、剪力、弯矩都不受其他荷载的影响。这样，只要分别算出每个荷载单独作用下梁的某一横截面上的弯矩代数和就可得到几个荷载共同作用下该截面上的弯矩，称为叠加原理。

二、用叠加法绘制弯矩图

梁的弯矩图按叠加法绘制时，先分别作出各个荷载单独作用下梁的弯矩图，然后将相应纵坐标叠加。

【例 9-9】　试按叠加法作图 9-16（a）所示简支梁的弯矩图 $m_A = m_B$。

【解】　（1）将梁上荷载拆成单个荷载单独作用，见图 9-16（b）所示。

（2）画出只有均布荷载作用下的弯矩图，如图 9-16（c）所示；

画出只有力偶作用下的弯矩图，如图 9-16（d）所示。

（3）进行各类相应纵坐标值的代数叠加，最终得到原简支梁的弯矩图，如图 9-16（e）所示。

【例 9-10】   用叠加法绘制图 9-17 (a) 所示梁的弯矩图。

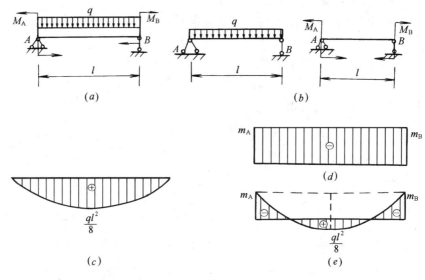

(a)   (b)

(d)

$\dfrac{ql^2}{8}$

(c)   (e)

图 9-16

【解】   此题用区段叠加，画 M 图较容易。

(1) 求支反力

$$\Sigma M_A\ (F)\ =0$$

$$6\times 2-2\times 4\times 2-8\times 6+R_B\times 8-2\times 2\times 9=0$$

$$R_B=-\frac{6\times 2+2\times 4\times 2+8\times 6+2\times 2\times 9}{8}=11\text{kN}$$

$$\Sigma Y=0 \qquad -6+R_B-2\times 4-8+R_A-2\times 2=0$$

$$R_A=6+8+8-11+4=15\text{kN}$$

(2) 选外力作用点处为控制面，并求出它们的弯矩值

$$M_C=0$$

$$M_A=-6\times 2=-12\text{kN}\cdot\text{m}$$

$$M_D=-6\times 6+15\times 4-2\times 4\times 2=8\text{kN}\cdot\text{m}$$

$$M_E=-2\times 2\times 3+11\times 2=10\text{kN}\cdot\text{m}$$

$$M_B=-2\times 2\times 1=-4\text{kN}\cdot\text{m}$$

$$M_F=0$$

(3) 把梁分成 CA 段、AD 段、DE 段、EB 段、BF 段，然后用区段叠加法绘制各段的弯矩图。具体作法是将上述各控制面的 M 值按比例绘出。如果无荷载作用连以直线。如有荷载作用，连一虚线为基线，然后按简支梁叠加求得弯矩图。如图 9-17 (b) 所示。

其中，AD 段中点弯矩为

$$M_{AD\text{中}}=\frac{-12+8}{2}+\frac{2\times 4^2}{8}=2\text{kN}\cdot\text{m}$$

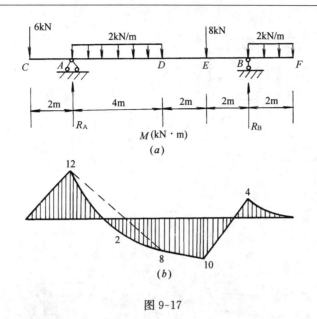

图 9-17

BF 段中点的弯矩为

$$M_{BF中} = \frac{-4+0}{2} + \frac{2 \times 2^2}{8} = -1 \text{kN} \cdot \text{m}$$

第五节 梁弯曲时的应力计算及强度条件

由前面知道，梁的横截面上有剪力 V 和弯矩 M 两种内力存在，它们各自在梁的横截面上会引起剪应力 τ 和正应力 σ。下面着重讨论梁的正应力计算和剪应力计算。

一、梁的正应力计算

（一）正应力分布规律

为了解正应力在横截面上的分布情况，可先观察梁的变形，取一弹性较好的梁，在受力前，画出均等的小方格，加一对力偶使其发生弯曲变形，如图 9-18，可观察到：

（1）各横向线仍为直线，只倾斜了一个角度。

（2）各纵向线弯成曲线，上部纵向线缩短，下部纵向线伸长。

由此分析出，各横向线代表横截面，变形前后都是直线，表明横截面变形后都仍保持为平面。设想梁是由无数纵向纤维组成既然上部缩短、下部伸长，梁内必有一层既不伸长也不缩短的纵向纤维层，称为中性层。中性层与各横截面的交线，叫做中性轴。中性轴通过与横截面的形心，与竖向对称轴 y 垂直，见图 9-18（c）。由此可知，梁弯曲变形时，各横截面绕中性轴转动，使梁内纵向纤维伸长和缩短，在中性轴上各点变形为零。正应力分布规律如图 9-19 所示。

（二）正应力计算公式

如图 9-20 所示，根据研究，梁弯曲时横截面上任一点正应力的计算公式（推导从略）可表达为

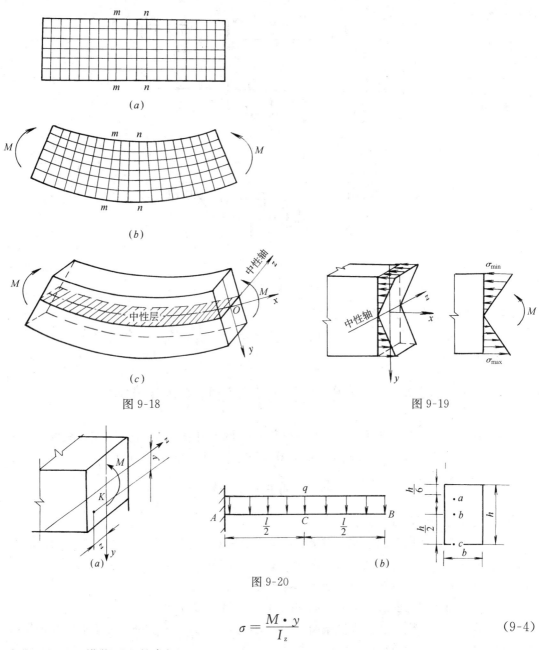

图 9-18   图 9-19

图 9-20

$$\sigma = \frac{M \cdot y}{I_z} \tag{9-4}$$

式中 M——横截面上的弯矩；

　　　　y——所计算点到中性轴的距离；

　　　　I_z——截面对中性轴的惯性矩。

　　由式（9-4）说明，梁横截面上任一点的正应力与弯矩 M 和该点到中性轴距离 y 成正比，与惯性矩 I_z 成反比，正应力沿截面高度呈线性分布。中性轴上各点正应力为零（$y=0$）。在梁的上、下边缘处，正应力的绝对值最大。当截面上作用正弯矩时下部为拉应力，上部为压应力；当作用负弯矩时，上部为拉应力，下部为压应力。

【例 9-11】 矩形截面悬臂梁受均布荷载 $q=2\text{kN/m}$ 作用。已知 $b=120\text{mm}$，$h=180\text{mm}$，$L=2\text{m}$。试求 C 截面上 a、b、c 各点的正应力。

【解】 （1）C 截面上的弯矩为

$$M_c = -q \times \frac{L}{2} \times \frac{L}{4} = -\frac{qL^2}{8} = -\frac{2 \times 2^2}{8} = -1\text{kN} \cdot \text{m}$$

（2）矩形截面惯性矩为

$$I_z = \frac{bh^3}{12} = \frac{0.12 \times 0.18^3}{12} = 0.583 \times 10^{-4} \text{m}^4$$

（3）分别求 a、b、c 三点正应力

$$\sigma_a = \frac{M_c y_a}{I_z} = \frac{M_C \times \left[-\left(\dfrac{h}{2} - \dfrac{h}{6} \right) \right]}{I_z}$$

$$= \frac{-1 \times 10^3 \times (-0.06)}{0.583 \times 10^{-4}} = 1\text{MPa}(拉应力)$$

$$\sigma_b = \frac{M_c y_b}{I_z} = \frac{M_C \times 0}{I_z} = 0$$

$$\sigma_c = \frac{M_c y_c}{I_z} = \frac{M_C \times \dfrac{h}{2}}{I_z} = \frac{-1 \times 10^3 \times 0.09}{0.583 \times 10^{-4}} = 1.5\text{MPa}(压应力)$$

二、梁的正应力强度条件

（一）强度条件

弯曲变形的梁，最大弯矩 M_{max} 所在的截面是危险截面，而距中性轴最远边缘 y_{max} 处，即是危险点，该点正应力达到最大值

$$\sigma_{max} = \frac{M_{max} y_{max}}{I_z} = \frac{M_{max}}{\dfrac{I_z}{y_{max}}} = \frac{M_{max}}{W_z}，称为梁的最大正应力计算公式$$

为了保证梁具有足够的强度应使危险截面上危险点的正应力不超过材料的许用应力。即

$$\sigma_{max} = \frac{M_{max}}{W_z} \leqslant [\sigma] \tag{9-5}$$

式（9-5）为梁的正应力强度条件。

式中 W_z 为抗弯截面模量，单位为 m^3，mm^3

对于矩形截面，$W_z = \dfrac{bh^2}{6}$　　$W_y = \dfrac{hb^2}{6}$

圆形截面，$W_z = W_y = \dfrac{\pi D^3}{32}$

正方形截面，$W_z = W_y = \dfrac{a^3}{6}$

见图 9-21 所示。

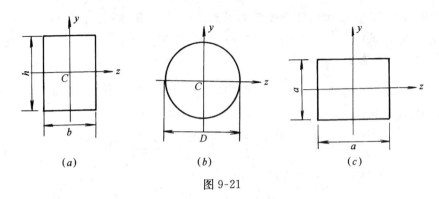

图 9-21

（二）由强度条件引起的三类问题

1. 校核强度　　　　　$\sigma_{max} = \dfrac{M_{max}}{W_z} \leqslant [\sigma]$

2. 截面设计　　　　　$W_z \geqslant \dfrac{M_{max}}{[\sigma]}$

3. 确定许可荷载　　　$M_{max} \leqslant W_z \cdot [\sigma]$

【例 9-12】　　如图 9-22 所示矩形截面的简支木梁受均布荷载作用。已知 $q = 2kN/m$，$L = 4m$，$b = 140mm$，$h = 210mm$，木材弯曲时的许用应力 $[\sigma] = 11MPa$，试校核该梁的强度。

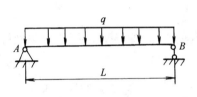 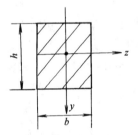

图 9-22

【解】　　（1）计算最大弯矩

$$M_{max} = \frac{qL^2}{8} = \frac{2 \times 4^2}{8} = 4kN \cdot m$$

（2）计算抗弯截面模量

$$W_z = \frac{bh^2}{6} = \frac{0.14 \times 0.21^2}{6} = 0.103 \times 10^{-2} m^3$$

（3）代强度公式校核

$$\sigma_{max} = \frac{M_{max}}{W_z} = \frac{4 \times 10^3}{0.103 \times 10^{-2}} = 3.88MPa < [\sigma]$$

所以强度满足。

【例 9-13】　　一简支梁作用两个集中力如图 9-23 所示，已知 $P_1 = 12kN$，$P_2 = 21kN$，$L = 6m$，钢的容许应力 $[\sigma] = 160MPa$，采用工字钢截面。试选择工字钢型号。

【解】　　（1）求最大弯矩，由弯矩图知

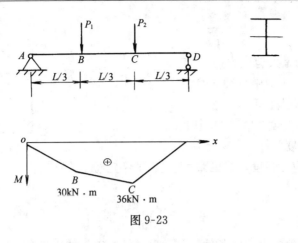

图 9-23

$$M_{max} = 36 \text{kN} \cdot \text{m}$$

（2）截面设计公式选择工字钢型号

$$W_z = \frac{M_{max}}{[\sigma]} = \frac{36 \times 10^3}{160 \times 10^6} = 0.225 \times 10^{-3} \text{m}^3 = 225 \text{cm}^3$$

查附录型钢表，I_{20a} 工字钢 $W_z = 237 \text{cm}^3$ 与算出的值相近，故选 I_{20a} 工字钢。

【例 9-14】　简支木梁跨长 $L = 4$m，其圆形截面，梁上受均布荷载作用。已知直径 $d = 160$mm，木材弯曲许用正应力 $[\sigma] = 11$MPa，如图 9-24 所示。试确定许可载荷 q。

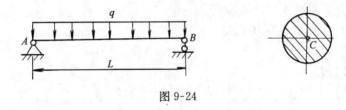

图 9-24

【解】　（1）计算最大弯矩

$$M_{max} = qL^2/8 = q \times 4^2/8 = 2q$$

（2）计算 W_z

$$W_z = \pi d^3/32 = \pi \times 160^3/32 = 402 \times 10^3 \text{mm}^3$$

（3）代公式确定许可载荷

$$M_{max} = 2q = W_z \cdot [\sigma]$$

$$q \leqslant W_z \cdot [\sigma] = (402 \times 10^3 \times 10^{-9} \times 11 \times 10^6)/2$$
$$= 2211 \text{N/m} \approx 2 \text{kN/m}$$

三、梁的剪应力计算及强度条件

（一）剪应力计算公式

在荷载作用下如图 9-25 所示，梁在弯曲时其横截面上还存在着剪应力，由于剪应力在横截面上分布比较复杂，剪应力计算公式为

$$\tau_{\max} = \frac{V_{\max}S_z^*}{I_z b} \qquad (9\text{-}6)$$

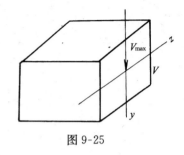

图 9-25

式中　$V_{\max}$——梁内最大剪应力；

　　　S_z^*——面积 A 对中性轴的静矩；

　　　I_z——截面惯性矩；

　　　b——截面宽度，或者腹板厚度。

（二）剪应力强度条件

为保证梁的剪应力强度，梁的最大剪应力不应超过材料

容许剪应力 $[\tau]$

即
$$\tau_{\max} = \frac{V_{\max}S_z}{I_z b} \leqslant [\tau] \qquad (9\text{-}7)$$

式（9-7）称为梁的剪应力强度条件。$[\tau]$ 为材料在弯曲时的容许剪应力。

【例 9-15】　承受均布荷载的矩形截面外伸梁如图 9-26 所示。已知 $L=3\text{m}$，$b=80\text{mm}$，$h=120\text{mm}$，$q=2\text{kN/m}$，材料的容许剪应力 $[\tau]=1.2\text{MPa}$。试校核梁的强度。

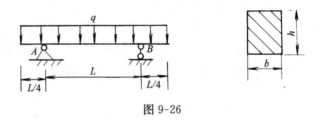

图 9-26

【解】　（1）计算最大剪力 $V_{\max}$

$$V_{\max} = |\,3\text{kN}\,|$$

（2）计算 S_z^*、I_z

$$S_z^* = \frac{h}{2} \times b \times \frac{h}{4} = \frac{120}{2} \times 80 \times \frac{120}{4} = 144000 \text{mm}^3$$

$$I_z = \frac{bh^3}{12} = \frac{80 \times 120^3}{12} = 11520000 \text{mm}^4$$

（3）代剪应力公式校核

$$\tau_{\max} = \frac{V_{\max}S_z^*}{I_z b} = \frac{3 \times 10^3 \times 144000 \times 10^{-9}}{11520000 \times 10^{-12} \times 80 \times 10^{-3}}$$
$$= 0.469 \times 10^6 \text{Pa} = 0.469 \text{MPa} < [\tau]$$

强度满足。

第六节　梁 的 变 形

梁在外力的作用下，不但要满足强度要求，同时还需要满足刚度要求，使梁的最大变形不得超过某一限度，才能使梁正常工作。

一、梁的变形概念

梁在发生弯曲变形后，梁的轴线由直线变成一条连续光滑的曲线，这条曲线叫梁的挠曲线。如图 9-27 所示。每个横截面都发生了移动和转动：横截面形心在垂直于梁轴方向的移动叫做截面挠度，用 y 表示，单位用 m 或 mm，并规定向下为正；向上为负横截面绕中性轴转动的角度叫做截面转角，用 θ 表示，并规定顺时针转为正，逆时针转动为负，单位为弧度（rad）。

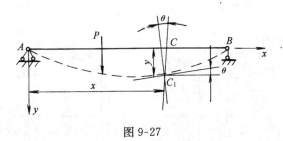

图 9-27

二、挠曲线近似微分方程

根据梁挠曲线的概念和高等数学的曲率公式，我们得知梁的挠曲线与梁横截面上的弯矩 M 和梁的抗弯刚度 EI 有关（推导省略），得公式如下

$$\frac{\mathrm{d}^2 y}{\mathrm{d}x^2} = -\frac{M_{(x)}}{EI} \tag{9-8}$$

上式称为梁的挠曲线近似微分方程，由此方程，通过积分，便可求出挠度和转角（积分法省略）。

三、用叠加法计算梁的变形

在建筑工程中，通常不需要建立梁的挠曲线方程，只需求出梁的最大挠度。而实际中的梁受力较复杂，因此用叠加法来做较为方便，一般可利用表 9-1 中的公式，将梁上复杂荷载拆成单一荷载单独作用情况，直接查表获得每一种荷载单独作用下的挠度和转角，其后代数和，就得到整个梁所求变形值。这种方法称为叠加法。

几种常用梁在简单荷载作用下的转角和挠度   表 9-1

序号	支承和荷载作用情况	梁端转角	挠曲轴线方程	最大挠度
1		$\theta_B = \dfrac{Pl^2}{2EI}$	$y = \dfrac{Px^2}{6EI}(3l-x)$	$f_B = \dfrac{Pl^3}{3EI}$

续表

序号	支承和荷载作用情况	梁端转角	挠曲轴线方程	最大挠度
2		$\theta_B = \dfrac{Pc^2}{2EI}$	当 $0 \leqslant x \leqslant c$ $y = \dfrac{Px^2}{6EI}(3c-x)$ 当 $c \leqslant x \leqslant l$ $y = \dfrac{Pc^2}{6EI}(3x-c)$	$f_B = \dfrac{Pc^2}{6EI}(3l-c)$
3		$\theta_B = \dfrac{ql^3}{6EI}$	$y = \dfrac{qx^2}{24EI}(x^2 + 6l^2 - 4lx)$	$f_B = \dfrac{ql^4}{8EI}$
4		$\theta_B = \dfrac{q_0 l^3}{24EI}$	$y = \dfrac{q_0 x^2}{120 lEI}(10l^3 - 10l^2 x + 5lx^2 - x^3)$	$f_B = \dfrac{q_0 l^4}{30EI}$
5		$\theta_B = \dfrac{ml}{EI}$	$y = \dfrac{mx^2}{2EI}$	$f_B = \dfrac{ml^2}{2EI}$
6		$\theta_A = -\theta_B$ $= \dfrac{Pl^2}{16EI}$	当 $0 \leqslant x \leqslant \dfrac{l}{2}$ $y = \dfrac{Px}{12EI}\left(\dfrac{3l^2}{4} - x^2\right)$	$f_c = \dfrac{Pl^3}{48EI}$
7		$\theta_A = \dfrac{Pab(l+b)}{6lEI}$ $\theta_B = -\dfrac{Pab(l+a)}{6lEI}$	当 $0 \leqslant x \leqslant a$ $y = \dfrac{Pbx}{6lEI}(l^2 - x^2 - b^2)$ 当 $a \leqslant x \leqslant l$ $y = \dfrac{Pa(l-x)}{6lEI}(2lx - x^2 - a^2)$	在 $x = \sqrt{(l^2-b^2)/3}$ 处 最大 $f_{max} = \dfrac{\sqrt{3}Pb}{27lEI}(l^2 - b^2)^{\frac{3}{2}}$ $f_{z=l/2} = \dfrac{Pb}{48EI}(3l^2 - 4b^2)$ （设 $a > b$）
8		$\theta_A = -\theta_B$ $= \dfrac{ql^3}{24EI}$	$y = \dfrac{qx}{24EI}(l^3 - 2lx^2 + x^3)$	$f_c = \dfrac{5ql^4}{384EI}$

续表

序号	支承和荷载作用情况	梁端转角	挠曲轴线方程	最大挠度
9	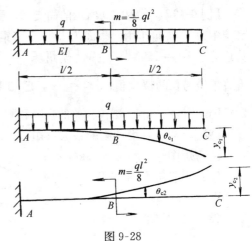	$\theta_A = \dfrac{ml}{6EI}$ $\theta_B = -\dfrac{ml}{3EI}$	$y = \dfrac{mx}{6lEI}(l^2 - x^2)$	在 $x = l/\sqrt{3}$ 处最大 $t_{max} = \dfrac{ml^2}{9\sqrt{3}EI}$ $f_x = \dfrac{l}{2} = \dfrac{ml^2}{16EI}$
10		$\theta_A = \dfrac{ml}{3EI}$ $\theta_B = -\dfrac{ml}{6EI}$	$y = \dfrac{mx}{6lEI}(l-x)(2l-x)$	在 $x = (1-1/\sqrt{3})l$ 处最大 $f_{max} = \dfrac{ml^2}{9\sqrt{3}EI}$ $f_z = l/2 = \dfrac{ml^2}{16EI}$

注：在图示直角坐标系中，关于挠度和转角的正负号按照下列规定：

　　挠度：向下（即与 y 轴的正向相同）的为正，向上的为负；

　　转角：顺时针转向的为正，反时针转向为负。

【例 9-16】　用叠加法求图9-28所示悬臂梁 C 截面的挠度和转角。已知梁的抗弯刚度 EI。

【解】　（1）将梁上荷载分解成单独荷载作用。

（2）在均布荷载 q 单独作用下，梁 C 截面的挠度、转角由表 9-1 中查得

$$y_{C1} = \frac{ql}{8EI}$$

$$\theta_{C1} = \frac{ql^3}{6EI}$$

（3）在集中力偶 M 单独作用下，梁 C 截面的挠度转角也由表 9-1 中查得。

因为力偶作用在 B 处，所以 C 截面挠度应等于

图 9-28

$$y_{C2} = y_B + \theta_B \times \frac{l}{2}$$

查表得　　$y_B = \dfrac{m\left(\dfrac{l}{2}\right)^2}{2EI} = \dfrac{-\dfrac{ql^2}{8} \times \dfrac{l^2}{4}}{2EI} = -\dfrac{ql^4}{64EI}$

$$\theta_B = \frac{m \times \dfrac{l}{2}}{EI} = \frac{\dfrac{ql^2}{8} \times \dfrac{l}{2}}{EI} = \frac{ql^3}{16EI}$$

代入上式得

$$y_{C2} = \frac{m\left(\dfrac{l}{2}\right)^2}{2EI} - \frac{m \times \dfrac{l}{2}}{EI} \times \frac{l}{2} = -\frac{ql^4}{64EI} - \frac{ql^4}{32EI} = \frac{3ql^4}{64EI}$$

（4）叠加以上结果，得梁 C 截面挠度和转角。

$$y_C = y_{C1} + y_{C2} = \frac{ql^4}{8EI} - \frac{3ql^4}{64EI} = \frac{5ql^4}{64EI}$$

$$\theta_C = \theta_{C1} + \theta_{C2} = \frac{ql^3}{6EI} - \frac{ql^3}{16EI} = \frac{5ql^3}{48EI}$$

四、梁的刚度条件

在建筑工程中，通常只校核梁的挠度，不校核梁的转角，一般用 f 表示梁的最大挠度，$[f]$ 表示梁的允许挠度。通常用相对挠度 $\left[\frac{f}{l}\right]$ 来表示梁的刚度条件。即

$$\frac{y_{max}}{l} \leqslant \left[\frac{f}{l}\right]$$

一般钢筋混凝土梁的 $\left[\frac{f}{l}\right] = \frac{1}{200} \sim \frac{1}{300}$

钢筋混凝土吊车梁的 $\left[\frac{f}{l}\right] = \frac{1}{500} \sim \frac{1}{600}$

工程设计中，先按强度条件设计，再用刚度条件校核。

【例 9-17】   图 9-29 所示的简支梁，受均布荷载 q 和集中力 P 共同作用，截面为 I20a 工字钢，材料的允许应力 $[\sigma] = 150\text{MPa}$，弹性模量 $E = 2.1 \times 10^5 \text{MPa}$，允许单位跨长的挠度值 $\left[\frac{f}{l}\right] = \frac{1}{400}$，已知 $L = 3\text{m}$，$q = 24\text{kN/m}$，$P = 12\text{kN}$，试校核梁的强度和刚度。

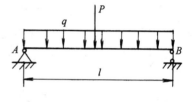

图 9-29

【解】   （1）设计梁的最大弯矩

由弯矩图知，$M_{max} = 36\text{kN} \cdot \text{m}$

（2）查附录型钢表 I20a 工字钢

$W_z = 237\text{cm}^3$ $I_z = 2370\text{cm}^4$

（3）校核强度

$$\sigma_{max} = \frac{M_{max}}{W_z} = \frac{36 \times 10^3}{237 \times 10^{-6}} = 151\text{MPa} \approx [\sigma]$$

没有超过 5%，仍满足强度要求。

（4）查表 9-1 最大挠度在梁跨中

$$y_{max} = y_{qC} + y_{pC} = \frac{5ql^4}{384EI} + \frac{Pl^3}{48EI}$$

$$= \frac{5 \times 24 \times 10^3 \times 3^4}{384 \times 2.1 \times 10^{11} \times 2370 \times 10^{-8}} + \frac{12 \times 10^3 \times 3^3}{48 \times 2.1 \times 10^{11} \times 2370 \times 10^{-8}}$$

$$= 0.005 + 0.0013 = 0.0063\text{m}$$

（5）校核刚度

$$\frac{y_{max}}{l} = \frac{0.0063}{3} = 0.0021 < \frac{1}{400}$$

所以该梁的强度和刚度都满足。

五、提高梁的刚度措施

从梁的最大挠度已经清楚地知道，梁的最大挠度与梁的荷载、跨度、支承情况、横截面的惯性矩、材料的弹性模量 E 有关，所以要提高梁的刚度，就要从以上因素入手。

（一）提高梁的抗弯刚度

对于低碳钢和优质钢，增加 E 意义不大，因为两者相差不大。而只有增大梁的横截面的惯性矩，在面积不变的情况下，将面积分布距中性轴较远处，增大 EI，减少梁的工作应力，所以工程中构件截面常采用箱形、工字型等。

（二）减少梁的跨度

减少梁的跨度，可提高梁的刚度。因为梁的挠度与跨度 L 的 4 次幂成正比。

（三）改善加载方式

在条件许可下，可适用改善荷载方式，尽量采用均布荷载，可降低弯矩，减小变形。

思 考 题

1. 梁的剪力与弯矩正负号是如何规定的？
2. M、V 与 q 间的微分关系是什么？
3. 叠加法绘制弯矩图的步骤是什么？
4. 何谓中性层？中性轴？
5. 梁弯曲时的强度条件是什么？
6. 什么叫挠度、转角？
7. 用叠加法计算梁的变形，其解题步骤如何？
8. 如何提高梁的刚度？

习 题

9-1　用截面法求图 9-30 所示各梁指定截面上的内力。

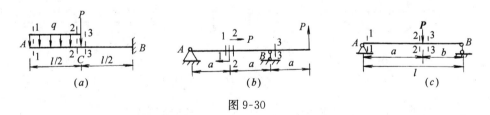

图 9-30

9-2　列出图 9-31 所示各梁的剪力方程和弯矩方程，并画出 V、M 图。

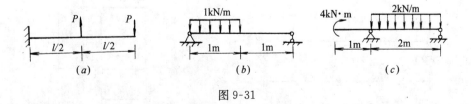

图 9-31

9-3 应用内力图的规律直接绘出图9-32所示梁的剪力图和弯矩图。

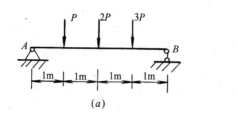

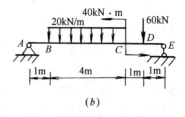

图 9-32

9-4 用叠加法绘出图9-33所示各梁的弯矩图。

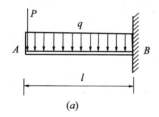

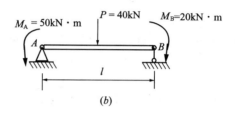

图 9-33

9-5 根据M、V与q间的微分关系检查图9-34所示梁的V图与M图，并指出正确与否。

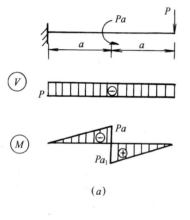

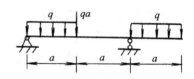

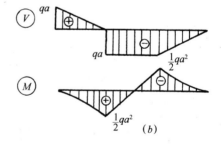

图 9-34

9-6 图9-35所示简支梁，试求其截面D上的a、b、c三点处正应力。

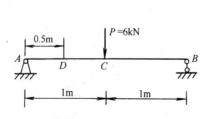

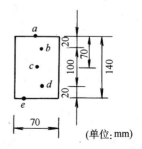

图 9-35

9-7　图 9-36 所示外伸梁，由两根 16a 号槽钢组成。钢材容许应力 $[\sigma]=170\text{MPa}$，试求梁能支承的最大荷载 P。

9-8　图 9-37 所示矩形截面悬臂梁，受均布荷载作用，材料的容许应力 $[\sigma]=10\text{MPa}$，其高宽比为 $h:b=3:2$，试确定此梁横截面尺寸。

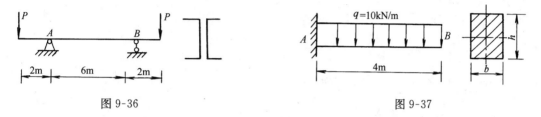

图 9-36　　　　　　　　　　　　　图 9-37

9-9　图 9-38 所示外伸梁，由工字钢 20b 制成，已知 $l=6\text{m}$，$p=30\text{kN}$，$q=6\text{kN/m}$，材料的容许应力 $[\sigma]=160\text{MPa}$，$[\tau]=90\text{MPa}$，试校核梁的强度。

9-10　用叠加法求图 9-39 所示梁 C 截面的挠度和转角。

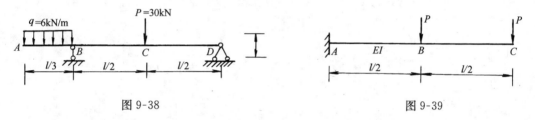

图 9-38　　　　　　　　　　　　　图 9-39

9-11　图 9-40 所示均布荷载作用的悬臂梁，用工字钢 25a 制成，已知 $l=4\text{m}$，$q=4\text{kN/m}$，材料的弹性模量 $E=2\times10^5\text{MPa}$，相对容许值 $\left[\dfrac{f}{l}\right]=\dfrac{1}{250}$。试校核梁的刚度。

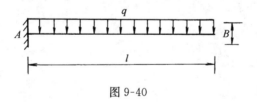

图 9-40

习 题 答 案

9-1　(a) $V_1=0$，$M_1=0$；$V_2=-\dfrac{ql}{2}$，$M_2=-\dfrac{ql^2}{8}$；$V_3=-\dfrac{ql}{2}-p$，$M_3=-\dfrac{ql^2}{8}$

(b) $V_1=\dfrac{2pa-p}{2a}$，$M_1=\dfrac{2pa-p}{2}$；$V_2=\dfrac{2pa-p}{2a}$，$M_2=\dfrac{2pa+p}{2}$；$V_3=-p$；$M_3=pa$

(c) $V_1=\dfrac{pb}{l}$，$M_1=0$；$V_2=\dfrac{pb}{l}$，$M_2=\dfrac{pab}{l}$；$V_3=-\dfrac{pa}{l}$，$M_3=\dfrac{pab}{l}$

9-2　(a) $V_{\max}=p$；$|M_{\max}|=\dfrac{pl}{2}$；

(b) $V_{\max}=0.75\text{kN}$；$M_{\max}=0.281\text{kN}\cdot\text{m}$

(c) $|V_{\max}|=4\text{kN}$；$M_{\max}=4\text{kN}\cdot\text{m}$

9-3 (a) $|V_{max}|=3.5p$；$M_{max}=4p$；

(b) $|V_{max}|=80kN$；$M_{max}=150kN \cdot m$

9-6 $\sigma_a=-6.56MPa$；$\sigma_b=-4.69MPa$；$\sigma_c=0$；$\sigma_d=4.69MPa$；$\sigma_e=6.56MPa$。

9-7 $P_{max}=18.41kN$

9-8 $b \geqslant 277.3mm$

9-9 $\sigma_{max}=156MPa<[\sigma]$；$\tau_{max}=11.2MPa<[\tau]$；满足强度条件。

9-10 $y_C=\dfrac{7FL^3}{16EI}$ （↓）；$\theta_C=\dfrac{5FL^2}{8EI}$ （顺时针）

9-11 $\dfrac{f}{l}=\dfrac{1}{314}<\left[\dfrac{f}{l}\right]$ ；满足刚度条件。

第十章 应 力 状 态

学习要点：理解应力状态、单元体的概念；掌握平面应力状态分析的解析法；掌握主应力、主平面、最大剪应力的概念及其计算；了解梁的主应力迹线。

第一节 一点处的应力状态的概念

在分析轴向拉（压）杆的应力时，应力是随着截面的方位改变而改变的。对杆件弯曲（扭转）的研究表明，杆件内不同位置的点具有不同的应力。一般地说，一点的应力是该点坐标的函数，且与所取截面的方位有关。显然，要确定构件的强度，必须了解构件各点的应力情况——一点处的应力状态。

研究杆件内一点处的应力状态，必须对包含该点的单元体进行分析。现以等截面直杆的拉伸为例，如图 10-1（a）所示，设想围绕任意一点 A 以立方体的六个截面从杆内截取单元体，如图 10-1（b）所示。由于为微立方体，因此单元体各侧面上的应力近视均匀分布，每一对平行侧面上的应力均相等。单元体的前、后侧面上的应力为零。单元体可由平面图形图 10-1（c）代替。这种前后侧面无应力的情况，称之为平面应力状态。单元体的左、右两侧面是杆件横截面的一部分，面上的应力为 $\sigma = P/A$。单元体的上、下侧面为平行于轴线的纵向平面，平面上没有应力，这种四个侧面均无应力的情况称为单向应力状态。如按图 10-1（d）的方式截取单元体，使其四个侧面虽与纸面垂直，但与杆件轴线既不平行也不垂直，成为斜截面，则在四个面上，均有正应力和剪应力，且随所取斜截面的方位的不同，其应力值也不同。

关于单向应力状态本书已在前面作过详细讨论，本章将着重分析平面应力状态的情况。

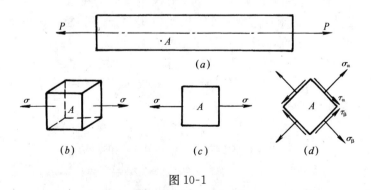

图 10-1

第二节 平面应力分析

设有平面应力状态微单元体如图 10-2（a）所示，其应力分量：σ_x 和 τ_{xy} 是外法线与 x 轴平行的面上的正应力和剪应力；σ_y 和 τ_{yx} 是外法线与 y 轴平行的面上的正应力和剪应力。σ_x 和 σ_y 的角标分别表示与轴同向；τ_{xy}（或 τ_{yx}）有两个角标，第一个角标表示剪应力作用平面的外法线方向；第二个角标则表示剪应力的方向平行于该轴。应力分量 σ_x、σ_y、τ_{xy}（τ_{yx}）均为已知。

应力分量的正负号规定：正应力以拉应力为正、压应力为负；剪应力对单元体内任意点以绕单元体顺时针转向为正、反之为负。照此规定，图 10-2（a）中，σ_x、σ_y 和 τ_{xy} 均为正，而 τ_{yx} 为负。

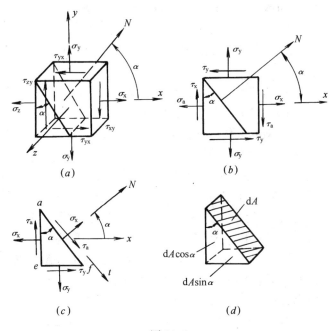

图 10-2

一、斜截面上的应力分析

为体现一般性，取任意斜截面 ef，其外法线 N 与 x 轴的夹角为 α，α 角以由 x 轴逆时针转向外法线 N 者为正。为求任意斜截面上的应力 σ_α 和 τ_α（注意：这里所指的任意斜截面为垂直于 Z 截面的任意截面，而不是空间任意方向的截面），以截面 ef 把单元体分成两部分，取图 10-2（c）的截离体为平衡对象。斜截面 ef 上的应力由正应力 σ_α 和剪应力 τ_α 来表示。设 ef 面和 ae 面的面积分别是 $\mathrm{d}A\sin\alpha$ 和 $\mathrm{d}A\cos\alpha$。把作用于 aef 部分上的力投影于 ef 面的外法线和切线方向，可得

$$\sigma_\alpha \mathrm{d}A + (\tau_{xy}\mathrm{d}A\cos\alpha)\,\sin\alpha - (\sigma_x\mathrm{d}A\cos\alpha)\,\cos\alpha +$$
$$(\tau_{yx}\mathrm{d}A\sin\alpha)\,\cos\alpha - (\sigma_y\mathrm{d}A\sin\alpha)\,\sin\alpha = 0$$
$$\tau_\alpha \mathrm{d}A - (\tau_{xy}\mathrm{d}A\cos\alpha)\,\cos\alpha - (\sigma_x\mathrm{d}A\cos\alpha)\,\sin\alpha +$$
$$(\sigma_y\mathrm{d}A\sin\alpha)\,\cos\alpha + (\tau_{xy}\mathrm{d}A\sin\alpha)\,\sin\alpha = 0$$

考虑到 $\tau_{xy} = \tau_{yx}$，并利用三角公式简化上述两个平衡方程，最后得

$$\sigma_\alpha = \sigma_x\cos^2\alpha + \sigma_y\sin^2\alpha - 2\tau_{xy}\sin\alpha\cos\alpha$$
$$= \frac{\sigma_x + \sigma_y}{2} + \frac{\sigma_x - \sigma_y}{2}\cos 2\alpha - \tau_{xy}\sin 2\alpha \tag{10-1}$$

$$\tau_a = \frac{\sigma_x - \sigma_y}{2}\sin2\alpha + \tau_{xy}\cos2\alpha \tag{10-2}$$

式（10-1）、式（10-2）是斜截面应力的一般公式。当 σ_x、σ_y 和 τ_{xy} 已知时，σ_a 和 τ_a 随 α 角的改变而改变，即 σ_a 和 τ_a 是 α 的函数。因此，一点的应力状态可由该点处单元体上的应力已知量 σ_x、σ_y 和 τ_{xy} 唯一确定。

【例 10-1】 单元体各面应力如图 10-3，试求斜截面上的应力 σ_a、τ_a。

【解】 已知

$$\sigma_x = 30\text{MPa}, \quad \sigma_y = 50\text{MPa}, \quad \tau_{xy} = \tau_{yx} = -20\text{MPa}$$

$$\begin{aligned}
\sigma_a &= \frac{\sigma_x + \sigma_y}{2} + \frac{\sigma_x - \sigma_y}{2}\cos2\alpha - \tau_{xy}\sin2\alpha \\
&= \frac{30 + 50}{2} + \frac{30 - 50}{2}\times\frac{1}{2} + 20\times\frac{\sqrt{3}}{2} \\
&= 40 - 5 + 10\sqrt{3} = 52.32\text{MPa}
\end{aligned}$$

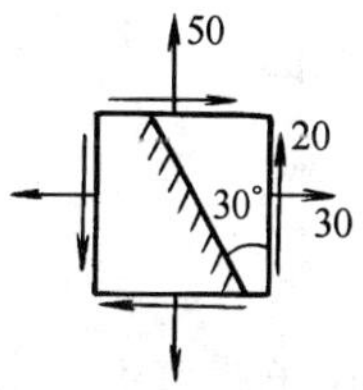

$$\begin{aligned}
\tau_a &= \frac{\sigma_x - \sigma_y}{2}\sin2\alpha + \tau_{xy}\cos2\alpha \\
&= \frac{30 - 50}{2}\times\frac{\sqrt{3}}{2} - 20\times\frac{1}{2} \\
&= -8.66 - 10 = 18.66\text{MPa}
\end{aligned}$$

图 10-3

二、主应力与主平面

因为 σ_a 是 α 的函数，所以 σ_a 肯定存在极值，σ_a 的极值称为主应力，记作 σ_i（$i=1$、2、3），主应力的作用面则称为主平面。设 α_0 面为主平面，则

$$\begin{aligned}
\frac{\mathrm{d}\sigma_a}{\mathrm{d}\alpha}\Big|_{\alpha=\alpha_0} &= -(\sigma_x - \sigma_y)\sin2\alpha_0 - 2\tau_{xy}\cos2\alpha_0 \\
&= -2\left(\frac{\sigma_x - \sigma_y}{2}\sin2\alpha_0 + \tau_{xy}\cos2\alpha_0\right) = -2\tau_{\alpha_0} = 0
\end{aligned}$$

上式表明主平面上的剪应力为零。所以，主平面和主应力也可定义为：在单元体内剪应力等于零的平面为主平面，主平面上的正应力为主应力。由

$$\tau_a = \frac{\sigma_x - \sigma_y}{2}\sin2\alpha_0 + \tau_{xy}\cos2\alpha_0 = 0$$

可得

$$\tan2\alpha_0 = -\frac{2\tau_{xy}}{\sigma_x - \sigma_y} \tag{10-3}$$

由式（10-3）可以求出相差 $90°$ 的两个角度 α_0，可见两个主平面互相垂直。式（10-3）为确定主平面方位的公式。

进一步考虑图 10-2（c），由 $\Sigma X = 0$，得

$$\sigma_a\mathrm{d}A\cos\alpha + \tau_a\mathrm{d}A\sin\alpha + \tau_{yx}\mathrm{d}A\sin\alpha - \sigma_x\mathrm{d}A\cos\alpha = 0$$

由 $\Sigma Y = 0$，得

$$\sigma_y\mathrm{d}A\sin\alpha - \tau_{xy}\mathrm{d}A\cos\alpha - \sigma_a\mathrm{d}A\sin\alpha + \tau_a\mathrm{d}A\cos\alpha = 0$$

其中 $\tau_{xy} = \tau_{yx}$

$$\begin{cases} \sigma_\alpha \cos\alpha - \sigma_x \cos\alpha + \tau_\alpha \sin\alpha = -\tau_{xy} \sin\alpha \\ \sigma_y \sin\alpha - \sigma_\alpha \sin\alpha + \tau_\alpha \cos\alpha = \tau_{xy} \cos\alpha \end{cases}$$

对主平面而言，当 $\alpha = \alpha_0$ 时，$\tau_\alpha = \tau_{\alpha_0} = 0$，$\sigma_\alpha = \sigma_{\alpha_0}$，$\sigma_{\alpha_0}$ 为主应力，即 $\sigma_{\alpha_0} = \sigma_i$ $(i=1、2、3)$

上式成为

$$\begin{cases} \sigma_i - \sigma_x = -\tau_{xy} \tan\alpha_0 \\ \sigma_i - \sigma_y = -\tau_{xy} c\tan\alpha_0 \end{cases}$$

即

$$(\sigma_i - \sigma_x)(\sigma_i - \sigma_y) = \tau_{xy}^2$$

亦即

$$\sigma_i^2 - (\sigma_x + \sigma_y)\sigma_i + (\sigma_x\sigma_y - \tau_{xy}^2) = 0$$

$$\sigma_i = \frac{\sigma_x + \sigma_y}{2} \pm \frac{1}{2} \sqrt{(\sigma_x - \sigma_y)^2 + 4\tau_{xy}^2} \tag{10-4}$$

由上式可求得最大主应力 σ_{max} 和最小主应力 σ_{min}。即

$$\begin{matrix} \sigma_{max} \\ \sigma_{min} \end{matrix} = \frac{\sigma_x + \sigma_y}{2} \pm \frac{1}{2} \sqrt{(\sigma_x - \sigma_y)^2 + 4\tau_{xy}^2}$$

在导出以上各公式时，除假设 σ_x、σ_y 和 τ_{xy} 均为正值外，并无其他限制。但在使用这些公式时，如约定用 σ_x 表示两个正应力中代数值较大的一个，即 $\sigma_x \geqslant \sigma_y$，则公式（10-3）确定的两个角度 α_0 中，绝对值较小的一个确定 σ_{max} 所在的平面。

三、剪应力极值及其所在平面

用完全相似的方法，同样可以确定最大和最小剪应力以及它们所在的平面，即当 $\alpha = \alpha_1$ 时，令

$$\frac{d\tau_\alpha}{d\alpha}\bigg|_{\alpha=\alpha_1} = 0,$$

得

$$\frac{d\tau_\alpha}{d\alpha}\bigg|_{\alpha=\alpha_1} = (\sigma_x - \sigma_y)\cos 2\alpha_1 - 2\tau_{xy}\sin 2\alpha_1 = 0$$

即

$$\tan 2\alpha_1 = \frac{\sigma_x - \sigma_y}{2\tau_{xy}} \tag{10-5}$$

上式给出 α_1 与 $\alpha_1 + 90°$ 两个值，可见剪应力极值的所在平面为两个互相垂直的平面。由式（10-5）及式（10-3），可得

$$\tan 2\alpha_0 \cdot \tan 2\alpha_1 = -1$$

表明

$$2\alpha_1 = 2\alpha_0 + \frac{\pi}{2}, \alpha_1 = \alpha_0 + \frac{\pi}{4}$$

即最大剪应力平面和最小剪应力平面与主平面夹 45°角。

将式（10-5）代入式（10-2）的 τ_α 式，剪应力极值为

$$\tau_1 = \pm \frac{1}{2} \sqrt{(\sigma_x - \sigma_y)^2 + 4\tau_{xy}^2} \tag{10-6}$$

利用式（10-4），得出

$$\frac{\tau_{max}}{\tau_{min}} = \sigma_i = \pm \frac{\sigma_{max} - \sigma_{min}}{2} \tag{10-7}$$

需要指出的是：τ_{max} 和 τ_{min} 是两个数值相等而方向不同的剪应力，剪应力极值通常也称为最大剪应力。在最大剪应力的作用面上，一般存在正应力。

【**例 10-2**】 求图 10-4（*a*）所示梁内 K 点处的主应力与主平面，最大剪应力及其作用面，并均在单元体上画出。已知 K 点处的 $\sigma_x = -60MPa$，$\sigma_y = 0$，$\tau_{xy} = -40MPa$。

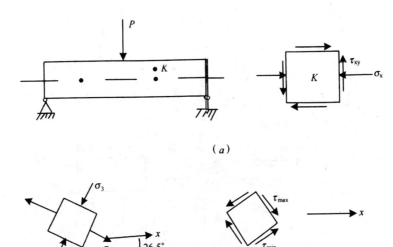

（*a*）

（*b*）

图 10-4

【**解**】 （1）确定 K 点单元体的主平面，由式(10-3)，得

$$\tan 2\alpha_0 = -\frac{2\tau_{xy}}{\sigma_x - \sigma_y} = -\frac{2(-40)}{-60-0} = -1.33$$

$$\alpha_0 = -26.5°，\quad \alpha_0 + 90° = 63.5°$$

（2）计算主应力，由公式（10-4），得

$$\sigma_i = \frac{\sigma_x + \sigma_y}{2} \pm \frac{1}{2}\sqrt{(\sigma_x - \sigma_y)^2 + 4\tau_{xy}^2}$$

$$= -\frac{60}{2} \pm \frac{1}{2}\sqrt{(-60)^2 + 4(-40)^2}$$

$$= \begin{cases} 20 \\ -80 \end{cases} MPa$$

由此，三个主应力分别为：

$$\sigma_1 = 20MPa，\sigma_2 = 0，\sigma_3 = -80MPa$$

单元体如图 10-4（*b*）所示，最大主应力 σ_1 沿 τ_{xy} 指向的一侧。

（3）最大剪应力可由式（10-7）直接得出

$$\tau_{max} = \left| \frac{\sigma_1 - \sigma_3}{2} \right| = \left| \frac{20 - (-80)}{2} \right| = 50MPa$$

τ_{max} 的作用面与主平面互成倍增长 45°，τ_{max} 的方向应使单元体有沿 σ_1 方向产生拉伸变形的趋势，具体如图 10-4 (b) 所示。

【例 10-3】   讨论圆轴扭转时的应力状态，并分析铸铁试件受扭时的破坏现象。

【解】   圆轴扭转时，横截面的边缘处剪应力为最大，其数值为

$$\tau = \frac{T}{W_t}$$

在圆轴的表层，按图 10-5 (a) 所示方式取出单元体 $ABCD$，单元体各面上的应力如图 10-5 (b) 所示，其中

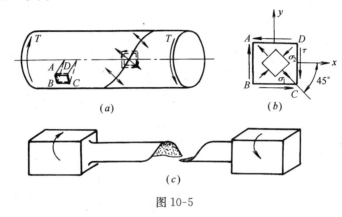

$$（a）\qquad（b）$$

$$（c）$$

图 10-5

$$\sigma_x = \sigma_y = 0, \tau_{xy} = \tau$$

对于纯剪切状态下的情况，把上式代入式 (10-4)，得

$$\begin{matrix} \sigma_{max} \\ \sigma_{min} \end{matrix} = \frac{\sigma_x + \sigma_y}{2} \pm \sqrt{\left(\frac{\sigma_x - \sigma_y}{2}\right)^2 + \tau_{xy}^2} = \pm\tau$$

由式 (10-3)

$$\tan 2\alpha_0 = -\frac{2\tau_{xy}}{\sigma_x - \sigma_y} \longrightarrow -\infty$$

所以 $$2\alpha_0 = 90°(-270°), \alpha_0 = -45°(-135°)$$

以上结果表明，从 x 轴为起点量起，由 $\alpha_0 = 45°$（顺时针方向）所确定的主平面上的主应力为 σ_{max}，而由 $\alpha_0 = -135°$ 所确定的主平面上的主应力为 σ_{min}。按主应力的记号规定，

$$\sigma_1 = \sigma_{max} = \tau, \sigma_2 = 0, \sigma_3 = \sigma_{min} = -\tau$$

所以，纯剪切的两个主应力的绝对值相等，即剪应力 τ，但其中一个为拉应力，一个为压应力。

圆截面铸铁试件扭转时，表面各点 σ_{max} 所在的主平面联成倾角为 45° 的螺旋面图 10-5 (a)，由于铸铁抗拉强度低，试件将沿这一螺旋面拉伸而发生断裂破坏，如图 10-5 (c) 所示。

第三节   梁的主应力和主应力迹线的概念

图 10-6 (a) 所示矩形截面梁，设任意截面 n—n 上的 1、2、3、4、5 五个点 $M > 0$，

$V>0$，可求出 $n—n$ 截面上五个点的正应力 σ 和剪应力 τ，这五个点的单元体如图 10-6 (b) 所示。其中 1、5 两点为主应力状态，其余三点为非主应力状态，也可求出它们的主应力和主平面如图 10-6 (c) 所示。

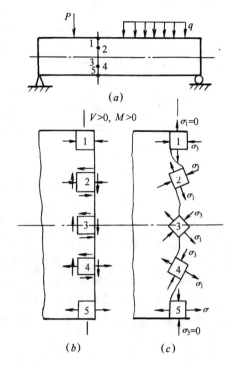

图 10-6

纵观全梁，各点处均存在由正交的主拉应力和主压应力构成的主应力状态。在全梁内形成主应力场。为了能直观地表示梁内各点主应力的方向，我们可以用两组互为正交的曲线描述土应力场。其中一组曲线上每一点的切线方向是该点处主拉应力方向（用实线表示）；而另一组曲线上每一点的切线方向是该点处主压应力方向（用虚线表示）。这两组曲线称为梁的主应力迹线，前者为主拉应力迹线，后者为主压应力迹线。

主应力迹线使复杂的应力状况形象化了，如受均布荷载的矩形截面简支梁，它的主应力迹线具有下述特点：

1. 梁顶与梁底处，只有 σ 而 $\tau=0$，
其中梁顶（受压）处：$\sigma_{max}=0$，$\sigma_1=0$，$\alpha_1=90°$（实线铅垂）
梁底（受拉）处：$\sigma_{min}=0$，$\sigma_3=0$，$\alpha_2=90°$（虚线铅垂）

2. 中性轴处，只有 τ 而 $\sigma=0$，其中
左半跨（τ 为正）：$\sigma_{max}=\tau$，$\alpha_1=135°$（实线）
$\sigma_{min}=-\tau$，$\alpha_2=45°$（虚线）
右半跨（τ 为负），则情况刚好相反。

3. 从图 10-7 可知，主拉应力迹线（实线）必垂直于梁顶而平行于梁底；主压应力迹线（虚线）必垂直于梁底而平行于梁顶。

主应力迹线在工程设计中是有用的，例如在钢筋混凝土梁内的主要受力钢筋大致按主拉应力迹线配置（图 10-8）。

需要特别指出的是：荷载不同、支承各异的梁，其主应力迹线也完全不一样。

图 10-9 给出了若干种类荷载作用下梁的主应力迹线。

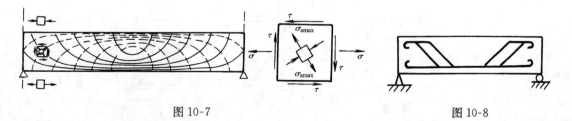

图 10-7　　　　　　　　　　　　　　　　　　图 10-8

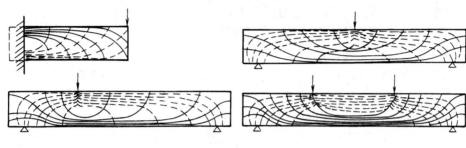

图 10-9

思 考 题

1. 单元体中最大正应力平面上的剪应力恒等于零吗?

2. 两个主平面相差多少度角? 最大剪应力的平面与主平面相差多少度角?

3. 平面应力状态下, 由公式 $\tan 2\alpha_0 = \dfrac{2\tau_{xy}}{\sigma_x - \sigma_y}$ 可求出 α_0 与 $\alpha_0 + 90°$, 从而可确定两个主平面的方位, 如何判定哪个面上的主应力为 σ_{max}。

4. 何谓梁的主应力迹线? 其在建筑工程中有何用途?

习   题

10-1   何为单向应力状态和平面应力状态? 圆轴受扭时, 轴表面各点处于何种应力状态? 梁受到横向力作用弯曲时, 梁顶、梁底及其他各点处于何种应力状态?

10-2   试用单元体表示图 10-10 所示结构中 A、B 点的应力状态。

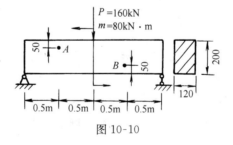

图 10-10

10-3   图 10-11 所示应力状态, 试求出指定斜截面上的应力 (单位 MPa)。

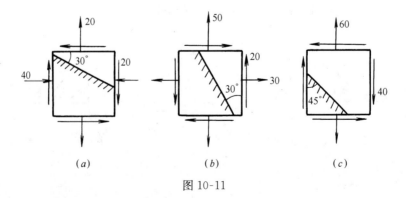

(a)   (b)   (c)

图 10-11

10-4　对图 10-12 所示各单元体，试求：

(1) 主应力，并在单元体中表示主应力的方向；

(2) 主剪应力及其作用面上的正应力。

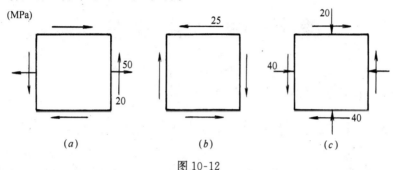

图 10-12

10-5　图 10-13 所示单元体，$\sigma_x = \sigma_y = 40$MPa，且 a—a 面上无应力，试求该点处的主应力。

10-6　若物体在两个方向上受力相同（图 10-14），试分析这种情况下的应力状态。

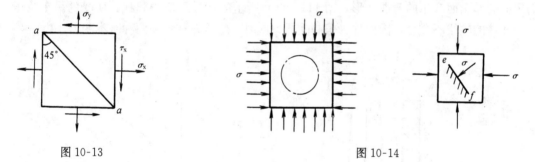

图 10-13　　　　　　　　　　　　图 10-14

10-7　如图 10-15 所示，锅炉直径 $D=1$m，壁厚 $t=10$mm，内受蒸汽压力 $p=3$MPa。试求：

(1) 壁内主应力 σ_1、σ_2 及最大剪应力 τ_{max}；

(2) 斜截面 ab 上的正应力及剪应力。

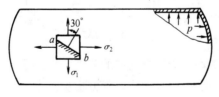

图 10-15

习　题　答　案

10-3　(a) $\sigma_\alpha = -12.32$MPa；$\tau_\alpha = -35.98$MPa

(b) $\sigma_\alpha = 52.32$MPa；$\tau_\alpha = -18.66$MPa；

(c) $\sigma_\alpha = -10$MPa；$\tau_\alpha = -30$MPa

10-5　$\sigma_1 = 80$MPa；$\sigma_2 = \sigma_3 = 0$；

10-7　(1) $\sigma_1 = 150$MPa；$\sigma_2 = 75$MPa；$\tau_{max} = 75$MPa；

(2) $\sigma_\alpha = 131.25$MPa；$\tau_\alpha = -32.48$MPa。

第十一章 组合变形

学习要点：理解组合变形的概念；掌握组合变形计算的叠加方法；掌握用强度条件及强度理论对组合变形进行强度计算；理解截面核心的概念。

第一节 组合变形的概念

前面各章已讨论了杆件在各种基本变形时的强度和刚度问题。但是，有些杆件的受力情况较为复杂，所引起的变形不只是单一的基本变形，而是几种基本变形同时产生。如图 11-1 (a) 所示的烟囱，除由自重荷载引起的轴向压缩变形外，还同时产生因有水平方向的风荷载作用而产生的弯曲变形；图 11-1 (b) 所示的单层厂房牛腿柱，所受的吊车轮压荷载和柱的轴线不重合，因而柱为偏心受压，同时产生压缩和弯曲两种基本变形。

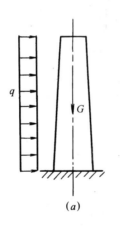
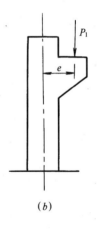

(a)　　　　　　　　　　(b)

图 11-1

由两种或两种以上的基本变形组合而成的变形，称为组合变形。

解决组合变形的强度问题可用叠加法，其分析步骤为：

1. 将杆件的组合变形分解为基本变形；

2. 计算杆件在每一种基本变形情况下所产生的应力和变形；

3. 将同一点的应力叠加，可得到杆件在组合变形下任一点的应力和变形。

本章只考虑在建筑工程中较为常见的两种组合变形——斜弯曲和偏心受压。

第二节 斜弯曲变形的应力和强度计算

前面已讨论过平面弯曲变形的相应问题。这里所称的平面弯曲，是指外力作用线与梁的形心主轴相重合，梁变形后的轴线也位于外力所在平面。而发生斜弯曲的条件是：外力与杆件的轴垂直且通过弯曲中心，但不与截面的形心主轴重合或平行（图 11-2），此时，变形后的梁轴线不在外力作用面内弯曲。

现以图 11-2（a）所示的矩形截面悬臂梁为例来讨论斜弯曲问题的特点和它的强度计算。

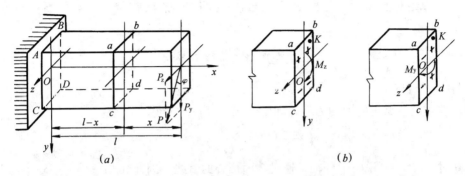

图 11-2

一、外荷载分解

如图 11-2（a）外荷载 P 可沿坐标轴 Y 和 Z 分解，得

$$P_y = P\cos\varphi$$
$$P_z = P\sin\varphi$$

其中 P_y 使梁产生绕 z 轴的平面弯曲，P_z 使梁产生绕 y 轴的平面弯曲。因此，斜弯曲实际上是两个互相垂直的平面弯曲的组合。

二、弯 矩 计 算

和平面弯曲问题一样，斜弯曲梁的强度是由最大正应力来控制的，所以，弯矩的计算是最主要的。

设在距端点为 x 的任意横截面上，P 引起的截面总弯矩为

$$M = Px$$

两个分力 P_y 和 P_z 引起的弯矩值为

$$M_z = P_y x = P\cos\varphi x = M\cos\varphi$$
$$M_y = P_z x = P\sin\varphi x = M\sin\varphi$$

三、应 力 计 算

在该横截面上任意点 K 处（相应坐标为 y、z），由 M_z 和 M_y 引起的正应力为

$$\begin{cases} \sigma_{MZ} = \dfrac{M_z \cdot y}{I_z} \\[2mm] \sigma_{MY} = \dfrac{M_y \cdot z}{I_y} \end{cases}$$

由叠加原理，任意点 K 的正应力为

$$\sigma_K = \sigma_{MZ} + \sigma_{MY} = \frac{M_Z \cdot y}{I_z} + \frac{M_Y \cdot z}{I_y} \tag{11-1a}$$

或代入总弯矩，可得

$$\sigma_K = M\left(\frac{\cos\varphi}{I_z}y + \frac{\sin\varphi}{I_y}z\right) \tag{11-1b}$$

式中的 I_z 和 I_Y 为横截面形心主轴 Z 和 Y 的惯性矩；Y 和 Z 为 K 点坐标；具体计算中，M、y、z 均以绝对值代入，而 σ_K 的正负号，可通过 K 点所在位置直观判断。如图 11-2 所示。

四、变形特点及强度条件

1. 中性轴位置

因中性轴上各点正应力均为零，则由公式（11-1）可得

$$\frac{\cos\varphi}{I_z}y_1 + \frac{\sin\varphi}{I_y}z_1 = 0$$

当 $y_1=0$ 时，$z_1=0$，说明中性轴是通过截面形心的直线。因此有

$$\tan\beta = \left|\frac{y_1}{z_1}\right| = \frac{I_z}{I_y}\tan\varphi$$

对于圆形、正方形和正多边形截面，$I_y=I_z$，因此不存在斜弯曲情况。

对于一般截面，$I_y\neq I_z$，故 $\beta\neq\varphi$，将有斜弯曲现象产生如图 11-3 所示。

2. 危险点的确定

斜弯曲时，中性轴将截面分为受拉和受压两个区，横截面上的正应力呈线性分布，距中性轴越远，应力越大。因此一旦中性轴位置确定，就可找出距中性轴最远的点为危险点。

3. 强度条件

斜弯曲时的强度条件为

$$\sigma_{max} = \frac{M_z}{W_z} + \frac{M_y}{W_y} \leqslant [\sigma] \tag{11-2a}$$

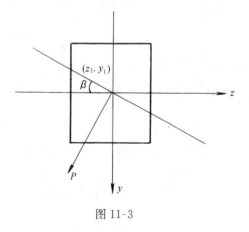

图 11-3

或

$$\sigma_{max} = M_{max}\left(\frac{\cos\varphi}{W_z} + \frac{\sin\varphi}{W_y}\right)\leqslant [\sigma] \tag{11-2b}$$

根据这一强度条件，同样可以进行强度校核、截面设计和确定许用荷载。

在设计截面尺寸时，因有 W_z、W_y 两个未知量，所以需假定一个比值 W_z/W_y。对矩形截面，$W_z/W_y=h/b\approx1.2\sim2$，对工字形截面，$W_z/W_y=8\sim10$，对槽形截面，$W_z/W_y=6\sim8$。

【**例 11-1**】 图 11-4 所示檩条简支在屋架上，其跨度为 3.6m。承受屋面传来的均布荷载 $q=1\mathrm{kN/m}$。屋面的倾角 $\varphi=26°34'$，檩条为矩形截面，$b=90\mathrm{mm}$，$h=140\mathrm{mm}$，材料的许用应力 $[\sigma]=10\mathrm{MPa}$。试校核檩条强度。

【**解**】 $\varphi=26°34'$

$$\cos\varphi = 0.894, \quad \sin\varphi = 0.447$$

檩条在荷载 q 的作用下，最大弯矩发生在梁的跨中截面，

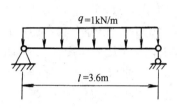
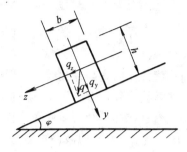

图 11-4

$$M_{max} = ql^2/8 = 1.62 \text{kN} \cdot \text{m}$$

截面对 z 和 y 轴的抗弯截面系数为

$$\begin{cases} W_z = \dfrac{bh^2}{6} = \dfrac{90 \times 140^2}{6} = 2.94 \times 10^5 \text{mm}^3 \\ W_y = \dfrac{b^2 h}{6} = \dfrac{140 \times 90^2}{6} = 1.89 \times 10^5 \text{mm}^3 \end{cases}$$

由强度条件式（11-2b）校核

$$\begin{aligned} \sigma_{max} &= M_{max} \left(\frac{\cos\varphi}{W_z} + \frac{\sin\varphi}{W_y} \right) \\ &= 1.62 \times 10^6 \left(\frac{0.894}{2.94 \times 10^5} + \frac{0.447}{1.89 \times 10^5} \right) = 8.76 \text{MPa} < [\sigma] \end{aligned}$$

所以檩条强度足够。

【例 11-2】　试选择图 11-5 所示梁的截面尺寸。已知 $[\sigma] = 10$MPa，$h/b = 1.5$。

【解】　此梁受竖向荷载 P_1 和横向荷载 P_2 的共同作用部分将产生斜弯曲变形，危险截面为固定端截面。

$$M_z = P_1 l = 0.5 \times 3 = 1.5 \text{kN} \cdot \text{m}$$

$$M_y = P_2 \times 0.5l = 0.8 \times 0.5 \times 3 = 1.2 \text{kN} \cdot \text{m}$$

$$\frac{W_z}{W_y} = 1.5$$

由强度条件

$$\sigma_{max} = \frac{1}{W_z} \left(M_z + \frac{W_z}{W_y} M_y \right) \leqslant [\sigma]$$

得

$$\begin{aligned} W_z &\geqslant \frac{1}{[\sigma]} \left(M_z + \frac{h}{b} M_y \right) \\ &= \frac{1}{10} (1.5 \times 10^6 + 1.5 \times 1.2 \times 10^6) \\ &= 3.3 \times 10^5 \text{mm}^3 \end{aligned}$$

又　　　　　　　　$W_z = \dfrac{bh^2}{6}, h/b = 1.5$

所以解得　　　　　$h = 144$mm　　　　　$b = 96$mm

取　　　　　　　　$h \times b = 150 \times 100$

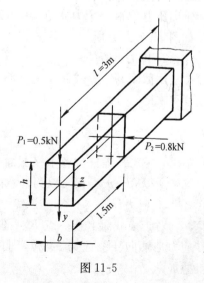

图 11-5

第三节 偏心压缩（拉伸）杆件应力和强度计算

当外荷载作用线与杆轴线平行但不重合时，杆件将产生压缩（拉伸）和弯曲两种基本变形，这类问题称为偏心压缩（拉伸）。如图 11-6 所示杆件，如 P 力作用在某一轴线上，则产生压缩（拉伸）和弯曲变形，称为单向偏心压缩（偏心拉伸），如图 11-6（a）所示。如 P 力作用在轴线外的截面的任意点上，称为双向偏心压缩偏心拉伸，如图 11-6（b）所示。

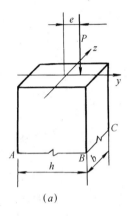
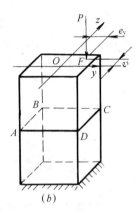

图 11-6

一、单向偏心压缩（拉伸）

1. 荷载简化

由平面一般力系中力的平移定理，将偏心力向杆件轴线平移，得到一个通过形心的轴向压力 P 和一个力偶矩 $m = P \cdot e$ 的力偶，如图 11-7（b）所示。

2. 内力计算

用截面 m—m 截取杆件上部，由平衡方程可求得

$$N = P$$
$$M_Z = P \cdot e$$

显然，偏心压缩杆件各个横截面的内力均相同，所以 m—m 截面可以为任意截面。

3. 应力计算

对于横截面上任一点 K（图 11-8），其应力是轴向压缩应力 σ_N 和弯曲应力 σ_{MZ} 的叠加。

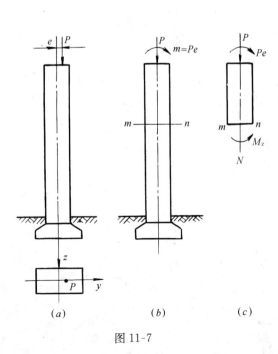

图 11-7

$$\begin{cases} \sigma_N = -\dfrac{P}{A} \\[3mm] \sigma_{MZ} = \dfrac{M_z \cdot y}{I_z} \end{cases}$$

K 点的总应力为

$$\sigma = -\frac{P}{A} \pm \frac{M_z \cdot y}{I_z} \qquad (11\text{-}3)$$

由上式计算正应力时，P、M、y 都用绝对值代入，式中弯曲正应力可由直观判断来确定。

类似地，最大（最小）正应力必将发生在横截面的上、下边缘：

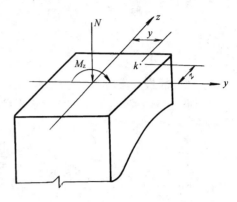

图 11-8

$$\begin{cases} \sigma_{max} = \sigma_{max}^+ = -\dfrac{P}{A} + \dfrac{M_z}{W_z} \\[3mm] \sigma_{min} = \sigma_{min}^- = -\dfrac{P}{A} - \dfrac{M_z}{W_z} \end{cases} \qquad (11\text{-}4)$$

4. 强度条件

显然，杆件横截面各点均处于单向拉压状态，其强度条件为

$$\begin{cases} \sigma_{max} = -\dfrac{P}{A} + \dfrac{M_z}{W_z} \leqslant [\sigma_+] \\[3mm] \sigma_{min} = \left| -\dfrac{P}{A} - \dfrac{M_z}{W_z} \right| \leqslant [\sigma_-] \end{cases} \qquad (11\text{-}5)$$

【例 11-3】　截面为正方形的短柱承受荷载 P，若在短柱中开一切槽，其最小截面积为原面积的一半，如图 11-9 所示。试问切槽后，柱内最大压应力是原来的几倍？

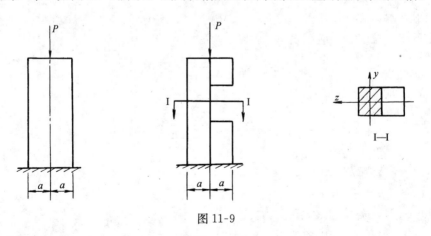

图 11-9

【解】　原来的压应力

$$\sigma^- = \left| \frac{-N}{A} \right| = \frac{P}{2a \times 2a} = \frac{P}{4a^2}$$

切槽后最大压应力应为偏心压缩情况下截面边缘的最大压应力

$$\sigma_{max}^- = \left| -\frac{N}{A} - \frac{M_y}{W_y} \right| = \frac{P}{2a^2} + \frac{\left(P \times \dfrac{a}{2}\right) \times 6}{2a \times a^2} = 2\frac{P}{a^2}$$

所以
$$\frac{\overline{\sigma}_{\max}}{\overline{\sigma}} = \frac{2\dfrac{P}{a^2}}{\dfrac{P}{4a^2}} = 8$$

即切槽处的最大压应力为原来的 8 倍。

【例 11-4】　图 11-10 所示矩形截面柱，柱顶有屋架传来的压力 $P_1 = 100\text{kN}$，牛腿上承受吊车梁传来的压力 $P_2 = 45\text{kN}$；P_2 与柱轴线的偏心距 $e = 0.2\text{m}$。已知柱宽 $b = 200\text{mm}$，求：

（1）若 $h = 300\text{mm}$，则柱截面中的最大拉应力和最大压应力各为多少？

（2）要使柱截面不产生拉应力，截面高度 h 应为多少？在所选的 h 尺寸下，柱截面中的最大压应力为多少？

【解】（1）求 $\sigma_{\max}^+$ 和 $\sigma_{\max}^-$

将荷载力向截面形心简化，柱的轴向压力为
$$P = P_1 + P_2 = 145\text{kN}$$

截面的弯矩为
$$M_z = P_2 e = 45 \times 0.2 = 9\text{kN} \cdot \text{m}$$

所以
$$\sigma_{\max}^+ = -\frac{P}{A} + \frac{M_z}{W_z} = -\frac{145 \times 10^3}{200 \times 300} + \frac{9 \times 10^6}{\dfrac{200 \times 300^2}{6}}$$

$$= -2.42 + 3 = 0.58\text{MPa}$$

$$\sigma_{\max}^- = -\frac{P}{A} - \frac{M_z}{W_z} = -2.42 - 3 = -5.42\text{MPa}$$

（2）求 h 及 $\sigma_{\max}^-$

要使截面不产生拉应力，应满足
$$\sigma_{\max}^+ = -\frac{P}{A} + \frac{M_z}{W_z} \leqslant 0$$

即
$$-\frac{145 \times 10^3}{200h} + \frac{9 \times 10^5}{\dfrac{200h^2}{6}} \leqslant 0$$

解得　　　　　　$h \geqslant 372\text{mm}$
取　　　　　　　$h = 380\text{mm}$

当 $h = 380\text{mm}$ 时，截面的最大压应力为
$$\sigma_{\max}^- = -\frac{P}{A} - \frac{M_z}{W_z} = -\frac{145 \times 10^3}{200 \times 380} - \frac{9 \times 10^6}{\dfrac{200 \times 380^2}{6}} = -1.908 - 1.87 = -3.78\text{MPa}$$

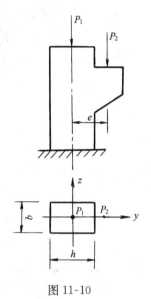

图 11-10

二、双向偏心压缩（拉伸）

1. 荷载简化

如图 11-11 (a)，已知 P 至 z 轴的偏心距为 e_y，至 y 轴的偏心距为 e_z。

（1）将压力 P 平移至 z 轴，附加力偶矩为 $m_z = Pe_y$；

（2）再将压力 P 从 z 轴上平移至与杆件轴线重合，附加力偶矩为 $m_y = Pe_z$；

（3）如图 11-11（b）所示，力 P 经过两次平移后，得到轴向压力 P 和两个力偶矩 m_z、m_y，所以双向偏心压缩实际上就是轴向压缩和两个相互垂直的平面弯曲的组合。

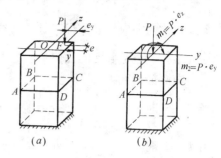

图 11-11

2. 内力计算

由截面法截取任一横截面 $ABCD$，其内力均为

$$N = P, M_z = Pe_y, M_y = Pe_z$$

3. 应力计算

对横截面 $ABCD$ 上任意一点 K，在坐标为 y、z 时的应力分别为：

（1）由轴力 P 引起 K 点的压应力为

$$\sigma_N = -\frac{P}{A}$$

（2）由弯矩 M_z 引起 K 点的应力为

$$\sigma_{MZ} = \pm \frac{M_z \cdot y}{I_z}$$

（3）由弯矩 M_Y 引起 K 点的应力为

$$\sigma_{MY} = \pm \frac{M_y \cdot z}{I_z}$$

所以，K 点的应力为

$$\sigma = \sigma_N + \sigma_{MZ} + \sigma_{MY}$$
$$= -\frac{P}{A} \pm \frac{M_z \cdot y}{I_z} \pm \frac{M_y \cdot z}{I_y} \tag{11-6}$$

计算时，上式中 P、M_z、M_y、y、z 都可用绝对值代入，式中第二项和第三项前的正负号由观察弯曲变形的情况来确定，如图 11-11 所示。

4. 中性轴位置

由式（11-6）可得

$$\sigma = -\frac{P}{A} - \frac{M_z \cdot y}{I_z} - \frac{M_y \cdot z}{I_y}$$

即

$$\frac{P}{A} + \frac{M_z \cdot y}{I_z} + \frac{M_y \cdot z}{I_y} = 0$$

设 y_0、z_0 为中性轴上点的坐标，则中性轴方程为

$$\frac{P}{A} + \frac{Pe_y}{I_z} y_0 + \frac{Pe_z}{I_y} z_0 = 0$$

即

$$1 + \frac{e_y}{i_z^2} y_0 + \frac{e_z}{i_y^2} z_0 = 0 \tag{11-7}$$

上式也称为零应力线方程，是一直线方程。式中 $i_z^2 = \dfrac{I_z}{A}$，$i_y^2 = \dfrac{I_y}{A}$ 分别称为截面对 z、y 轴的惯性半径，也是截面的几何量。

中性轴的截距为

当 $Z_0 = 0$ 时，$\qquad\qquad y_1 = y_0 = -\dfrac{i_z^2}{e_y}$

当 $Y_0 = 0$ 时，$\qquad\qquad z_1 = z_0 = -\dfrac{i_y^2}{e_z}$

从而可以确定中性轴位置。其表明，力作用点坐标 e_y、e_z 越大，截距 y_1、z_1 越小；反之亦然。说明外力作用点越靠近形心，则中性轴越远离形心。式中负号表示中性轴与外力作用点总是位于形心两侧。中性轴将截面划分成两部分，一部分为压应力区，另一部分为拉应力区。

由图 11-11 可见，最小正应力（最大压应力）$\sigma_{\min}$ 发生在 C 点，最大正应力 $\sigma_{\max}$ 发生在 A 点，其值为

$$\begin{cases} \sigma_{\max} = -\dfrac{P}{A} + \dfrac{M_z}{W_z} + \dfrac{M_y}{W_y} \\[4mm] \sigma_{\min} = -\dfrac{P}{A} - \dfrac{M_z}{W_z} - \dfrac{M_y}{W_y} \end{cases} \qquad (11\text{-}8)$$

危险点 A、C 都处于单向应力状态，所以可类似于单向偏心压缩的情况建立相应的强度条件。

5. 强度条件

$$\begin{cases} \sigma_{\max} = -\dfrac{P}{A} + \dfrac{M_z}{W_z} + \dfrac{M_y}{W_y} \leqslant [\sigma_+] \\[4mm] \sigma_{\min} = \left| -\dfrac{P}{A} - \dfrac{M_z}{W_z} - \dfrac{M_y}{W_y} \right| \leqslant [\sigma_-] \end{cases} \qquad (11\text{-}9)$$

【例 11-5】 试求图 11-12 所示偏心受拉杆的最大正应力。

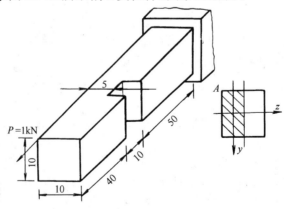

图 11-12

【解】 此杆切槽处的截面是危险截面，将力 P 向切槽截面的轴线简化，得

$$N = P = 1\text{kN}$$
$$M_z = 1 \times 5 \times 10^{-3} = 5 \times 10^{-3}\text{kN} \cdot \text{m}$$
$$M_y = 1 \times 2.5 \times 10^{-3} = 2.5 \times 10^{-3}\text{kN} \cdot \text{m}$$

N、M_z、M_y 均在截面 A 点处引起拉应力，故 A 点为危险点，其应力为

$$\sigma_A = \frac{N}{A} + \frac{M_z}{W_z} + \frac{M_y}{W_y}$$

$$= \frac{1 \times 10^3}{10 \times 5} + \frac{6 \times 5 \times 10^{-3} \times 10^6}{5 \times 10^2} + \frac{6 \times 2.5 \times 10^{-3} \times 10^6}{10 \times 5^2}$$

$$= 140 \text{MPa}$$

第四节　截面核心的概念

一、概　念

土建工程中大量使用的砖、石、混凝土材料，其抗拉能力比抗压能力小得多，这类材料制成的杆件在偏心压力作用下，截面中最好不出现拉应力，以避免拉裂。因此，要求偏心压力的作用点至截面形心的距离不可太大。当荷载作用在截面形心周围的一个区域内时，杆件整个横截面上只产生压应力而不出现拉应力，这个荷载作用的区域就称为截面核心。

二、截面核心

从上节可以看出，中性轴在横截面的两个形心主轴上的截距 y_1、z_1 随压力作用点的坐标 y 和 z 变化。当压力作用点离横截面形心越近时，中性轴离横截面形心越远；当压力作用点离横截面形心越远时，中性轴离横截面形心越近。随着压力作用点位置的变化，中性轴可能与横截面周边相切，或在横截面以外，此时，横截面只产生压应力。

图 11-13 为任意形状的截面，为了确定截面核心的边界，首先确定截面的形心主轴 y、z，然后，可将与截面周边相切的任一直线 I 看作是中性轴，它在 y、z 两个形心主轴上的截距分别为 y_1 和 z_1。根据这两个值，就可确定与该中性轴对应的外力作用点 1，亦即截面核心边界上一个点的坐标 (ρ_{y1}, ρ_{z1})：

$$\begin{cases} \rho_{y1} = -\dfrac{i_z^2}{y_1} \\ \rho_{z1} = -\dfrac{i_y^2}{z_1} \end{cases} \tag{11-10}$$

式中

$$i_z^2 = \frac{I_z}{A}, i_y^2 = \frac{I_y}{A}$$

同样，分别将与截面周边相切的直线 II、III、…等看作是中性轴，并按上述方法求得与它们对应的截面核心边界上点 2、3、…等的坐标。连接这些点所得到的一条封闭曲线，就是所求截面核心的边界线，而该边界曲线所包围的带阴影线的面积，即为截面核心（图 11-13）。

【例 11-6】　试作图示圆形截面的截面核心。

【解】　由于圆截面对于圆心 O 是极对称的，因而，截面核心的边界对于圆心也是极对称的，也是一个圆心为 O 的圆。作一条与圆截面周边相切于 A 的直线 I（图 11-14），将其看作是中性轴，并取 OA 为 Y 轴，于是，该中性轴在 y、z 两个形心主惯性轴上的截距为

$$Y_1 = d/2, Z_1 = \infty$$

而圆截面的　　　　　　　　　　$i_y^2 = i_z^2 = d^2/16$

将以上各值代入式（11-10），得与中性轴
Ⅰ相对应的截面核心边界上点 1 的坐标为

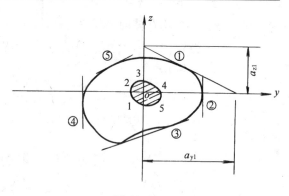

图 11-13

$$\rho_{y1} = -\frac{i_z^2}{y_1} = \frac{d^2/16}{d/2} = -\frac{d}{8}$$

$$\rho_{z1} = -\frac{i_y^2}{z_1} = 0$$

从而可知，截面核心边界是一个以 O 为圆
心、以 $d/8$ 为半径的圆，图 11-14 中带阴
影线的区域即为截面核心。

【例 11-7】 试确定图 11-15 所示矩
形截面的截面核心。

【解】 矩形截面对称轴 Oy 和 Oz 是形心主轴。该截面的惯性半径为

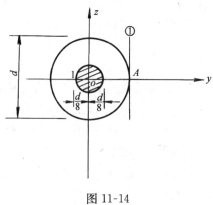

图 11-14

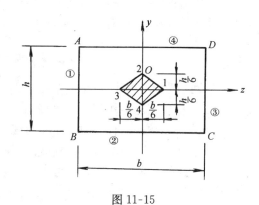

图 11-15

$$\begin{cases} i_y^2 = \dfrac{I_y}{A} = \dfrac{b^2}{12} \\[2mm] i_z^2 = \dfrac{I_z}{A} = \dfrac{h^2}{12} \end{cases}$$

先将与 AB 边重合的直线作为中性轴Ⅰ，它在 Oy 与 Oz 轴上的截距分别为
$$Y_1 = \infty, \quad Z_1 = -b/2$$
由式（11-10），得到与之对应的 1 点坐标为

$$\begin{cases} \rho_{y1} = -\dfrac{i_z^2}{y_1} = 0 \\[2mm] \rho_{z1} = -\dfrac{i_y^2}{z_1} = 0 \end{cases}$$

同理可求得当中性轴Ⅱ与 BC 边重合时，与之对应的 2 点坐标为

$$\rho_{y2} = \frac{h}{6}, \rho_{z2} = 0$$

中性轴Ⅲ与 CD 边重合时，与之对应的 3 点坐标为

$$\rho_{y3} = 0, \rho_{z3} = -\frac{b}{6}$$

中性轴Ⅳ与 DA 边重合时，与之对应的 4 点坐标为

$$\rho_{y4} = -\frac{h}{6}, \rho_{z4} = 0$$

确定了截面核心边界上的 4 个点后，还要确定这 4 个点之间，截面核心边界的形状。

现研究中性轴从与一个周边相切，转到与另一个周边相切时，外力作用点的位置变化的情况。

当外力作用点由 1 点沿截面核心边界移动到 2 点的过程中，与外力作用点对应的一系列中性轴将绕 B 点旋转，B 点是这一系列中性轴共有的点。因此，将 B 点的坐标 y_B 和 z_B 代入式 (11-7)，得

$$1 + \frac{\rho_y \cdot y_B}{i_z^2} + \frac{\rho_z \cdot z_B}{i_y^2} = 0$$

在这一方程中，只有外力作用点的坐标 ρ_Y 和 ρ_Z 是变量，所以是一个直线方程。该式表明，当中性轴绕 B 点旋转时，外力作用点沿直线移动。因此，连接 1 点和 2 点的直线，就是截面核心的边界。同理，2 点、3 点和 4 点之间也分别是直线。最后可得截面的截面核心是一个菱形，如图 11-15 所示。

思 考 题

1. 解决组合变形强度问题的方法和步骤是什么？
2. 举例说明哪些截面受斜弯曲以后挠曲线仍在荷载作用平面。
3. 对工程结构中的构件来说，当其他条件一致时，偏心拉伸与偏心压缩各有什么利弊？
4. 举例说明截面核心的概念在工程中的应用。

习 题

11-1 图 11-16 所示各截面悬臂梁将发生什么变形？

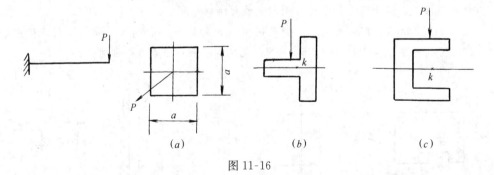

图 11-16

11-2 一悬臂梁的截面如图 11-17 所示，在自由端有一倾斜力 P 沿截面对角线作用。此梁某一截面上的总弯矩为 10kN·m，求该截面上 A 点处的正应力。

11-3 矩形截面梁，跨度 $L=4\text{m}$，荷载及截面尺寸如图 11-18 所示。设材料为杉木，容许应力 $[\sigma]=10\text{MPa}$，试校核该梁的强度。

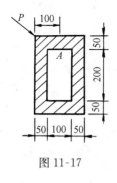

图 11-17

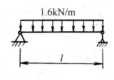

图 11-18

11-4 图 11-19 所示工字形截面简支梁，力 p 与 y 轴的夹角为 5°。若 $P=65$kN，$L=4$m，已知容许应力 $[\sigma]=160$MPa，试选择工字钢的型号。

11-5 长度 $L=1$m，截面 160mm×160mm×16mm 等边角钢的悬臂梁承受集中力 P，如图 11-20 所示。设 $P=15$kN，试求：

   (1) 固定端截面上 A、B、C 三点处的正应力。

   (2) 中性轴的位置。

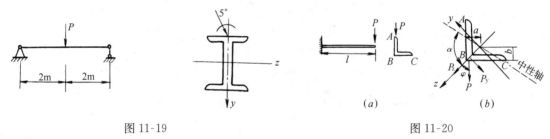

图 11-19   图 11-20

11-6 如图 11-21 所示，矩形截面受拉构件，已知：$P=7.5$kN；$[\sigma]=100$MPa，若要对该拉杆开一切口，不计应力集中的影响，求最大切口深度。

11-7 如图 11-22 所示，厂房的边柱，受屋顶传来的荷载 $P_1=120$kN，吊车传来的荷载 $P_2=100$kN 的作用，柱子的自重 $G=77$kN，求底截面上的正应力分布图。

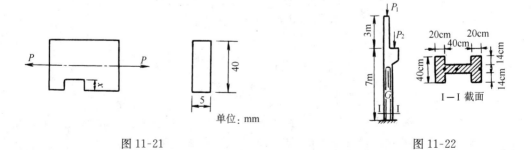

图 11-21   图 11-22

11-8 图 11-23 所示短柱受荷载 P 和 H 的作用，试求固定端截面上 A、B、C 及 D 的正应力，并确定其中性轴的位置。

11-9 砖墙和基础如图 11-24 所示，设在 1m 长的墙上有偏心力 $P=40$kN 作用，偏心距 $e=0.05$m，试画出 1-1、2-2、3-3 截面的正应力分布图。

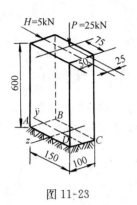

图 11-23

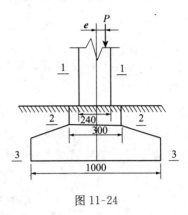

图 11-24

11-10　图 11-25 所示折杆的横截面为边长 12mm 的正方形，试确定 A 点的应力状态。

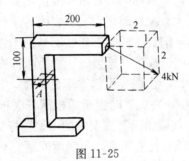

图 11-25

11-11　试确定图 11-26 所示各截面图形的截面核心。

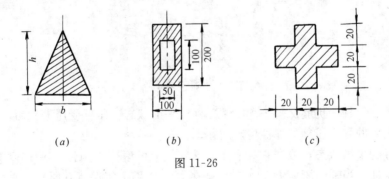

(a)　　　　　　　(b)　　　　　　　(c)

图 11-26

习 题 答 案

11-1　(a) 斜弯曲；(b) 斜弯曲；(c) 斜弯曲

11-2　2.63MPa

11-3　强度满足要求

11-4　14 号

11-5　(1) 205.03MPa；177.33MPa；140.72MPa；(2) 22.5°

11-6　10mm

11-8　9.45MPa；3.21MPa；−12.80MPa；−6.55MPa

第十二章 压杆稳定

学习要点：理解压杆的概念；掌握压杆临界力的计算方法；掌握临界应力的计算方法；掌握欧拉公式的适用范围及柔度的计算方法；掌握压杆的稳定性的计算方法；了解经验公式及临界应力总图；了解提高压杆稳定性的措施。

第一节 压杆的概念

在研究受压直杆时，往往认为破坏原因是由于强度不够造成的，即当横截面上的正应力达到材料的极限应力时，杆才会发生破坏。实验表明对于粗而短的压杆是正确的；但对于细长的压杆，情况并非如此。细长压杆的破坏并不是由于强度不够，而是由于杆件丧失了保持直线平衡状态的稳定性而造成的。这类破坏称为压杆丧失稳定性破坏，简称失稳。

工程结构中的压杆如果失稳，往往会引起严重的事故。例如 1907 年加拿大魁北克圣劳伦斯河上长达 548m 的大铁桥，在施工时由于两根压杆失稳而引起倒塌，造成数十人死亡。1909 年，汉堡一个大型储气罐由于其支架中的一根压杆失稳而引起倒塌。

这种细长压杆突然破坏，就其性质而言，与强度问题完全不同，杆件招致丧失稳定破坏的压力比招致强度不足破坏的压力要少得多，同时其失稳破坏是突然性的，必须防范在先。因而，对细长压杆必须进行稳定性的计算。

第二节 临界力与欧拉公式

一、平衡与失稳

压杆受压后，杆件仍能保持平衡的情况称为平衡状态。压杆受压失稳后，其变形仍保持在弹性范围内的称为压杆的弹性稳定问题。

一根压杆的平衡状态，根据它对干扰的承受能力可区分为两种。图 12-1 (a) 为两端铰支的细长压杆。当轴向压力 P 较小时，杆在力 P 作用下将保持其原有的直杆平衡状态，如在侧向干扰力作用下使其微弯，如图 12-1 (b) 所示，当干扰力撤去后，杆在往复摆动几次后仍处于平衡形态，如图 12-1 (c) 所示。可见，原来的直线平衡状态是稳定的，这种平衡称为稳定平衡。但当压力增大至某一数值时，如作用一侧向干扰力使压杆微弯，则在干扰力撤去后，杆不能回复到原来的直线状态，并在一个曲线形态下平衡，如图 12-1 (d) 所示。可见这时杆原有的直线平衡状态是不稳定的，称为不稳定平衡。这种丧失原有平衡状态的现象称为丧失稳定性，简称失稳。

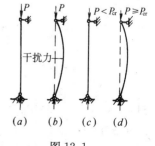

图 12-1

同一压杆的平衡是否稳定，取决于压力 P 的大小。压杆保持稳定平衡所能承受的最大压力，称为临界力或临界荷载，用 P_{cr} 表示。显然，如 $P<P_{cr}$，压杆将保持稳定，如 $P \geqslant P_{cr}$，压杆将失稳。因此，分析稳定性问题的关键是求压杆的临界荷载。

二、临界力与欧拉公式

1. 两端铰支压杆的临界力

图 12-2 (a) 所示两端铰支压杆，在临界力 P_{cr} 作用下可在微弯状态下维持平衡，其弹性曲线近似微分方程为：

$$\frac{\mathrm{d}^2 y}{\mathrm{d}x^2} = -\frac{M(x)}{EI} \qquad (a)$$

其中任一 x 截面上的弯矩（图 12-2b）为

$$M(x) = P_{cr} \cdot y \qquad (b)$$

将 (b) 式代入 (a) 式，且令

$$\frac{P_{cr}}{EI} = k^2 \qquad (c)$$

得二阶常系数线性微分方程

$$\frac{\mathrm{d}^2 y}{\mathrm{d}x^2} + k^2 y = 0 \qquad (d)$$

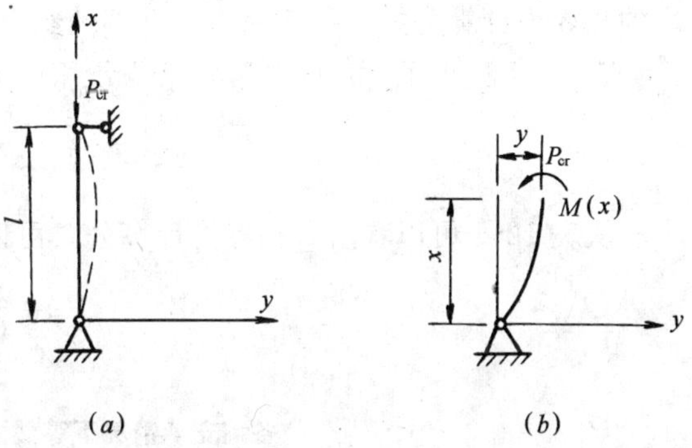

其通解为

$$y = A\sin kx + B\cos kx \qquad (e)$$

图 12-2

式 (e) 中的 A、B 为积分常数，可由压杆的边界条件确定。两端铰支压杆的边界条件为

$$x=0, \quad y=0$$
$$x=l, \quad y=0$$

代入式 (e)，可得

$$\begin{cases} \sin 0 \cdot A + \cos 0 \cdot B = 0 \\ \sin kl \cdot A + \cos kl \cdot B = 0 \end{cases} \qquad (f)$$

由式 (f) 的第一式可知 $B=0$。由于压杆处于微弯状态，因此位移 $y \neq 0$，为得到 y 的非零解，系数 A、B 不应全为零，因此，式 (f) 的系数行列式必为零，即

$$\begin{vmatrix} 0 & l \\ \sin kl & \cos kl \end{vmatrix} = 0 \qquad (g)$$

所以，有 $\sin kl = 0$，得

$$kl = n\pi \qquad (n=0, 1, 2, \cdots) \qquad (h)$$

代入式 (c)，有

$$P_{cr} = \frac{n^2 \pi^2 EI}{l^2} \qquad (i)$$

由式 (i) 可知，压杆的临界力在理论上是多值的，但具有实际意义的应是其最小值。取 $n=1$，得

$$P_{cr} = \frac{\pi^2 EI}{l^2} \qquad (12-1)$$

式中 π——圆周率；

E——材料的弹性模量；

l——杆件长度；

I——杆件横截面对形心轴的惯性矩。当杆端在各方向的支承情况一致时，压杆总是在抗弯刚度最小的纵向平面内失稳，所以（12-1）式中的 I 应取截面的最小形心主惯性矩 $I_{\min}$。

式（12-1）是两端铰支压杆临界力的计算公式，称为欧拉公式。

2. 其他支承压杆的临界力

对于杆端约束不同的压杆，均可仿照两端铰支压杆临界力公式的推导方法，得出其相应的临界力计算公式。一般而言，杆端的约束越强，压杆越不容易失稳，临界力就越大。

表 12-1 列出了常用的几种杆端支承压杆的临界力计算公式。

三、欧拉公式的一般形式

从表 12-1 可以看出，临界力计算公式可以统一写成

$$P_{cr} = \frac{\pi^2 EI}{(\mu l)^2} \qquad (12-2)$$

各种支承情况下等截面细长杆临界力公式　　　　**表 12-1**

支承情况	两端铰支	一端固定 一端悬臂	两端固定	一端固定 一端铰支
杆端支承情况			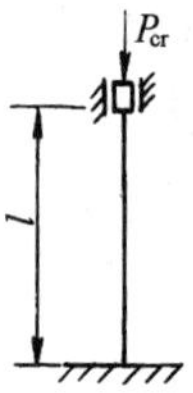	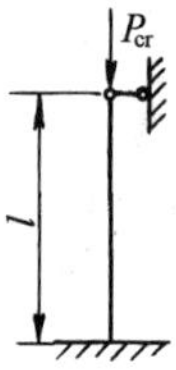
临界力 P_{cr}	$\dfrac{\pi^2 EI}{l^2}$	$\dfrac{\pi^2 EI}{(2l)^2}$	$\dfrac{\pi^2 EI}{(0.5l)^2}$	$\dfrac{\pi^2 EI}{(0.7l)^2}$
计算长度	l	$2l$	$0.5l$	$0.7l$
长度因数 μ	1	2	0.5	0.7

这是欧拉公式的普通形式。式中 μl 表示将压杆折算成两端铰支压杆的长度，称为计算长度，μ 为长度系数。见表 12-1。

【例 12-1】　图 12-3 所示两端铰支的矩形截面木杆，$l = 1.4\mathrm{m}$，$a = 10\mathrm{mm}$，$b = 25\mathrm{mm}$，$E = 10^4 \mathrm{MPa}$，$[\sigma_c] = 8\mathrm{MPa}$，试求临界力，并与按强度条件求得的许用压力比较。

【解】　由式（12-1），其中惯性矩 I 应以最小惯性矩 $I_{\min}$ 代入，即

$$I_{\min} = I_z = \frac{ba^3}{12}$$

图 12-3

于是

$$P_{cr} = \frac{\pi^2 E I_z}{l^2} = \frac{\pi^2 \times 10^4 \times \dfrac{25 \times 10^3}{12}}{(1.4 \times 10^3)^2} = 105N = 0.105kN$$

由强度条件可得许用压力为

$$[P] = A[\sigma_c] = 10 \times 25 \times 8 = 2000N = 2kN$$

临界力只是许用压力的 1/19，表明压杆在远未达到强度允许的承压力之前就已经失稳破坏了。

第三节　欧拉公式的适用范围——经验公式

一、临界应力和柔度

对导出的临界力计算公式（12-2），用压杆的横截面面积 A 除 P_{cr}，得到与临界力对应的应力为

$$\sigma_{cr} = \frac{P_{cr}}{A} = \frac{\pi^2 EI}{(\mu l)^2 A} \qquad (a)$$

称为临界应力，令　　$i^2 = I/A$

i 为截面的惯性半径，这样（a）式可写成

$$\sigma_{cr} = \frac{\pi^2 E}{(\mu l)^2} \cdot i^2 = \frac{\pi^2 E}{\left(\dfrac{\mu l}{i}\right)^2} \qquad (b)$$

引入

$$\lambda = \frac{\mu l}{i} \qquad (12\text{-}3)$$

其中 λ 称为压杆的柔度或长细比，是一个无量纲的量，它集中反映了压杆的长度、约束条件、截面尺寸和形状等因素对临界应力的影响。

（b）式可写成

$$\sigma_{cr} = \frac{\pi^2 E}{\lambda^2} \qquad (12\text{-}4)$$

二、欧拉公式的适用范围

在推导欧拉公式式（12-1）的过程中，利用了挠曲线的近似微分方程；该微分方程只有在材料处于弹性状态，也就是临界应力不超过材料的比例极限 σ_p 的情况下才成立。

由式（12-4），欧拉公式的适用条件为

$$\sigma_{cr} = \frac{\pi^2 E}{\lambda^2} \leqslant \sigma_p \qquad (12\text{-}5)$$

即

$$\lambda \geqslant \sqrt{\frac{\pi^2 E}{\sigma_p}}$$

令

$$\lambda_p = \sqrt{\frac{\pi^2 E}{\sigma_p}} \qquad (12\text{-}6)$$

则上式可写为 $\qquad\qquad\qquad \lambda \geqslant \lambda_p \qquad (12\text{-}7)$

上式表明，只有当压杆的柔度 λ 不小于某一特定值 λ_p 时，才能用欧拉公式计算其临界荷载和临界应力。工程中把 $\lambda \geqslant \lambda_p$ 的压杆称为细长杆或大柔度杆。

由于 λ_p 与材料的比例极限 σ_p 和弹性模量 E 有关，因而不同材料压杆的 λ_p 是不同的。例如 Q235 钢，$\sigma_p = 200\text{MPa}$，$E = 200\text{GPa}$，代入式（12-6）后，得 $\lambda_p = 100$。同样可得松木压杆的 $\lambda_p = 110$，铸铁压杆的 $\lambda_p = 80$。

三、中长杆的临界应力计算——经验公式

当压杆的柔度 λ 小于 λ_p 时，称为中长杆或中柔度杆。这类压杆其临界应力 σ_{cr} 大于材料的比例极限 σ_p，这时欧拉公式已不能使用。工程中对这类压杆的计算，一般使用以试验结果为依据的经验公式。常用的经验公式有两种：直线公式和抛物线公式。

1. 直线公式

临界应力 σ_{cr} 与柔度 λ 成直线关系，其表达式为

$$\sigma_{cr} = a - b\lambda \qquad (12\text{-}8)$$

式中 a、b 为与材料有关的常数，由试验确定。例如 Q235 钢，$a = 30\text{MPa}$，$b = 1.12\text{MPa}$；松木 $a = 29.3\text{MPa}$，$b = 0.19\text{MPa}$。

实际上，式（12-8）只能在下述范围内成立，

$$\sigma_p < \sigma_{cr} \leqslant \sigma_s \qquad (12\text{-}9)$$

因为当 $\sigma_{cr} > \sigma_s$ 时，压杆将发生强度破坏而不是失稳破坏。

式（12-9）的范围也可用柔度表示为

$$\lambda_p > \lambda > \lambda_s \qquad (12\text{-}10)$$

而对于 $\sigma_{cr} \geqslant \sigma_s$，即 $\lambda \leqslant \lambda_s$ 的压杆称为短杆，其破坏为强度破坏。

2. 抛物线公式

抛物线公式把临界应力 σ_{cr} 与柔度 λ 表示为下面的抛物线关系：

$$\sigma_{cr} = a_1 - b_1 \lambda^2 \qquad (12\text{-}11)$$

例如我国钢结构设计规范中，对于 $\sigma_{cr} > \sigma_p$，即 $\lambda < \lambda_p$ 的压杆，采用如下的抛物线公式计算其临界应力，即

$$\sigma_{cr} = \sigma_s \left[1 - 0.43 \left(\frac{\lambda}{\lambda_c} \right)^2 \right] \qquad (12\text{-}12)$$

式中

$$\lambda_c = \sqrt{\frac{\pi^2 E}{0.57 \sigma_s}} \qquad (12\text{-}13)$$

对于 Q235 钢，$\sigma_3 = 240\text{MPa}$，$E = 210\text{GPa}$，$\lambda_c = 123$，则经验公式为

$$\sigma_{cr} = 240 - 0.00682\lambda^2 \quad \text{MPa}$$

式（12-12）有两点必须注意：一是其适用范围为 $\lambda \leqslant \lambda_c$。当 $\lambda > \lambda_c$ 时，仍用欧拉公式计算临界应力。因而中长杆与细长杆的柔度分界点应为 λ_c 而不是 λ_p，二者数值稍有差异。

二是 $\lambda \leqslant \lambda_c$ 的压杆不再区分中长杆和短杆。

四、临界应力总图

综上所述，将临界应力 σ_{cr} 和柔度的函数关系用曲线表示，该曲线称临界应力总图。

1. 直线经验公式

临界应力与柔度的关系为三类：

(1) $\lambda > \lambda_p$，细长杆，$\sigma_{cr} = \dfrac{\pi^2 E}{\lambda^2}$

(2) $\lambda_p > \lambda \geqslant \lambda_s$，中长杆，$\sigma_{cr} = a - b\lambda$

(3) $\lambda < \lambda_s$，短杆，发生强度破坏。

其临界应力总图如图 12-4 (a) 所示。

2. 抛物线经验公式

临界应力与柔度的关系为两类：

(1) $\lambda > \lambda_c$，$\sigma_{cr} = \dfrac{\pi^2 E}{\lambda^2}$

(2) $\lambda \leqslant \lambda_c$，$\sigma_{cr} = \sigma_s \left[1 - 0.43 \left(\dfrac{\lambda}{\lambda_c} \right)^2 \right]$

其临界应力总图如图 12-4 (b) 所示。

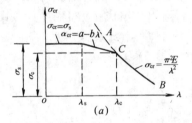
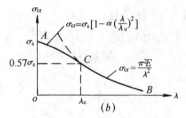

图 12-4

【例 12-2】 一松木压杆，两端为铰支，如图 12-5 所示。已知压杆材料的比例极限 $\sigma_p = 9$MPa，弹性模量 $E = 10^4$MPa，压杆截面如下：

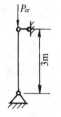

(1) $h = 120$mm，$b = 90$mm 的矩形；

(2) $h = b = 104$mm 的正方形。试比较二者的临界荷载。

【解】 (1) 矩形截面

压杆两端为铰，$\mu = 1$。截面的最小惯性半径为

图 12-5

$$i_{min} = \sqrt{\frac{I_{min}}{A}} = \sqrt{\frac{\frac{hb^3}{12}}{bh}} = \frac{b}{\sqrt{12}} = \frac{90}{\sqrt{12}} = 26\text{mm}$$

柔度为

$$\lambda = \frac{\mu l}{i} = \frac{1 \times 3 \times 10^3}{26} = 115.4$$

又由式 (12-6) 得

$$\lambda_p = \sqrt{\frac{\pi^2 E}{\sigma_p}} = \sqrt{\frac{\pi^2 \times 1 \times 10^4}{9}} = 104.7$$

$\lambda > \lambda_p$，故该压杆为细长杆，临界力由欧拉公式（12-2）计算，得

$$P_{cr} = \frac{\pi^2 EI}{(\mu l)^2} = \frac{\pi^2 \times 10^4 \times \frac{1}{12} \times 120 \times 90^3}{(1 \times 3 \times 10^3)^2} = 79944 \text{N} = 79.9 \text{kN}$$

（2）正方形截面

μ 仍为1，截面的 i 为

$$i = \frac{b}{\sqrt{12}} = \frac{104}{\sqrt{12}} = 30.0 \text{mm}$$

柔度为

$$\lambda = \frac{\mu l}{i} = \frac{1 \times 3 \times 10^3}{30} = 100$$

即 $\lambda < \lambda_p$，杆为中长杆，先用直线公式（12-8）计算其临界应力，其中 $a = 29.3$MPa，$b = 0.19$MPa，即

$$\sigma_{cr} = a - b\lambda = 29.3 - 0.19 \times 100 = 10.3 \text{MPa}$$

临界荷载为

$$P_{cr} = \sigma_{cr} \cdot A = 10.3 \times 104^2 = 111513 \text{N} = 111.5 \text{kN}$$

可以看出，上述两种截面的面积相等，而正方形截面压杆的临界荷载较大，不容易失稳。

【例 12-3】 由五根直径均为 $d = 50$mm 的圆钢杆组成正方形结构，如图12-6所示，构件联接处均为光滑铰接，正方形边长 $a = 1$m，材料为 Q235 钢，$E = 200$GPa，$\sigma_p = 200$MPa，试求结构的临界荷载值。

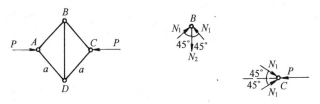

图 12-6

【解】 （1）受力分析

由于结构、荷载的对称性，结构四边的杆的轴力相等。由节点 C 的静力平衡条件（图 12-6）

$$\Sigma X = 0, P - 2N_1 \cdot \cos 45° = 0$$

所以

$$N_1 = \frac{P}{\sqrt{2}}$$

由节点 B 的静力平衡条件（图 12-6）

$$\Sigma Y = 0, 2N_1 \cdot \cos 45° - N_2 = 0$$

$$N_2 = P$$

（2）结构的临界荷载

拉杆无稳定问题，考虑四边的压杆

$$\lambda = \frac{\mu l}{i} = \frac{1 \times 1 \times 10^3}{\frac{1}{4} \times 50} = 80$$

因 $\lambda < 100$，故用直线公式，得结构的临界载荷为

$$\frac{P_{cr}}{\sqrt{2}} = (a - b\lambda) \cdot \frac{\pi d^2}{4}$$

即

$$P_{cr} = \sqrt{2}(304 - 1.12 \times 80) \times \frac{\pi \times 50^2}{4} = 595000\text{N} = 595\text{kN}$$

第四节　压杆的稳定计算

一、压杆的稳定条件

为了使压杆能正常工作而不失稳，压杆所受的轴向压力 P 必须小于临界荷载 P_{cr}，或压杆的压应力 σ 必须小于临界应力 σ_{cr}。对工程上的压杆，由于存在着种种不利因素，还需有一定的安全储备，所以要有足够的稳定安全系数 n_{st}。于是，压杆的稳定条件为

$$P \leqslant \frac{P_{cr}}{n_{st}} = [P_{st}] \tag{12-14}$$

或

$$\sigma \leqslant \frac{\sigma_{cr}}{n_{st}} = [\sigma_{st}] \tag{12-15}$$

式中　P——实际作用在压杆上的压力；

P_{cr}——压杆的临界力；

n_{st}——稳定安全系数，随 λ 的改变而变化。一般稳定安全系数比强度安全系数 n 大；

$[P_{st}]$——稳定容许荷载；

$[\sigma_{st}]$——压杆的稳定许用应力。由于临界应力 σ_{cr} 和稳定安全系数 n_{st} 都随压杆的柔度系数 λ 变化，所以 $[\sigma_{st}]$ 也是随 λ 变化的一个量，这与强度计算时材料的许用应力 $[\sigma]$ 不同。

特别注意的是：稳定安全系数 n_{st} 的选取，除了要考虑在选取强度安全系数时的那些因素外；还要考虑影响压杆失稳所特有的不利因素，如压杆不可避免的存在初始曲率、材料不均、荷载的偏心等。这些不利因素，对稳定的影响比对强度的影响大。因而，通常稳定安全系数的数值要比强度安全系数大得多。而且，当压杆的柔度越大，即越细长时，这些不利因素的影响越大，稳定安全系数也应取得越大。对于压杆，都要以稳定安全系数作为其安全储备进行稳定计算，而不必作强度校核。

但是，工程上的压杆由于构造或其他原因，有时截面会受到局部削弱，如杆中有小孔或槽等，当这种削弱不严重时，对压杆整体稳定性的影响很小，在稳定计算中可不予考虑。但对这种削弱的局部截面，则应作强度校核。

二、压杆的稳定计算

根据式（12-14）和式（12-15），就可以对压杆进行稳定计算。压杆稳定计算的内容与强度计算类似，包括校核稳定性、设计截面和求容许荷载三个方面。压杆稳定计算通常有两种方法。

1. 安全系数法

临界压力 P_{cr} 是压杆的极限荷载，P_{cr} 与工作压力 P 之比即为压杆的工作安全系数 n，它应大于规定的稳定安全系数 n_{st}，故有

$$n = \frac{P_{cr}}{P} \geqslant n_{st} \tag{12-16}$$

用这种方法进行压杆稳定计算时，必须计算压杆的临界荷载，而为了计算 P_{cr}，应首先计算压杆的柔度，再按不同的范围选用合适的公式计算。其中稳定安全系数 n_{st} 可在设计手册或规范中查到。

2. 折减系数法

土建工程中的压杆稳定计算中，常将变化的稳定许用应力 $[\sigma_{st}]$ 改为用强度许用应力 $[\sigma]$ 来表达：

$$[\sigma_{st}] = \frac{\sigma_{cr}}{n_{st}}, \quad [\sigma] = \frac{\sigma^0}{n}$$

$$[\sigma_{st}] = \frac{\sigma_{cr}}{n_{st}} \cdot \frac{n}{\sigma^0} \cdot [\sigma] = \varphi [\sigma]$$

式中

$$\varphi = \frac{[\sigma_{st}]}{[\sigma]} = \frac{\sigma_{cr}}{n_{st}} \cdot \frac{n}{\sigma^0}$$

σ^0 为强度极限应力，n 为强度安全系数。由于 $\sigma_{cr} < \sigma^0$，$n_{st} > n$，因此 φ 值总是小于 1，且随柔度而变化，几种常用材料的 $\lambda - \varphi$ 变化关系如表 12-2，计算时可查用。

压杆折减系数 表 12-2

λ	φ 值				
	Q215、Q235 钢	16Mn 钢	铸　铁	木　材	混凝土
0	1.000	1.000	1.00	1.000	1.00
20	0.981	0.937	0.91	0.932	0.96
40	0.927	0.895	0.69	0.822	0.83
60	0.842	0.776	0.44	0.658	0.70
70	0.789	0.705	0.34	0.575	0.63
80	0.731	0.627	0.26	0.460	0.57
90	0.669	0.546	0.20	0.371	0.46
100	0.604	0.462	0.16	0.300	
110	0.536	0.384		0.248	
120	0.466	0.325		0.209	
130	0.401	0.279		0.178	
140	0.349	0.242		0.153	
150	0.306	0.213		0.134	

λ	φ 值				
	Q215、Q235 钢	16Mn 钢	铸　铁	木　材	混 凝 土
160	0.272	0.188		0.117	
170	0.243	0.168		0.102	
180	0.218	0.151		0.093	
190	0.197	0.136		0.083	
200	0.180	0.124		0.075	

因此压杆的稳定条件可用折减系数 φ 与强度许用应力 $[\sigma]$ 来表达：

$$\sigma = \frac{P}{A} \leqslant \varphi \, [\sigma] \tag{12-17}$$

式（12-17）类似压杆强度条件表达式，从形式上可以理解为：压杆因在强度破坏之前便丧失稳定，故由降低强度许用应力 $[\sigma]$ 来保证杆件的安全。

应用折减系数法作稳定计算时，首先要算出压杆的柔度 λ，再按其材料，由表 12-2 查出 φ 值，然后按式（12-17）进行计算。当计算出的 λ 值不是表中的整数值时，可用线性内插的近似方法得出相应的 φ 值。

【例 12-4】 一钢管支柱，长 $l=2.2\text{m}$，两端铰支。外径 $D=102\text{mm}$，内径 $d=86\text{mm}$，材料为 Q235 钢，许用压应力 $[\sigma]=160\text{MPa}$。已知承受轴向压力 $P=300\text{kN}$，试校核此柱的稳定性。

【解】 支柱两端铰支，故 $\mu=1$，钢管截面惯性矩

$$I = \frac{\pi}{64}（D^4 - d^4）= \frac{\pi}{64}（102^2 - 86^2）= 262 \times 10^4 \text{mm}^4$$

截面面积

$$A = \frac{\pi}{4}（D^2 - d^2）= \frac{\pi}{4}（102^2 - 86^2）= 23.6 \times 10^2 \text{mm}^2$$

惯性半径

$$i = \sqrt{\frac{I}{A}} = \sqrt{\frac{262 \times 10^4}{23.6 \times 10^2}} = 33.3 \text{mm}$$

柔度

$$\lambda = \frac{\mu l}{i} = \frac{1 \times 2200}{33.3} = 66$$

由表 12-2 查出：

当 $\lambda=60$ 时　　　　$\varphi = 0.842$

当 $\lambda=70$ 时　　　　$\varphi = 0.789$

用直线插入法确定 $\lambda=66$ 时

$$\varphi = 0.842 - \frac{66-60}{70-60}（0.842 - 0.789）= 0.81$$

校核稳定性

$$\sigma = \frac{P}{A} = \frac{300 \times 10^3}{23.6 \times 10^2} = 127.1 \text{MPa}$$

而

$$\varphi\,[\sigma]=0.81\times160=128\text{MPa}$$

所以 $\sigma<\varphi\,[\sigma]$，支柱满足稳定条件。

【例 12-5】　图 12-7 所示桁架中，上弦杆 AB 为 Q235 工字钢，材料的容许应力 $[\sigma]=$ 160MPa。已知该杆受到 250kN 的轴向压力作用，试选择工字钢型号。

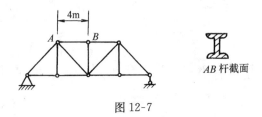

图 12-7

【解】　在已知条件中给出了 $[\sigma]$ 值，但对 n_{st} 没有特殊要求，所以应按折减系数法进行计算。

本例要求设计截面，应按式（12-17）进行，但其中 φ 尚未知，而 φ 应根据 λ 值查得，λ 值又与工字钢截面尺寸有关，因此必须用试算法进行。

先假设 $\varphi=0.5$，代入式（12-17），得

$$A\geqslant\frac{P}{\varphi\,[\sigma]}=\frac{250\times10^{3}}{0.5\times160}=31.25\times10^{2}\text{mm}^{2}$$

由型钢表选 20a 工字钢，$A=35.5\times10^{2}\text{mm}^{2}$，$i_{\min}=21.2\text{mm}$

弦杆 AB 两端可视为铰支，$\mu=1$，因而

$$\lambda=\frac{\mu l}{i_{\min}}=\frac{1\times4000}{21.2}=188.7$$

查表 12-2 并用线性内插法，得 $\varphi=0.202$，与原假设 $\varphi=0.5$ 相差甚大，需作第二次试算。

再假设

$$\varphi=\frac{0.5+0.202}{2}=0.35$$

代入式（12-17），得

$$A\geqslant\frac{250\times10^{3}}{0.35\times160}=44.64\times10^{2}\text{mm}^{2}$$

由型钢表选 I22b 工字钢

$$A=46.4\times10^{2}\text{mm}^{2}$$

$i_{\min}=22.7\text{mm}$，因而

$$\lambda=\frac{\mu l}{i_{\min}}=\frac{1\times4000}{22.7}=176.2$$

查表得 $\varphi=0.23$，与假设 $\varphi=0.35$ 仍相差过大，再作第三次试算。

再假设

$$\varphi=\frac{0.35+0.23}{2}=0.29$$

代入式（12-17），得

$$A \geqslant \frac{250 \times 10^3}{0.29 \times 160} = 53.88 \times 10^2 \, \text{mm}^2$$

由型钢表选 I28a 工字钢

$$A = 55.45 \times 10^2 \, \text{mm}^2$$

$i_{\min} = 24.95 \, \text{mm}$，因而

$$\lambda = \frac{1 \times 4000}{24.95} = 160.3$$

查表得 $\varphi = 0.27$，与假设 $\varphi = 0.29$ 相差不大，故可选 I28a 工字钢，并按式（12-17）校核其稳定性

$$\varphi[\sigma] = 0.27 \times 160 = 43.2 \, \text{MPa}$$

而

$$\sigma = \frac{P}{A} = \frac{250 \times 10^3}{55.45 \times 10^2} = 45.1 \, \text{MPa}$$

可见 σ 虽大于 $\varphi[\sigma]$，但不超过 5%，满足稳定性要求。

【例 12-6】　　钢柱由两根 20 号槽钢组成，截面如图 12-8 所示，柱高 $l = 5.72 \, \text{m}$，两端铰支，材料为 Q235 钢，许用应力 $[\sigma] = 160 \, \text{MPa}$，求钢柱所能承受的轴向压力 $[P]$。

【解】　　查表得一个 20 号槽钢的有关数据如下：
$b = 75 \, \text{mm}$，$z_0 = 19.5 \, \text{mm}$，
$A = 32.8 \times 10^2 \, \text{mm}^2$，$I_{z0} = 1913 \times 10^4 \, \text{mm}^4$，
$I_{y0} = 144 \times 10^4 \, \text{mm}^4$

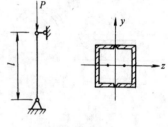

图 12-8

钢柱截面由两根槽钢组成：
$$I_z = 2I_{z0} = 2 \times 1913 \times 10^4 = 3830 \times 10^4 \, \text{mm}^4$$

$$I_y = 2[I_{y0} + A(b - z_0)^2]$$
$$= 2[144 \times 10^4 + 32.8 \times 10^2 \times (75 - 19.5)^2] = 2310 \times 10^4 \, \text{mm}^4$$

$$i_{\min} = i_y = \sqrt{\frac{I_y}{A}} = \sqrt{\frac{2310 \times 10^4}{2 \times 32.8 \times 10^2}} = 59.2 \, \text{mm}$$

钢柱两端铰支，$\mu = 1$，钢柱柔度为
$$\lambda = \frac{\mu l}{i_{\min}} = \frac{1 \times 5720}{59.2} = 96.5$$

查表，由内插法，得
$$\varphi = 0.627$$

所以许可荷载为
$$[P] = A[\sigma]\varphi = 2 \times 32.8 \times 10^2 \times 160 \times 0.627 = 658 \times 10^3 \, \text{N} = 658 \, \text{kN}$$

第五节　提高压杆稳定性的措施

由以上各节的讨论可知，影响压杆稳定的因素有：压杆的截面形状、长度和约束条件、材料的性质等。要提高压杆的稳定性，可从下列四个方面考虑。

一、选择合理的截面形状

在截面面积不变的条件下，选择合理的截面形状，使截面的惯性矩增大，惯性半径增大，λ 减小。为此，应适当地使截面分布远离形心主轴。通常采用空心截面和型钢组合截面，如图 12-9 所示截面，其中图 12-9 (a) 与图 12-9 (b) 的截面面积相同，显然，空心圆较实心圆合理；图 12-9 (c) 与图 12-9 (d) 为用四根等边角钢组合成的压杆截面，显然，图 12-9 (d) 所示的方案更合理。

另外，若压杆在两个相互垂直的主轴平面内具有相同的约束条件，则应使截面对这两个主轴的惯性矩相等，使压杆在这两个方向具有相同的稳定性。例如由两根槽钢组成的压杆截面（图 12-10），对图 12-10 (a) 所示截面，由于 $I_z>I_y$（$i_z>i_y$），$I_{\min}=I_y$，压杆将绕 y 轴失稳，或者说在 Z 平面内失稳；若采用图 12-10 (b) 所示截面配置方案，调整距离 s，使 $I_z=I_y$（$i_z=i_y$），从而使压杆在 y、z 两个方向具有相同的稳定性。

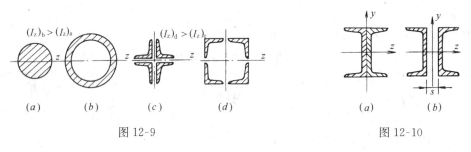

图 12-9　　　　　　　　　　　　　图 12-10

二、改善杆端支承情况

因压杆两端支承越牢固，长度系数 μ 就越小，则柔度也小，从而临界应力就越大。故采用 μ 值小的支承形式就可提高压杆的稳定性。

三、减小杆件的相当长度

压杆的稳定性随杆长的增加而降低。因此，应尽可能减小杆的相当长度。例如，可以在压杆的中间设置中间支承。

四、合理选择材料

细长压杆的临界荷载 P_{cr} 与材料的弹性模量 E 成正比。因此，选用 E 大的材料，可以提高压杆的稳定性。但如压杆由钢材制成，因各种钢材的 E 值大致相同，所以选用优质钢或低碳钢，对压杆稳定性并无多大区别。而对中长杆和短杆，其临界应力 σ_{cr} 总是超过材料的比例极限 σ_p，因此，对这类压杆，采用高强度材料，会提高稳定性。

思　考　题

1. 什么叫临界力？为什么只有在 $\sigma_{cr}\leqslant\sigma_p$ 时欧拉公式才成立？

2. 柔度 λ 有何物理意义？如何理解 λ 在压杆稳定计算中的作用？

3. 实心截面改为空心截面能增大截面的惯性矩从而能提高压杆的稳定性，是否可以把材料无限制的加工使其远离截面形心，以提高压杆的稳定性？

4. 只要保证压杆的稳定性就能够保证其承载能力，这种说法是否正确？

习　题

12-1　两端为铰支的压杆，当横截面如图 12-11 所示各种不同形状时，试问压杆会在哪个平面内失稳？（即失去稳定时压杆的截面绕哪一根形心轴转动）

12-2　两端铰支压杆，材料为 Q235 钢，具有图 12-12 所示四种截面形状，截面面积均为 $4.0\times10^3\mathrm{mm}^2$，试比较它们的临界力。其中 $d_2=0.7d_1$。

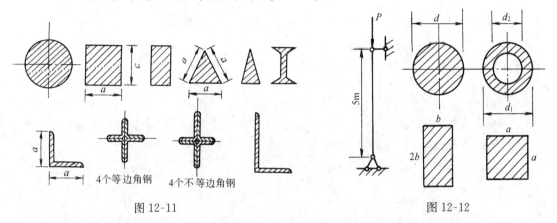

图 12-11　　　　　　　　　　　　　　　　　　图 12-12

12-3　图 12-13 所示压杆由等边角钢 ∟100×10 制成，$E=200\mathrm{GPa}$，试求其临界力。

12-4　如图 12-14 所示构件，外径 $D=50\mathrm{mm}$、内径 $d=40\mathrm{mm}$ 的钢管，两端铰支，材料为 Q235 钢，承受轴向压力。

试求：（1）能应用欧拉公式时，压杆的最小长度。

（2）当压杆长度为上述最小长度的 3/4 时，压杆的临界压力。

已知 $E=200\mathrm{GPa}$，$\sigma_\mathrm{p}=200\mathrm{MPa}$，$\sigma_\mathrm{s}=240\mathrm{MPa}$，$\lambda_1=100$，$\lambda_2=60$。

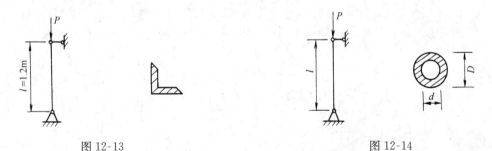

图 12-13　　　　　　　　　　　　　　　　　　图 12-14

12-5　一圆截面细长柱，$l=3\mathrm{m}$，直径 $d=200\mathrm{mm}$，材料的弹性模量 $E=10\times10^3\mathrm{MPa}$。若柱的一端固定、一端自由，试求该柱的临界应力（木材的极限柔度 $\lambda_\mathrm{p}=110$）。

12-6　在图 12-15 所示铰接体系 ABC 中，AB 和 BC 皆为细长压杆，且截面相同，材料一样。若因在 ABC 平面内失稳而破坏，并规定 $0<\theta<\pi/2$，试确定 P 为最大值时的 θ 角。

12-7　某悬挂结构如图 12-16 所示，其压杆 BD 为 20 号槽钢，材料为 Q235 钢。悬挂物重量为 $P=40\mathrm{kN}$，若规定的稳定安全系数为 $n_\mathrm{st}=5$，试校核 BD 杆的稳定性。

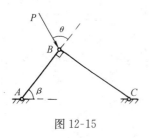

图 12-15

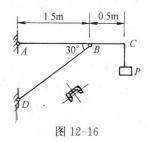

图 12-16

12-8 压杆由两根等边角钢 ∟40×12 组成如图 12-17 所示。杆长 $l=2.4\text{m}$，两端铰支。承受轴向压力 $P=800\text{kN}$，$[\sigma]=160\text{MPa}$，铆钉孔直径 $d=23\text{mm}$，试对压杆作稳定和强度校核。

12-9 桁架上弦杆所受的轴向压力为 $N=25\text{kN}$，杆长 $l=3.61\text{m}$，截面为正方形，材料为松木，许用应力 $[\sigma]=10\text{MPa}$。若两端按铰支考虑，试确定弦杆的截面尺寸。

12-10 图 12-18 所示结构中，AD 为铸铁圆杆，直径 $d=60\text{mm}$，$[\sigma_c]=10\text{MPa}$；BC 为钢圆杆，直径 $d=10\text{mm}$，材料为 Q235 钢，$[\sigma]=160\text{MPa}$。如各连接处均为铰支，试求容许分布荷载 q（铸铁 $\lambda=100$ 时，$\varphi=0.16$）。

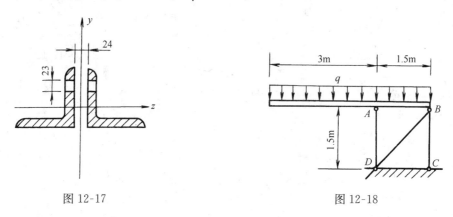

图 12-17   图 12-18

12-11 结构尺寸及受力如图 12-19 所示。梁 ABC 为 I22b 工字钢，$[\sigma]=160\text{MPa}$；柱 BD 为圆截面木材，直径 $d=160\text{mm}$，$[\sigma]=10\text{MPa}$，两端铰支。试作梁的强度校核。

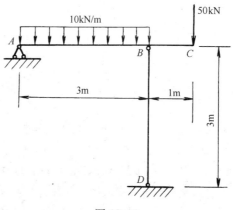

图 12-19

* 12-12　图 12-20 所示结构中钢梁 AB 及主柱 CD 分别由 16 号工字钢和连成一体的两根 ∟63×5的角钢制成。均布荷载集度 $q = 50\text{kN/m}$，梁及柱的材料均为 Q235 钢，$[\sigma] = 170\text{MPa}$，$E = 2.1 \times 10^5\text{MPa}$。试验算梁和柱是否安全。

* 12-13　图 12-21 所示梁杆结构，材料均为 Q235 钢。AB 梁为 16 号工字钢，BC 杆为 $d = 60\text{mm}$ 圆杆。已知 $E = 200\text{GPa}$，$\sigma_p = 200\text{MPa}$，$\sigma_s = 200\text{MPa}$，强度安全系数 $n = 2$，稳定安全系数 $n_{st} = 3$，求容许的 P 值。

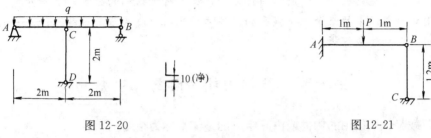

图 12-20　　　　　　　　　　　　　　図 12-21

习 题 答 案

12-2　$1 : 1.35 : 2.10 : 1.05$

12-3　233.36MPa

12-4　(1) 1.6m；(2) 201.4MPa

12-5　6.85MPa

12-6　45°

12-7　稳定

12-8　稳定、强度足够

12-9　120mm

12-10　0.67kN/m

12-11　强度足够

12-12　安全

12-13　141.3kN

第十三章　平面体系的几何组成分析

学习要点：掌握常见结构计算简图的简化方法；了解杆系结构的分类；了解几何变形的概念；理解自由度与约束的概念；掌握平面杆件体系几何组成的基本规律，能对一般的平面杆件体系进行几何组成分析。

第一节　结构的计算简图及分类

承受荷载起骨架作用的构件或由其组成的整体都称为结构。

结构可分为杆系结构、板壳结构和块体结构。

杆系结构由杆件组成。其特点是杆件的截面尺寸远小于长度。当组成结构的各杆轴线都在同一平面时，称为平面杆系结构。

一、计算简图的简化原则

工程结构的实际受力情况往往是很复杂的，完全按照其实际受力情况进行力学分析和计算是不现实、也是不必要的。对实际结构的力学计算往往在结构的计算简图上进行，计算简图是指能表现结构的主要特点，略去次要因素的原结构的简化图形。计算简图的选择必须注意下列原则：

1. 反映结构实际情况——计算简图能正确反映结构的实际受力情况，使计算结果尽可能精确。

2. 分清主次因素——计算简图可以略去次要因素，使计算简化。

3. 视计算工具而定——当使用的计算工具较为先进，如随着电子计算机的普及，结构力学计算程序的完善，就可以选用较为精确的计算简图。

二、计算简图的简化方法

1. 结构、杆件的简化

一般的实际结构均为空间结构，而空间结构常常可分解为几个平面结构来计算，结构的杆件均可用其杆轴线来代替。

2. 节点的简化

杆系结构的节点，通常可分为铰节点和刚节点，其中：

（1）铰节点的简化原则

（a）铰节点上各杆间的夹角可以改变，与所受荷载的夹角不同；

（b）各杆的铰接端点不产生弯矩如图 13-1（a）。

（2）刚节点的简化原则

（a）刚节点上各杆间的夹角保持不变，各杆的刚接端点在结构变形时旋转同一角度；

（b）各杆的刚接端点一般产生弯矩如图 13-1（b）。

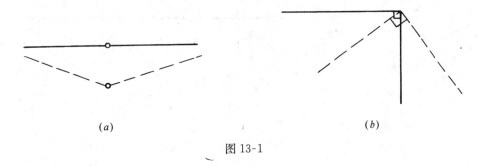

图 13-1

3. 支座的简化

平面杆系结构的支座,常用的有以下四种:

(1) 可动铰支座图 13-2 (a)——杆端 A 沿水平方向可以移动,绕 A 点可以转动,但沿支座杆轴方向不能移动。

(2) 固定铰支座图 13-2 (b)——杆端 A 绕 A 点可以自由转动,但沿任何方向均不能移动。

(3) 固定端支座图 13-2 (c)——A 端支座为固定端支座,使 A 端既不能移动,也不能转动。

(4) 定向支座图 13-2 (d)——这种支座只允许杆端沿一个方向移动,而沿其他方向不能移动,也不能转动。

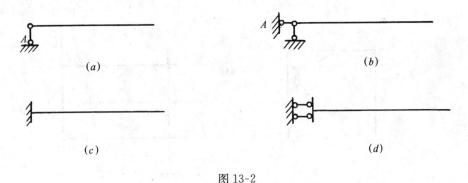

图 13-2

三、杆系结构的分类

杆系结构分类方法很多,这里仅根据其受力特点和变形特征分为如下几种:

1. 梁

梁在荷载作用下是一种以受弯为主的构件,可以是单跨的,图 13-3 (a)、(c),也可以是多跨的,见图 13-3 (b)、(d);可以是静定的 13-3 (a),也可以是超静定的 13-3 (c)、(d)。梁的内力为弯矩和剪力。

2. 桁架

桁架杆件均为直杆,且各杆连接点均为铰节点,如图 13-4 所示。在节点荷载作用下,各杆只产生轴力。

3. 刚架

刚架在一般情况下杆件均为直杆,各杆连接处的节点为刚节点。如图 13-5 所示。刚架中的各杆内力为弯矩、剪力和轴力。

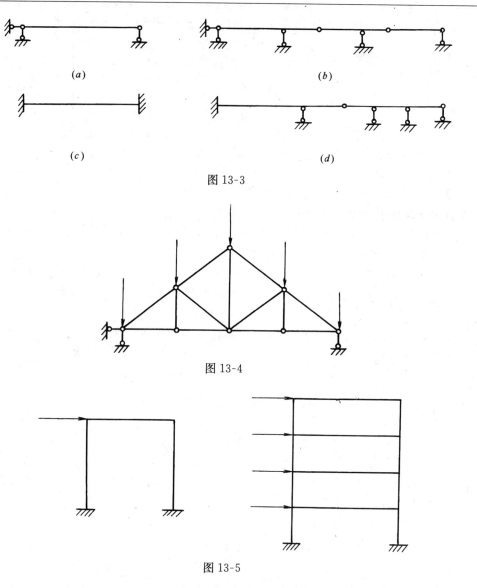

图 13-3

图 13-4

图 13-5

4. 组合结构

组合结构通常是指桁架杆件和梁组合而成的结构。其中桁架杆件只产生轴力，梁主要产生弯矩和剪力，如图 13-6 所示。

5. 拱

拱的轴线为曲线，其特点是在竖向荷载作用下，杆件将产生水平支座反力。拱的内力在通常情况下有弯矩、剪力和轴力，如图 13-7 所示。

第二节　几何组成分析的目的

一、几何变形的概念

杆件结构是由若干杆件相互连接而组成的体系，并置于支座上，用以承担荷载，因

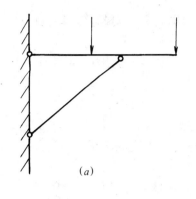 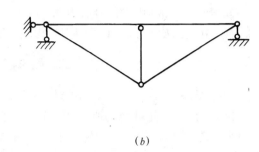

图 13-6

此，设计由杆件组成的体系时必须保持自身的几何形状及位置不变。这里的几何形状的改变与结构的变形是两个性质不同的概念。结构受荷载作用的同时，截面上产生应力，材料因而产生应变。由于材料的应变，结构会产生变形，但这种变形通常是很小的。而几何形状的改变与材料应变而产生的变形无关。

在不考虑材料应变的条件下，体系受力后，几何形状和位置保持不变的体系称为几何不变体系。如图 13-8（a）所示的铰接三角形，在荷载的作用下，可以保持其几何形状和位置不变，可以为工程结构所使用。

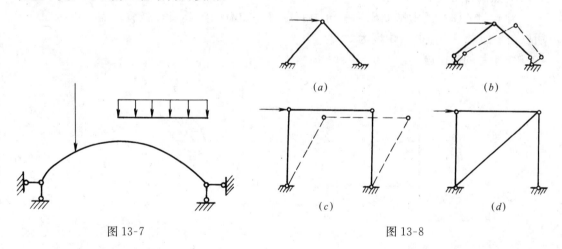

图 13-7 图 13-8

在不考虑材料应变的条件下，几何形状和位置可以改变的体系称为几何可变体系。如图 13-8（b）、（c）所示。其中图 13-8（b）的位置可以改变；图 13-8（c）的几何形状可以改变，但如果在铰接四边形中加一根斜杆，构成图 13-8（d）所示的铰接三角形体系，就可以保持其几何形状和位置，从而作为工程结构使用。

二、几何组成分析的目的

在设计结构和考虑选取其计算简图时，首先必须判断结构是否几何不变。这种判别过程称为体系的几何组成分析。

判断结构的几何组成可以达到如下目的：

1. 结构必须是几何不变体系，以使结构能承担荷载并保持平衡；

2. 由几何组成情况，确定结构是静定的还是超静定的，并针对超静定结构的构成特点，选择相应的反力与内力的计算方法；

3. 通过几何组成分析，了解结构的构成和层次，从而选择结构受力分析的顺序。

三、刚 体 和 刚 片

在不考虑材料的应变时，杆系结构本身的变形与几何变形无关，所以，此时的某一杆件可视为刚体；同理，已经判明是几何不变的部分（如图 13-9），也可看成是刚体。平面的刚体又称为刚片。

图 13-9

需要特别注意的是：所有结构的基础下面是地基（地球），几何组成分析的前提是地基为几何不变体系，所以地基是一个大刚片。

第三节　自由度和约束的概念

一、自 由 度

自由度是用来确定体系运动时位置改变的独立坐标的数目。

1. 点的自由度

图 13-10 (*a*) 所示平面坐标系中的点 A，如需确定其具体位置，需要坐标 x、y，所以在平面内一个点的自由度为 2。

2. 刚片的自由度

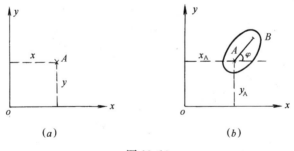

(*a*)   (*b*)

图 13-10

刚片在平面上的位置，可由其上任意一条直线 AB 的位置确定，如图 13-10 (*b*) 所示，而这条直线的位置则由其上任意一点 A 的两个坐标 x_A，y_A 及角 φ 确定。所以一个刚片的自由度等于 3。

二、约 束

能使体系自由度减少的装置称为约束。减少自由度的数目就称为约束数。工程上最常见的约束有如下几种：

1. 链杆约束

链杆是指两端以铰与别的物体相连的刚性杆。图 13-11 (*a*) 中的杆 AB 就是链杆。刚片 AC 上增加一根链杆 AB 约束后，刚片只能绕 A 转动和铰 A 绕 B 点转动，原来刚片有三个自由度，现在只有两个。因此，一根链杆可使刚片减少一个自由度，相当于一个约束。

　　2. 固定铰支座

　　如图 13-11 (b) 所示固定铰支座 A，使刚片 AB 只能绕 A 转动，刚片减少了两个自由度，相当于两个约束。亦可认为 A 铰支座是由两根链杆组成的约束，所以，一个固定铰支座相当于两根链杆，相当于两个约束。

　　3. 固定端支座

　　如图 13-11 (c) 所示，固定端支座 A 约束住了 AB 杆任何可能的运动，所以减少了三个自由度，相当于三个约束。

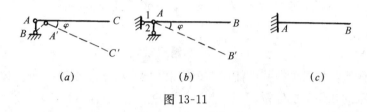

图 13-11

　　4. 单铰

　　连接两个刚片的铰称为单铰图 13-12 (a)，原刚片 AB、AC 共有 6 个自由度，连接以后，减少了两个自由度（减少了沿两个独立方向移动的可能性），所以，单铰相当于两个约束。

　　5. 复铰

　　如图 13-12 (b) 所示，连接 3 个或 3 个以上刚片的铰，称为复铰。复铰的约束数可用折算成单铰的办法来分析。其连接过程可想象为：先有刚片 AB，然后以单铰将刚片 AD 连于刚片 AB，再以单铰将刚片 AC 连于刚片 AB。这样，连接 3 个刚片的复铰相当于两个单铰。推广后，可得结论：连接 n 个刚片的复铰相当于 $(n-1)$ 个单铰，即相当于 $2(n-1)$ 个约束。

　　6. 刚性连接

　　如图 13-12 (c)，AB 和 AC 之间为刚性连接原有 6 个自由度，连接后，使其只有 3 个自由度。因此，刚性连接相当于 3 个约束。

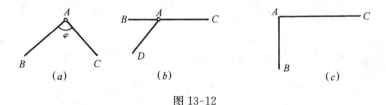

图 13-12

三、实铰和虚铰

　　一个铰相当于两根链杆。如图 13-13 所示，(a) 图中用铰 A 相连的刚片 Ⅰ、Ⅱ 和 (b) 图中用 AB、AC 两链杆相连的效果完全一样，两链杆的交点 A 称为实铰。

　　对于图 13-13 (c) 中所示刚片 Ⅰ 和 Ⅱ 用两根链杆 1 和 2 相连，相当于把刚片 Ⅰ 扩展，在点 O 以单铰与刚片 Ⅱ 相连，1、2 链杆的交点 O 称为虚铰。在运动过程中虚铰的位置会改变，这与"实铰"不同。所以，也可称为瞬时转动中心。但就约束而言，虚铰和实铰的作用是一致的。

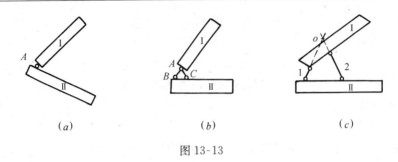

图 13-13

第四节　平面体系几何组成的基本规律

一、基本组成规则

一个几何体系，如果去掉其中任何一个约束，该体系就变成几何可变体系，则称该体系为无多余约束的几何不变体系。

对于无多余约束的几何不变体系的基本组成规则如下：

规则一：三刚片用不在同一条直线上的铰两两相连，如图 13-14（a）所示，组成无多余约束几何不变体系。

规则二：两刚片以一铰及不通过该铰的一根链杆相连，如图 13-14（b）所示，组成无多余约束几何不变体系。

规则三：两刚片用既不互相平行、也不相交于一点的三根链杆相连，如图 13-14（c）所示，组成无多余约束几何不变体系。

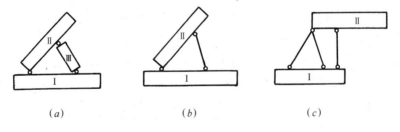

图 13-14

规则四：在刚片上加"二元体"后形成的新体系为无多余约束的几何不变体系（图 13-15）。

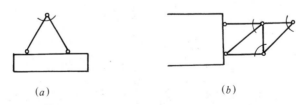

图 13-15

二、瞬变体系的概念

图 13-16（a）所示体系与几何不变体系的构成方式相同，但 3 个铰在同一直线上，现说明其机动性质。

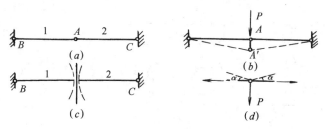

图 13-16

从约束的布置上就可以看出是不恰当的，因为链杆 1 和 2 都是水平的。因此，对限制 A 点的水平位移来说具有多余约束，而在竖向没有约束，A 点可沿竖向移动，体系是可变的。另外，从几何关系亦可证明上述结论，设想去掉铰 A 将链杆 1、2 分开图 13-16（c），则链杆 1 上的 A 点以 B 点为中心，BA 为半径的圆弧转动；同理，链杆 2 上的 A 点可沿以 C 点为中心，CA 为半径的圆弧转动。因两个圆弧在 A 点有公切线，铰 A 可沿此公切线方向作微小运动，说明体系是可变的。不过当铰 A 发生微小移动至 A' 时，两杆不再共线，运动就将中止。这种在某一瞬间可以发生微小位移的体系称为瞬变体系。瞬变体系作为可变体系的一种，不能为结构所使用。

瞬变体系只能产生微量位移而不能用作建筑结构，这是因为瞬变体系能产生很大内力。现仍然以图 13-16（b）、（d）为例，在力 P 作用下，由平衡方程 $\Sigma Y = 0$，可得

$$2N\sin\alpha - P = 0$$
$$N = P/2\sin\alpha$$

由于 α 无限小，在不考虑杆件变形的情况下，则当 $\alpha \to 0$ 时，$N \to \infty$。

综上所述，瞬变体系一方面几何可变，另一方面又有多余约束存在，且不能作为建筑结构使用。

三、虚铰在无穷远处

由规则一已知，三刚片用三个铰（实铰或虚铰）两两相连，如三个铰不在同一直线上，则体系为几何不变，如三个铰在同一直线上，则体系为瞬变。当体系的虚铰在无穷远处时，有下列情况：

1. 一个虚铰在无穷远

如图 13-17（a）所示，连接刚片 Ⅰ、Ⅱ 的两平行链杆 1、2 组成的虚铰 O_{12} 在无穷远。如将刚片 Ⅲ 看成一链杆 3，3 与链杆 1、2 不平行，体系为几何不变；如 3 与链杆 1、2 平行，体系为瞬变；如 3 与链杆 1、2 平行且等长，体系为几何可变。

2. 两个虚铰在无穷远

如图 13-17（b）所示，连接刚片 Ⅰ、Ⅱ 的虚铰 O_{12} 及连接刚片 Ⅰ、Ⅲ 的虚铰 O_{13} 在无穷远，但 O_{23} 不在无穷远。若链杆 1、2 与链杆 3、4 不平行，则体系为几何不变；若链杆 1、2 与链杆 3、4 平行，则体系为瞬变；若链杆 1、2 与链杆 3、4 平行且等长，体系为几何可变。

3. 三个虚铰在无穷远

如图 13-17（c）所示，刚片 Ⅰ、Ⅱ、Ⅲ 各用一对平行链杆两两相连，这三对平行链杆组成的虚铰均在无穷远，体系为瞬变；若三对平行链杆各自等长，则体系是几何可变的。

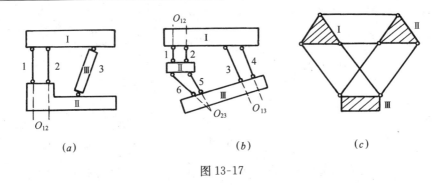

图 13-17

第五节   体系几何组成分析举例

几何组成分析的依据是上节所述的几个组成规则，具体分析时必须能正确和灵活地运用它们。下面对工程中常用的几类结构分别举例说明其分析方法。

【例 13-1】   对图 13-18 所示体系的几何组成分析。

【解】   观察其中 ABC 部分，是由不交于同一点的三根链杆 1、2、3 和基础相连组成几何不变体系。于是，可以将 ABC 梁段和基础一起看成是一扩大了的基础。在此基础上，依次用铰 C 和链杆 4 固定 CDE 梁，用铰 E 和链杆 5 固定 EF 梁，且铰 C 与链杆 4 及铰 E 与链杆 5 均不共线，由此组成的多跨梁属几何不变体系，且无多余约束。

【例 13-2】   对图 13-19 所示体系的几何组成分析。

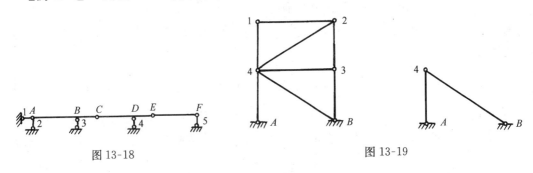

图 13-18   图 13-19

【解】   节点 1 是二杆节点，拆去后，节点 2 即成为二杆节点。去掉节点 2 后，再去掉节点 3，就得到三角形 $AB4$。它是几何不变的，因而原体系为几何不变体系。也可以把节点 4 拆去，这样一来就剩下地球了。这说明原体系对应于地球是不动的，即几何不变。

【例 13-3】   作图 13-20 所示体系的几何组成分析。

【解】   该体系左部分（图 13-20b）是几何不变的（三刚片以三铰相连，三铰不在一条直线上），这部分即可视为基础的一部分。于是右部分 DB 与基础的连接情况如图 13-20c 所示，用一个铰和一个链杆相连，链杆不通过铰，为几何不变。这样，整个体系（图 13-20a）是几何不变的。

在此体系中，右部分结构依附于左部分，左部分是整个结构的基础。所以称左部分为基础部分，而右部分为附属部分。这类结构称为主从结构。

判断基础部分与附属部分的方法是：把两部分的联系切断（在本例中把铰 D 切断）

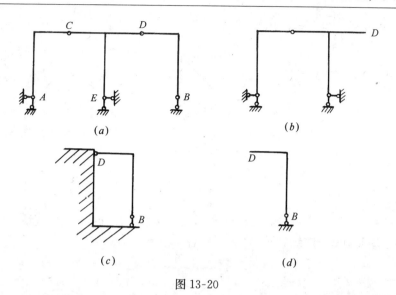

图 13-20

后，依然保持几何不变的部分图 13-20（b）就是基础部分，成为几何可变的部分图 13-20（d）就是附属部分。

　　【例 13-4】　试分析图 13-21 所示体系。

　　【解】　由于体系与基础用一铰一链杆相连，符合两刚片原则，故可把与地基的联系去掉，只分析体系本身。

　　将△ADE 看作刚片Ⅰ，△BEF 看作刚片Ⅱ，链杆 CG 看作刚片Ⅲ。则有

　　刚片Ⅰ、Ⅱ——用铰 E 相连；

　　刚片Ⅰ、Ⅲ——用链杆 AC、DG 相连接，虚铰在 O_1；

　　刚片Ⅱ、Ⅲ——用链杆 BC、FG 相连接，虚铰在 O_2；

　　由于 O_1、E、O_2 三铰不共线，所以组成几何不变体系，且无多余约束。

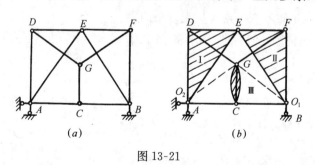

图 13-21

第六节　静定结构与超静定结构

一、静定结构与超静定结构

1. 静定结构

如图 13-22 所示结构体系，只需利用静力平衡条件就能计算出结构的全部支座反力和

杆件内力，这种结构称为静定结构。

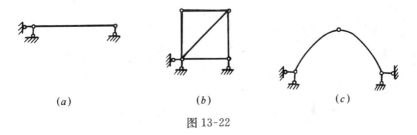

图 13-22

2. 超静定结构

如图 13-23 所示结构体系，其结构的全部支座反力和杆件内力无法用静力平衡条件来确定，这种结构称为超静定结构。

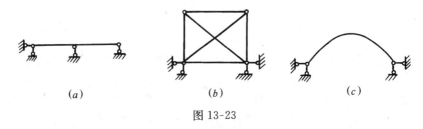

图 13-23

平面杆系结构可分为静定结构和超静定结构两类，我们还可从分析结构的几何组成来判断结构是否静定及超静定结构的超静定次数。

二、几何组成与静定性的关系

通过几何组成规律可分析结构体系的几何特征。对于几何不变体系，同时可分析出结构是否存在多余约束，即：

1. 静定结构——几何不变体系，且无多余约束。

2. 超静定结构——体系几何不变，且有多余约束；多余约束的个数即为结构的超静定次数。

思 考 题

是非题

1. 图 13-24 所示复铰 A 相当于 3 个单铰。（　　）

2. 两刚片以 4 根链杆相连构成几何不变体系。（　　）

3. 图 13-25 所示体系为无多余约束的几何不变体系。（　　）

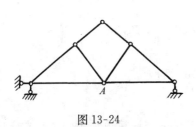

图 13-24

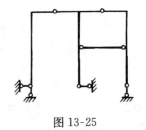

图 13-25

4. 图 13-26 所示体系有两个多余约束。(　　)

5. 图 13-27 所示体系为几何不变体系。(　　)

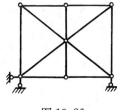

图 13-26

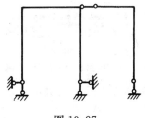

图 13-27

习　　题

13-1　对图 13-28 所示体系的几何组成分析。

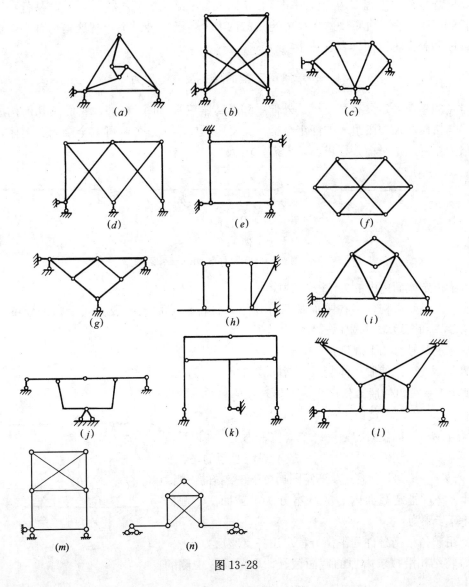

图 13-28

第十四章 静定结构的内力计算

学习要点：掌握单跨静定梁、多跨静定梁和静定平面刚架内力的计算方法、能绘制其内力图；掌握静定拱内力的计算方法；掌握平面桁架的内力计算方法。

第一节 单跨静定梁

从本章起，我们将陆续讨论各类静定结构的内力计算。本节先讨论单跨静定梁。

单跨静定梁在工程结构中应用很广，是组成各种结构的基本构件之一，是各种结构受力分析的基础。在第九章中对单跨静定梁的内力分析已作过讨论，在这里仍有必要加以简略的回顾和补充，以便读者进一步熟练掌握。

一、单跨静定梁的形式及支座反力

常见的单跨静定梁有简支梁、外伸梁和悬臂梁三种（图 14-1），它们的几何构成均可看作梁与按两刚片规则组成的静定结构。其支座反力均为三个，可取全梁为脱离体，由平面一般力系的三个平衡方程求出，毋需赘述。

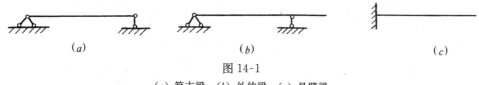

(a) (b) (c)

图 14-1

(a) 简支梁；(b) 外伸梁；(c) 悬臂梁

求梁指定截面内力的方法——截面法

静定梁是受弯构件，在平面荷载作用下，杆件横截面上一般有三个内力分量，轴力 N、剪力 V 和弯矩 M（图 14-2）。

内力正负号有如下规定：

轴力 N——以使脱离体受拉（指向背离截面）为正，反之为负；

剪力 V——以使脱离体产生顺时针转动趋势为正，反之为负；

弯矩 M——以使梁的下侧纤维受拉者为正。在以后刚架内力计算中，一般不规定弯矩的正、负号，只规定将弯矩图画在杆件受拉的一侧。

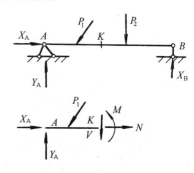

计算杆件指定截面内力的基本方法是截面法。截面法的计算步骤为：

1. 由整体平衡条件列平衡方程求出各支座反力；
2. 将结构沿拟求内力的截面截开，取截面任一侧的

图 14-2

部分为脱离体，利用平衡条件计算所求内力。

由截面法的运算可以得知，求指定截面内力的简便方法如下：

轴力等于截面一侧所有外力（包括荷载和支座反力）沿杆件轴线方向的投影代数和；

剪力等于截面一侧所有外力沿截面方向的投影代数和；

弯矩等于截面一侧所有外力对截面形心的力矩代数和。

表示结构上各截面内力大小的图形称为内力图。

内力图通常以杆件沿其轴线的位置作为所示截面的位置（通常称为基线），而用垂直于杆轴线的坐标（又称竖标）表示内力的大小。内力图上某截面处的竖标就表示该截面内力的大小和符号。在土木工程中，剪力图和轴力图可画在基线的任一侧（对水平杆件习惯上把正号剪力、轴力图画在上侧），同时在图中注明正负号；弯矩图要绘在杆件受拉的一侧，而图上可不注明正负号。

绘制内力图的基本方法是先根据脱离体平衡条件写出内力方程，即以 x 表示任意截面的位置，并由截面法写出所求内力与 x 之间的函数关系式，然后根据方程作图。

【例 14-1】　分别绘出图 14-3 所示三种梁的弯矩图与剪力图。

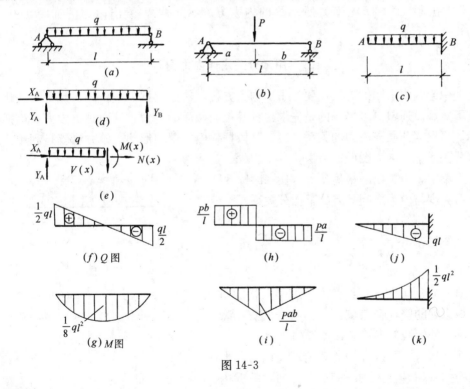

图 14-3

【解】

由整体平衡条件列出方程：

$$\begin{cases} \Sigma X = 0 & X_A = 0 \\ \Sigma M_A = 0 & ql\dfrac{l}{2} - Y_B l = 0 \\ \Sigma Y = 0 & Y_A + Y_B = ql \end{cases}$$

求解，得：

$$X_A=0 \quad Y_A=Y_B=\frac{1}{2}ql$$

在距 A 支座 x 处将梁切开，取左侧为脱离体（图 14-3（e）），由平衡条件可得：

$$\begin{cases} \Sigma X=0 & N(x)=0 \\ \Sigma M_x=0 & Y_A x-qx\dfrac{x}{2}-M(x)=0 \\ \Sigma Y=0 & Y_A-qx-V(x)=0 \end{cases}$$

整理，得：

$$M(x)=\frac{1}{2}qlx-\frac{1}{2}qx^2 \qquad (0\leqslant x\leqslant l)$$

$$V(x)=\frac{1}{2}ql-qx \qquad (0\leqslant x\leqslant l)$$

由上述方程可知，$M(x)$ 为二次抛物线方程，$V(x)$ 为直线方程，作出图14-3（a）所示简支梁的剪力图和弯矩图如图14-3（f）、（g）。

同理，可求出图 14-3（b）、（c）所示梁的内力方程（从略），绘出内力图如图 14-3（h）、（i）、（j）、（k）所示。

二、用微分关系作内力图

上例中绘制内力图的方法，要先求出内力方程，然后根据方程作图，此种方法比较麻烦，又不直观。通常更多采用的是先求出杆件控制截面的内力，从而画出内力在该截面上的竖标，再根据荷载与内力的关系，决定某段杆件内力图的形状。该方法就是利用荷载与内力微分关系来作内力图的简易法。

在直梁中，由微段的平衡条件（图 14-4）可得出荷载集度与内力之间具有如下微分关系：

$$\begin{cases} \dfrac{\mathrm{d}V}{\mathrm{d}x}=-q\ (x) \\ \dfrac{\mathrm{d}M}{\mathrm{d}x}=V \end{cases} \qquad (14\text{-}1)$$

式（14-1）的几何意义是：剪力图上某点处的斜率等于该点处的竖向荷载集度，但符号相反，弯矩图上某点处切线斜率等于该点处的剪力。

由式（14-1）可以推知荷载情况与内力图形状之间的一些对应关系如表 14-1 所列。掌握内力图形状上的这些特征，对于正确和迅速地绘制内力图很有帮助。

用简易法绘制内力图的一般步骤如下：

（1）求支座反力（悬臂梁可不必求反力）；

（2）选定所需的控制截面，用截面法求出这些截面的内力值。控制截面一般可选支座截面，集中力及力偶作用点两侧截面，均布荷载起讫点及跨中截面等；

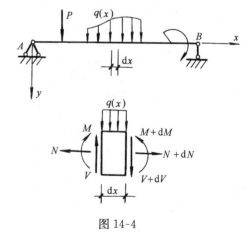

图 14-4

直杆内力图的形状特征 表 14-1

杆件上荷载情况	无荷载区段	均布荷载 q 作用区段	集中力 P 作用点	集中力偶 M 作用点	铰处
剪力图	水平线	斜直线	有突变（突变值＝P）	无变化	无影响
弯矩图	一般为斜直线	抛物线（凸向与 q 指向相同）	有折点	有突变（突变值＝M）	为零

（3）绘内力图。首先将各控制截面的内力值在基线上用竖标绘出，根据各杆件区段的荷载作用情况，分别用直线或曲线将各控制点竖标依次相连，即得所求内力图。

【例 14-2】 试求图示 14-5（a）所示简支梁的内力，作出 M、V 图。

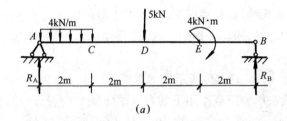

(a)

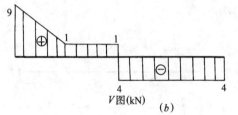

V 图（kN） (b)

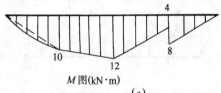

M 图（kN·m） (c)

图 14-5

【解】 首先计算支座反力。

取全梁为脱离体，由 $\Sigma M_A = 0$ 有

$$4 \times 2 \times 1 + 5 \times 4 + 4 - R_B \times 8 = 0$$

得

$$R_B = 4\text{kN} \uparrow$$

再由 $\Sigma Y = 0$，可得

$$R_A = 4 \times 2 + 5 - R_B = 9\text{kN} \uparrow$$

选取 A、C、D、E、B 为控制截面，用截面法算出各控制截面的内力如下：

$$\begin{cases} V_{A右} = R_A = 9\text{kN} \\ M_A = 0 \end{cases}$$

$$\begin{cases} V_C = R_A - 4 \times 2 = 1\text{kN} \\ M_C = R_A \times 2 - 4 \times 2 \times 1 = 10\text{kN} \cdot \text{m} \end{cases}$$

$$\begin{cases} V_{D左} = R_A - 4 \times 2 = 1\text{kN} \\ V_{D右} = R_A - 4 \times 2 - 5 = -4\text{kN} \\ M_D = R_A \times 4 - 4 \times 2 \times 3 = 12\text{kN} \cdot \text{m} \end{cases}$$

$$\begin{cases} V_E = -4kN \\ M_{E左} = R_A \times 6 - 4 \times 2 \times 5 - 5 \times 2 = 4kN \cdot m \\ M_{E右} = R_B \times 2 = 8kN \cdot m \end{cases}$$

$$\begin{cases} V_{B左} = -R_B = -4kN \\ M_B = 0 \end{cases}$$

由上述控制截面的内力先绘出各截面的竖标，再根据表 14-1 所示的关系，即可绘出图 14-5 (b)、(c) 所示剪力图和弯矩图。

三、用叠加法作弯矩图

(一)分荷载叠加法

当梁上作用几个(或几种)荷载情况下，可先求出各种单一荷载作用下的弯矩，然后将各种情况对应的弯矩图相叠加，即得弯矩图。这里的叠加是指每个截面对应弯矩竖标的叠加，并非是图形的相互重叠。

【例 14-3】　试作图 14-6(a)、(b)所示梁的弯矩图。

【解】　分别作出梁在单种荷载作用下的弯矩图(图 14-6c、e、d、f)，将图 14-6(c)、图 14-6(e)叠加即得图 14-6(a)梁的最后弯矩图，如图 14-6(g)所示，将图 14-6(d)与图 14-6(f)叠加，即得图 14-6(b)梁的弯矩图如图 14-6(h)所示。

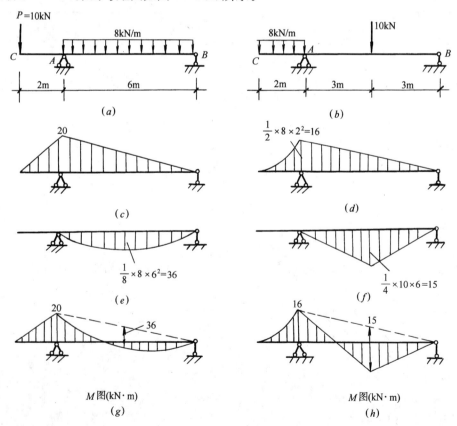

图 14-6

（二）区段叠加法

当梁上有多种荷载作用时,用上述方法作弯矩图较为麻烦,通常可先求出某些区段两端截面的弯矩,该区段可视为简支梁在两支座处作用着区段端截面的弯矩,然后利用叠加法,将该区段的弯矩图绘出。如,当已知 AB 区段有集中力 P 作用并且两端弯矩分别为 M_A、M_B 时,可看作图 14-7(a)所示简支梁,其弯矩图可看作图 14-7(b)与图(c)的叠加。即先将两端弯矩 M_A、M_B 绘出并连以直线,如图 14-7(d)中虚线所示,然后以此虚线为基线叠加上简支梁在集中力 P 作用下的弯矩图。这里弯矩图的叠加,仍是指其纵坐标叠加,图 14-7(d)中的竖标 Pab/l 仍应沿竖向取(而不是垂直于 M_A、M_B 连线的方向)。这样,最后所得的图线与最初的水平基线之间所包围的图形即为叠加后所得弯矩图。

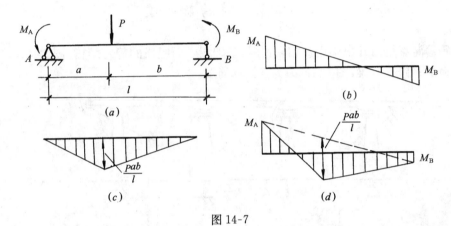

图 14-7

【例 14-4】　试作图 14-8(a)所示梁的弯矩图

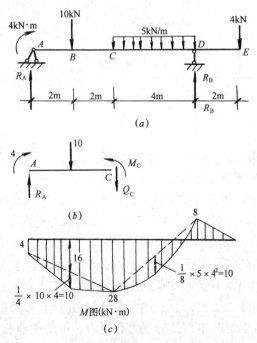

图 14-8

【解】 首先由整体平衡条件求出支座反力。

$$R_A = 11 \text{kN}$$
$$R_B = 23 \text{kN}$$

然后,取图 14-8(b)所示脱离体,求 C 截面弯矩:

由 $\Sigma M_C = 0$: $4 + 11 \times 4 - 10 \times 2 - M_C = 0$

得 $M_C = 28 \text{kN} \cdot \text{m}$

同理,可求得 $M_D = 8 \text{kNm}$(上侧受拉)将 AC、CD 分别视为区段,用区段叠加法便可将最后弯矩图绘出,如图 14-8(c)所示。

第二节 多跨静定梁

多跨静定梁是由几根梁用铰相联,并与基础相联而组成的静定结构,图 14-9(a)为一用于公路桥的多跨静定梁,图 14-9(b)为其计算简图。

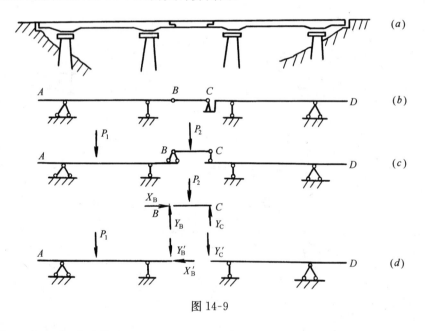

图 14-9

从几何组成上看,多跨静定梁可以分为基本部分和附属部分。如上述多跨静定梁,其中 AB 部分与 CD 部分均不依赖其他部分可独立地保持其几何不变性,我们称之为基本部分。而 BC 部分则必须依赖基本部分才能维持其几何不变性,故称为附属部分。

为更清晰地表明各部分间的支承关系,可以把基本部分画在下层,而把附属部分画在上层,如图 14-9(c)所示,称为层叠图。

从受力分析来看,当荷载作用于基本部分上时,将只有基本部分受力,附加部分不受力。当荷载作用于附属部分上时,不仅附属部分受力,而且附属部分的支承反力将反向作用于基本部分上,因而使基本部分也受力。由上述关系可知,在计算多跨静定梁时,应先求解附属部分的反力和内力,然后求解基本部分的反力和内力。可简便地称为:先附属部分,后基本部分。而每一部分的反力、内力计算与相应的单跨梁计算完全相同。

【例 14-5】　试作图 14-10(a)所示多跨梁的内力图,并求出 C 支座反力。

【解】　由几何组成分析可知,AB 为基本部分,BCD、DEF 均为附属部分,求解顺序为先

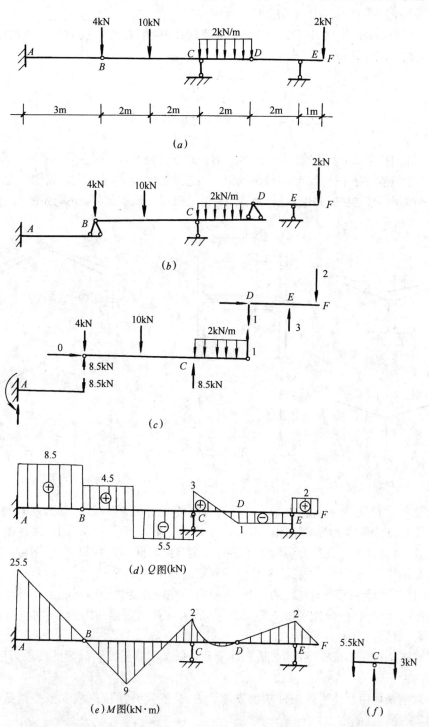

图 14-10

DEF,后 *BCD*,再 *AB*。画出层次图如 14-10(*b*)所示。

按顺序先求出各区段支承反力,标示于图 14-10(*c*)中,然后按上述方法逐段作出梁的剪力图和弯矩图,如图 14-10(*d*)、(*e*)所示。

C 支座反力,可由图 14-10(*c*)图中直接得到;另一种求 *C* 支座反力的方法,可取节点 *C* 为脱离体,如图 14-10(*f*),由 $\Sigma Y=0$,可得,

$$Y_C=5.5+3=8.5\text{kN}$$

第三节 静定平面刚架

刚架是由直杆组成的具有刚节点的结构。各杆轴线和外力作用线在同一平面内的刚架称平面刚架。刚架整体性好,内力较均匀,杆件较少,内部空间较大,所以在工程中得到广泛应用。

静定平面刚架常见的形式有悬臂刚架、简支刚架及三铰刚架等,分别如图14-11、图 14-12、图 14-13 所示。

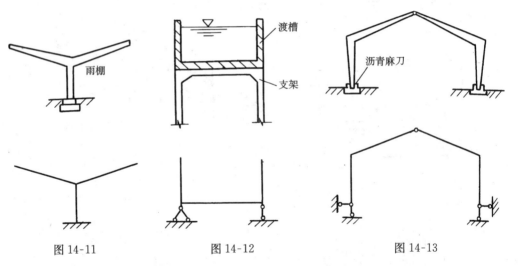

图 14-11   图 14-12   图 14-13

从力学角度看,刚架可看作由梁式杆件通过刚性节点联结而成。因此,刚架的内力计算和内力图绘制方法基本上与梁相同。但在梁中内力一般只有弯矩和剪力,而在刚架中除弯矩和剪力外,尚有轴力。其剪力和轴力正负号规定与梁相同,剪力图和轴力图可绘在杆件的任一侧但必须注明正、负号。刚架中,杆件的弯矩通常不规定正、负,计算时可任假设一侧受拉为正,根据计算结果来确定受拉的一侧,弯矩图绘在杆件受拉边而不注正、负号。

静定刚架计算时,一般先求出支座反力,然后求各控制截面的内力,再将各杆内力画竖标、连线即得最后内力图。

悬臂式刚架可先不求支座反力,从悬臂端开始依次截取至控制截面的杆段为脱离体,求控制截面内力。

简支式刚架可由整体平衡条件求出支座反力,从支座开始依次截取至控制截面的杆段为脱离体,求控制截面内力。

三铰刚架有四个未知支座反力,由整体平衡条件可求出两个竖向反力,再取半跨刚架,对中间铰节点处列出弯矩平衡方程,即可求出水平支座反力,然后求解各控制截面的内力。

当刚架系由基本部分与附属部分组成时,亦遵循先附属部分后基本部分的计算顺序。

为明确地表示刚架上的不同截面的内力,尤其是区分汇交于同一节点的各杆截面的内力,一般在内力符号右下角引用两个角标:第一个表示内力所属截面,第二个表示该截面所属杆件的远端。例如,M_{AB}表示 AB 杆 A 端截面的弯矩,Q_{CA}表示 AC 杆 C 端截面的剪力等等。

【**例 14-6**】　求图 $14\text{-}14(a)$所示悬臂刚架的内力图。

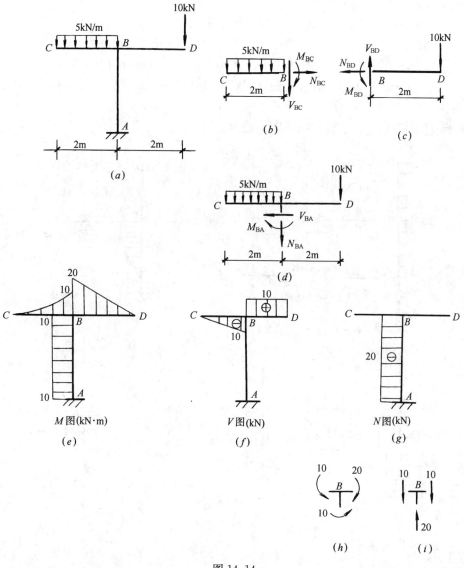

图 14-14

【**解**】　此刚架为悬臂刚架,可不必先求支座反力。

取 BC 为脱离体图 $14\text{-}14(b)$,列平衡方程

$$\begin{cases} \Sigma X=0\colon & N_{BC}=0 \\ \Sigma Y=0\colon & V_{BC}=-5\times2=-10\text{kN} \\ \Sigma M_B=0 & M_{BC}=5\times2\times1=10\text{kN}\cdot\text{m} \end{cases} \qquad (\text{上侧受拉})$$

取 BD 为脱离体图 14-14(c),列平衡方程

$\begin{cases} \Sigma X=0: & N_{BD}=0 \\ \Sigma Y=0: & V_{BD}=10\text{kN} \\ \Sigma M_B=0 & M_{BD}=10\times 2=20\text{kN}\cdot\text{m} \quad (\text{上侧受拉}) \end{cases}$

取 CBD 为脱离体图 14-14(d),列平衡方程

$\begin{cases} \Sigma X=0: & V_{BA}=0 \\ \Sigma Y=0: & N_{BA}=-5\times 2-10=-20\text{kN} \\ \Sigma M_B=0 & M_{BA}=5\times 2\times 1-10\times 2=-10\text{kN}\cdot\text{m} \quad (\text{左侧受拉}) \end{cases}$

将上述内力绘图即可得弯矩图、剪力图、轴力图如图 14-14(e)、(f)、(g)所示。

取 B 节点进行弯矩、剪力、轴力的校核,如图 14-14(h)、(i),可知弯矩、剪力、轴力均满足平衡条件。

【例 14-7】 试作图 14-15(a)所示刚架的内力图。

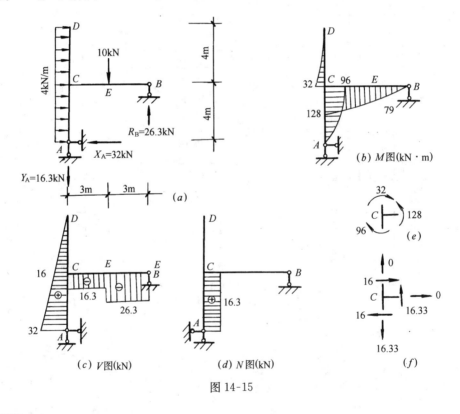

图 14-15

【解】

(1)求支座反力

此刚架为简支式刚架,考虑整体平衡,可得

$\Sigma X=0: \quad X_A=4\times 8=32\text{kN}$

$\Sigma M_A=0: \quad 4\times 8\times 4+10\times 3-R_B\times 6=0,R_B=26.3\text{kN}(\uparrow)$

$\Sigma Y=0: Y_A=R_B-10=26.3-10=16.3\text{kN}(\downarrow)$

(2)求各控制截面的内力

A、B、C、D、E 均为控制点,其中 C 点汇交了三根杆件,因此该点有三个控制截面,分别取 CD、CB、CA 为脱离体,根据平衡条件即可求出各控制截面的内力如下:

$$\begin{cases} M_{CD} = \frac{1}{2} \times 4 \times 4^2 = 32 \text{kN} \cdot \text{m}(左侧受拉) \\ Q_{CD} = 4 \times 4 = 16 \text{kN} \\ N_{CD} = 0 \end{cases}$$

$$\begin{cases} M_{CB} = 26.33 \times 6 - 10 \times 3 = 128.0 \text{kN} \cdot \text{m}(下侧受拉) \\ V_{CB} = 10 - 26.3 = -16.3 \text{kN} \\ N_{CB} = 0 \end{cases}$$

$$\begin{cases} M_{CA} = 32 \times 4 - 4 \times 4 \times 2 = 96 \text{kN} \cdot \text{m}(右侧受拉) \\ V_{CA} = 32 - 4 \times 4 = 16 \text{kN} \\ N_{CA} = 16.3 \text{kN} \end{cases}$$

(3)绘内力图

CD 杆为一悬臂杆,其内力图可按悬臂梁绘出。

AC 杆和 CB 杆均可先绘出 CA 截面与 CB 截面的竖标,再根据叠加法即可绘出 M 图。如图 14-15(b)所示。

剪力图可根据各支座反力求出杆件近支座端的剪力,然后与已求出的控制截面剪力连线绘图。轴力图也可同理绘出,如图 14-15(c)、(d)所示。

(4)校核:内力图作出后应进行校核。对弯矩图,通常是检查刚节点处是否满足力矩平衡条件。例如,取 C 节点为脱离体,图 14-15(e)有

$\Sigma M_C = 32 - 128 + 96 = 0$

可见,节点 C 满足弯矩平衡条件。

为校核剪力和轴力是否正确,可取刚架的任何部分为脱离体,检验 $\Sigma X = 0$ 和 $\Sigma Y = 0$ 是否满足。例如取 C 节点为脱离体图 14-15(f),有

$\qquad \Sigma X = 16 - 16 = 0$

和 $\qquad \Sigma Y = 16.33 - 16.33 = 0$

故知,此节点投影平衡条件无误。

【例 14-8】 试作图 14-16(a)所示三铰刚架的内力图。

【解】 (1)求支座反力

由整体平衡条件,

$$\begin{cases} \Sigma M_A = 0: & 1 \times 6 \times 3 + 10 \times 4 - Y_B \times 8 = 0, & Y_B = 7.25 \text{kN}(\uparrow) \\ \Sigma Y = 0: & Y_A = 10 - Y_B = 10 - 7.25 = 2.75 \text{kN}(\uparrow) \\ \Sigma X = 0: & X_A + 1 \times 6 - X_B = 0, & X_A = X_B - 6 \end{cases}$$

再取 CB 为脱离体图 14-16(b)

由 $\Sigma M_C = 0$,得

$$X_B \times 6 - Y_B \times 4 = 0 \qquad \therefore X_B = \frac{Y_B \times 4}{6} = \frac{7.25 \times 4}{6} = 4.83 \text{kN}$$

$$X_A = X_B - 6 = 4.83 - 6 = -1.17 \text{kN}$$

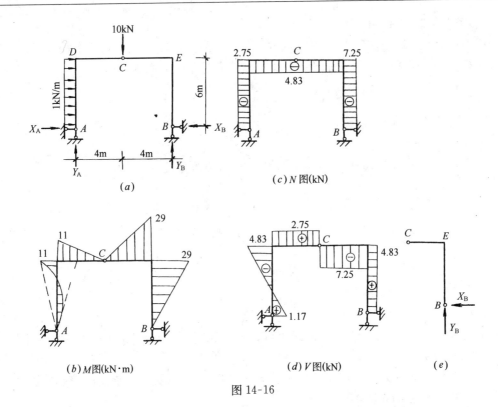

图 14-16

(2)求 D、E 各控制截面的内力如下:

$$\begin{cases} M_{DA}=1\times6\times3-1.17\times6=11\text{kN}\cdot\text{m(左侧受拉)} \\ V_{DA}=-1\times6-(-1.17)=-4.83\text{kN} \\ N_{DA}=-Y_A=-2.75\text{kN} \end{cases}$$

$$\begin{cases} M_{DC}=11\text{kN}\cdot\text{m(上侧受拉)} \\ V_{DC}=Y_A=2.75\text{kN} \\ N_{DC}=-1\times6+1.17=-4.83\text{kN} \end{cases}$$

$$\begin{cases} M_{EB}=X_B\cdot6=4.83\times6=29\text{kN}\cdot\text{m(右侧受拉)} \\ V_{EB}=X_B=4.83\text{kN} \\ N_{EB}=-Y_B=-7.25\text{kN} \end{cases}$$

$$\begin{cases} M_{EC}=X_B\cdot6=29\text{kN}\cdot\text{m(上侧受拉)} \\ V_{EC}=-Y_B=-7.25\text{kN} \\ N_{EC}=-X_B=-4.83\text{kN} \end{cases}$$

根据以上截面内力,用叠加法即可绘出刚架的轴力图、弯矩图、剪力图分别如图 14-16 (c)、图 14-16(b)、图 14-16(d)所示。

第四节 静 定 拱

拱是杆轴为曲线且在竖向荷载下会产生水平推力的结构。常见的拱有三铰拱、二铰拱和无铰拱,如图 14-17(a)、(b)和(c)等几种。三铰拱是静定的,后两种拱都是超静定的。

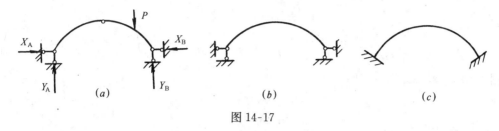

图 14-17

拱与梁的区别不仅在于杆轴线的曲直,更重要的是拱在竖向荷载作用下其支座会产生水平反力(又称推力)。由于推力的存在,拱的各个截面所受的弯矩比跨度、荷载相同的梁各截面的弯矩小得多,而以承受轴向压力为主。拱的主要优点就是能充分发挥材料的作用,特别是可利用抗压性能好而抗拉性能差的砖、石等材料建造拱桥、拱形屋面等。河北的赵州桥就是石拱桥的一个典型例子。建筑上也常用砖拱代替门窗过梁。

在竖向荷载下是否产生推力是区别梁与拱的主要标志。如图 14-18(a)所示的结构,虽然其杆轴是曲线形的,但在竖向荷载作用下,支座并不产生水平反力,所以它不是拱式结构而是梁式结构,通常叫曲梁。图 14-18(b)所示的结构,在拱的两支座间设置了拉杆,在竖向荷载作用下,拉杆将产生拉力,代替支座承受的水平推力,这种形式称为带拉杆的拱。由于拉杆的存在可消除推力对支承结构的影响。

拱的各部分名称如图 14-18(c)所示

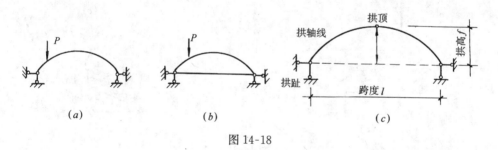

图 14-18

拱的两端支座称为拱趾,两拱趾间的水平距离称为拱的跨度,拱轴上的最高点称为拱顶。拱顶至两拱趾水平连线的竖向距离称为拱高。拱高与跨度之比 f/l 称为高跨比,是拱的基本参数。

一、三铰拱的内力计算

现讨论在竖向荷载作用下,三铰拱的支座反力和内力的计算方法,并与相同跨度和荷载情况的简支梁受力加以比较,以明确拱的受力特性。

1. 支反力计算

图 14-19 (a) 所示三铰拱有 4 个支座反力 X_A、Y_A、Y_B、X_B 由整体平衡方程可求出 Y_A、Y_B 以及 X_A 和 X_B 的关系,另需取半跨结构对 C 铰取矩,即可解出 X_A 和 X_B。为便于比较,在图 14-19 (b) 中画出与三铰拱同跨度、同荷载的相应简支梁,其内力和反力的右上角加零以示区别。拱的支座反力求解如下:

由 $\Sigma M_A = 0$ 和 $\Sigma M_B = 0$，可求：

$$Y_A = \frac{1}{l}(P_1b_1 + P_2b_2)$$

$$Y_B = \frac{1}{l}(P_1a_1 + P_2a_2)$$

与图 14-19（b）比较，可知：

$$Y_A = Y_A^0$$

$$Y_B = Y_B^0$$

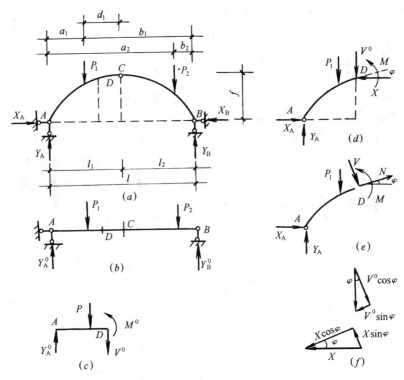

图 14-19

即拱的竖向支座反力与相应简支梁的竖向支座反力相同。

由 $\Sigma X = 0$　得 $X_A = X_B = X$

由 $\Sigma M_C = 0$，　$Y_A l_1 - P_1 d_1 - X_A f = 0$

前两项是 C 点以左所有竖向外力对 C 点的力矩代数和，等于简支梁相应截面 C 的弯矩，以 M_C^0 表示之，则上式可写成

$$M_C^0 - X_A f = 0$$

所以，三铰拱支座反力的计算公式可归纳为

$$\begin{cases} Y_A = Y_A^0 \\ Y_B = Y_B^0 \\ X = \dfrac{M_C^0}{f} = X_A = X_B \end{cases} \tag{14-2}$$

由此可知，推力只与荷载及三个铰的位置有关而与拱轴形式无关，当荷载与拱跨不变时，推力 X 与拱高 f 成反比。拱愈陡时 X 愈小，反之，拱愈平坦时 X 愈大。若 $f=0$，则 $X=\infty$，此时三个铰已在一直线上，成为瞬变体系。

2. 内力计算

反力求出后，用截面法即可求出拱轴上任一截面处的内力。因拱常受压，故规定拱轴力以压力（指向截面）为正。

如求图 14-20（a）所示三铰拱截面 K 的内力，可取图14-20（b)所示的脱离体，由

$$\Sigma M_K = 0$$

可得

$$M_K = [Y_A x - P_1 (x - a_1)] - Xy$$

由于 $Y_A = Y_A^0$，可见式中方括号内之值即为相应简支梁（图 14-20c）截面 K 的弯矩 M_K^0，故上式可写为

$$M_K = M_K^0 - Xy$$

即拱内任一截面的弯矩 M 等于相应简支梁对应截面的弯矩 M^0 减去推力所引起的弯矩 Xy。可见，由于推力的存在，拱的弯矩比同荷载同跨度梁的要小。

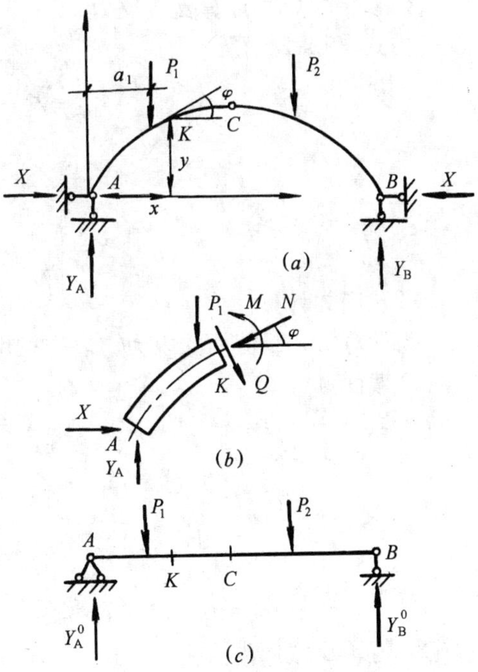

图 14-20

拱轴截面的剪力以使脱离体产生顺时针转动趋势为正，反之为负。任一截面 K 的剪力 V 等于该截面一侧所有外力在该截面方向上的投影代数和，由图14-20（b)可得

$$\begin{aligned} V &= Y_A \cos\varphi - P_1 \cos\varphi - X\sin\varphi \\ &= (Y_A - P_1)\cos\varphi - X\sin\varphi \\ &= V^0 \cos\varphi - X\sin\varphi \end{aligned}$$

式中 $V^0 = Y_A - P_1$，为相应简支梁截面 K 的剪力，φ 的符号在图示坐标系中左半拱取正，右半拱取负。

任一截面 K 的轴力等于该截面一侧所有外力在该截面法线方向上的投影代数和，由图 14-20（b）有

$$\begin{aligned} N &= (Y_A - P_1)\sin\varphi + X\cos\varphi \\ &= V^0 \sin\varphi + X\cos\varphi \end{aligned}$$

综上所述，三铰拱在竖向荷载作用下的内力计算公式可写为：

$$\left.\begin{aligned} M &= M^0 - Xy \\ V &= V^0 \cos\varphi - X\sin\varphi \\ N &= V^0 \sin\varphi + X\cos\varphi \end{aligned}\right\} \qquad (14\text{-}3)$$

由式（14-3）可知，三铰拱的内力值不但与荷载及三个铰的位置有关，而且与拱轴线的形状有关。

【例 14-9】　试求图 14-21 所示三铰拱 D、E 截面的内力。拱轴为抛物线，其方程为 $y=\dfrac{4f}{l^2}x\ (l-x)$。

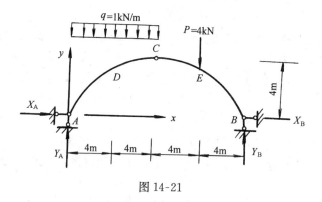

图 14-21

【解】　　（1）计算支座反力
由式（14-2）得

$$Y_A=Y_A^0=\frac{4\times4+8\times12}{16}=7\text{kN}$$

$$Y_B=Y_B^0=\frac{8\times4+4\times12}{16}=5\text{kN}$$

$$X=\frac{M_C^0}{f}=\frac{5\times8-4\times4}{4}=6\text{kN}$$

（2）内力计算
为计算 D、E 截面的内力，需先求出截面的几何参数
D 截面：

$$x=4\text{m}$$

$$y=\frac{4f}{l^2}x\ (l-x)=\frac{4\times4}{16^2}\times4\times(16-4)=3.0\text{m}$$

$$\tan\varphi=\frac{\mathrm{d}y}{\mathrm{d}x}=\frac{4f}{l^2}(l-2x)=\frac{4\times4}{16^2}(16-2\times4)=0.5$$

$$\sin\varphi=0.447\qquad\cos\varphi=0.894$$

相应简支梁 D 截面内力

$$M_D^0=7\times4-1\times4\times2=20\text{kN}\cdot\text{m}$$

$$V_D^0=7-1\times4=3\text{kN}$$

由式（14-3）得

$$M_D=M_D^0-Xy=20-6\times3=2\text{kN}\cdot\text{m}\ （下侧受拉）$$

$$V_D=V_D^0\cos\varphi-X\sin\varphi=3\times0.894-6\times0.447=0$$

$$N_D=V_D^0\sin\varphi+X\cos\varphi=3\times0.447+6\times0.894=6.7\text{kN}\ （受压）$$

E 截面：

$$x=12\text{m}$$

$$y=\frac{4f}{l^2}x\ (l-x)=\frac{4\times4}{16^2}\times12\times(16-12)=3\text{m}$$

$$\tan\varphi=\frac{4f}{l^2}\ (l-2x)\ =\frac{4\times4}{16^2}\times\ (16-2\times12)\ =-0.5$$

从而，得

$$\sin\varphi=-0.447, \qquad \cos\varphi=0.894$$

E 为集中力作用点，剪力有突变，所以要算出 E 左、E 右两边的剪力和轴力。

$$M_E^0=Y_B\times4=5\times4=20\text{kN}\cdot\text{m}$$

$$V_{E左}^0=P-Y_B=4-5=-1\text{kN}$$

$$V_{E右}^0=-Y_B=-5\text{kN}$$

由式 (14-3) 得

$$M_E-M_E^0-Xy=20-6\times3=2\text{kN}\cdot\text{m}$$

$$V_{E左}=V_{E左}^0\cos\varphi-X\sin\varphi=-1\times0.894-6\times\ (-0.447)\ =1.79\text{kN}$$

$$V_{E右}=V_{E右}^0\cos\varphi-X\sin\varphi=-5\times0.894-6\times\ (-0.447)\ =-1.79\text{kN}$$

$$N_{E左}=V_{E左}^0\sin\varphi+X\sin\varphi=-1\times\ (-0.447)\ +6\times0.894=5.81\text{kN（压）}$$

$$N_{E右}=V_{E右}^0\sin\varphi+X\cos\varphi=-5\times\ (-0.447)\ +6\times0.894=7.6\text{kN（压）}$$

二、三铰拱的合理拱轴线

当拱的三个铰位置及荷载给定时，三铰拱的反力就可以确定，而与各铰间拱轴线形状无关；而三铰拱的内力则与拱轴线形状有关。当拱上所有截面的弯矩都等于零（可以证明，此时剪力也均为零）而只有轴力时，截面上的正应力是均匀分布的，材料能得以最充分地利用。从力学角度看，这是最为经济的，故称这时的拱轴线为合理拱轴线。

合理拱轴线可根据各截面弯矩为零的条件来确定。在竖向荷载作用下，三铰拱合理轴线方程可由下式求得：

$$M=M^0-Xy=0$$

由此，得

$$y=\frac{M^0}{X} \tag{14-4}$$

上式表明，在竖向荷载作用下，三铰拱合理拱轴线的纵坐标与相应简支梁弯矩图的竖标成正比。当荷载已知时，只需求出相应简支梁的弯矩方程，然后除以水平推力 X（常数），便可得到合理拱轴线方程。了解合理拱轴线的概念，有助于设计中的合理选型。

【例 14-10】 试求图 14-22 (a) 所示三铰拱在均布荷载 q 作用下的合理拱轴线。

【解】 相应简支梁图 14-22 (b) 的弯矩方程为

$$M^0=\frac{ql}{2}x-\frac{qx^2}{2}=\frac12qx\ (l-x)$$

拱的推力可由式 (14-2) 求得

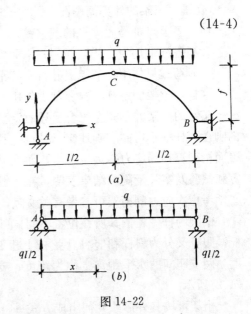

图 14-22

$$X = \frac{M_C^0}{f} = \frac{\frac{1}{8}ql^2}{f} = \frac{ql^2}{8f}$$

又由式（14-4）有

$$y = \frac{M^0}{X} = \frac{4f}{l^2}x\ (l-x)$$

可见在竖向均布荷载作用下，三铰拱的合理拱轴线是抛物线。

第五节 静定平面桁架

一、概 述

梁式杆件以承受弯矩为主，梁的内力沿其轴线方向的分布是不均匀的，而梁横截面上的应力分布也是不均匀的。如图 14-23（a）所示，截面应力以边缘处为最大，而中部的材料并未充分利用，而且会增加梁的自重。而 14-23（b）所示的桁架结构，各杆主要承受轴力，每根杆上应力分布均匀，故材料可充分发挥作用，因而桁架比梁能节省材料，减轻自重，在大跨度的屋盖、桥梁等结构中有较为广泛的应用。

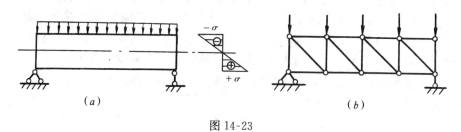

图 14-23

在平面桁架的计算简图图 14-23（b）中，通常引用如下假定：

（1）各节点都是无摩擦的理想铰；

（2）各杆轴均为直线，在同一平面内且通过铰的中心；

（3）荷载只作用在节点上并在桁架平面内作用。

这样，桁架的各杆将只受轴力作用。

实际的桁架并不完全符合上述假定。实际结构与计算简图之间存在一些差别，如节点的刚性、杆轴不可能准确地交于一点、非节点荷载、结构的空间作用等等。通常把按理想平面桁架算得的应力称为主应力，而把上述一些因素产生的附加应力称为次应力。理论计算和试验及实际量测的结果表明，在一般情况下次应力的影响较小，可以忽略不计。对于必须考虑次应力的桁架可参考有关文献，本节只讨论理想桁架的计算。

桁架的杆件，依其所在位置不同，可分为弦杆和腹杆两类。弦杆又分为上弦杆和下弦杆，腹杆又分为斜杆和竖杆。弦杆上相邻两节点间的区间称为节间，其间距称为节间长度。两支座间的水平距离 l 称为跨度，支座连线至桁架最高点的距离 h 称为桁高。如图 14-24所示。

桁架可按其外形或几何组成方式进行分类：

根据桁架外形，可分为平行弦桁架（图 14-24）、折线形桁架图 14-25（a）和三角形桁架图 14-25（b）、（c）。

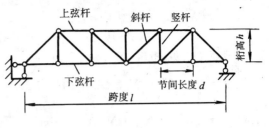

图 14-24

按桁架的几何组成方式可分为简单桁架和联合桁架。简单桁架是由一个基本铰结三角形依次增加二元体而组成的桁架图 14-25（a）、（b）；联合桁架是由几个简单桁架按几何不变体系的组成规则联合而成的桁架图 14-25（c）。

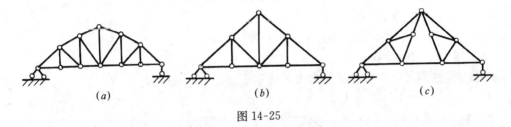

（a）　　　　　　　　（b）　　　　　　　　（c）

图 14-25

二、桁架内力计算的节点法

理想桁架在节点荷载作用下，各杆件将只产生轴力。为了求得桁架各杆的内力，可以截取桁架的一部分为脱离体，由脱离体的平衡条件来计算所截断杆件的内力。若所取脱离体只包含一个节点，就称为节点法；若所取隔离体不只包含一个节点就称为截面法。

一般说来，静定桁架各杆的内力均可以由节点法依次求出。因为作用于任一节点的各力均组成一平面汇交力系，可建立两个独立的平衡方程，所以节点法应从未知力不多于两个的节点开始求解。对于简单桁架，在先求出支座反力后，可按与几何组成相反的顺序，以最后的节点开始，依次计算未知内力杆件，便可全部求解桁架内力。在画节点受力图时，对方向已知的力可按实际方向画出；对于方向未知的力，通常先假设为拉力，如果计算结果是正值，表明原假定的指向是正确的，即杆的内力为拉力；如果计算值为负值，则表明实际指向与假设相反，即杆的内力为压力。现举例说明节点法的计算如下。

【例 14-11】　试求图 14-26（a）所示桁架各杆的内力。

【解】　　（1）求支座反力，由整体平衡条件可得

$$Y_A = Y_B = 15\text{kN}$$
$$X_A = 0$$

从受力情况可知，此桁架为对称桁架，只需求出对称轴一侧杆件的内力，另一侧杆件的内力即可由对称性求得。

（2）以 A 节点开始，依次选取只有二个未知力的节点，列平衡方程求解，求解顺序为 A-C-D-E，每个节点作出其受力脱离体分别如图 14-26（b）、（c）、（d）、（e）所示。

节点 A：由 14-26（b）图，列方程求解内力　　$N_{AD} = -25\text{kN}$；$N_{AC} = 20\text{kN}$

节点 C：由图 14-26（c），可得

$$\Sigma X = 0: \qquad -N_{CA} + N_{CF} = 0$$
$$N_{CF} = N_{CA} = N_{AC} = 20\text{kN}$$

$$\Sigma Y = 0: \qquad N_{CD} - 10 = 0$$

$$N_{CD} = 10\text{kN}$$

节点 D：见图 14-26（d）

$$\Sigma Y = 0: \qquad -N_{DA} \times \frac{3}{5} + 10 + N_{DF} \times \frac{3}{5} = 0 \qquad N_{DF} = 8.33\text{kN}$$

$$\Sigma X = 0: \qquad N_{DE} + N_{DF} \times \frac{4}{5} - N_{DA} \times \frac{4}{5} = 0$$

$$N_{DE} = -26.66\text{kN}（压）$$

节点 E：由图 14-26（e），可得

$$\Sigma X = 0: \qquad -N_{DE} + N_{EG} = 0$$

$$N_{EG} = N_{ED} = N_{DE} = -26.66\text{kN}（压）$$

$$\Sigma Y = 0: \qquad N_{EF} = 0$$

根据对称性即可绘出各杆最后内力，标示于图 14-26（f）。

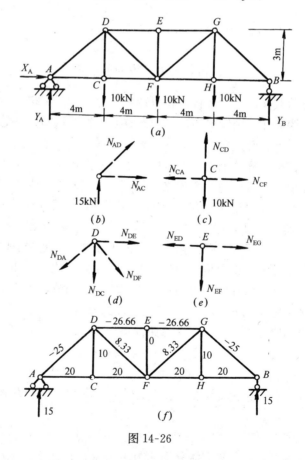

图 14-26

在桁架中常有些特殊形状的节点，通常可以直观地求解出节点上某些杆件的内力，可给计算带来很大方便。现例举如下：

（1）只有两根杆件构成的节点，当节点上无荷载作用时，两杆内力皆为零（图 14-27a）。凡内力为零的杆件称为零杆。

（2）三杆汇交的节点，而其中两杆共线图 14-27（b），当节点上无荷载时，第三杆必为零杆，而共线两杆的内力相等且性质相同（即同为拉力或同为压力）。

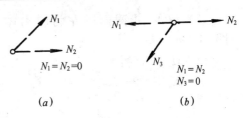

上述结论，均可根据适当的投影平衡方程得出，读者可自行证明。

图 14-27

应用上述结论，不难判断图 14-28（a）、（b）所示桁架中，虚线所示各杆皆为零杆，其余杆件内力计算工作便大为简化。

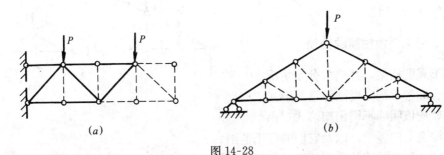

图 14-28

零杆是在某种荷载情况下才出现的，它们对桁架的几何构成是必要的，不能随意去掉，判定零杆，只是为了使计算工作的简便。

三、截 面 法

当假想一个截面把桁架切分为两部分，若所选取的脱离体包含两个或以上的节点时，此种求桁架内力的方法便称为截面法。这样截取的脱离体上的外力和内力构成平面一般力系，故可建立三个平衡方程。因此，若脱离体上的未知力不超过三个，则可以全部求出。为避免求解联立方程，应注意选择适当的投影或力矩平衡方程。现举例说明如下：

【例 14-12】 求图 14-29（a）所示三角形桁架指定杆件 1、2、3 杆的内力。

【解】 （1）求支座反力。由整体平衡条件，得

$$Y_A = Y_B = 2.5P（\uparrow）$$

（2）取 I-I 截面以左为脱离体如图 14-29（b），由

$$\Sigma M_C = 0$$

得

$$N_1 \frac{2}{\sqrt{5}} \times 2 + N_1 \frac{1}{\sqrt{5}} \times 2 - P \times 2 - P \times 4 + 2.5P \times 6 = 0$$

$$N_1 = -1.5\sqrt{5}P$$

由 $\Sigma Y = 0$，得

$$2.5P - P - P + N_1 \frac{1}{\sqrt{5}} - N_2 \frac{1}{\sqrt{2}} = 0$$

$$\frac{1}{\sqrt{2}} N_2 = N_1 \frac{1}{\sqrt{5}} + 0.5P = -1.5\sqrt{5} \frac{1}{\sqrt{5}} + 0.5P \quad N_2 = -\sqrt{2}P$$

（3）取Ⅱ-Ⅱ截面以左为脱离体
（图 14-29c）

由 $\Sigma M_F = 0$，得

$$2.5P \times 2 + N_3 \times 1 = 0$$

$$N_3 = 5P$$

故所求三杆的内力为：

$$N_1 = -1.5\sqrt{5}P \text{（压）}$$

$$N_2 = -\sqrt{2}P \text{（压）}$$

$$N_3 = 5P \text{（拉）}$$

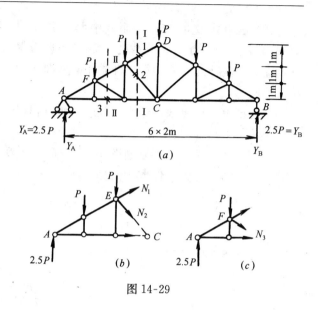

图 14-29

四、桁架受力性能的比较

不同形式的桁架，其内力分布情况和适用场合亦各不同，要选择适当形式的桁架，就应该明确不同桁架形式对内力分布和构造上的影响，以及它们的应用范围。

图 14-30 列举了三种常用桁架（平行弦桁架、抛物线形桁架和三角形桁架）的内力分布规律（内力系数）。由此可见弦杆的外形对桁架内力分布有着很大影响。

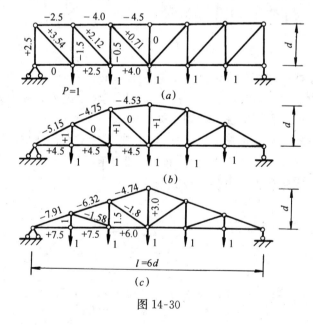

图 14-30

由图 14-30 的内力分布规律可得如下结论：

（1）平行弦桁架（图 14-30a）的内力分布不均匀，弦杆内力由两端向跨中递增，腹杆内力由两端向跨中递减。在实际应用中平行弦桁架一般采用截面一致的弦杆，当跨度不大时，可使材料不致有很大浪费。平行弦桁架在构造上有许多优点，如所有弦杆、斜杆、竖杆长度都分别相等，所有节点处相应各杆的交角均相同等，因而有利于标准化。平行弦桁架一般常用于轻型桁架、12m 以上的吊车梁及铁路桥中。

（2）抛物线形桁架（上弦各节点在一条抛物线上，图14-30b）的内力分布比较均匀，上弦杆的内力近乎相等，腹杆的内力较小，因而此形式的桁架受力情况合理，材料使用上最为经济。但其构造较为复杂，上弦杆在每一节点处均转折而须设置接头，因而施工难度较大。抛物线型桁架一般用于大跨度桥梁（例如 100～150m）及大跨度屋架（18～30m）中。另外折线型桁架的受力介于抛物线形桁架和三角形桁架之间，多在跨度 18～24m 的工业厂房中采用。

（3）三角形桁架（图14-30c）的内力分布也不均匀，弦杆内力在两端最大，且支座节点处上下弦夹角较小，构造布置较为复杂。但三角形桁架两面斜坡的外形，符合某些屋面做法对屋面坡度的要求，故在跨度较小，坡度较大的屋盖结构中多采用三角形桁架。

第六节　静定组合结构

由轴力杆和受弯杆组成的结构称为组合结构。计算组合结构内力时，应注意区分轴力杆和受弯杆。在隔离体上，轴力杆的截面上只有轴力，受弯杆的截面上，一般有弯矩、剪力和轴力。

【例 14-13】　求作图 14-31 （a）所示组合结构的弯矩、剪力、轴力图。

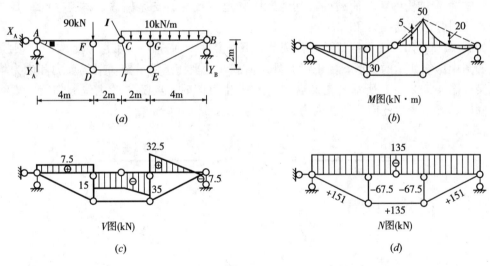

图 14-31

【解】　此组合结构中，除 AC、BC 杆为受弯杆件外，其余均为轴力杆。

（1）求支座反力

由整体平衡条件，得 $X_A=0$，$Y_A=Y_B=75\text{kN}$（↑）。

（2）通过铰 C 作 I-I 截面，

由该截面左边隔离体的平衡条件 $\sum M_C=0$，得 $N_{DE}=135\text{kN}$（拉力）；

由 $\sum Y=0$，得 $V_C=-15\text{kN}$；由 $\sum X=0$，得 $N_C=-135\text{kN}$（压力）。

（3）分别由结点 D、E 的平衡条件，得 $N_{DA}=N_{EB}=151\text{kN}$（拉力），

$N_{DF}=N_{EG}=67.5\text{kN}$（压力）。

(4) 根据铰 C 处的剪力 V_C 及轴力 N_C，并按直杆弯矩图的叠加法就可绘出受弯杆 AFC、BGC 的弯矩图。

(5) M、V、N 图分别如图 14-31 (b)、(c)、(d) 所示。

第七节   静定结构内力计算小结

静定结构是工程中常见的一种结构形式，静定结构的内力计算也是超静定结构计算的基础。静定结构从几何构造到静力计算方程均有许多特性，掌握这些特性对了解静定结构的性能和正确进行内力分析都是有益的。

一、静定结构的静力特征

1. 静力解答的唯一性

静定结构的全部反力和内力仅由平衡条件就可求出，在任何给定的荷载下，满足平衡条件的反力和内力解答只有一种，而且是有限的数值。这就是静定结构解答的唯一性。据此可知，在静定结构中，能够满足平衡条件的内力解答就是真正的解答，除此之外再无任何解答存在。这一特性，对于静定结构的所有理论具有基本的意义。

2. 在静定结构中，除荷载外，其他原因如温度改变、支座位移、材料收缩、制造误差等均不引起结构的反力和内力。

如图 14-32 (a) 所示悬臂梁，若其上、下侧温度分别升高 t_1 和 t_2（设 $t_1 > t_2$）则梁将产生如图中虚线如示的变形。由于没有外加荷载，由平衡条件可知，梁的反力和内力均为零。又如图 14-32 (b) 所示简支梁当支座 B 发生沉陷时，梁随之产生位移如图中虚线所示，同样，梁不产生任何反力和内力。

图 14-32

3. 平衡力系的影响

当由平衡力系组成的荷载作用于静定结构的某一本身为几何不变的部分上时，则只有此部分受力，其余部分的内力和反力均为零。

例如图 14-33 (a) 所示结构，仅 AB 部分有内力，其余部分内力以及支座反力均为零。图 14-33 (b) 所示结构仅 CD 部分有内力，其余部分均不受力。这种情形具有普遍性，但当平衡力系所作用的部分本身不是几何不变部分时，则上述结论一般不能适用，如图 14-33 (c) 所示，整个结构都有反力和内力产生。

二、静定结构受力计算

静定结构的受力分析，一般是利用整体平衡方程先求出支座反力，然后从结构中截取

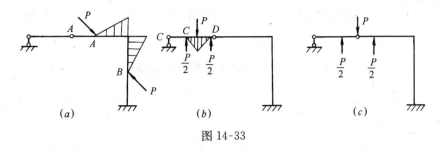

图 14-33

脱离体，把作用于脱离体上的反力和内力暴露出来，成为单元的外力。结构处于平衡状态，其中的任一部分（脱离体）必然处于平衡状态，所以由平衡方程，即可求出所截取截面的内力。

1. 单元形式及未知力

从结构中截取的单元（脱离体）可以是节点、杆件或杆系。桁架的节点法即是以节点为单元；静定梁和静定刚架的计算一般以杆件为单元；桁架的截面法截取的单元则是一个杆件体系。图 14-34（a）、（b）、（c）分别表示了截取的节点单元、杆件单元以及杆系为单元的计算方法。

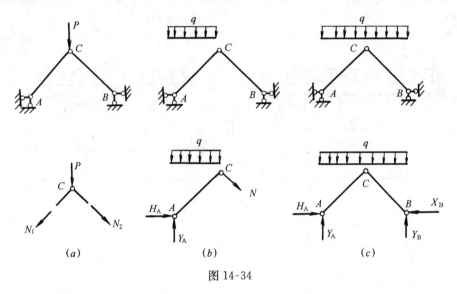

图 14-34

2. 计算的简化

对选取的脱离体（计算单元），一般可建立几个平衡方程。对每个节点单元，所求解的未知力不可超过 2 个，对每个杆件或杆系单元，所求解的未知力不可超过 3 个。对每个单元所建立的平衡方程数可能会多于求解未知力的个数，但其中独立的平衡方程数不会超过所求解未知力的个数。选择建立不同的平衡方程有助于使计算简化。简化的目的在于尽量用一个方程求解一个未知力，避免解联立方程。另外，了解结构的内在规律，也能简化计算。例如在图 14-34（a）中，如能认识到 AC 和 BC 都是链杆，只产生轴力，就可以取节点 C 点为脱离体解出内力。否则必须通过整体平衡方程及半跨平衡方程先求出四个支座反力然后求解内力。在桁架计算中先识别零杆往往也能简化计算。利用对称结构在对称荷载作用下，反力和内力是对称的这一规律，可以只计算半跨结构，另一半内力可利用对称性求出。

三、几种典型结构形式的受力特点

为了对各种结构形式的力学特点进行比较，在图 14-35 中给出了 5 种典型结构形式在相同跨度和相同荷载作用下的主要内力数据。

图 14-35 (a) 是简支梁，跨中弯矩 $M_C^0 = \frac{1}{8}ql^2$；

图 14-35 (b) 是外伸梁，为了减少跨中弯矩，设法使支座弯矩与跨中正弯矩相等，可求出伸臂长度为 $0.207l$，这时弯矩峰值下降为 $1/6M_C^0$；

图 14-35 (c) 是带拉杆的三角形拱结构，推力为 $X = \dfrac{M_C^0}{f}$，由于推力作用，上弦杆的弯矩峰值为 $1/4M_C^0$；

图 14-35 (d) 是抛物线形三铰拱，由于拱轴为合理拱轴，故处于无弯矩的状态，杆件轴心受压；

图 14-35 (e) 是桁架，在等效节点荷载作用下，各杆处于无弯矩状态，中间下弦杆的轴力为 $\dfrac{M_C^0}{h}$。

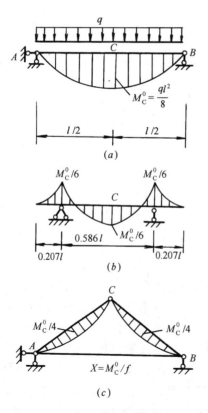

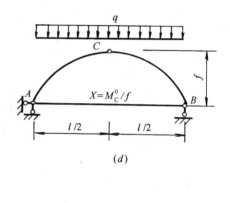

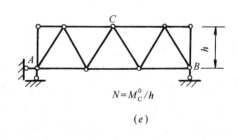

图 14-35

上述各种结构形式都有其优点和缺点。简支梁虽然跨中弯矩较大，但施工简单，使用方便；三铰拱要求基础能承受一定的推力；桁架杆件较多，节点构造较复杂。所以选择结构形式时应根据不同的跨度和荷载作用情况，从受力、经济、施工、使用等各方面综合考虑，进行全面分析和比较。

思 考 题

1. 用叠加法作弯矩图时，为什么是竖标叠加，而不是图形的拼合？
2. 怎样根据弯矩图来作剪力图？
3. 为什么直杆上任一区段的弯矩图都可以用简支梁叠加法来作出？
4. 拱的受力情况和内力计算与梁和刚架有何异同？
5. 桁架的计算简图作了哪些假设？
6. 零杆既然不受力，为何在实际结构中不把它去掉？

习 题

14-1　试作图 14-36 中各单跨梁的 M 图和 V 图。

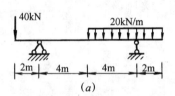
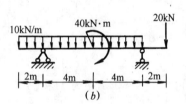

图 14-36

14-2　试作图 14-37 中各单跨梁的 M 图。

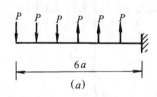
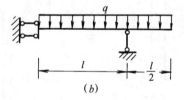

图 14-37

14-3　图 14-38 所示多跨静定梁承受左图和右图的荷载时（即集中力或集中力偶分别作用在铰左侧和右侧）弯矩图是否相同？

14-4　试作图 14-39 所示多跨静度梁的 M、V 图。

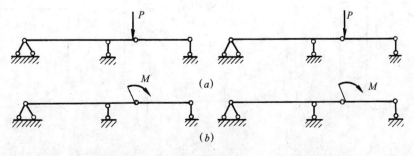

图 14-38

14-5 试不计算反力而绘出图 14-40 所示梁的弯矩图。

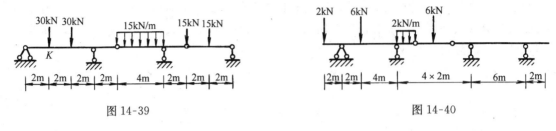

图 14-39   图 14-40

14-6 试作图 14-41 所示刚架的 M、V、N 图。

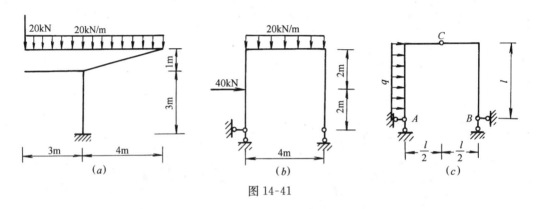

图 14-41

14-7 试作图 14-42 所示刚架的 M 图。

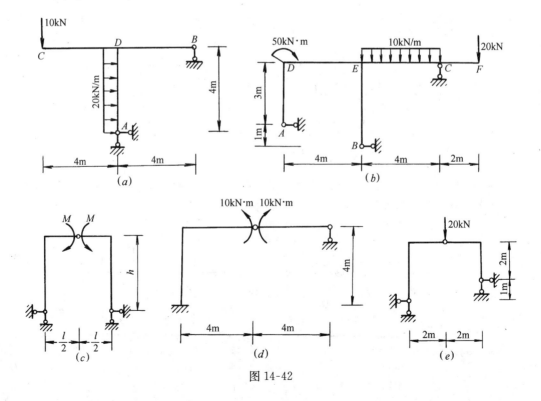

图 14-42

14-8 图 14-43 所示抛物线三铰拱的轴线方程为 $y=\dfrac{4f}{l^2}x\,(l-x)$，试求截面 K 的内力。

14-9 试求图 14-44 所示带拉杆的半圆三铰拱截面 K 的内力。

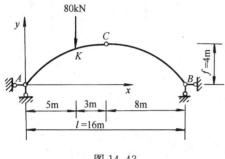

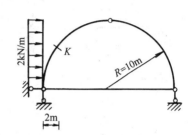

图 14-43

图 14-44

14-10 试用节点法求图 14-45 所示桁架各杆的轴力。

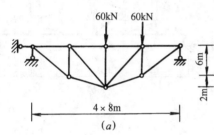

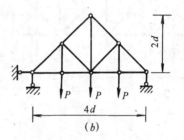

图 14-45

14-11 试判断图 14-46 所示桁架中的零杆。

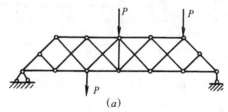

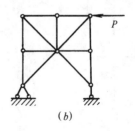

图 14-46

14-12 试判断图 14-47 所示桁架结构中零杆的个数。

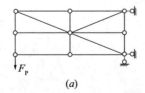

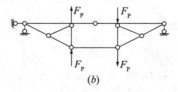

图 14-47

14-13 用截面法计算图 14-48 所示桁架中指定杆件的内力。

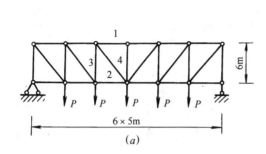 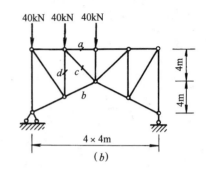

图 14-48

14-14   试用较简便方法求图 14-49 所示桁架中指定杆件的内力。

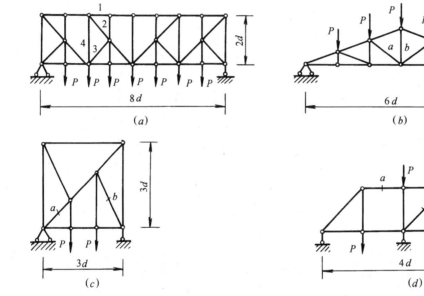

图 14-49

习 题 答 案

14-1 (a)左支座反力 65kN↑;(b)左支座反力 52.5kN↑

14-2 (a)右端弯矩$-9Pa$;(b)左端弯矩$\dfrac{3}{8}ql^2$

14-3 (a)相同;(b)不同。

14-4 $M_K=47.5$kN·m

14-6 (a)竖柱弯矩 10kN·m(左侧受拉);$(b)X_A=\dfrac{3ql}{4}\leftarrow$

14-7 $(a)M_{DB}=120$kN·m(下侧受拉)
　　　　$(b)M_{ED}=80$kN·m(下侧受拉)
　　　　$(c)X=8$kN

14-8　$X=50$kN

$M_K=103.1$kN・m

$V_{K左}=33.9$kN

$V_{K右}=-41.0$kN

$N_{K左}=66.1$kN

$N_{K右}=38.0$kN

14-9　拉杆轴力 5kN

$M_K=44$kN・m

14-12　$(a)9$ 个;$(b)7$ 个

14-13　$(a)S_1=-3.75P,S_2=3.33P$

$S_3=-0.50P,S_4=0.65P$

$(b)S_a=-60$kN,$S_b=37.3$kN

$S_c=37.7$kN,$S_d=-66.7$kN

14-14　$(a)S_1=-4P,S_2=\sqrt{2}P$

$S_3=-\dfrac{\sqrt{2}}{2}P,S_4=-P$

$(b)S_a=-1.80P,S_b=2P$

$(c)S_a=-\dfrac{\sqrt{2}}{3}P,S_b=-\dfrac{\sqrt{5}}{3}P$

$(d)S_a=-P,S_b=0$

第十五章 静定结构的位移计算

学习要点：了解位移计算的目的；理解虚功原理；掌握结构位移计算的一般公式；能应用图乘法计算梁和平面刚架的位移；掌握静定结构在支座移动时的位移计算方法；理解互等定理。

第一节 位移计算的目的

结构在荷载作用下会产生内力，同时其材料产生应变，以致结构发生变形，由于变形，结构上的各处位置会产生移动，即发生位移。所谓变形是指结构（或其一部分）形状的改变，位移则是指结构各处位置的移动。图 15-1 （a）所示刚架在荷载作用下 A 点位置移到了 A' 点，线段 AA' 称为 A 点的线位移，记为 Δ。它可以用水平线位移 Δx 和竖向线位 Δy 两个部分量来表示图 15-1 （b）。同时截面 A 还转动了一个角度，称为截面 A 的角位移，用 θ_A 表示。线位移是指结构上某点沿直线方向移动的距离（竖向线位移一般称作挠度），角位移是指结构上某截面转动的角度（一般用弧度表示）。某两点间的距离变化称为相对线位移，如图 15-1 （c）中 $\Delta_{CD} = \Delta_{CC'} + \Delta_{DD'}$，某两截面相对转动的角度。

如图 15-1 （c）中的 $\theta_{AB} = \theta_A + \theta_B$

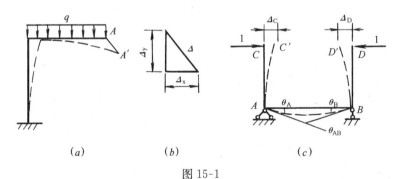

图 15-1

计算结构位移的目的之一是为校核结构的刚度。结构在荷载作用下如果变形过大，也就是没有足够的刚度，则即使不破坏也是不能正常使用的。例如梁或楼板的变形过大会造成楼面不平整、开裂，门窗过梁变形过大影响门窗正常使用等等。因此对结构中的许多构件都有对其刚度（或限制变形）的要求。

计算位移的目的之二是进行结构施工过程中的位移计算。例如在桥梁拼装，屋架拼接等工程施工中，需要事前计算出某些拼装构件在自重及其他临时荷载作用下的位移，以便采取相应措施，确保施工安全和拼装就位。

计算结构位移还有一个重要目的，就是为分析超静定结构打下基础。因为超静定结构的内力由静力平衡条件还不能全部确定，还必须考虑变形条件，而建立变形条件时就必须计算结构的位移。

此外，在结构动力计算和稳定计算，也需要计算结构的位移。可见，结构的位移计算在工程上是具有重要意义的。

本章所要研究的是线性变形体系的位移计算。所谓线性变形体系是指位移与荷载成线性比例的结构体系，荷载对这种体系的影响可以叠加，而当荷载全部撤去后，由荷载引起的位移也完全消失。由于位移是微小的，因此在结构内力和反力计算时，可以认为结构的几何形状和尺寸在发生变形前后保持不变。

第二节　变形体的虚功原理

结构位移计算的一般公式需要由变形体的虚功原理推导而得出。变形体的虚功原理推导过程较为繁杂，本节将着重对该原理的基本表达加以解释和说明，以便于下一步的应用。虚功原理详细的理论推导，可参照有关结构力学书籍，此处从略。

功的基本定义是：力与沿力方向发生位移的乘积称为功。如果位移是由于力本身引起的，这时力所做的功称为实功；如果力与位移是各自独立，彼此互不相关，也就是说形成位移的原因并不是力本身，而是其他原因，这时力与位移的乘积则称为虚功。

变形体的虚功原理可表述如下：变形体处于平衡的必要和充分条件是：在任何虚位移过程中，变形体上所有外力所作虚功总和（$W_外$），等于变形体各微段截面上的内力在其变形上所作变形虚功的总和（$W_变$）。

变形体的虚功原理，可表示为

$$W_外 = W_变 \tag{15-1}$$

式（15-1）称为变形体的虚功方程。

为说明变形体虚功原理，必须建立两个状态，即力状态和位移状态。如图15-2（a）所示的平面刚架，在力系作用下已知该刚架处于平衡状态，图中未标出由于力系作用产生的刚架变形曲线。图 15-2（b）为同一个平面刚架，由于其他外界因素的影响，刚架发生如图中虚线所示的位移，该位移状态与图 15-2（a）的力状态互不相干。因此图 15-2（a）所示力状态在图 15-2（b）的位移状态上所作的功，即为虚功。

式（15-1）中外力虚功 $W_外$ 表示作用于整个结构上的外力（包括支座反力和作用荷载，如图 15-2a）在相应的位移上（图 15-2b 中虚线所示）所作的虚功总和。

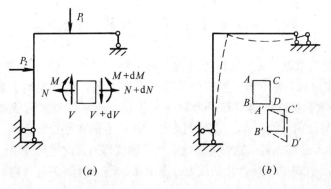

（a）　　　　　　　　　　　（b）

图 15-2

变形虚功 $W_变$ 是指各微段两侧截面上的内力在微段变形位移上所作虚功的总和。

现在讨论变形虚功 $W_变$ 的计算。

图 15-2 (a) 中的微段平衡力系在图 15-2 (b) 所示的变形上所作的虚功便是变形虚功。对平面杆系结构，微段的变形一般分为轴向变形 $\mathrm{d}u$、弯曲变形 $\mathrm{d}\varphi$、剪切变形 $\mathrm{d}\eta$（图 15-3）。

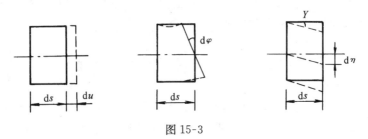

图 15-3

微段上各力（略去了内力增量所做虚功的高阶微量）在其相应变形上所作的变形虚功可写为

$$\mathrm{d}W_变 = N\mathrm{d}u + M\mathrm{d}\varphi + V\mathrm{d}\eta$$

因为是以微段 $\mathrm{d}s$ 出发导出变形虚功的，所以当微段上作用有集中力或集中力偶时，可以理解为把它们等效作用于微段左侧截面上，这样当微段变形时。这些力并不做功。整个结构的变形虚功为

$$W_变 = \Sigma\!\int\!\mathrm{d}W_变 = \Sigma\!\int\!N\mathrm{d}u + \Sigma\!\int\!M\mathrm{d}\varphi + \Sigma\!\int\!V\mathrm{d}\eta$$

将上式代入变形体虚功方程 $W_外 = W_变$，便可得平面杆系结构的虚功方程为

$$W_外 = \Sigma\!\int\!N\mathrm{d}u + \Sigma\!\int\!M\mathrm{d}\varphi + \Sigma\!\int\!\theta\mathrm{d}\eta \tag{15-2}$$

在小变形范围内，无论对弹性、非弹性、线性、非线性的变形体，虚功原理都可适用。变形体虚功原理在具体应用时要有两个状态（力状态和位移状态）。当力状态为实际状态、位移状态为虚设状态时，变形体虚功原理称为虚位移原理，可以利用它来求解力状态中的未知力；当位移状态为实际状态，力状态为虚设状态时，变形体虚功原理称为虚力原理，可利用它来求解位移状态中的未知位移。本章要讨论的结构的位移计算，就是以变形体虚力原理作为理论依据的。

第三节 结构位移计算的一般公式

利用变形体虚功原理，可导出计算结构位移的一般公式。设有如图 15-4 (a) 所示结构，由于某种因素（如荷载、支座移动、温度变化等）的作用，发生了变形和位移（图中虚线所示），这一状态是结构的实际受力和变形状态，通常称为实际状态。实际状态下各杆件内力分别用 $\overline{M}$、$\overline{V}$、$\overline{N}$ 表示，现要求该状态中 D 点的水平位移 Δ。

为求 D 点的水平位移，可在欲求位移处沿要求的位移的方向施加一单位荷载 $\overline{P}=1$，这一状态称为虚力状态，此时 A 支座产生的反力分别用 $\overline{R}_1$、$\overline{R}_2$ 表示，各杆件内力分别用 $\overline{M}$、$\overline{N}$、$\overline{V}$ 表示。

现就图 15-4 (b) 所示虚力状态在图 15-4 (a) 实际位移状态上所做的虚功应用变形

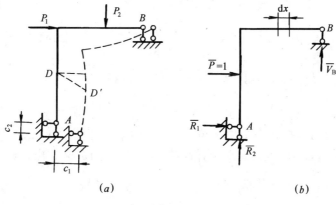

图 15-4

体虚功原理讨论如下：

外力虚功除单位荷载 $\overline{P}=1$，在其相应位移上所做的功外，还有支座反力 $\overline{R}_1$、$\overline{R}_2$ 在相应的支座位移 c_1、c_2 上所作的功，因此

$$W_{\text{外}} = P \cdot \Delta + \overline{R}_1 \cdot c_1 + \overline{R}_2 \cdot c_2 = 1 \times \Delta + \Sigma \overline{R} \cdot c$$

式中 $\Sigma \overline{R} \cdot c$ 表示虚力状态中的支座反力在实际位移状态中相应的支座位移上所作的虚功。

变形虚功是虚力状态中杆件内力 $\overline{M}$、$\overline{N}$、$\overline{V}$ 分别在实际状态相应变形 $\mathrm{d}\varphi$、$\mathrm{d}u$、$\mathrm{d}\eta$ 上所作的虚功，可表示为

$$W_{\text{内}} = \Sigma\!\int M\mathrm{d}\varphi + \Sigma\!\int N\mathrm{d}u + \Sigma\!\int V\mathrm{d}\eta$$

将 $W_{\text{外}}$、$W_{\text{内}}$ 代入虚功原理表达式（15-1），可得

$$\Delta = \Sigma\!\int \overline{M}\mathrm{d}\varphi + \Sigma\!\int \overline{N}\mathrm{d}u + \Sigma\!\int \overline{V}\mathrm{d}\eta - \Sigma \overline{R} \cdot c \tag{15-3}$$

上式就是计算结构位移的一般公式。这种利用虚功原理求结构位移的方法称为单位荷载法。应用这种方法，每次可求出一个截面的指定位移。在计算时，虚设单位力的指向可任意假定，只要按上式计算出来的结果为正，说明实际位移的方向与虚设单位力的方向相同，否则相反。

单位荷载法不仅可用来计算结构某点的线位移，而且可用来计算角位移或相对线位移，相对角位移等，只要虚拟状态中的单位力是与所求位移相对应的广义力即可。图 15-5 例举求某种位移时所应施加的单位力状态。

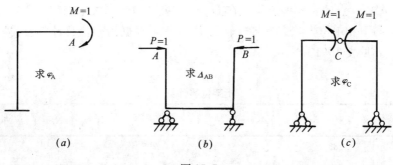

图 15-5

第四节　静定结构在荷载作用下的位移计算

如果结构仅受荷载作用，则计算位移的一般公式可写为

$$\Delta_P = \Sigma \int \overline{M} d\varphi_P + \Sigma \int \overline{N} du_P + \Sigma \int \overline{V} d\eta_P \qquad (15\text{-}4a)$$

式中　$\overline{M}$、$\overline{N}$、$\overline{V}$ 代表虚拟状态中由于单位力所产生的虚拟内力；$d\varphi_P$、du_P、$d\eta_P$ 是由实际状态相应内力引起的微段变形。对线弹性结构，结合图 15-6a，由材料力学公式可知

微段弯曲变形　　$d\varphi_P = \dfrac{M_P dx}{EI}$

微段轴向变形　　$du_P = \dfrac{N_P dx}{EA}$

微段剪切变形　　$d\eta_P = r_P dx = \dfrac{kV_P}{GA} dx$

式中 E 为材料的弹性模量，G 为材料的剪切弹性模量，I 和 A 分别为杆件截面的惯性矩和面积，k 为剪应力不均匀分布系数，对矩形截面 $k=1.2$，圆形截面 $k=1.11$ 等。

将微段变形代入式（15-4a），可得

$$\Delta_P = \Sigma \int \frac{\overline{M} M_P}{EI} dx + \Sigma \int \frac{\overline{N} N_P}{EA} dx + \Sigma \int \frac{k \overline{V} V_P}{GA} dx \qquad (15\text{-}4b)$$

上式即是平面杆系结构在荷载作用下位移计算的一般表达式。式中等号右方三项分别表示结构的弯曲变形、轴向变形和剪切变形对位移的影响。

在实际计算中，根据结构的不同类型，位移计算的一般表达式尚可进行进一步的简化。现就几类不同形式的静定结构位移计算分别讨论如下：

（一）桁架的位移计算

理想桁架在结点荷载作用下，桁架的每一根杆件只有轴力作用，没有弯矩和剪力。同一杆件的轴力 $\overline{N}$，N_P 及轴向刚度 EA 和杆长 l 均为常数，故桁架的位移公式可由式（15-4b）改写成

$$\Delta_P = \Sigma \int \frac{\overline{N} N_P}{EA} dx = \Sigma \frac{\overline{N} N_P}{EA} \int dx = \Sigma \frac{\overline{N} N_P}{EA} l \qquad (15\text{-}5)$$

【例 15-1】　试求图 15-6（a）所示对称桁架结点 D 的竖向线位移 Δ_{DV}。图中括号内数值表示杆件的截面积，设 $E=21000 \text{kN/cm}^2$。

【解】　欲求 D 点的竖向线位移，在 D 点加一竖向单位力如图 15-6（b），用结点法分别求出实际状态下和单位力状态下各杆轴力 N_P、$\overline{N}$，根据桁架位移计算公式（15-5），列成表格计算，详见表 15-1。

	桁架位移计算				表 15-1
杆件	l (cm)	A (cm²)	$\overline{N}$	N_p (kN)	$\overline{N} N_P l / A$ (kN/cm)
AC	283	20	-0.707	-70.71	707.5
BC	283	20	-0.707	-70.71	707.5

续表

杆件	l (cm)	A (cm²)	$\overline{N}$	N_P (kN)	$\overline{N}N_Pl/A$ (kN/cm)
AD	200	10	0.5	50.0	500
BD	200	10	0.5	50.0	500
CD	200	10	1.0	0	0
					Σ 2415.0

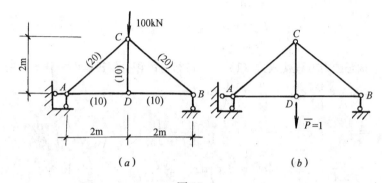

图 15-6

(a) 实际状态；(b) 单位力状态

由此可求得

$$\Delta_{DV} = \Sigma \frac{\overline{N}N_Pl}{EA} = \frac{2415}{21000} = 0.115\text{cm}\ (\downarrow)$$

正号表示 D 点竖向线位移的实际方向与单位荷载 $P=1$ 的假设方向一致，即方向向下。

（二）梁及刚架的位移计算

在一般情况下，梁和刚架的位移主要是由弯矩引起的，轴力和剪力的影响较小，可以略去不计，因此，计算位移的一般公式可简化为

$$\Delta_P = \Sigma \int \frac{\overline{M}M_P}{EI}\mathrm{d}x \tag{15-6}$$

【例 15-2】　试求图 15-7（a）所示悬臂梁端点 C 的竖向线位移 Δ_{AV}。

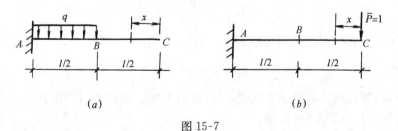

(a)　　　　　　　　　　　　　(b)

图 15-7

【解】　（1）首先列出实际状态和虚设状态的内力方程，设坐标原点为 C 点，x 以向左为正，分段列出内力方程如下：

实际状态图 15-7（a）

CB 段 $\left(0\leqslant x\leqslant \dfrac{l}{2}\right)$　　　　BA 段 $(l/2\leqslant x\leqslant l)$

$N_P=0$　　　　　　　　　　$N_P=0$

$M_P=0$　　　　　　　　　　$M_P=-\dfrac{q}{2}\left(x-\dfrac{l}{2}\right)^2$

$V_P=0$　　　　　　　　　　$V_P=q\left(x-\dfrac{l}{2}\right)$

虚设状态 CB 段　　　　　　BA 段

$\overline{N}=0$　　　　　　　　　　$\overline{N}=0$

$\overline{M}=0$　　　　　　　　　　$\overline{M}=-x$

$\overline{V}=0$　　　　　　　　　　$\overline{V}=1$

（2）将两个状态内力方程代入式（15-6），进行分段积分假设截面形状为矩形，$k=1.2$

$$\Delta_{CV}=\int_{l/2}^{l}\frac{\overline{M}M_P}{EI}\mathrm{d}x+\int_{l/2}^{l}\frac{k\overline{V}V_P}{GA}\mathrm{d}x$$

$$=\int_{l/2}^{l}(-x)\left[-\frac{q}{2}\left(x-\frac{l}{2}\right)^2\right]\frac{\mathrm{d}x}{EI}+\int_{l/2}^{l}1.2\left[q\left(x-\frac{l}{2}\right)\right]\frac{\mathrm{d}x}{GA}$$

$$=\frac{q}{2EI}\int_{l/2}^{l}\left(x^3-lx^2+\frac{l^2}{4}x\right)\mathrm{d}x+\frac{6q}{5GA}\int_{l/2}^{l}\left(x-\frac{l}{2}\right)\mathrm{d}x$$

$$=\frac{7ql^4}{384EI}+\frac{3ql^2}{20GA}(\downarrow)$$

（3）讨论

现在计算剪切变形和弯曲变形的比值。由上述计算可知

$$\Delta_M=\frac{7ql^4}{384EI},\quad \Delta_V=\frac{3ql^2}{20GA}$$

$$\frac{\Delta_V}{\Delta_M}=\frac{\dfrac{3ql^2}{20GA}}{\dfrac{7ql^4}{384EI}}=8.23\frac{EI}{GAl^2}$$

设 $\dfrac{G}{E}=\dfrac{3}{8}$，矩面截面 $A=bh$，$I=\dfrac{1}{12}bh^3$，代入上式后得

$$\frac{\Delta_V}{\Delta_M}=8.23\frac{EI}{GAl^2}=8.23\times\frac{8}{3}\times\frac{1}{12}\left(\frac{h}{l}\right)^2=1.83\left(\frac{h}{l}\right)^2$$

由此可见，剪切变形引起的位移与弯曲变形引起的位移比值将随 h/l 的平方而变化。如当 $h/l=1/10$ 时，上例中 $\dfrac{\Delta_V}{\Delta_M}=1.83\%$，当 $h/l=1/5$ 时，$\dfrac{\Delta_V}{\Delta_M}=7.32\%$。一般说来当杆为细长杆 $(h/l<1/5)$ 时，可以忽略剪切变形对位移的影响。轴向变形对结构位移的影响也较小，可以忽略不计，证明此处从略。

【例 15-3】　试求图 15-8（a）所示刚架 C 点的竖向位移 Δ_{CV}。各杆材料相同，截面 I、A 均为常数。

【解】　（1）在 C 点加一竖向单位荷载作为单位力状态 图 15-8（b）

分别设各杆的坐标如图所示，写出各杆的弯矩方程为

CB 段 $\overline{M}=-x$　　　　　　　　$M_P=-\dfrac{qx^2}{2}$（上侧受拉）

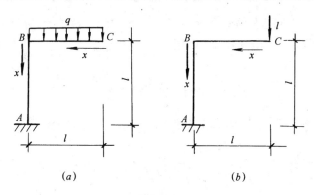

图 15-8

(a) 实际状态；(b) 单位力状态

BA 段 $\overline{M}=l$（左侧受拉） $M_P=\dfrac{ql^2}{2}$（左侧受拉）

（2）代入公式（15-6）

$$\Delta_{CV}=\Sigma\int\frac{\overline{M}M_P}{EI}\mathrm{d}x$$

$$=\int_0^l(-x)\left(-\frac{qx^2}{2}\frac{\mathrm{d}x}{EI}\right)+\int_0^l l\cdot\frac{ql^2}{2}\frac{\mathrm{d}x}{EI}=\frac{5}{8}\frac{ql^4}{EI}(\downarrow)$$

以上讨论了梁和刚架位移计算实用公式，这种直接由公式（15-6）求解的方法称为积分法。积分法的计算步骤为：

1. 分别列出实际状态和虚设状态下有关的内力方程。注意坐标原点的选取应使内力方程简单，便于积分。此外，两个状态中的内力正负号规定应一致。（一般情况下可只列弯矩方程）。

2. 将两个状态下的弯矩方程，代入位移计算实用公式（15-6）中进行积分。

3. 计算结果若为正值，则实际位移方向与单位荷载的假设方向一致；若得负值，则实际位移的方向与单位荷载的假设方向相反。

第五节 图 乘 法

从上节可知，计算梁和刚架在荷载作用下的位移时，先要写出 M 和 M_P 的方程式，然后代入公式：

$$\Delta_P=\Sigma\int\frac{\overline{M}M_P}{EI}\mathrm{d}x$$

进行积分运算，这仍是比较麻烦的。但是当结构的各杆段符合下列条件时：①杆轴为直线，②$EI=$常数，③M 和 M_P 两个弯矩图中至少有一个是直线图形，则可用下述图乘法来代替积分运算，从而简化计算工作。下面推导图乘法的基本

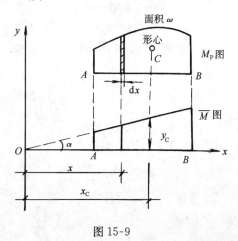

图 15-9

公式。设等截面直杆 AB 段上的两个弯矩图中，M 图为直线，而 M_P 图为任意形状。如图 15-9 所示，以 AB 杆轴作为 x 轴，以 M 图的延长线与 x 轴的交点 O 为原点，并设置 y 轴，则积分式：

$$\int \frac{\overline{M} M_P}{EI} dx$$

中，EI 可提到积分号外面，因 $\overline{M}$ 为直线变化，故有 $\overline{M} = x\tan\alpha$，且 $\tan\alpha$ 为常数，故上面积分式可写为

$$\int \frac{\overline{M} M_P}{EI} dx = \frac{\tan\alpha}{EI} \int x M_P dx = \frac{\tan\alpha}{EI} \int x d\omega$$

式中 $d\omega = M_P dx$，为 M_P 图中阴影的微分面积，故 $x d\omega$ 为微分面积对 y 轴的静矩。$\int x d\omega$ 即为整个 M_P 图的面积对 y 轴的静矩，根据合力矩定理，它应等于 M_P 图的面积 ω 乘以其形心 C 到 y 轴的距离 x_C，即

$$\int x d\omega = \omega x_C$$

将此关系式代入上式，得

$$\int \frac{\overline{M} M_P}{EI} dx = \frac{\tan\alpha}{EI} \omega x_C = \frac{1}{EI} \omega x_C \tan\alpha = \frac{1}{EI} \omega y_C$$

这里 $y_C = x_C \tan\alpha$，y_C 是 M_P 图中形心 C 处对应于 $\overline{M}$ 图中的纵坐标。可见，上述积分式等于一个弯矩图的面积 ω 乘以其形心处所对应的另一个直线弯矩图上的竖标 y_C，再除以 EI，这就称为图乘法。

如果结构上各杆均可图乘，则位移计算公式（15-6）可写为：

$$\Delta_P = \Sigma \int \frac{\overline{M} M_P}{EI} dx = \Sigma \frac{\omega y_C}{EI} \tag{15-7}$$

根据以上推证过程，可知在应用图乘法时应注意下列几点：①杆件为等截面直杆（分段截面相同也可）；②竖标 y_C 只能取自直线图形；③ω 与 y_C 若在杆件同侧则乘积取正号，异侧则乘积取负号。

现将常用的几种简单图形的面积及形心位置列入图 15-10 中，图中所示的抛物线为标准抛物线，即通过抛物线顶点处的切线应与其基线平行。

当图形的面积或形心位置不便确定时，我们可以将它分解为几个简单的图形，将它们分别与另一图形相乘，然后把所得结果相加。

例如图 15-11 所示两个梯形相乘时，可将 M_P 图分解为两个三角形（也可分解为一个矩形及一个三角形），此时 $M_P = M_{Pa} + M_{Pb}$，故有

$$\frac{1}{EI} \int \overline{M} M_P dx = \frac{1}{EI} \int \overline{M}(M_{Pa} + M_{Pb}) dx$$

$$= \frac{1}{EI} \left(\int \overline{M} M_{Pa} dx + \int \overline{M} M_{Pb} dx \right)$$

$$= \frac{1}{EI} \left(\frac{al}{2} y_a + \frac{bl}{2} y_b \right)$$

其中竖标 y_a，y_b 可按下式计算

$$y_a = \frac{2}{3} c + \frac{1}{3} d, \quad y_b = \frac{1}{3} c + \frac{2}{3} d$$

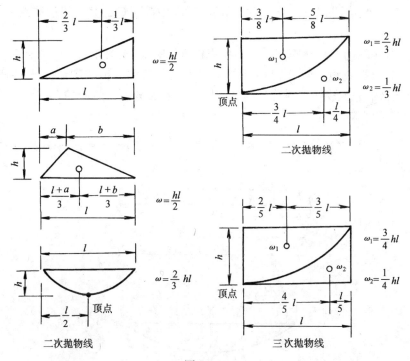

图 15-10

对图 15-12 (a) 所示由弯矩叠加法所绘制的 M_P 图，则可将 M_P 图分解为在两端弯矩 M_A，M_B 作用下的梯形图 15-12 (c) 和相应区段为简支梁时在均布荷载作用下的抛物线图 15-12 (b)。经过以上的图形分解，就能方便地与另一图形进行图乘。此外，在应用图乘法中，当 y_C 所属的图形不是一段直线而是由若干段直线组成的折线时，或当各杆段的截面不相等时，均应分段图乘，再进行叠加。

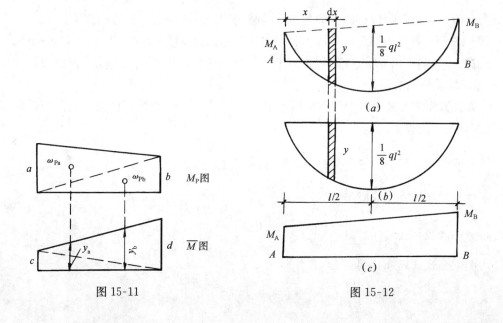

图 15-11

图 15-12

【**例 15-4**】   试求图 15-13（a）所示简支梁跨中截面 C 的竖向线位移 Δ_{CV}。设 $EI=$ 常数。

【**解**】   分别绘出实际状态和单位力状态的 M_P 图及 $\overline{M}$ 图如图 15-13（b）、（c）所示。M_P 图为标准二次抛物线，$\overline{M}$ 图是由两条对称直线段组成的折线图形。根据图乘法规则，需将 M_P 图从跨中分解成两个对称的抛物线图形，然后分别与对应的 $\overline{M}$ 图直线段相图乘。

由对称关系可得

$$\Delta_{CV} = 2 \times \frac{\omega y_C}{EI} = \frac{2}{EI} \times \frac{2}{3}\left(\frac{ql^2}{8}\right) \cdot \left(\frac{l}{2}\right) \cdot \frac{5}{8}\left(\frac{l}{4}\right) = \frac{5ql^4}{384EI}(\downarrow)$$

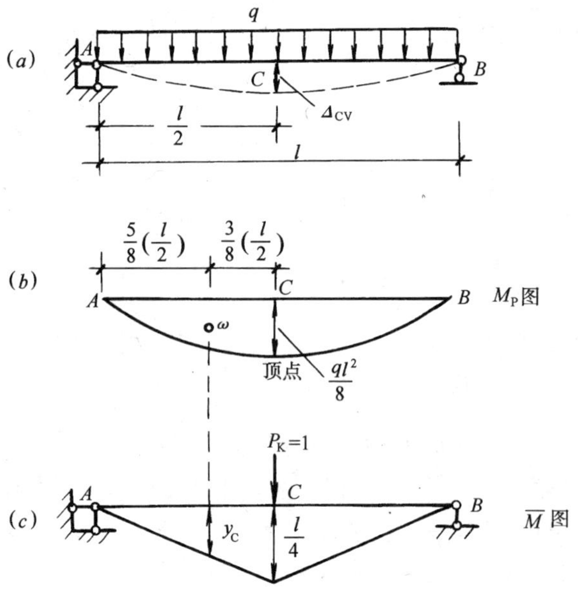

图 15-13

结果为正值，表明实际位移的方向与单位荷载的假设方向一致，即方向向下。

【**例 15-5**】   试求图 15-14（a）所示伸臂梁 C 点的角位移 θ_C。设 $EI=1400\,\mathrm{kN\cdot m^2}$。

【**解**】   分别作出 M_P 图和 $\overline{M}$ 图（图 15-14b、e）。图 $\overline{M}$ 图由两个直线段组成，故应分为 AB、BC 段分别图乘。

将 M_P 图分解为基线以上的三角形和基线以下的二次抛物线（图 15-14c、d），分解后 M_P 图面积及对应形心坐标如下：

$$\omega_1 = \frac{1}{2} \times 40 \times 2 = 40\mathrm{kN\cdot m^2}，\quad y_1 = 1$$

$$\omega_2 = \frac{1}{2} \times 40 \times 8 = 160\mathrm{kN\cdot m^2}，\quad y_2 = \frac{2}{3}$$

$$\omega_3 = \frac{2}{3} \times 32 \times 8 = 170.7\mathrm{kN\cdot m^2}，\quad y_3 = \frac{1}{2}$$

由图乘公式（15-8）得

$$\theta_C = \sum \frac{\omega y_C}{EI} = \frac{1}{EI}(\omega_1 y_1 + \omega_2 y_2 + \omega_3 y_3)$$

$$= \frac{1}{1400} \left(40 \times 1 + 160 \times \frac{2}{3} - 170.7 \times \frac{1}{2} \right)$$

$$= 0.0438 \text{（弧度）}$$

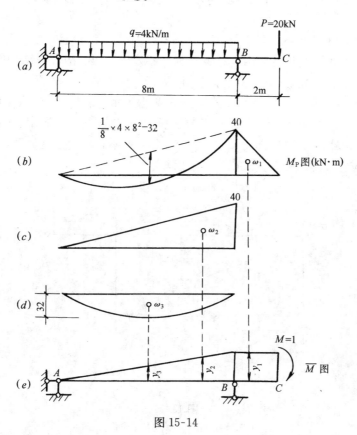

图 15-14

结果为正值，表明实际角位移的方向与假设单位力偶方向一致，即沿顺时针方向转动。

【例 15-6】 试求图 15-15（a）所示刚架 C、D 两点间的距离变化值。设 EI＝常数。

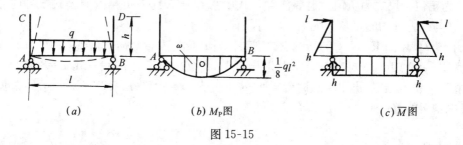

图 15-15

【解】 实际状态的 M_P 如图 15-15（b）所示。虚拟状态应在 CD 两点沿其连线方向加一对指向相反的单位力，$\overline{M}$ 图如图 15-15（c）所示。图乘时需分 AC、AB、BD 三段计算，但其中 AC、BD 段的 M_P＝0，故可不必计算。

$$\Delta_{CD} = \sum \frac{\omega y_C}{EI} = \frac{1}{EI} \left(\frac{2}{3} \frac{ql^2}{8} \cdot l \right) \cdot h = \frac{qhl^3}{12EI} \quad (\longrightarrow \quad \longleftarrow)$$

所得结果为正，表明实际状态中 C、D 两点是相互靠拢的。

第六节　静定结构在支座移动时的位移计算

静定结构若由于地基不均匀沉降使支座发生了移动（线位移、角位移），此时结构并不产生内力，在无其他外因影响时，结构材料也不发生变形。故此时结构的位移纯属刚体位移，可用几何方法求解。但采用刚体虚功原理来计算位移更为简便。

如图 15-16（a）所示静定结构，其支座 A 产生了水平线位移 c_1，竖向线位移 c_2 和角位移 c_3，现要求由此引起的结构上任一点的位移，例如求 K 点的竖向线位移 Δ_{KV}。

实际状态和虚拟状态分别如图 15-16（a）、（b）所示，应用虚功原理，因 $\mathrm{d}\varphi$，$\mathrm{d}u$，$\mathrm{d}\eta$ 均为零，代入位移计算的一般公式（15-3）可得

$$\Delta_{KV} = -\Sigma\overline{R}c \tag{15-8}$$

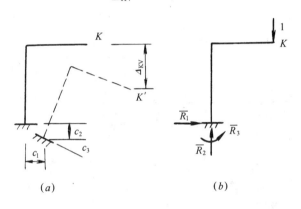

图 15-16
（a）实际状态；（b）虚拟单位状态

这就是静定结构在支座移动时的位移计算公式。式中 $\overline{R}$ 为虚拟状态中的各支座反力，它与实际状态中的支座位移 c 相对应；$\Sigma\overline{R}c$ 表示所有反力虚功的总和。当 $\overline{R}$ 与 c 的方向一致时，$\overline{R}c$ 为正值，反之为负值。但要注意，式中总和号 Σ 前的负号为原公式推导时移项后所得，它与反力虚功的正负值无关，不可漏掉。

【例 15-7】 图 15-17（a）所示三铰刚架，当 B 支座发生竖向位移 $\Delta_{BY}=0.06\mathrm{m}$（向下），水平位移 $\Delta_{BX}=0.04\mathrm{m}$（向右）时，求由此引起的 A 端转角 φ_A。已知 $l=12\mathrm{m}$，$h=8\mathrm{m}$。

【解】 在 A 支座处加一顺时针转向的单位力偶，得图 15-17（b）所示的单位力状态，考虑刚架的整体平衡，由 $\Sigma M_A=0$ 可求得

$$\overline{y}_B = \frac{1}{l}(\uparrow)$$

再考虑右半刚架的平衡，由 $\Sigma M_C=0$ 可求得

$$\overline{X}_B = \frac{1}{2h}(\rightarrow)$$

代入公式（15-8）有

$$\varphi_A = -\Sigma\overline{R}c = -\left(-\frac{1}{l}\times\Delta_{BY} - \frac{1}{2h}\Delta_{BX}\right)$$

$$=\frac{\Delta_{BY}}{l}+\frac{\Delta_{BX}}{2h}$$

$$=\frac{0.06}{12}+\frac{0.04}{2\times 8}=0.0075\text{rad （顺时针）}$$

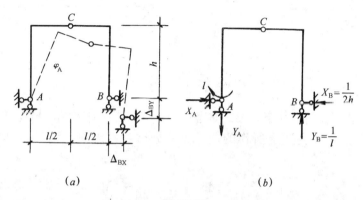

图 15-17

(*a*) 实际状态；(*b*) 单位力状态

【例 15-8】 图 15-18 所示桁架的支座 B 向下移动 $\Delta_{BY}=c$，试求 BD 杆的角位移 θ_{BD}。

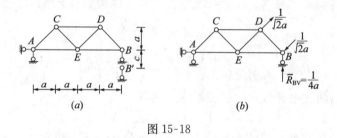

图 15-18

【解】 虚设状态及虚设状态中支座 B 处的反力大小及方向如图 15-18（*b*）所示。于是由式（15-8）可得

$$\theta_{BD}=-\sum \overline{R}c=-\left[\frac{1}{4a}\ (-c)\right]=\frac{c}{4a}\ \text{（顺时针方向）}$$

第七节 互 等 定 理

线弹性结构最基本的互等定理是功的互等定理，由功的互等定理可推导出位移互等定理，反力互等定理等几个互等定理。这些定理都很有用处，在超静定结构的分析中要经常用到，现分别讨论如下：

一、功的互等定理

功的互等定理可由变形体的虚功原理导出。

设有两组外力 P_1 和 P_2 分别作用于线弹性结构上，如图 15-19（*a*）、(*b*) 所示，称为第一状态和第二状态。第一状态在荷载 P_1 作用下，某微段 ds 的内力为 N_1，M_1，V_1，相

应的变形为 $\mathrm{d}u_1$，$\mathrm{d}\varphi_1$，$\mathrm{d}\eta_1$。第二状态在荷载 P_2 作用下，同一微段 $\mathrm{d}s$ 的内力为 N_2，M_2，V_2，相应的变形为 $\mathrm{d}u_2$，$\mathrm{d}\varphi_2$，$\mathrm{d}\eta_2$。

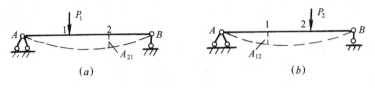

图 15-19
(a) 第一状态；(b) 第二状态

现在把第一状态作为力状态，第二状态作为位移状态，计算第一状态的外力和内力在第二状态相应的位移和变形上所作的虚功，根据虚功原理 $W_{外}=W_{变}$，代入公式（15-2）有

$$P_1\Delta_{12} = \int N_1\,\mathrm{d}u_2 + \int M_1\,\mathrm{d}\varphi_2 + \int V_1\,\mathrm{d}\eta_2$$

或

$$P_1\Delta_{12} = \int N_1\left(\frac{N_2\,\mathrm{d}x}{EA}\right) + \int M_1\left(\frac{M_2\,\mathrm{d}x}{EI}\right) + \int V_1\left(\frac{kV_2\,\mathrm{d}x}{GA}\right) \qquad (a)$$

如果把两个状态的性质变换一下，即把第二状态作为力状态，第一状态作为位移状态，计算第二状态的外力和内力在第一状态相应的位移和变形上所作的虚功，则有

$$P_2\Delta_{21} = \int N_2\,\mathrm{d}u_1 + \int M_2\,\mathrm{d}\varphi_1 + \int V_2\,\mathrm{d}\eta_1$$

或

$$P_2\Delta_{21} = \int N_2\left(\frac{N_1\,\mathrm{d}x}{EA}\right) + \int M_2\left(\frac{M_1\,\mathrm{d}x}{EI}\right) + \int V_2\left(\frac{kV_1\,\mathrm{d}x}{GA}\right) \qquad (b)$$

注意到 (a)、(b) 两式中等号右边是相等的，故有

$$P_1\Delta_{12} = P_2\Delta_{21} \qquad (15\text{-}9)$$

这里 Δ_{12} 和 Δ_{21} 两个下标的含义为：第一个下标表示位移的地点和方向，第二个下标表示产生位移的原因。Δ_{12} 即为 P_1 作用点位置由于 P_2 作用产生的位移；Δ_{21} 为 P_2 作用点位置在 P_1 作用下的位移。

式（15-9）可写成

$$W_{12} = W_{21} \qquad (15\text{-}10)$$

式（15-10）便称为功的互等定理。用文字可表述如下：第一状态的外力在第二状态相应的位移上所作的虚功，等于第二状态的外力在第一状态相应的位移上所作的虚功。

二、位移互等定理

位移互等定理是功的互等定理的一个特例。

如图 15-20 所示，假设两个状态中的荷载都是单位力，即 $P_1=1$，$P_2=1$，与其相应的位移用 δ_{12} 和 δ_{21} 表示，则由功的互等定理，即式（15-9）有

$$1\cdot\delta_{12} = 1\cdot\delta_{21}$$

故

$$\delta_{12} = \delta_{21} \qquad (15\text{-}11)$$

这就是位移互等定理。它表明：第二个单位力所引起的第一个单位力作用点沿其方向的位移 δ_{12}，等于第一个单位力所引起的第二个单位力作用点沿其方向的位移 δ_{21}。

这里的单位力也包括单位力偶，即可以是广义单位力。位移也包括角位移，即是相应的广义位移。例如在图 15-21 的两个状态中，根据位移互等定理，应有 $\varphi_A = f_C$，实际上，应用图乘法可求得这两个位移分别为

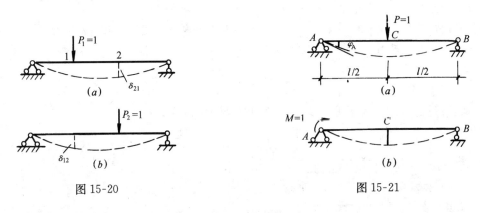

图 15-20　　　　　　　　图 15-21

$$f_C = \delta_{12} = \frac{Ml^2}{16EI}$$

$$\varphi_A = \delta_{21} = \frac{Pl^2}{16EI}$$

当 $M=1$，$P=1$（注意，这里的 1 都是不带单位的，即都是无量纲量），故有

$$\varphi_A = f_C = \frac{l^2}{16EI}$$

可见，虽然 φ_A 代表单位力引起的角位移，f_C 代表单位力偶引起的线位移，含义虽不同，但此时二者在数值上是相等的，量纲也相同。这就验证了线位移与角位移也同样存在位移互等关系。

三、反力互等定理

反力互等定理也是功的互等定理的一个特殊情况。它表明超静定结构在支座发生单位位移时，两个状态中反力的互等关系。图 15-22（a）表示支座 2 发生单位位移 $\Delta_2 = 1$ 时的状态，此时使支座产生的反力为 r_{12}；图 15-22（b）表示支座 1 发生单位位移 $\Delta_1 = 1$ 的状态，此时使支座 2 产生的反力为 r_{21}；根据功的互等定理，有

$$r_{12} \cdot \Delta_1 = r_{21} \cdot \Delta_2$$

因 $\Delta_1 = \Delta_2 = 1$，故得

$$r_{12} = r_{21} \qquad (15\text{-}12)$$

这就是反力互等定理。它表明：支座 1 发生单位位移所引起的支座 2 的反力，等于支座 2 发生单位位移所引起的支座 1 的反力。

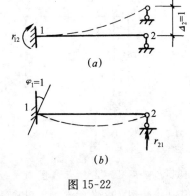

图 15-22

这一定理对结构上任何两个支座都适用，互等关系可以是两个支座反力之间，也可以是一个支座反力和一个支座反力偶之间的互等。不仅数值相等，量纲也是相同的。

思 考 题

1. 没有变形就没有位移，此结论对否？没有内力就没有变形，此结论对否？
2. 图乘法的应用条件及注意点是什么？
3. 为何虚设的单位荷载可以不带量纲？求出的位移是否包括了虚拟单位荷载引起的位移？
4. 怎样确定支座移动时的位移公式 $\Delta = -\Sigma Rc$ 中，Rc 的符号？Σ 前的负号如何得来？

习 题

15-1 试求图 15-23 所示结构中 B 处的转角和 C 处的竖向线位移（$EI=$常数）。

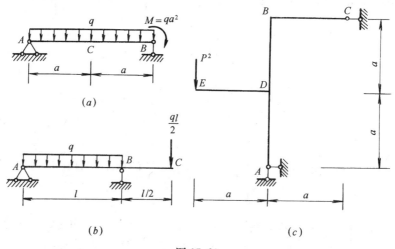

图 15-23

15-2 试求图 15-24 所示结构 B 点的水平线位移。

15-3 图 15-25 所示桁架各杆截面均为 $A=2\times10^{-3}\,\mathrm{m}^2$，$E=210\mathrm{GPa}$，$P=40\mathrm{kN}$，$D=2\mathrm{m}$，试求 (a) C 点的竖向位移；(b) 角 ADC 的改变量。

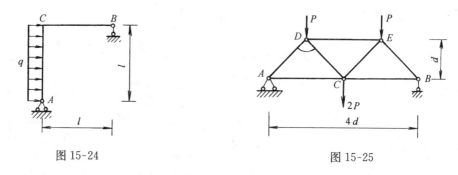

图 15-24   图 15-25

15-4 如图 15-26 所示各图乘是否正确？如不正确应如何改正？
15-5 如图 15-27 所示，用图乘法求各图指定位移。

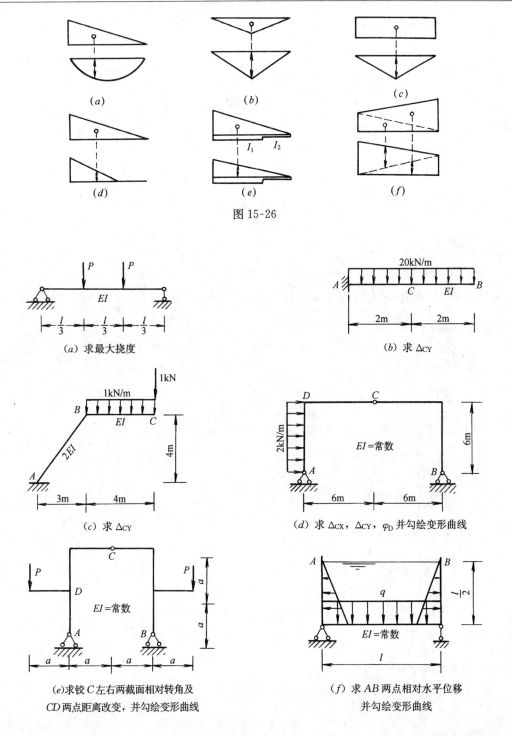

图 15-26

(a) 求最大挠度

(b) 求 Δ_{CY}

(c) 求 Δ_{CY}

(d) 求 Δ_{CX}，Δ_{CY}，φ_D 并勾绘变形曲线

(e) 求铰 C 左右两截面相对转角及
CD 两点距离改变，并勾绘变形曲线

(f) 求 AB 两点相对水平位移
并勾绘变形曲线

图 15-27

15-6　图 15-28 所示简支刚架支座 B 下沉 b，试求 C 点水平位移。

15-7　图 15-29 所示两跨简支梁 $l=16\mathrm{m}$，支座 A、B、C 的沉降分别为 $a=40\mathrm{mm}$，$b=100\mathrm{mm}$，$c=80\mathrm{mm}$，试求 B 铰左右两侧截面的相对角位移 φ。

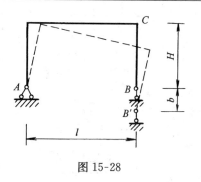

图 15-28

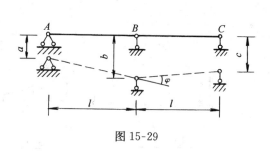

图 15-29

习 题 答 案

15-2　$\dfrac{3ql^4}{8EI}$　→

15-3　(a)　3.52mm　↓

　　　(b)　5.156×10^{-4} rad（增大）

15-5　(a)　$\dfrac{23}{648} \dfrac{Pl^3}{EI}$　↓

　　　(b)　$\dfrac{680}{3EI}$　↓

　　　(c)　$\dfrac{1985}{6EI}$　↓

　　　(d)　$\Delta_{CX} = \dfrac{486}{EI}$　→

　　　　　　$\Delta_{CY} = \dfrac{54}{EI}$　↑

　　　　　　$\varphi_D = \dfrac{27}{EI}$（顺时针）

　　　(e)　$\dfrac{Pa^2}{6EI}$（下边角度增大）

　　　　　　$\dfrac{\sqrt{2}}{24} \dfrac{Pa^3}{EI}$（缩短）

　　　(f)　$\dfrac{ql^4}{60EI}$（靠拢）

15-6　$\dfrac{Hb}{l}$　→

15-7　上边角度减小 0.005rad

第十六章 力 法

学习要点：了解超静定结构的特征及超静定次数的确定方法；掌握力法的基本概念和力法方程，能用力法方程计算简单超静定梁、刚架、桁架和铰接排架的内力；理解结构对称性的特征；能利用力法方程进行支座移动时简单超静定结构的计算；能进行简单超静定结构的位移计算；了解超静定结构的性质。

第一节 超静定结构的概念

一、超静定结构的概念

前面讨论了静定结构的计算问题，静定结构的反力和内力用静力平衡条件就可以确定。但在工程实际中，还有很多结构，它们的反力和内力不能够全部由静力平衡条件来确定，例如图 16-1（*a*）所示的梁，利用静力平衡条件可以求出 *A* 支座的水平反力，但却求不出竖向反力及反力偶。又如图 16-1（*b*）所示的混合结构，利用静力平衡条件可以求出全部支座反力，但却不能求出全部杆件内力。像这种不能够仅凭静力平衡条件确定全部反力和内力的结构称为超静定结构。

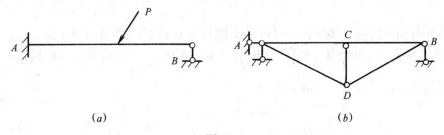

(a) (b)

图 16-1

静定结构是没有多余约束的几何不变体系。若去掉其中任何一个约束，即成为几何可变体系。也就是说静定结构的任何一个约束，对维持其几何不变性都是必要的，我们称之为必要约束。对于超静定结构，若去掉某一个或某几个约束后，仍然可以是一个几何不变体系。如图 16-1（*a*）所示超静定梁，去掉支座 *B* 的链杆，即为静定悬臂梁，是几何不变的。图 16-1（*b*）所示混合结构去掉链杆 *CD*，仍为几何不变体系。超静定梁图 16-1（*a*）支座 *B* 的链杆，图 16-1（*b*）所示混合结构的链杆 *CD* 对维持原结构的几何不变性可以视为是多余的，称之为多余约束。与多余约束相应的反力称之为多余反力。

由此可知，超静定结构的几何组成特征是具有多余约束，从静力学方面去研究超静定结构的特征是具有多余未知力。

二、超静定次数的确定

超静定结构中多余约束的数目，或者多余未知力的数目称之为超静定结构的超静定次数。

由超静定次数的定义可知，确定超静定次数的方法是，去掉超静定结构的多余约束，使之变成静定结构，则去掉多余约束的个数，或多余未知力的个数便是超静定结构的超静定次数。现以具体例子分析如下：

1. 去掉支座处的一根链杆或切断一根链杆，相当去掉一个约束。

图 16-2（a）所示连续梁，去掉支座 B 处链杆，变成图 16-2（b）所示简支梁。图 16-2（c）所示混合结构，切断链杆 CD，变成图 16-2（d）所示静定结构，相当在刚片 AB 上加一个二元体。

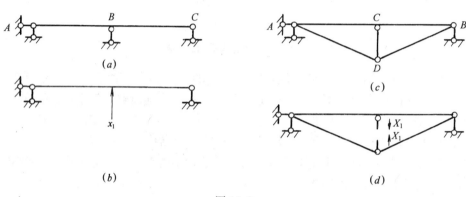

图 16-2

图 16-2（a）所示连续梁，还可以将支座 C 处链杆视为多余约束去掉。变成图 16-3（a）所示外伸梁。还可以在连续杆上加一个铰，变成图 16-3（b）所示多跨静定梁。

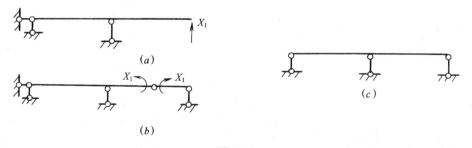

图 16-3

显然，超静定结构去掉多余约束的方式不止一种，但需注意不能去掉必要约束，否则变成几何可变体系。如图 16-2（a）所示连续梁不能去掉 A 支座处的水平链杆，因为去掉 A 支座水平链杆后，将 AC 梁视为刚片 Ⅰ，大地视为刚片 Ⅱ，两刚片由三根完全平行链杆相联图 16-3（c），几何可变。由前面可知可变体系不能做为结构在工程中使用。因此超静定结构的必要约束绝对不能去掉。

2. 去掉一个铰支座或单铰，相当于去掉两个约束。

图 16-4（a）所示刚架，可去掉 C 处的单铰，代之以相应多余未知力 X_1，X_2，变成图 16-4（b）所示两个静定悬臂刚架。

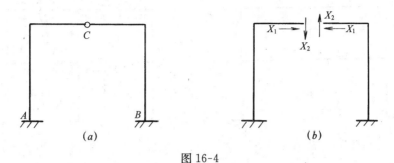

图 16-4

3. 在连续杆上或者在固定端上加一个单铰，相当去掉一个联系。

图 16-5（a）所示刚架，可在连续杆 CD，固定端支座 A、B 处分别加铰，代之以相应多余未知力 X_1、X_2、X_3 变成图 16-5（b）所示静定三铰刚架。可见：

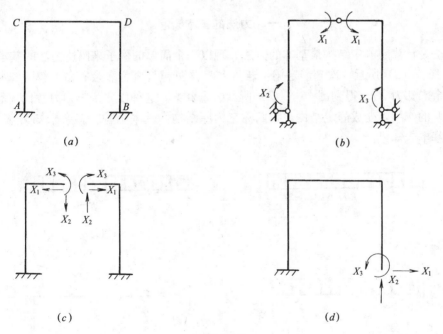

图 16-5

4. 切断连续杆或者去掉一个固定端相当于去掉三个联系。

对于图 16-5（a）所示刚架，亦可以将连续杆切断，代之以多余未知力 X_1、X_2、X_3，成为图 16-5（c）所示两个静定悬臂刚架。或者去掉一个固定端，代之以相应多余未知力，变成图 16-5（d）所示一个静定悬臂刚架。

需要指出的是，图 16-5（a）所示刚架相当于一个无铰封闭框。由此可知：

一个无铰闭合框有三个多余联系，其超静定次数等于三。

例如图 16-6（a）所示的两跨两层刚架，它有四个闭合框，其超静定次数等于 $3 \times 4 = 12$ 次。这一答案的正确性很容易以图 16-6（b）所示三个静定悬臂刚架看出。它们是由切断四根连续杆得到的。其去掉多余联系的个数为 $3\times4=12$ 个。

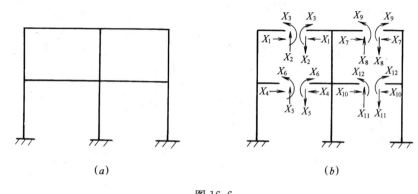

图 16-6

第二节 力法概念和力法典型方程

一、力法的基本概念

力法是计算超静定结构最基本的方法。现以一个简单的例子来阐述力法的基本概念。

图 16-7（a）所示一次超静定梁，若将支座 B 处链杆视为多余联系，解除掉并代之相应的多余未知力 X_1，得到图 16-7（b）所示的悬臂梁。这种以多余未知力替代超静定结构多余联系的作用，变成静定结构，我们称它为原结构的基本结构。多余未知力 X_1 称为力法中的基本未知量。

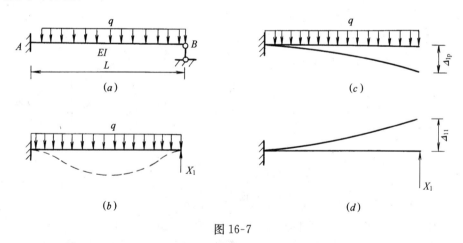

图 16-7

由于多余未知力 X_1 相当于原梁支座 B 处的反力，因此，基本结构在多余未知力 X_1 和均布荷裁 q 作用下与原梁完全一样，其基本结构的变形也应该与原结构完全一致。这样，计算原结构就可以在它的基本结构上进行。

首先应该解出作用在基本结构上的多余未知力 X_1，其次解出基本结构在荷载 q 和多余未知力共同作用下的外力和内力。则一切计算迎刃而解。

对比原结构与基本结构情况可知，原结构在支座 B 处由于有多余联系不可能有竖向位移；而基本结构则因去掉了多余联系，在 B 点处即可能产生竖向位移，所以只有当 X_1 的数值与原结构支座链杆 B 实际发生的反力相等时，才能使基本结构在荷载 q 和多余力 X_1 共同作用下，B 点的竖向位移等于零。即

$$\Delta_1 = 0 \tag{16-1}$$

上式（16-1）称变形协调条件。由此变形条件，便可确定多余未知力 X_1 的唯一解。

设以 Δ_{11} 和 Δ_{1p} 分别表示基本结构在多余未知力 X_1 和均布荷载 q 单独作用下 B 点沿 X_1 方向的位移图 16-7 (c)、(d)，根据叠加原理，有

$$\Delta_1 = \Delta_{11} + \Delta_{1p} = 0 \tag{16-2}$$

Δ_{11}、Δ_{1p} 均以与 X_1 的指向一致为正。图 16-7 (d) 中 Δ_{1p} 与 X_1 指向相反，为负。

为了使位移条件式（16-2）中显现出多余未知力 X_1，令 $X_1 = 1$ 时 B 点沿 X_1 方向所产生的位移为 δ_{11}，则 $\Delta_{11} = \delta_{11} X_1$。于是式（16-2）可写成

$$\delta_{11} X_1 + \Delta_{1p} = 0 \tag{16-3}$$

式中 δ_{11} 和 Δ_{1p} 分别是静定结构当 B 点在 $X_1 = 1$ 及均布荷载 q 作用下的位移，可用图乘法求得。将求得的 δ_{11}、Δ_{1p} 代入式（16-3）即可求出 X_1。求出 X_1 后，基本结构就成为已知的均布荷载 q 和集中力 X_1 情况下的悬臂梁作用，其反力和内力均可求出。该反力和内力即为原超静定梁的反力和内力。

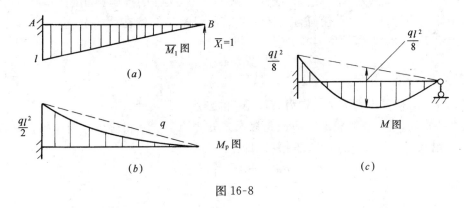

图 16-8

对于本例图 16-8 (a)、(b)、

$$\delta_{11} = \frac{1}{EI}\left(\frac{1}{2} l \cdot l \cdot \frac{2}{3} l\right) = \frac{l^3}{3EI}$$

$$\Delta_{1p} = -\frac{1}{EI}\left(\frac{1}{3} \times \frac{1}{2} q l^2 \cdot l \cdot \frac{3}{4} l\right) = -\frac{q l^4}{8EI}$$

将求得的 δ_{11}、Δ_{1p} 代入式（16-3），解得

$$X_1 = \frac{-\Delta_{1p}}{\delta_{11}} = \frac{3}{8} q l$$

结果为正，表明 X_1 的指向与所假设指向相同。求出 X_1 值后，基本结构的反力和内力按静定结构计算，求反力和内力的方法可以完全确定，可见，求多余未知力 X_1 是力法解题的关键。

综上所述，力法的基本结构是静定结构，力法的基本未知量是多余未知力。多余未知力由变形协调条件来确定。

二、力法的典型方程

以图 16-9（a）所示两次超静定刚架为例，来说明如何根据变形协调条件来建立求解多余未知力的方程，以解出原超静定结构。

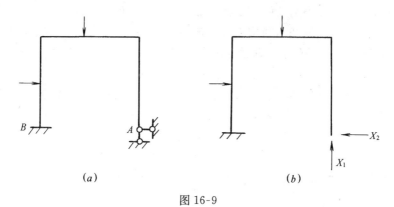

图 16-9

将 A 支座的两根链杆视为多余联系解除掉，得到图 16-9（b）所示基本结构。被去掉的支座链杆的作用以多余力 X_1、X_2 来代替。X_1、X_2 就是力法的基本未知量。

由于原结构的 A 点没有任何方向的位移。所以基本结构在荷载及 X_1、X_2 共同作用下，A 点沿 X_1、X_2 方向的位移都等于零。即

$$\begin{cases} \Delta_1 = 0 \\ \Delta_2 = 0 \end{cases} \tag{16-4}$$

式（16-4）便是求解多余未知力 X_1、X_2 的变形协调条件。

根据叠加原理，位移 Δ_1、Δ_2 应该是多余未知力 X_1、X_2 和荷载分别作用在基本结构上时 A 点沿 X_1、X_2 方向的位移的叠加。即

$$\begin{aligned} \Delta_1 &= \delta_{11}X_1 + \delta_{12}X_2 + \Delta_{1p} = 0 \\ \Delta_2 &= \delta_{21}X_1 + \delta_{22}X_2 + \Delta_{2p} = 0 \end{aligned} \tag{16-5}$$

式中每项位移两个下角标的意义是：第一个角标表示位移发生的地点和方向，第二个角标表示产生该位移的原因。由此：

δ_{11} 表示 $X_1 = 1$ 单独作用在基本结构上时，X_1 作用点处（A 点）沿 X_1 方向的位移图 16-10（a）；δ_{12} 表示 $X_2 = 1$ 单独作用在基本结构上时，X_1 作用点沿 X_1 方向的位移图 16-10（b）；Δ_{1p} 表示荷载单独作用在基本结构上时，X_1 作用点沿 X_1 方向的位移，图 16-10（c）。同样可以说明 δ_{21}、δ_{22} 含义、位移的地点、方向和产生该位移的原因。

式（16-5）的物理意义是：在基本结构中，在多余未知力 X_1、X_2 及已知荷载的共同作用下，在去掉多余联系处的位移与原结构中的相应位移相等。

同理，对于 n 次超静定结构，它有 n 个多余未知力，对应有 n 个已知的位移条件，能够建立 n 个方程，可以求解出 n 个多余未知力。其 n 个多余力的方程是：

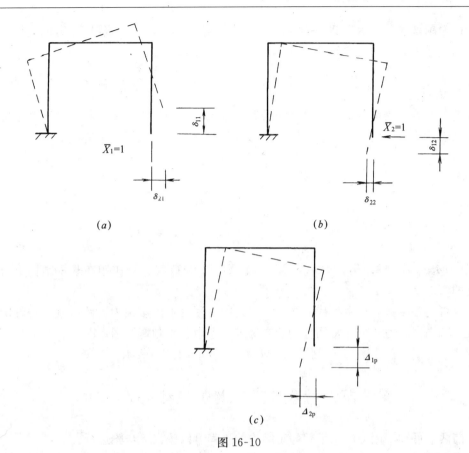

图 16-10

$$\left.\begin{aligned}
&\delta_{11}X_1 + \delta_{12}X_2 + \cdots + \delta_{1i}X_i \cdots + \delta_{1n}X_n + \Delta_{1p} = \Delta_1\\
&\delta_{21}X_1 + \delta_{22}X_2 + \cdots + \delta_{2i}X_i \cdots + \delta_{2n}X_n + \Delta_{2p} = \Delta_2\\
&\cdots\cdots\\
&\delta_{i1}X_1 + \delta_{i2}X_2 + \cdots + \delta_{ii}X_i \cdots + \delta_{in}X_n + \Delta_{ip} = \Delta_i\\
&\cdots\cdots\\
&\delta_{n1}X_1 + \delta_{n2}X_2 + \cdots + \delta_{ni}X_i \cdots + \delta_{nn}X_n + \Delta_{np} = \Delta_n
\end{aligned}\right\}\qquad(16\text{-}6)$$

如果沿所有多余力的位移均等于零时，则式（16-6）为

$$\left.\begin{aligned}
&\delta_{11}X_1 + \delta_{12}X_2 + \cdots + \delta_{1i}X_i \cdots + \delta_{1n}X_n + \Delta_{1p} = 0\\
&\delta_{21}X_1 + \delta_{22}X_2 + \cdots + \delta_{2i}X_i \cdots + \delta_{2n}X_n + \Delta_{2p} = 0\\
&\cdots\cdots\\
&\delta_{i1}X_1 + \delta_{i2}X_2 + \cdots + \delta_{ii}X_i \cdots + \delta_{in}X_n + \Delta_{ip} = 0\\
&\cdots\cdots\\
&\delta_{n1}X_1 + \delta_{n2}X_2 + \cdots + \delta_{ni}X_i \cdots + \delta_{nn}X_n + \Delta_{np} = 0
\end{aligned}\right\}\qquad(16\text{-}7)$$

式（16-7）称为力法典型方程。式中

δ_{ii} 称为主系数，表示当 $X_i = 1$ 作用在基本结构上时，X_i 作用点沿 X_i 方向的位移。由于 δ_{ii} 是 $X_i = 1$ 引起的自身方向上的位移，故永远为正。

δ_{ij} 称为副系数，表示当 $X_j = 1$ 作用在基本结构上时，X_i 作用点沿 X_i 方向的位移，可能为正为负或为零。由位移互等定理，有

$$\delta_{ij} = \delta_{ji}$$

Δ_{ip} 称为自由项。

以上各系数均为基本结构在已知荷载和多余未知力的作用下的位移。由于基本结构是静定结构，所以可用前一章求静定结构位移的公式进行计算或用图乘法，即

$$\begin{cases} \delta_{ii} = \Sigma \int \dfrac{\overline{M_i^2}}{EI} \mathrm{d}s \\[2mm] \delta_{ij} = \Sigma \int \dfrac{\overline{M_i}\,\overline{M_j}}{EI} \mathrm{d}s \\[2mm] \delta_{ip} = \Sigma \int \dfrac{\overline{M_i} M_p}{EI} \mathrm{d}s \end{cases}$$

式中 $\overline{M_i}$、$\overline{M_j}$ 和 M_p 分别表示当 $X_i = 1$、$X_j = 1$ 和荷载分别作用在基本结构上时，基本结构的弯矩图。

将求得的各系数和自由项代入式（16-7）中，便可求出多余力。然后就可按静定结构求其反力和内力。力法中通常用叠加的方法求出弯矩、绘制弯矩图。即

$$M = \overline{M_1} X_1 + \overline{M_2} X_2 + \cdots + \overline{M_n} X_n + M_p$$

第三节   荷载作用下超静定结构的计算

由前两节可知，用力法求解超静定结构的过程可以按以下步骤进行。

1. 去掉多余联系，代之以相应多余未知力，得到基本结构。同时确定了超静定次数。

2. 据原结构解除多余联系处的位移情况，按照变形协调条件，列出力法典型方程。

3. 画出基本结构的多余未知力单位弯矩图，荷载弯矩图，用图乘法求出所有系数与自由项。

4. 解方程，求出所有多余力。

5. 用叠加法画 M 图。

6. 画 V、N 图（视题要求）。

一、超静定梁和刚架

在后面解超静定结构的位移法和力矩分配法中，常用到单跨超静定梁的杆端弯矩、剪力。下面先通过例题说明如何用力求得单跨超静定梁的弯矩、剪力。

【例 16-1】   用力法解图 16-11（a）所示超静定梁，画 M 图。EI 为常数

【解】   1. 选取基本结构

此梁具有三个多余联系，为三次超静定。取基本结构如图 16-11（b）所示。取基本结构时注意必须为几何不变体系，另外由于基本结构有多种取法，尽量选取便于计算的基本结构。

2. 建立力法典型方程

在小变形前提下，两端固定的单跨梁受垂直于梁轴荷载作用时，轴向多余力 $X_3 = 0$，

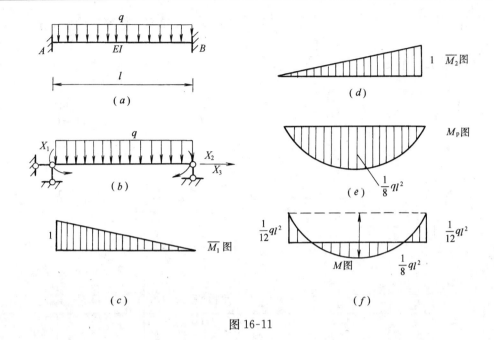

图 16-11

此类问题可当作两次超静定来计算。即

$$\delta_{11} X_1 + \delta_{12} X_2 + \Delta_{1p} = 0$$
$$\delta_{21} X_1 + \delta_{22} X_2 + \Delta_{2p} = 0$$

3. 画单位弯矩图，荷载弯矩图，用图乘法求各系数和自由项

$$\delta_{11} = \frac{1}{EI}\left(\frac{1}{2} \times 1 \times l \times \frac{2}{3}\right) = \frac{l}{3EI}$$

$$\delta_{12} = \delta_{21} = \frac{1}{EI}\left(\frac{1}{2} \times 1 \times l \times \frac{1}{3}\right) = \frac{l}{6EI}$$

$$\delta_{22} = \frac{1}{EI}\left(\frac{1}{2} \times 1 \times l \times \frac{2}{3}\right) = \frac{l}{3EI}$$

$$\Delta_{1p} = -\frac{2}{3} \cdot \frac{1}{8} q l^2 \cdot l \times \frac{1}{2} = -\frac{q l^3}{24EI}$$

$$\Delta_{2p} = -\frac{q l^3}{24EI}$$

4. 解方程

$$\frac{1}{3EI} X_1 + \frac{1}{6EI} X_2 - \frac{q l^3}{24EI} = 0$$

$$\frac{1}{6EI} X_1 + \frac{1}{3EI} X_2 - \frac{1}{24EI} q l^3 = 0$$

解得 $\qquad X_1 = \frac{1}{12} q l^2$, $X_2 = \frac{1}{12} q l^2$

两个杆端弯矩相等，此类结构可利用对称条件简化计算。后面将要介绍。

5. 叠加法画 M 图

$$M = \overline{M}_1 X_1 + \overline{M}_2 X_2 + M_p$$

绘得的 M 图示于图 16-11 （f）。

将求得的 X_1、X_2 放在基本结构上，按求静定梁剪力的方法很容易计算出基本结构的剪力。

【例 16-2】 作图 16-12（a）所示刚架的弯矩图、剪力图、轴力图

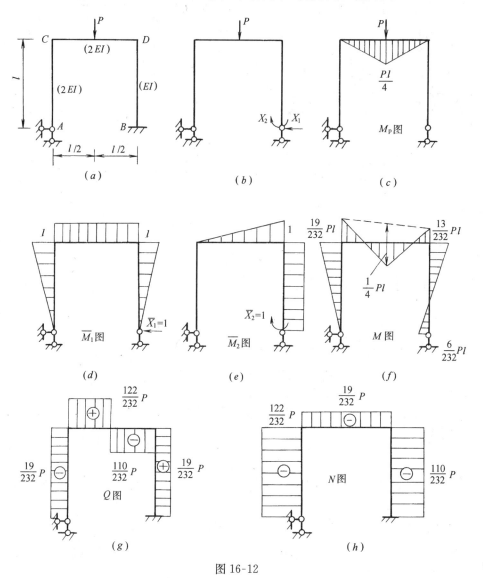

图 16-12

【解】 1. 选择力法基本结构

这是一个两次超静定刚架，解除 B 支座的两个多余联系代之以多余未知力 X_1、X_2，得到图 16-12（b）所示基本结构。

2. 建立力法典型方程：

原刚架支座 B 为固定端支座，没有任何移动和转动，力法典型方程为：

$$\delta_{11}X_1 + \delta_{12}X_2 + \Delta_{1p} = 0$$

$$\delta_{21}X_1 + \delta_{22}X_2 + \Delta_{2p} = 0$$

3. 绘 M_p、$\overline{M}_1$ 和 $\overline{M}_2$ 图，分别示于图 16-12（c）、（d）、（e）。用图乘法求各系数及自由项

$$\delta_{11}=\frac{1}{2EI}\ (l\times l\times l)\ +\frac{1}{2EI}\left(\frac{1}{2}\times l\times l\times \frac{2}{3}l\right)+\frac{1}{EI}\left(\frac{1}{2}\times l\times l\times \frac{2}{3}l\right)=\frac{l^3}{EI}$$

$$\delta_{22}=\frac{1}{2EI}\left(\frac{1}{2}\times l\times 1\right)\left(\frac{2}{3}\times 1\right)+\frac{1}{EI}(1\times l)\times 1=\frac{7l}{6EI}$$

$$\delta_{12}=\delta_{21}=\frac{1}{2EI}\left(\frac{1}{2}\times 1\times l\right)\times l+\frac{1}{EI}\left(\frac{1}{2}\times l\times l\right)\times 1=\frac{3l^2}{4EI}$$

$$\Delta_{1p}=-\frac{1}{2EI}\left(\frac{1}{2}\times \frac{Pl}{4}\times l\right)\times l=-\frac{Pl^3}{16EI}$$

$$\Delta_{2p}=-\frac{1}{2EI}\left(\frac{1}{2}\times \frac{Pl}{4}\times l\right)\times \frac{1}{2}=-\frac{Pl^2}{32EI}$$

4. 解方程，求 X_1、X_2

将以上求得的各系数，自由项代入力法典型方程

$$\frac{l^3}{EI}X_1+\frac{3l^2}{4EI}X_2-\frac{Pl^3}{16EI}=0$$

$$\frac{3l^3}{4EI}X_1+\frac{7l^2}{6EI}X_2-\frac{Pl^2}{32EI}=0$$

解得

$$X_1=\frac{19P}{232},\quad X_2=-\frac{6P}{232}$$

5. 用叠加法画 M 图

$$M=\overline{M}_1X_1+\overline{M}_2X_2+M_p$$

据上式先将刚架各杆两个端截面的弯矩值计算出来：

$$M_{CA}=l\times \frac{19P}{232}=\frac{19Pl}{232}\quad （左拉）$$

$$M_{AC}=0$$

$$M_{CD}=l\times \frac{19P}{232}=\frac{19Pl}{232}\quad （上拉）$$

$$M_{CD}=M_{CA}$$

$$M_{DC}=l\times \frac{19P}{232}+1\times \left(-\frac{6Pl}{232}\right)=\frac{13Pl}{232}\quad （上拉）$$

$$M_{DC}=M_{DB}$$

$$M_{DB}=l\times \frac{19P}{232}+1\times \left(-\frac{6Pl}{232}\right)=\frac{13Pl}{232}\quad （右拉）$$

$$M_{BD}=l\times \left(-\frac{6Pl}{232}\right)=\frac{6Pl}{232}\quad （左拉）$$

CD 杆 P 作用点 $M=\frac{1}{4}Pl-\frac{1}{2}\left(\frac{19}{232}+\frac{13}{232}\right)Pl$

求得以上各值之后，看各杆是否作用横向荷载：杆 AC、BD 上无荷载作用。可直接将两个端截面的弯矩值 M_{AC}、M_{CA} 及 M_{BD}、M_{DB} 连成一直线即可；杆 CD 上作用横向荷载，

则按简支梁叠加的方法画其 M 图，先将两个端截面的弯矩值 M_{CD}、M_{DC} 连成虚线，然后以此虚线为基线，叠加上简支梁跨中受集中力作用下的弯矩图。跨中截面弯矩值为 $\frac{1}{4}Pl-\frac{1}{2}\left(\frac{19}{232}+\frac{13}{232}\right)Pl$。

最终弯矩图如图 16-12（f）所示。

6. 绘剪力图、轴力图

将求得的多余未知力 X_1、X_2 放在基本结构上，按静定结构画剪力图的方法画得剪力图如图 16-12（g）所示。轴力图示于图 16-12（h）。

【例 16-3】 力法解图 16-13（a）所示刚架，绘出 M 图

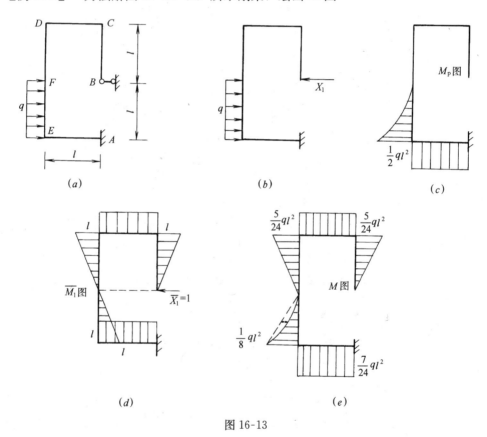

图 16-13

【解】 1. 去掉 B 支座水平链杆，代之以多余未知力 X_1，得基本结构如图16-13（b）所示。

2. 列力法典型方程

$$\delta_{11}X_1+\Delta_{1p}=0$$

3. 绘 M_p 图及 $\overline{M}_1$ 图（见图 16-13c、d），计算系数及自由项。

$$\delta_{11}=\frac{1}{EI}\left[\left(\frac{1}{2}\times l\times l\right)\left(\frac{2}{3}l\right)\times 3+(l\times l\times l)\times 2\right]$$
$$=\frac{3l^3}{EI}$$

$$\Delta_{1p} = \frac{1}{EI}\Big[-\Big(\frac{1}{3}\times\frac{ql^2}{2}\times l\Big)\times\frac{3}{4}l - \Big(\frac{ql^2}{2}\times l\Big)\times l\Big]$$

$$= -\frac{5ql^4}{8EI}$$

4. 解方程，求 X_1

$$X_1 = -\frac{\Delta_{1p}}{\delta_{11}} = \frac{5ql}{24}$$

5. 叠加法画 M 图

$$M = \overline{M}_1 X_1 + M_p$$

由于杆 BC、DC、DF 没有由荷载引起的弯矩（$M_p = 0$），故只需将 $\overline{M}_1$ 图扩大 X_1 倍即可。

求出杆 AE 两个端截面的弯矩，将其二值连成直线即为杆 AE 的弯矩图。端截面的弯矩值为

$$M_{AE} = M_{EA} = \overline{M}_1 X_1 + M_p$$

$$= l\times\frac{5ql}{24} - \frac{1}{2}ql^2 = -\frac{7}{24}ql^2 \quad（下拉）$$

杆 EF 上作用有均布荷载 q，可先求出两个端截面的弯矩值

$$M_{FE} = 0$$

$$M_{EF} = l\times\frac{5ql}{24} - \frac{1}{2}ql^2 = -\frac{7}{24}ql^2 \quad（左拉）$$

将该二值连成虚线，然后以此虚线为基线叠加简支梁在均布荷载作用下的弯矩图。

刚架最终弯矩图示于图 16-13（e）。

从以上各例看出，在荷载作用下，结构的多余未知力及内力的大小与杆件的绝对刚度值无关（EI 在解力法典型方程中被消掉），但与各杆相互之间的刚度比值有关。因此，当结构是由同一种材料制成时，其多余未知力和内力的大小只与杆件之间惯性矩 I 的相对比值有关。

二、超静定桁架的计算

用力法计算超静定桁架的方法和步骤与刚架相同，但桁架的内力只有轴力，因此基本结构的位移仅由杆件的轴向变形引起。其力法典型方程中的系数和自由项不能用图乘法计算。应按下式计算

$$\delta_{ii} = \Sigma\frac{\overline{N}_i^2 l}{EA}$$

$$\delta_{ij} = \Sigma\frac{\overline{N}_i\overline{N}_j}{EA}l$$

$$\Delta_{ip} = \Sigma\frac{\overline{N}_i N_p}{EA}l$$

桁架各杆最后内力值仍按叠加法计算，即

$$N = \overline{N}_1 X_1 + \overline{N}_2 X_2 + \cdots + \overline{N}_n X_n + N_p$$

【例 16-4】　用力法计算图 16-14（a）所示桁架。设各杆 EA 为常数

【解】　1. 选取力法基本结构

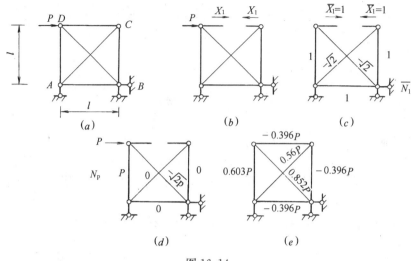

图 16-14

此桁架支座处没有多余联系，桁架内部以任意铰接三角形为一个刚片，增加一个二元体得到静定桁架后多余一根链杆，切断链杆 CD 代之以多余力 X_1 得基本结构如图 16-14 (b) 所示。桁架的这种超静定形式叫做内部超静定。此桁架是一次内部超静定。

2. 建立力法典型方程

根据基本结构切口两侧截面在 X_1 和荷载共同作用下沿杆轴方向的相对线位移与原桁架相应线位移相同即 $\Delta_1=0$ 的条件（切口两侧截面原来是同一截面），建立力法典型方程

$$\delta_{11}X_1+\Delta_{1p}=0$$

3. 分别求出 $X_1=1$、荷载 P 单独作用下基本结构各杆轴力图 16-14 (c)、(d)，然后利用桁架由位移公式求出系数和自由项为

$$\delta_{11}=\frac{l}{EA}\ (1\times1\times4)\ +\frac{\sqrt{2}}{EA}l\times[(-\sqrt{2})^2\times2]$$

$$=\frac{4l}{EA}\ (1+\sqrt{2})$$

$$\Delta_{1p}=\frac{l}{EA}\ (1\times P)\ +\frac{\sqrt{2}l}{EA}[(-\sqrt{2})\ (-\sqrt{2}P)]$$

$$=\frac{Pl}{EA}\ (1+2\sqrt{2})$$

4. 将求得的 δ_{11}、Δ_{1p} 代入力法典型方程，求出

$$X_1=\frac{\Delta_{1p}}{\delta_{11}}=-\frac{(1+2\sqrt{2})P}{4(1+\sqrt{2})}=-0.396P$$

5. 用叠加法求出各杆轴力

$$N=\overline{N}_1X_1+N_p$$

求得桁架各杆轴力示于图 16-14 (e)。

【例 16-5】　用力法计算图 16-15 (a) 所示桁架，$EA=$常数。

【解】　1. 选取基本结构

这是一个外部一次超静定桁架，因为它的支座具有一个多余联系。去掉支座 C 处的链

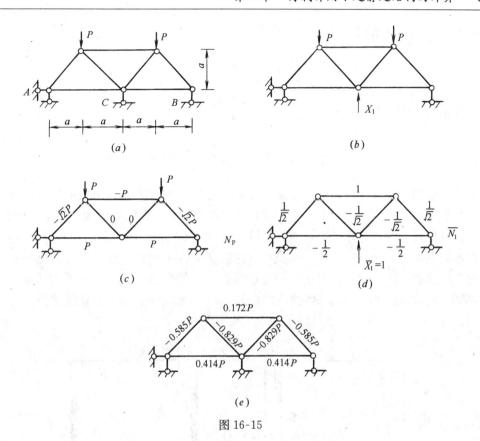

图 16-15

杆代之以多余未知力 X_1，得基本结构如图 16-15 (b) 所示。

2. 建立力法典型方程

$$\delta_{11}X_1+\Delta_{1p}=0$$

3. 分别计算在荷载及 $X_1=1$ 单独作用下各杆轴力，如图 16-15 (c)、(d) 所示。

4. 求出系数和自由项

$$\delta_{11}=\frac{1}{EA}\Big[\Big(\frac{1}{\sqrt{2}}\Big)^2\times\sqrt{2}a\times2+\Big(-\frac{1}{\sqrt{2}}\Big)^2\times$$

$$\sqrt{2}a\times2+\Big(-\frac{1}{2}\Big)^2\times2a\times2+1^2\times2a\Big]$$

$$=5.828\frac{a}{EA}$$

$$\Delta_{1p}=\frac{1}{EA}\Big[\ (1-\sqrt{2}P)\ \Big(\frac{1}{\sqrt{2}}\Big)\times\sqrt{2}a\times2+$$

$$P\times\Big(-\frac{1}{2}\Big)\times2a\times2+\ (-P)\ \times1\times2a\Big]$$

$$=-6.828\frac{Pa}{EA}$$

5. 将以上各值代入力法方程，求出 X_1 为

$$X_1=-\frac{\Delta_{1p}}{\delta_{11}}=1.172P$$

6. 按叠加法求出各杆内力

$$N = \overline{N}_1 X_1 + N_p$$

例如　$N_{AC} = \left(-\dfrac{1}{2}\right) \times 1.172P + P = 0.414P$

各杆轴力示于图 16-15 (e)。

第四节　用力法解铰接排架

单层厂房的主要承重结构是由屋架（或屋面大梁），柱子和基础组成的横向排架图 16-16 (a)。柱子与基础之间为刚接，屋架和柱顶可视为铰接。在屋面荷载作用下，屋架按桁架计算。计算排架就是对柱子进行内力分析。在对柱子进行内力分析时，可以认为屋架对柱顶仅起联系作用，将它看成是一根抗拉压刚度无限大的刚性链杆。称之为排架的横梁。排架的立柱多数为阶梯状，这是由于单层厂房的柱子经常需要放置吊车梁的缘故。由此，可以将图 16-16 (a) 所示排架简化为图 16-16 (b) 所示简图。称之为铰接排架。

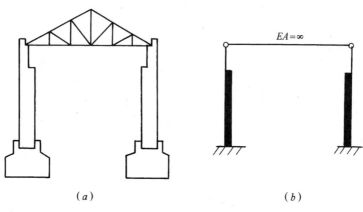

(a)　　　　　　　　　　(b)

图 16-16

铰接排架是超静定结构，可以用力法计算，其方法和步骤与刚架相同。其基本结构的取法通常是将横梁作为多余联系而切断。现通过下例具体说明。

图 16-17 (a) 所示排架，上柱抗弯刚度为 EI_1，下柱抗弯刚度为 EI_2，设 $\dfrac{I_2}{I_1} = 5.77$，受力如图所示，试用力法计算该铰接排架，绘出其弯矩图。

由于排架的横梁 CD 是一根链杆，截断一根链杆相当于去掉一个联系，因此这个单跨排架是一次超静定结构。将横梁 CD 切断，代之以一对多余未知力 X_1，得基本结构如图 16-17 (b) 所示。

根据基本结构在多余未知力和荷载的共同作用下，横梁切口两侧截面相对水平位移与原结构相应位移相等（切口两侧截面是同一个截面）即 $\Delta_1 = 0$ 的条件，建立力法典型方程为

$$\delta_{11} X_1 + \Delta_{1p} = 0$$

分别画出单位弯矩图 $\overline{M}_1$ 和荷载弯矩图 M_p 示于图 16-17 (c)、(d)。由于柱子的刚度

不一样，用图乘法求位移时需分段进行，另外横梁 *CD* 被视为钢杆，计算系数时不考虑横梁变形。用图乘法求得系数和自由项如下：

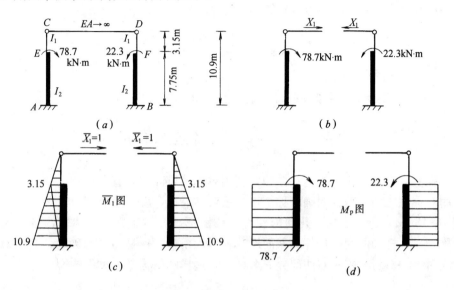

图 16-17

$$\delta_{11}=\frac{2}{EI_1}\Big[\Big(\frac{1}{2}\times3.15\times3.15\Big)\times\Big(\frac{2}{3}\times3.15\Big)\Big]+\frac{2}{EI_2}\Big[\Big(\frac{1}{2}\times3.15\times7.75\Big)\times$$

$$\Big(\frac{1}{3}\times10.9+\frac{2}{3}\times3.15\Big)+\Big(\frac{1}{2}\times10.9\times7.75\Big)\times\Big(\frac{1}{3}\times3.15+\frac{2}{3}\times10.9\Big)\Big]$$

$$=\frac{1}{EI_1}\ (20.8)+\frac{2}{EI_2}\ [12.21\times\ (3.63+2.1)\ +\ (42.24\times8.32)]$$

$$=\frac{20.8}{EI_1}+\frac{2}{EI_2}\ (70+351.44)$$

$$=\frac{1}{EI_2}\ (20.8\times5.77+842.89)$$

$$=962.91\ \frac{1}{EI_2}$$

$$\Delta_{1p}=\frac{1}{EI_2}\Big[78.7\times7.75\times\frac{1}{2}\ (3.15+10.9)\ +22.3\times7.75\times\frac{1}{2}\ (3.15+10.9)\Big]$$

$$=\frac{1}{EI_2}\ (4284.72+1214.1)$$

$$=5498.8\,\frac{1}{EI_2}$$

将系数和自由项代入典型方程，解出 X_1

$$X_1=-\frac{\Delta_{1p}}{\delta_{11}}=-\frac{5498.8\,\dfrac{1}{EI_2}}{962.91\,\dfrac{1}{EI_2}}=-5.7\text{kN}$$

按式 $M=\overline{M}_1X_1+M_p$ 得排架最终弯矩图示于图 16-17 (e) 所示。

第五节   结构对称性的利用

在工程实际中有很多结构是对称的，利用对称性可以使计算得到简化。

利用对称性之前，需要明确对称结构，正对称荷载，反对称荷载的概念。

图 16-18 (a) 所示结构的几何形状是对称图形。相对于它的对称轴，结构的支座是左右对称的；各杆的刚度（杆件的截面尺寸和弹性模量）也是左右对称的。简单地说，若将结构绕对称轴对折，则左右两部分完全重合，这样的结构称为对称结构。

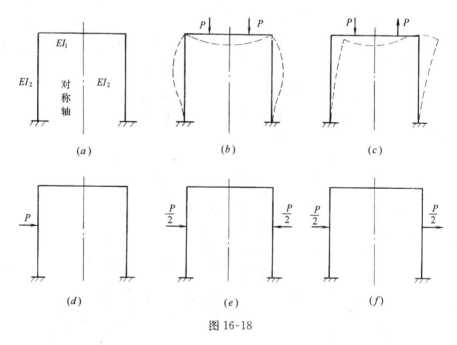

图 16-18

如果对称轴两边的荷载大小相等，绕对称轴对折后，作用点重合且指向相同图 16-18 (b)，称为正对称荷载；若对称轴两边的荷载大小相等，绕对称轴对折后作用点重合，但指向相反图 16-18 (c)，则称为反对称荷载。

但有时作用在对称结构上的荷载既不是正对称荷载也不是反对称荷载，称之为一般荷载图 16-18 (d)，则可将一般荷载分解为正对称图 16-18 (e)、反对称图 16-18 (f) 两组。

可以证明，对称结构在对称荷载作用下，其内力和变形是正对称的（参看图 16-18b 虚线）；在反对称荷载作用下，其内力和变形都是反对称的（参看图 16-18c 虚线）。利用这一性质，当对称结构承受对称荷载或反对称荷载时，我们可以取结构的一半进行计算。当对称结构承受一般荷载作用时，分解成正对称、反对称两组，分别取结构的一半计算，然后叠加。这种"半个结构"称之为原结构的等式结构。下面就奇数跨和偶数跨两种对称刚架加以说明。

一、奇数跨对称刚架

1. 荷载正对称

将图 16-19 (a) 所示刚架沿对称轴切开，跨中截面 C 暴露出了三对未知力 X_1、X_2、X_3（图 16-19b）。由于对称结构承受正对称荷载作用时其内力和变形是正对称的。那么从力这个角度说，处于对称轴 C 截面上的内力也应该是正对称的。将刚架连同其上作用的荷载沿对称轴对折，多余未知力 X_3 作用点重合，指向相反参看图 16-19 (b)，是反对称的；多余未知力 X_1、X_2 是正对称的。因此截面 C 的反对称的多余未知力 X_3 必为零。再从变形角度说，由于变形是正对称的，所以对称轴上的 C 截面既不能向右移也不能向左移。同时也既不能顺时针转也不能逆时针转。否则变形就不正对称。但对称轴 C 截面可以上下有位移。

据以上对称轴 C 截面受力、变形分析，当我们截取一半刚架进行计算时，可在 C 截面处用一定向支座代替原有联系，得到图 16-19 (c) 的计算简图。显然只要将半个刚架的内力或位移求出来后，则另半个刚架的内力或位移即可根据正对称这一性质确定。我们将图 16-19 (c) 所示的半个刚架称作图 16-19 (a) 所示原刚架的等代结构。等代结构的超静定次数比原结构超静定次数要少，因此使计算得到简化。

2. 荷载反对称

对于图 16-20 (a) 所示刚架，根据对称结构在反对称荷载作用下其内力和变形都是反对称这一性质，在对称轴的 C 截面内只有反对称的多余未知力 X_3，而正对称的未知力 X_1、X_2 都等于零。C 截面的位移情况是能发生水平方向的侧移和转角，但不能发生竖向位移。不能发生竖向位移的原因是由于变形反对称，对称轴 C 截面两侧竖向位移应大小相等，方向相反，而对称轴的 C 截面既属于左侧又属于右侧，所以对称轴 C 截面的竖向位移为零。我们可以用竖向链杆代替其原有联系，得等代结构如图 16-20 (b) 所示。

二、偶数跨对称刚架

1. 荷载正对称

相对于图 16-19 (a) 所示的奇数跨正对称荷载的刚架，图 16-21 (a) 所示的偶数跨正对称荷载刚架在对称轴处有一根竖柱，因此对称轴 C 截面位移较之图 16-19 (a) 所示刚架除没有水平线位移和转角之外，其竖向线位移因竖柱的存在而等于零（不考虑竖柱轴向变形），此时，截面 C 相当于固定端约束。等代结构示于图 16-21 (b)。

2. 反对称荷载

对于图 16-22 (a) 所示偶数跨反对称荷载刚架，为了取出半个刚架，设想对称轴 C 截面的竖柱是由两根惯性矩为 $\frac{I}{2}$ 的竖柱组成图 16-22 (b)。将其沿对称轴切开，由于荷载是反对称的，则对称轴 C 截面上只有反对称的多余未知力 X_3 图 16-22 (c)，这一对多余

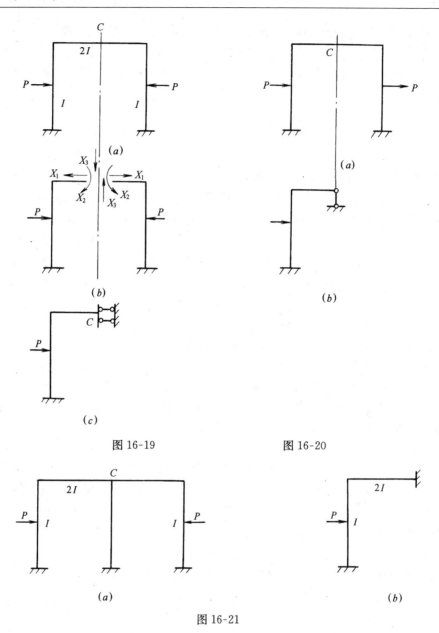

图 16-19

图 16-20

图 16-21

未知力 X_3 的作用只能使对称轴两侧的两根竖柱产生轴向拉力和压力。而相对于整个中间竖柱，由这一对多余未知力 X_3 产生的轴力的合力为零。即这一对多余未知力 X_3 对原结构的内力和变形没有影响，由此我们可以略去多余未知力 X_3 取出原刚架的一半作为它的等代结构，如图 16-22（d）所示。

【例 16-6】　利用等代结构计算图 16-23（a）所示结构，绘弯矩图，$EI=$ 常数。

【解】　本结构为 4 次超静定结构，属于奇数跨受反对称荷载作用情况。取等代结构如图 16-23（b）所示，只有一个多余联系，选取力法基本结构如图 16-23（c）所示。

建立力法典型方程

$$\delta_{11}X_1+\Delta_{1p}=0$$

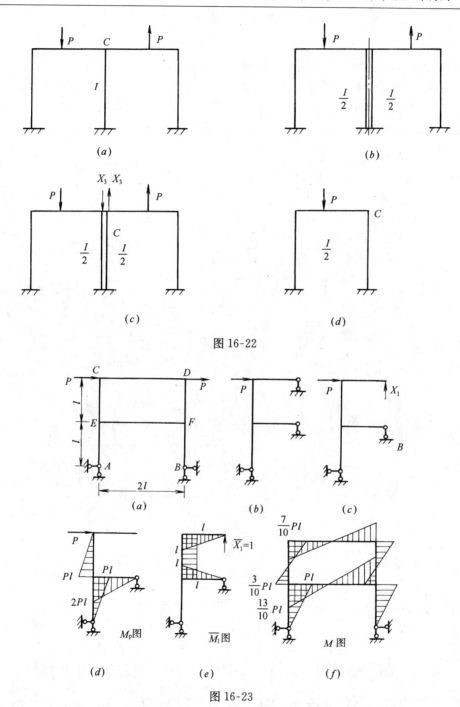

图 16-22

图 16-23

绘得的 M_p 图及 $\overline{M}_1$ 图如图 16-23（d）、（e）所示。求得的系数和自由项为

$$\delta_{11}=\frac{1}{EI}\Big[\Big(\frac{1}{2}\times l\times l\Big)\times\frac{2}{3}l\times2+l\times l\times l\Big]=\frac{5l^3}{3EI}$$

$$\Delta_{1p}=-\frac{1}{EI}\Big[\Big(\frac{1}{2}\times Pl\times l\Big)\times l+\Big(\frac{1}{2}\times l\times l\Big)\times\frac{2}{3}\times2Pl\Big]=-\frac{7Pl^3}{6EI}$$

解方程，求出的 X_1 为

$$X_1 = -\frac{\Delta_{1p}}{\delta_{11}} = \frac{7}{10}P$$

按反对称性绘得整个结构弯矩图如图 16-23（f）所示。

【例 16-7】 利用等代结构计算图 16-24（a）所示结构，绘弯矩图，EI＝常数。

【解】 本结构有两个对称轴，而且荷载对两个轴都是正对称的。所以取四分之一结构计算即可。取等代结构如图 16-24（b）所示，为 2 次超静定，而原结构为 6 次超静定。

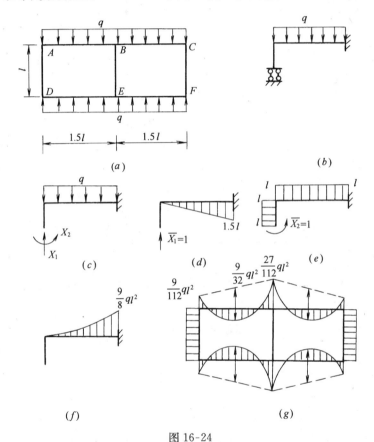

图 16-24

选取力法基本结构如图 16-24（c）所示，建立力法典型方程

$$\delta_{11}X_1 + \delta_{12}X_2 + \Delta_{1p} = 0$$
$$\delta_{21}X_1 + \delta_{22}X_2 + \Delta_{2p} = 0$$

绘 $\overline{M}_1$、$\overline{M}_2$ 和 M_p 图如图 16-24（d）、（e）、（f）所示。求出的系数和自由项为

$$\delta_{11} = \frac{1}{EI}\left(\frac{1}{2} \times \frac{3}{2}l \times \frac{3}{2}l\right) \times \frac{2}{3} \times \frac{3}{2}l = \frac{9l^3}{8EI}$$

$$\delta_{12} = \delta_{21} = \frac{1}{EI}\left(l \times \frac{3}{2}l\right) \times \frac{1}{2} \times \frac{3}{2}l = \frac{9l^3}{8EI}$$

$$\delta_{22} = \frac{1}{EI}\left[\left(l \times \frac{3}{2}l\right) \times l + \left(l \times \frac{1}{2}l\right) \times l\right] = \frac{2l^3}{EI}$$

$$\Delta_{1p} = -\frac{1}{EI}\left(\frac{1}{3} \times \frac{9}{8}ql^2 \times \frac{3}{2}l\right) \times \frac{3}{4} \times \frac{3}{2}l = -\frac{81ql^4}{128EI}$$

$$\Delta_{2p}=\frac{1}{EI}\left(\frac{1}{3}\times\frac{9}{8}ql^2\times\frac{3}{2}l\right)\times l$$

$$=\frac{9ql^4}{16EI}$$

解方程，求得的 X_1、X_2 为

$$X_1=\frac{72}{112}ql,\ X_2=\frac{9}{112}ql^2$$

用叠加法作等代结构 M 图，然后根据对称性绘制原结构图如图 16-24（g）所示。

【例 16-8】　利用等代结构计算图 16-25（a）所示结构，绘弯矩图，$EI=$ 常数。

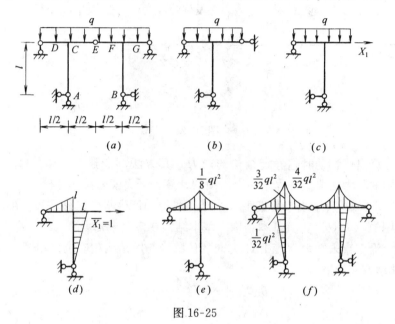

图 16-25

【解】　本例属于奇数跨对称结构受正对称荷载作用，但对称轴 C 截面有一圆铰链，取等代结构时需要考虑 C 截面联系情况有所改变，不能照搬定向支座。由于 C 截面圆柱铰链的存在，正对称多余未知力 X_2 已为零，只有正对称的多余未知力 X_1。因此 C 截面的联系形式可以用一根水平链杆来替代。取等代结构如图16-25（b）所示。

取力法基本结构如图 16-25（c）所示。建立力法典型方程

$$\delta_{11}X_1+\Delta_{1p}=0$$

绘 $\overline{M}_1$ 图和 M_p 图，如图 16-25（d）（e）所示。求出系数和自由项为

$$\delta_{11}=\frac{1}{EI}\left[\left(\frac{1}{2}\times l\times l\times\frac{2}{3}l\right)+\left(\frac{1}{2}\times l\times\frac{l}{2}\times\frac{2}{3}l\right)\right]=\frac{l^3}{2EI}$$

$$\Delta_{1p}=\frac{1}{EI}\left(\frac{1}{3}\times\frac{l}{2}\times\frac{ql^2}{8}\right)\times\frac{3}{4}l=\frac{ql^3}{64EI}$$

解方程，求出 X_1

$$X_1=-\frac{\Delta_{1p}}{\delta_{11}}=-\frac{ql}{32}$$

用叠加法画出等代结构的 M 图，由对称性绘出原结构 M 图如图 16-25（f）所示。

第六节 支座移动时超静定结构的计算

静定结构支座移动时不产生任何反力和内力。例如图 16-26（a）所示简支梁 AB，当支座 B 下移时不会受到任何阻碍。因为可以想象去掉支座 B，梁将变为几何可变体系，所以当支座 B 移动时，梁只产生刚性位移，并不产生弹性变形及内力（参看图 16-26a）。

与静定结构相比较，超静定结构由于具有多余联系，将阻碍支座的位移而使结构产生内力。例如图 16-26（b）所示超静定梁，当支座 B 发生移动时，将受到多余联系 C 支座处链杆的阻碍使各支座产生反力，同时使梁产生内力并发生弹性变形（参看图 16-26b）。

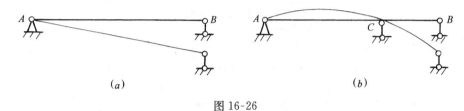

图 16-26

用力法计算支座移动时超静定结构的内力，其方法、步骤与计算荷载作用下是相同的，有所区别的是力法典型方程式中自由项的计算。下面就来具体分析。

如图 16-27（a）所示刚架，支座 A 由于某种原因产生水平位移 a 和转角 θ，用力法求解时，选取图 16-27（b）为其基本结构。基本结构在多余未知力 X_1、X_2 及支座 A 位移的共同作用下，沿多余未知力 X_1 和 X_2 方向的位移应与原结构相应位移相等。即 $\Delta_1 = 0$，$\Delta_2 = 0$，力法典型方程为

$$\delta_{11} X_1 + \delta_{12} X_2 + \Delta_{1c} = 0$$
$$\delta_{21} X_1 + \delta_{22} X_2 + \Delta_{2c} = 0$$

典型方程中的主、副系数均是基本结构（静定刚架）由单位荷载引起的位移，计算方法同前；Δ_{1c} 表示基本结构由于支座移动引起的 X_1 作用点沿 X_1 方向的位移；Δ_{2c} 表示基本结构由于支座移动引起的 X_2 作用点沿 X_2 方向的位移。由于基本结构是静定结构，故 Δ_{ic} 按下式计算

$$\Delta_{ic} = -\sum \overline{R} c$$

参看图 16-27（c）、（d）所示虚拟反力，求得自由项为

$$\Delta_{1c} = -(\theta l) = -\theta l$$
$$\Delta_{2c} = -(\theta l + 1 \times a)$$
$$= -\theta l - a$$

系数和自由项求出之后，与前面荷载作用时一样，代入典型方程求出多余反力。用叠加法绘制弯矩图。即 $M = \overline{M_1} X_1 + \overline{M_2} X_2$。注意，叠加法画弯矩图时没有叠加由支座移动引起的弯矩。因为基本结构是静定结构，如前所述其位移是刚性的，不产生内力。

我们也可以将支座 A 处有位移的联系视为多余联系去掉，得基本结构如图 16-28（a）所示。其变形条件应该是，基本结构在多余未知力 X_1、X_2 的作用下，沿 X_1、X_2 方向的位移与原结构相同。即 $\Delta_1 = a$，$\Delta_2 = \theta$。力法典型方程为

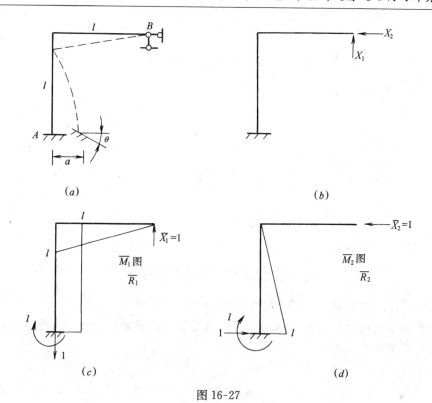

图 16-27

$$\delta_{11}X_1 + \delta_{12}X_2 = a$$
$$\delta_{21}X_1 + \delta_{22}X_2 = \theta$$

力法典型方程中不含有自由项，这是因为基本结构中已不存在发生位移的联系了。

我们还可以选取图 16-28（b）所示结构为基本结构。其力法典型方程为

$$\delta_{11}X_1 + \delta_{12}X_2 + \Delta_{1c} = \theta$$
$$\delta_{21}X_1 + \delta_{22}X_2 + \Delta_{2c} = 0$$

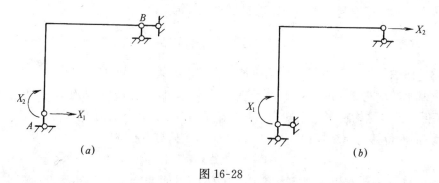

图 16-28

【例 16-9】　图 16-29（a）所示连续梁，其支座 C 下沉 Δ，求由此引起的弯矩。各杆 $EI=$ 常量。

【解】　这是一个一次超静定结构，我们采用两个基本结构分别进行计算。

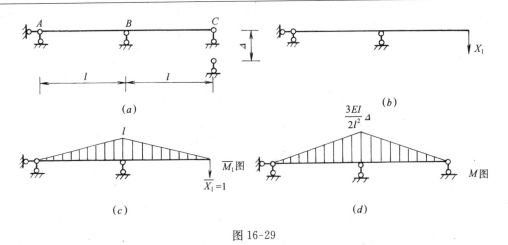

图 16-29

一、选外伸梁为基本结构

1. 去掉支座 C 处链杆，得基本结构如图 16-29 (b) 所示。

2. 根据基本结构在 X_1 作用下沿 X_1 方向的位移应与原结构相应位移相等的变形条件，建立力法典型方程

$$\delta_{11} X_1 = \Delta$$

典型方程中不含有自由项，其原因如前所述，因为基本结构中所有联系均无位移。位移 Δ 取正号是由于位移下沉 Δ 与虚拟多余未知力 X_1 的指向一致。

3. 画出 $\overline{M}_1$ 图示于图 16-29 (c)。求得

$$\delta_{11} = \frac{1}{EI}\left(\frac{1}{2} \times l \times l \times \frac{2}{3}l\right) \times 2 = \frac{2l^3}{3EI}$$

4. 解方程，求出 X_1

$$X_1 = \frac{3EI}{2l^3}\Delta$$

5. 按 $M = \overline{M}_1 X_1$ 绘制的 M 图如图 16-29 (d) 所示。

二、选简支梁为基本结构

1. 将支座 B 处链杆视为多余联系去掉，得基本结构示于图 16-30 (a)。

2. 该基本结构与图 16-29 (b) 所示基本结构不同，它包含了发生位移的支座 C。因此变形条件是基本结构在多余未知力 X_1 与支座 C 下沉的共同作用下，在多余未知力 X_1 处沿 X_1 方向的位移与原结构相等，即 $\Delta_1 = 0$。力法典型方程为

$$\delta_{11} X_1 + \Delta_{1c} = 0$$

3. 绘出 $\overline{M}_1$ 图及计算出虚拟反力图 16-30 (b)。由此求出

$$\delta_{11} = \frac{2}{EI}\left[\left(\frac{1}{2} \times l \times \frac{1}{2}l\right)\left(\frac{2}{3} \times \frac{1}{2}l\right)\right] = \frac{l^3}{6EI}$$

$$\Delta_{1c} = -\Sigma Rc = -\left(\frac{1}{2} \times \Delta\right) = -\frac{\Delta}{2}$$

4. 解方程，求出多余未知力 X_1

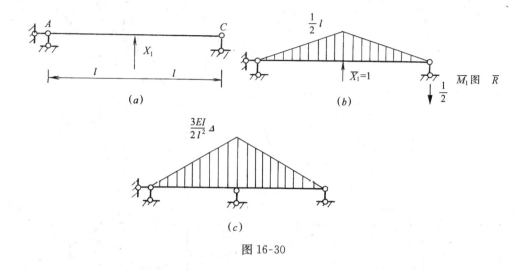

图 16-30

$$X_1 = -\frac{\Delta_{1c}}{\delta_{11}} = \frac{3EI}{l^3}\Delta$$

5. 按 $M=\overline{M_1}X_1$，绘制 M 图如图 16-30（c）所示。

由本例可以看出，选取的基本结构不同，相应的力法典型方程不同，但最后内力图是相同的。

第七节　超静定结构位移的计算

如前面所述，用力法解超静定结构是在它的基本结构上进行的。因为基本结构的受力和变形完全与原超静定结构等效。由此可知，超静定结构的位移计算完全可以在它的基本结构上进行。这样，超静定结构的位移计算即转变成静定结构的位移计算问题了。

由前一章知，对于刚架和梁，位移计算公式为

$$\Delta_{ip} = \Sigma\int\frac{\overline{M_i}M}{EI}\mathrm{d}s$$

式中，M 为原超静定结构的最终弯矩图。$\overline{M_i}$ 为单位荷载弯矩图。

需要说明的是，因为超静定结构的内力并不因所取基本结构的不同而不同。因此，我们可以认为超静定结构的内力是从任一形式的基本结构求得的。这样，计算超静定结构位移时，可以取任一基本结构作为虚拟状态。

综上所述，求解超静定结构的具体方法是

1. 解算超静定结构，绘出最终 M 图。

2. 将单位力加在任一基本结构上，绘 $\overline{M_i}$ 图。

3. 按位移计算公式或图乘法求位移。

【例 16-10】　求图 16-31（a）所示刚架 C 截面水平线位移。

【解】　1. 解算超静定刚架，绘出最终 M 图

选取简支刚架作为力法基本结构。最终弯矩图示于图 16-31（b）。

2. 将单位荷载加在基本结构 C 节点上，绘 $\overline{M_1}$ 图（图 16-31c）。由图乘法求出 C 点水

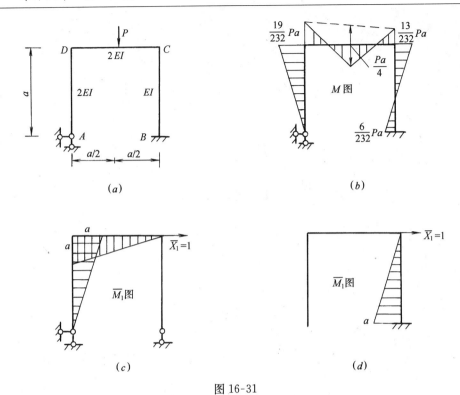

图 16-31

平线位移。

$$\Delta_C = -\frac{1}{2EI}\left(\frac{1}{2}\times a\times a\right)\left(\frac{2}{3}\times\frac{19Pa}{232}\right)-\frac{1}{2EI}$$

$$\left[\left(\frac{1}{2}\times a\times a\right)\left(\frac{2}{3}\times\frac{19Pa}{232}+\frac{1}{3}\frac{13Pa}{232}\right)\right]$$

$$+\frac{1}{2EI}\left(\frac{1}{2}\times a\times\frac{Pa}{4}\right)\left(\frac{1}{2}a\right)$$

$$=-\frac{19Pa^3}{EI\times6\times232}-\frac{17Pa^3}{EI\times4\times232}+\frac{Pa^3}{EI\times32}$$

$$=-\frac{Pa^3}{1392EI}(\leftarrow)$$

计算结果为负值，表示 C 点位移方向与所设单位力的方向相反，即实际方向应向左。

为使计算简化，亦可选取图 16-31（d）所示的基本结构作为虚拟状态。绘出 $\overline{M_1}$ 图
（图 16-30d）。用图乘法求得

$$\Delta_C=\frac{1}{EI}\left(\frac{1}{2}\times a\times a\right)\left(\frac{2}{3}\times\frac{6Pa}{232}-\frac{1}{3}\times\frac{13Pa}{232}\right)=-\frac{Pa^3}{1392EI}(\leftarrow)$$

选取两种基本结构作为虚拟状态，计算结果完全相同。但是，选取图 16-31（d）所示基本结构作为虚拟状态时，计算要简单得多。

第八节　超静定结构的性质

通过对前面内容的学习，超静定结构较之静定结构具有下面一些重要性质

1. 静定结构的内力仅由静力平衡条件就能全部确定下来，和组成结构的材料性质及截面形状尺寸无关。超静定结构的内力不能由静力平衡条件全部确定下来，需要补充变形条件，因此，超静定结构的内力与结构的材料性质及截面形状尺寸有关。

2. 静定结构当有支座移动、温度改变、制造误差等因素影响时，不会产生内力，而超静定结构由于具有多余联系，将阻碍由于上述因素而引起的结构的变形，从而使结构产生内力。

3. 静定结构当其任一联系被破坏后即变为几何可变体系，而不能继续承受荷载。而超静定结构任一多余联系遭到破坏后，仍可能为几何不变体系，因而仍能继续承受荷载。

4. 在局部荷载作用下，超静定结构较之静定结构影响范围大。从而可以减小局部较大的内力和位移，例如图 16-32（a）所示两跨连续梁，当左跨受一荷载作用时，右跨产生内力。整个结构都承受内力，从而使左跨内力，变形减小。而图 16-32（b）所示两跨静定梁，当左跨受一荷载作用时，仅左跨产生内力，右跨随之产生刚性位移，但不产生内力。因此，左跨受力及变形相对较集中。

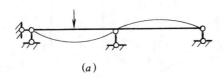 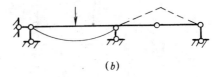

(a)   (b)

图 16-32

思 考 题

1. 什么是力法的基本结构？力法基本结构的形式是否是唯一的？选择力法基本结构需注意什么问题？力法的基本结构与原结构有什么异同？

2. 什么是力法的基本未知量？如何求得力法的基本未知量？如何建立力法的典型方程？

3. 说明力法典型方程的系数，自由项的物理意义，如何求解这些系数和自由项？

4. 说明力法的基本概念，用力法解超静定结构的步骤。

5. 相对于静定结构，超静定结构有哪些主要特征？

6. 在什么情况下，超静定结构的内力与结构各杆 EI 的相对比值有关？在什么情况下，超静定结构的内力与各杆的实际 EI 值有关？

7. 什么叫等代结构：确定等代结构的原则是什么？

8. 如何计算超静定结构的位移；虚拟单位力为什么可以加在任一基本结构上？

习 题

16-1　确定图 16-33 所示超静定结构的超静定次数。

16-2　用力法作图 16-34 所示各超静定梁的弯矩图。

16-3　用力法作图 16-35 所示刚架的弯矩图、剪力图、轴力图。

16-4　用力法作图 16-36 所示刚架弯矩图。

16-5　用力法计算图 16-37 所示桁架各杆的轴力。设各杆的 EA 均相同。

16-6　用力法计算图 16-38 所示混合结构，绘出刚架杆的弯矩图并求出桁架杆的轴力。已知 $I=12000\text{cm}^4$，$A=12\text{cm}^2$，$E=$ 常数。

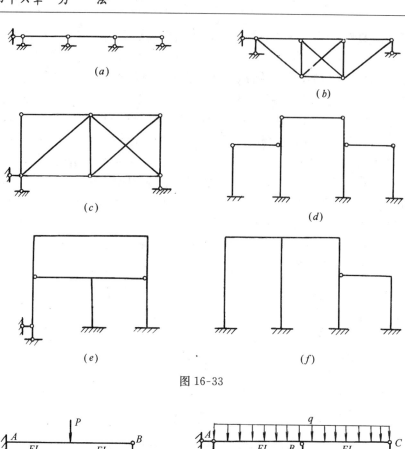

图 16-33

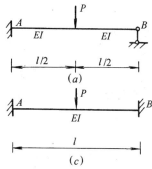

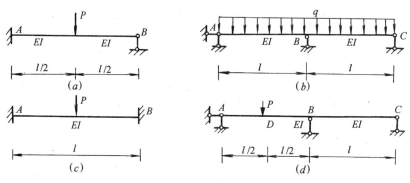

图 16-34

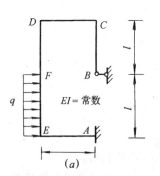

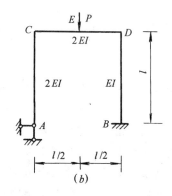

图 16-35

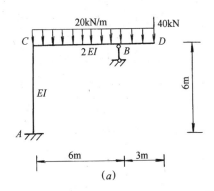

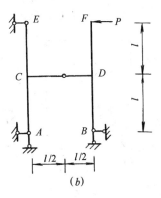

图 16-36

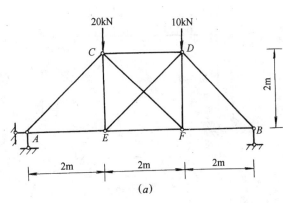

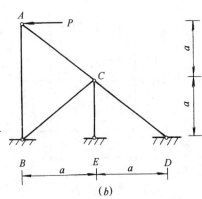

图 16-37

16-7 用力法计算图 16-39 所示排架，绘弯矩图。

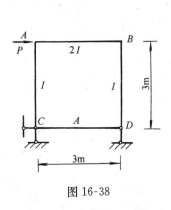

图 16-38

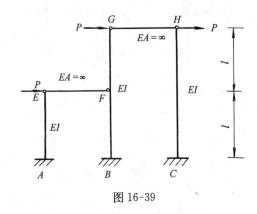

图 16-39

16-8 图 16-40 所示刚架，其左支座转角为 θ，求由此而产生的弯矩图。各杆 EI=常量。

16-9 图 16-41 所示刚架，其左支座下沉 Δ，求由此引起的内力，绘弯矩图。设 EI=常量。

16-10 计算图 16-42 所示刚架结点 D 的转角。各杆刚度均为 EI。

16-11 计算图 16-43 所示刚架横梁 BC 中点 D 的竖向位移。

16-12 利用结构对称性计算图 16-44 所示结构，绘出弯矩图。设 EI=常数。

16-13 试判断图 16-45 所示刚架结构，用力法求解时最少未知个数为几个？

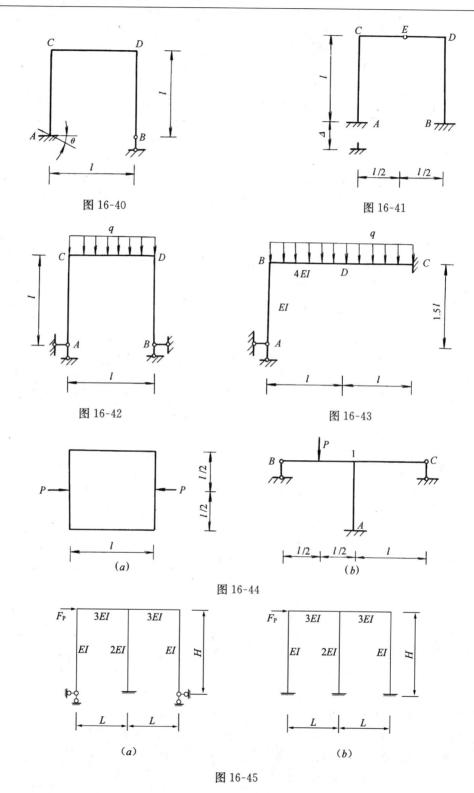

图 16-40

图 16-41

图 16-42

图 16-43

(a)

(b)

图 16-44

(a)

(b)

图 16-45

习 题 答 案

16-2　(a) $M_{AB}=\dfrac{3Pl}{16}$（上拉）

　　　(b) $M_{AB}=\dfrac{ql^2}{8}$（上拉）

　　　(c) $M_{BA}=M_{BC}=\dfrac{Pl}{8}$（上拉）

　　　(d) $M_{BC}=\dfrac{3Pl}{32}$（上拉）

16-3　(a) $M_{CB}=\dfrac{5}{24}ql^2$（右拉）$M_{EA}=\dfrac{7}{24}ql^2$（下拉）

　　　　$V_{BC}=\dfrac{5}{24}ql$　$V_{EF}=\dfrac{19}{24}ql$

　　　　$N_{DC}=\dfrac{-5}{24}ql$　$N_{AE}=\dfrac{-19}{24}ql$

　　　(b) $M_{CA}=\dfrac{19}{232}Pl$（左拉）$M_{DB}=\dfrac{13}{232}Pl$（右拉）

　　　　$V_{CD}=\dfrac{122}{232}P$　$V_{CA}=-\dfrac{19}{232}P$

　　　　$N_{CD}=\dfrac{-19}{232}P$　$N_{BD}=-\dfrac{110}{232}P$

16-4　(a) $M_{AC}=2.14\text{kW}\cdot\text{m}$（右拉）

　　　(b) $M_{DB}=\dfrac{1}{3}Pl$（右拉）　$M_{CA}=Pl$（左拉）

16-5　(a) $N_{CD}=-15\text{kN}$　$N_{ED}=2.357\text{kN}$　$N_{AC}=-23.57\text{kN}$

　　　(b)　$N_{AC}=\sqrt{2}P$　$N_{BC}=-0.414P$　$N_{AB}=-P$

16-6　$N_{CD}=0.494P$

16-7　$M_{AE}=\dfrac{199}{103}Pl$　$M_{BF}=\dfrac{140}{103}Pl$

16-8　$M_{AC}=\dfrac{3EI}{4l}\theta$（右拉）

16-9　$M_{AC}=\dfrac{6EI}{7l^2}\Delta$（右拉）

16-10　$\varphi_D=\dfrac{ql^3}{60EI}$（　）

16-11　$\Delta_{DV}=\dfrac{3ql^4}{160EI}$（↓）

16-12　(a) 角点弯矩 $M=\dfrac{Pl}{16}$（外拉）

　　　(b) $M_{1B}=0.1072Pl$（上拉）

　　　　$M_{1C}=0.0804Pl$（上拉）

　　　　$M_{1A}=0.0268Pl$（右拉）

16-13　(a) 2个　(b) 1个

第十七章 位 移 法

学习要点：掌握位移法的基本概念和方程，能用查表法计算单跨超静定梁的杆端力；掌握位移法的基本结构和基本未知量的确定方法；能利用位移法典型方程计算一般超静定结构的内力；理解利用结构对称性的特征。

力法是计算超静定结构最基本的方法。力法中，基本未知量的个数等于超静定的次数。伴随着生产力的发展，工程实践中出现了大量高次超静定结构。显然，由于基本未知量数目过多，继续用力法计算会很麻烦。由此产生了计算超静定结构的另一种基本方法，即位移法。

第一节 位移法的基本概念

力法与位移法的主要区别是它们所选取的基本未知量不同。力法是以结构的某些力作为基本未知量，求得后即可求出结构的位移或其他内力。而位移法是以结构的结点位移作为基本未知量，求得后就可以求出结构的内力和其他位移。

现在，以图 17-1 (a) 所示刚架为例，来说明位移法的基本概念。

在荷载 P 作用下，刚架变形曲线示于图 17-1 (a) 中。略去刚架的轴向变形，刚节点既没有水平线位移，也没有竖向线位移。仅有转角 Z_1。则刚架变形情况相当于图 17-1 (b) 所示两个单跨超静定梁的变形情况。

梁 1B 相当于 1 端固定，B 端铰支的单跨梁，其跨中截面作用集中力 P 且 1 截面产生转角 Z_1。1A 梁相当于两端均为固定端的单跨梁且 1 截面发生转角 Z_1。如果我们能设法求出 Z_1，则利用力法就可以求得这两个单跨梁的全部反力和内力。所以，节点 1 的转角 Z_1 便是位移法计算超静定结构的基本未知量。

为了将图 17-1 (a) 转化成图 17-1 (b) 来计算，我们可以假想地在节点 1 加上一个附加刚臂（以符号▽表示），如图 17-1 (c) 所示。附加刚臂的作用是限制节点 1 的转动，但不限制移动。如前所述，节点 1 没有线位移，现又没有角位移，因此，节点 1 变成固定端。原结构可看成是由两端均为固定端的单跨梁 1A 和 1 端固定 B 端铰支的单跨梁 1B 组成单跨超静定梁的组合体。称之为位移法的基本结构。同力法一样，基本未知量 Z_1 需要在基本结构上求得。为使基本结构的受力和变形与原结构一致，将荷载 P 加在基本结构上，并强迫基本结构的附加刚臂转动与实际情况相同的转角 Z_1 图 17-1 (d)，这样，基本结构的受力与变形就与原结构完全一致。所以，我们计算原结构就可以在它的基本结构上进行。

由以上分析可知，求解基本未知量 Z_1 是位移法的关键所在，求解 Z_1 的方程推导如下：

由叠加原理，可将基本结构受荷载、转角 Z_1 共同作用情况图 17-1 (d) 分解为基本

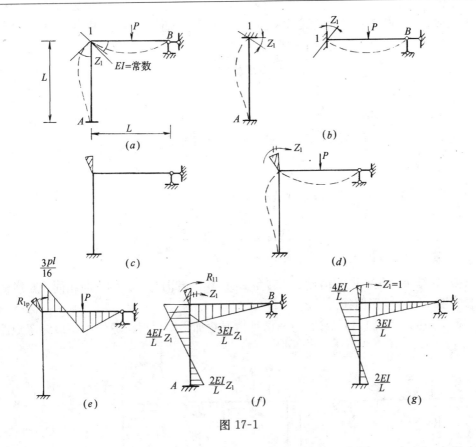

图 17-1

结构在荷载、转角 Z_1 分别作用图 17-1 （e）、（f）两种情况。在图 17-1 （e）中没有转角 Z_1 的因素，只有荷载 P 的作用。其中 $1A$ 杆上没有荷载，因此，也没有内力。杆 $1B$ 在荷载 P 作用下的 M 图可由力法绘制见图 17-1 （e）；在图 17-1 （f）中没有荷载因素的影响，仅有单跨超静定梁 $1B$ 和 $1A$ 的固定端支座 1 截面发生转角 Z_1，其弯矩图可由力法一章中支座移动时超静定结构的计算方法来确定。

当荷载作用在基本结构上时，由于附加刚臂限制结点 1 转动，附加刚臂上必然产生反力矩，以 R_{1p} 表示见图 17-1 （e）；强令附加刚臂转动 Z_1 角，附加刚臂上产生的反力矩，以 R_{11} 表示见图 17-1 （f），那么当荷载与转角共同作用时，基本结构附加刚臂上的反力矩 R_1 应等于以上两项之和，即 $R_1 = R_{11} + R_{1p}$。由于基本结构的受力与变形与原结构完全一致，而原结构节点 1 是可以自由转动的，不存在限制转动的反力矩。因此，基本结构附加刚臂上的反力矩 R_1 应等于零。即

$$R_{11} + R_{1p} = 0$$

令 $Z_1 = 1$ 时附加刚臂上的反力矩为 r_{11}，则 $R_{11} = r_{11} Z_1$。上式可表示为

$$r_{11} Z_1 + R_{1p} = 0 \tag{17-1}$$

式（17-1）称为位移法典型方程，其物理意义是：基本结构由于转角 Z_1 及荷载共同作用，附加刚臂 1 处产生的反力矩的总和等于零。

反力矩 r_{11}、R_{1p} 的方向规定为顺时针（与所设的 Z_1 同向）为正，反之为负。其角标的含义是：前一个角标表示反力矩发生的地点，后一个角标表示反力矩发生的原因。

为从典型方程中解出 Z_1，需首先确定 r_{11}、R_{1p}。为此，截取图 17-1（g）中节点 1 为脱离体（图 17-2），由力矩平衡条件求得

$$r_{11} = \frac{3EI}{l} + \frac{4EI}{l}$$

$$= \frac{7EI}{l}$$

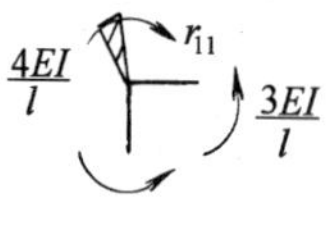

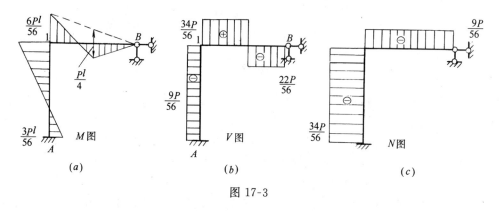

图 17-2

再从图 17-1（e）中截取节点 1 为脱离体，同样可求得

$$R_{1p} = -\frac{3Pl}{16}$$

将求得的系数和自由项代入式（17-1），得

$$Z_1 = -\frac{R_{1p}}{r_{11}} = -\frac{-\dfrac{3Pl}{16}}{\dfrac{7EI}{l}} = \frac{3Pl^2}{112EI}$$

求得 Z_1 结果为正，说明结点 1 的转角 Z_1 的实际转向与假设的方向相同，是顺时针转动（参看图 17-1a 变形曲线）。

求得 Z_1 后，将图 17-1（e）、（f）两种情况叠加，即可得出原结构的最终弯矩图。示于图 17-3（a）。

图 17-3

与力法不同，位移法基本未知量是节点位移，因此不能像力法那样，解出基本未知量（多余未知力）后，将多余力加在基本结构上，按静定结构求剪力和轴力的方法绘出剪力图和轴力图。位移法中可根据绘出的弯矩图，由平衡条件绘出剪力图，再由剪力图的平衡条件绘出轴力图。

对于本例，截取杆 1B、1A，此时，杆端弯矩可视为已知外力作用在脱离体上图 17-4（a）、（b）。由平衡条件求出各杆端剪力：

对于图 17-4（a），由 $\Sigma M_1 = 0$，得

$$V_{B1} \times l + P \times \frac{l}{2} - \frac{6}{56}Pl = 0$$

$$V_{B1} = -\frac{22}{56}P$$

由 $\Sigma M_B = 0$，得

$$V_{1B} \times l - P \times \frac{l}{2} - \frac{6}{56}Pl = 0$$

$$V_{1B} = \frac{34}{56}P$$

对于 17-4 (b)，由平衡条件求出

$$V_{1A} = V_{A1} = -\frac{9}{56}P$$

求得各杆端剪力之后，便可绘出剪力图，如图 17-3 (b) 所示。

绘出剪力图后，从剪力图中截取节点 1，将剪力图中的剪力作为已知外力加在节点上，由于弯矩在坐标轴上没有投影，可略去不画图 17-4 (c)。由平衡条件求出

$$N_{1B} = -\frac{9}{56}P, \quad N_{1A} = -\frac{34}{56}P$$

轴力图示于图 17-3 (c)。

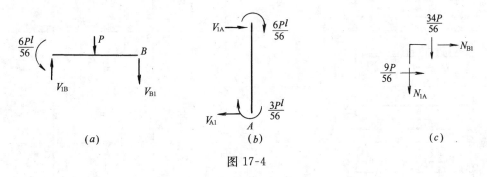

图 17-4

第二节　单跨超静定梁的杆端力

由以上内容可知，位移法是以单跨超静定梁的组合体做为基本结构。以节点的角位移或线位移作为基本未知量。由位移法典型方程求解这些未知量。在求典型方程的系数和自由项时需要用到单跨超静定梁在外荷载以及杆端产生单位转角或单位线位移时的杆端弯矩。我们可以用力法求得杆端弯矩。并且利用梁的平衡条件求出各杆端剪力。

为了应用方便，我们将用力法算得的常用单跨超静定梁在不同情况下的杆端弯矩和剪力之值列于表 17-1 中。

		杆端弯矩和剪力			表 17-1
编号	梁 的 简 图	弯　矩		剪　力	
		M_{AB}	M_{BA}	V_{AB}	V_{BA}
1	$\varphi=1$，A … B，l	$\frac{4EI}{l}=4i$	$\frac{2EI}{l}=2i$	$-\frac{6EI}{l^2}=-6\frac{i}{l}$	$-\frac{6EI}{l^2}=-6\frac{i}{l}$

编号	梁的简图	弯　矩		剪　力	
		M_{AB}	M_{BA}	V_{AB}	V_{BA}
2		$-\dfrac{6EI}{l^2}=-6\dfrac{i}{l}$	$-\dfrac{6EI}{l^2}=-6\dfrac{i}{l}$	$\dfrac{12EI}{l^3}=12\dfrac{i}{l^2}$	$\dfrac{12EI}{l^3}=12\dfrac{i}{l^2}$
3		$-\dfrac{Pab^2}{l^2}$	$\dfrac{Pa^2b}{l^2}$	$\dfrac{Pb^2(l+2a)}{l^3}$	$-\dfrac{Pa^2(l+2b)}{l^3}$
4		$-\dfrac{1}{12}ql^2$	$\dfrac{1}{12}ql^2$	$\dfrac{1}{2}ql$	$-\dfrac{1}{2}ql$
5		$-\dfrac{1}{20}ql^2$	$\dfrac{1}{30}ql^2$	$\dfrac{7}{20}ql$	$-\dfrac{3}{20}ql$
6		$M\dfrac{b(3a-l)}{l^2}$	$M\dfrac{a(3b-l)}{l^2}$	$-M\dfrac{6ab}{l^3}$	$-M\dfrac{6ab}{l^2}$
7		$-\dfrac{qa^2}{12l^2}(6l^2-8la+3a^2)$	$\dfrac{qa^3}{12l^2}(4l-3a)$	$\dfrac{qa}{2l^3}(2l^3-2la^2+a^3)$	$-\dfrac{qa^3}{2l^3}(2l-a)$
8		$\dfrac{3EI}{l}=3i$		$-\dfrac{3EI}{l^2}=-3\dfrac{i}{l}$	$-\dfrac{3EI}{l^2}=-3\dfrac{i}{l}$
9		$-\dfrac{3EI}{l^2}=-3\dfrac{i}{l}$		$\dfrac{3EI}{l^3}=3\dfrac{i}{l^2}$	$\dfrac{3EI}{l^3}=3\dfrac{i}{l^2}$
10		$-\dfrac{Pab(1+b)}{2l^2}$		$\dfrac{Pb(3l^2-b^2)}{2l^3}$	$-\dfrac{Pa^2(2l+b)}{2l^3}$
11		$-\dfrac{1}{8}ql^2$		$\dfrac{5}{8}ql$	$-\dfrac{3}{8}ql$
12		$-\dfrac{1}{15}ql^2$		$\dfrac{4}{10}ql$	$-\dfrac{1}{10}ql$

续表

编号	梁 的 简 图	弯 矩		剪 力	
		M_{AB}	M_{BA}	V_{AB}	V_{BA}
13	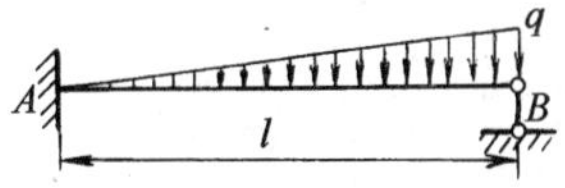	$-\dfrac{7}{120}ql^2$		$\dfrac{9}{40}ql$	$-\dfrac{11}{40}ql$
14	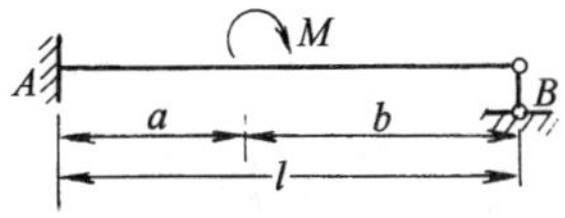	$M\dfrac{l^2-3b^2}{2l^2}$		$-M\dfrac{3(l^2-b^2)}{2l^3}$	$-M\dfrac{3(l^2-b^2)}{2l^3}$

使用该表之前，对有关问题说明如下：

一、线刚度规定

为了计算的方便，令$\dfrac{EI}{l}=i$，i 称为线刚度，其物理意义是表示杆件单位长度的抗弯刚度。

二、杆端力正、负号规定

在位移法中，单跨超静定梁弯矩的正负号规定为：对杆端来说，弯矩绕杆端顺时针转动为正，逆时针转动为负；对支座或节点来说，则逆时针转动为正，顺时针转动为负。

例如图 17-5（a）所示的 AB 梁，从端部截开示于图 17-5（b）。弯矩 M_{AB} 绕杆段 AB 的 A 截面顺时针转动，绕节点 A 逆时针转动，故为正；弯矩 M_{BA} 绕杆段 AB 的 B 截面逆时针转动，绕节点 B 顺时针转动，故为负。

至于剪力和轴力的正、负号规定与前面相同，即剪力绕脱离体或截面形心顺时针转为正，反之为负。轴力以拉为正，反之为负。

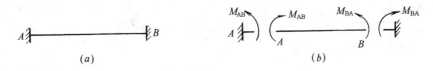

图 17-5

三、杆端位移正、负号规定

1. 支座截面转角规定为顺时针转动为正，逆时针转动为负。

例如图 17-6（a）所示转角 φ_A 顺时针转动故为正。图 17-6（b）所示转角 φ_A 逆时针转动故为负。

2. 杆端相对线位移正、负号规定为：该相对线位移使整个杆件顺时针转动为正，逆时针转动为负。

图 17-7（a）所示 Δ 使梁 AB 顺时针转动，故为正。图 17-7（b）所示 Δ 使梁 AB 逆时针转动，故为负。

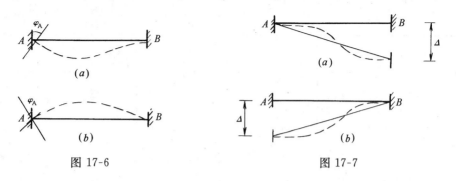

图 17-6   图 17-7

四、固端弯矩、固端剪力

由外荷载引起的单跨梁杆端弯矩、剪力称为固端弯矩、固端剪力。其表示方法是在弯矩 M 或剪力 V 的右上角加上一个 F，以区别与支座移动引起的杆端弯矩与剪力。例如 M_{AB}^F、V_{AB}^F 等。

第三节   位移法基本结构、基本未知量的确定

如前所述，位移法的基本结构是一组单跨超静定梁。将原超静定结构变成一组单跨超静定梁，需要加入附加约束。图 17-1 (a) 所示超静定刚架是最简单的超静定结构，仅在节点 1 加上一个附加刚臂。在一般情况下，刚架的节点可能同时具有转角和线位移，为使其变成基本结构，需要加入的约束除附加刚臂之外，还需要加入附加链杆，以阻止节点线位移。下面举例加以说明。

图 17-8 (a) 所示刚架，在荷载 P 作用下变形曲线如图中虚线所示。其中刚节点 1、2 除了有角位移 Z_1、Z_2 外还有线位移 Z_3、Z_4。由于弯曲变形微小，轴向变形和剪切变形对梁和刚架位移的影响可略去不计。我们可以认为各杆长度保持不变。即节点 1 和节点 2 的线位移相等。即 $Z_3=Z_4=Z$。为得到位移法基本结构，我们在节点 1、节点 2 加入附加刚臂以阻止其转动；为阻止两个节点的水平线位移，可在节点 2 加入一个附加链杆。如图 17-8 (b) 所示。这样，杆 1A、12 就变成两端固定端的单跨超静定梁。杆 2B 变成 2 端固定 B 端铰支的单跨超静定梁参见图 17-8 (b)。

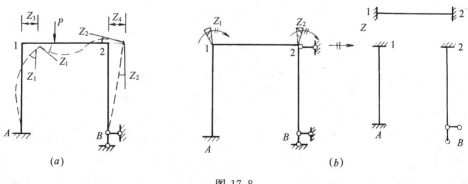

图 17-8

结合本例，我们可以按以下规律确定附加刚臂、附加链杆需要加入的地点和个数。

一、附加刚臂

结构的所有刚结点、组合结点处需要加附加刚臂。铰节点不加。有多少个刚节点和组合节点就有多少个附加刚臂。

二、附加链杆

附加链杆的个数就是节点独立线位移的个数。有几个独立的节点线位移，就加几根附加链杆。

有些复杂结构，附加链杆的数目不像附加刚臂那样好确定。为此，我们可采用铰接刚节点的方法。即把所有的刚节点都变成铰节点，把所有的固定端支座变成固定铰支座。然后对这个铰接体系作机动分析。如果几何不变，则原结构没有节点线位移。如果几何可变，则原结构有节点线位移。节点独立线位移的个数就是将该体系变成几何不变体系所需增加链杆的个数。

例如对于图 17-9（a）所示刚架，化为铰接体系示于图 17-9（b），为几何可变体系。缺少两个约束，因此，需要加两个链杆使其成为几何不变体系。这两个链杆可加在节点 4、8 上图 17-9（c），也可以加在 2、3 上。据几何不变体系的组成规则可以认为是从地球上依次增加二元体而得到的几何不变体系。该刚架有 5 个刚节点，还需加入 5 个附加刚臂见图 17-9（c）。

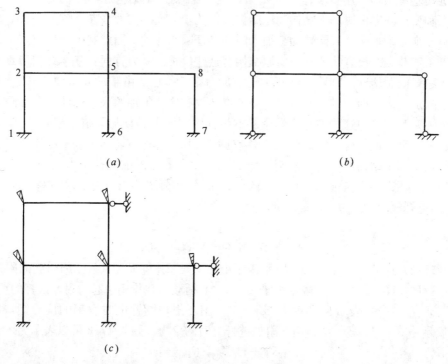

图 17-9

从以上分析，可以看出附加约束所约束的位移就是位移法中的基本未知量；附加约束的个数就是基本未知量的数目。本例有 7 个基本未知量，其中 5 个是转角，2 个是线位移。但需注意，位移法中基本未知量的个数并不是超静定的次数。我们还可以看出，附加约束确定之后，位移法的基本结构也就确定了。

第四节 位移法典型方程及计算例题

本节讨论如何建立和求解位移法典型方程。现举例说明。

图 17-10（a）所示刚架有一个节点角位移 Z_1 和一个独立的节点线位移 Z_2（参见图 17-10a 虚线）。在刚节点 1 处加附加刚臂，在节点 2 处（也可以在 1 处）加附加链杆，得基本结构如图 17-10（b）所示。将均布荷载 q 加在基本结构上。

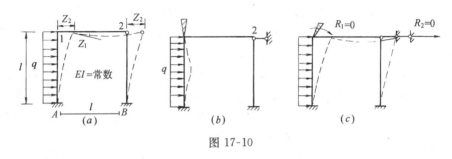

图 17-10

为了在基本结构上建立求解 Z_1、Z_2 的方程，需要基本结构和原结构等效。为此，我们从受力和变形两方面对基本结构和原结构加以比较。变形方面（参见图 17-10a、b）：基本结构由于加入附加刚臂限制转动，加入附加链杆限制移动，因此基本结构节点 1 没有转角，节点 1 和节点 2 没有线位移，而原结构有这些位移。受力方面：基本结构节点 1 由于加入附加刚臂限制转动，刚臂上将产生附加反力矩，节点 2 由于加入附加链杆限制移动，则要产生附加反力。而原结构的节点 1 和节点 2 没有这些附加约束，也就不存在附加的反力矩和反力。为消除掉这些差异，强令基本结构附加刚臂转动与原结构相同的 Z_1 角，强令附加链杆产生与原结构相同的线位移 Z_2（图 17-10c）。现在，由于基本结构变形已与原结构相同，则基本结构的受力也应与原结构相同。令此时附加刚臂反力矩为 R_1，附加链杆反力为 R_2（见图 17-10c），则基本结构在 Z_1、Z_2 和荷载共同作用下附加刚臂反力矩 R_1 ＝0；附加链杆反力 R_2＝0。根据叠加原理

$$R_1 = R_{11} + R_{12} + R_{1p} = 0$$
$$R_2 = R_{21} + R_{22} + R_{2p} = 0$$
(17-2)

式（17-2）中，R_{11}、R_{12}、R_{1p} 分别表示由于 Z_1、Z_2 和荷载单独作用引起的附加刚臂的反力矩；R_{21}、R_{22}、R_{2p} 分别表示由于 Z_1、Z_2 和荷载单独作用引起的附加链杆的反力。

设以 r_{11}、r_{12} 分别表示当 Z_1＝1、Z_2＝1 作用在附加刚臂上时引起的反力矩，以 r_{21}、r_{22} 分别表示当 Z_1＝1、Z_2＝1 作用在附加链杆上时的反力。则式 17-2 可以表示为

$$r_{11}Z_1 + r_{12}Z_2 + R_{1p} = 0$$
$$r_{21}Z_1 + r_{22}Z_2 + R_{2p} = 0$$
(17-3)

式（17-3）即为本例的位移法典型方程。其前个式子表明基本结构附加刚臂 1 上的总

反力矩等于零；后个式子表明基本结构在附加链杆上的总反力等于零。因此，位移法的典型方程实质上是静力平衡方程。

对于具有几个基本未知量的结构，需要加入几个附加约束。根据每一附加约束上的总反力矩或总反力均应为零的静力平衡条件，其位移法典型方程如下：

$$r_{11}Z_1 + r_{12}Z_2 + \cdots + r_{1i}Z_i + \cdots + r_{1n}Z_n + R_{1p} = 0$$
$$r_{21}Z_1 + r_{22}Z_2 + \cdots + r_{2i}Z_i + \cdots + r_{2n}Z_n + R_{2p} = 0$$
$$\cdots \tag{17-4}$$
$$r_{i1}Z_1 + r_{i2}Z_2 + \cdots + r_{ii}Z_i + \cdots + r_{in}Z_n + R_{ip} = 0$$
$$\cdots$$
$$r_{n1}Z_1 + r_{n2}Z_2 + \cdots + r_{ni}Z_i + \cdots + r_{nn}Z_n + R_{np} = 0$$

式（17-2）中，r_{ii} 称为主系数（或主反力）；r_{ij} 称为副系数（或副反力）；R_{ip} 称为自由项。如前所述，它们的正、负号规定为：与所属约束所设位移方向一致为正，反之为负。主系数 r_{ii} 的方向永远和所设位移 $\overline{Z}_i = 1$ 的方向相同，故恒为正；副系数 r_{ij} 及自由项 R_{ip} 则可能为正，可能为负或为零。且由反力互等定理可知 $r_{ij} = r_{ji}$。

与力法解典型方程相同，要从位移法典型方程求解出基本未知量，需要首先求出方程中的所有系数及自由项。为此，我们可以根据表 17-1，绘出基本结构（一组单跨超静定梁）在 $Z_1 = 1$、$Z_2 = 1$，及荷载分别作用下的弯矩图 $\overline{M}_1$、$\overline{M}_2$ 和 M_p。示于图 17-11（a）、（b）和（c）。然后通过截取附加刚臂处的刚节点 1 及割断各竖柱顶端所得上部为脱离体，列静力平衡条件便可求出所有系数和自由项。

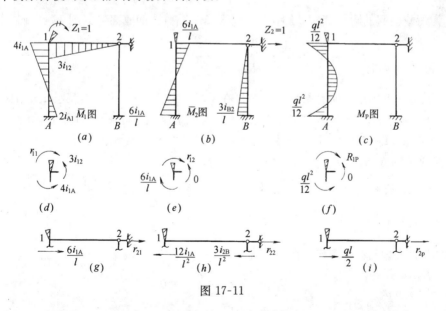

图 17-11

r_{11} 为 $Z_1 = 1$ 引起的附加刚臂 1 处的反力矩，求解 r_{11} 需从 $\overline{M}_1$ 图上取出 1 节点（图 17-11d），由力矩平衡方程 $\Sigma M_1 = 0$，得

$$r_{11} = 3i_{12} + 4i_{1A}$$

上式表明，反力矩 r_{11} 等于图 17-11（d）中杆 12、杆 1A1 端弯矩之和。这些杆端弯矩可直接从 $\overline{M}_1$ 图的 1 节点处读出来。

r_{12} 为 $Z_2=1$ 引起的附加刚臂 1 处的反力矩，从 $\overline{M}_2$ 图上截取节点 1（图 17-11e），由平衡条件求得（或从 $\overline{M}_2$ 图 1 节点处直接读出）：

$$r_{12} = -\frac{6i}{l}$$

R_{1p} 为荷载引起的附加刚臂 1 处的反力矩，从 M_P 图中截取节点 1（图 17-11f）或看 M_p 图找节点 1 处直接读出

$$R_{1P} = \frac{ql^2}{12}$$

由此可见，第一个角标为 1 的系数和自由项均为附加刚臂 1 上的反力矩，可通过节点 1 的平衡条件去求；另一类第一个角标为 2 的系数和自由项均为链杆 2 上的反力，可分别在图 17-11（a）、（b）、（c）中用截面割断两柱顶端，取其上部为脱离体（图 17-11g、h），并查表 17-1 得到杆 1A、2B 的杆端剪力，然后由投影方程 $\Sigma X=0$ 求得 r_{21}、r_{22}、R_{2p}。

r_{21} 为 $Z_1=1$ 引起的附加链杆 Z 上的反力，应从 $\overline{M}_1$ 图截取的隔离体（图 17-11g）上去求，由 $\Sigma X=0$ 得

$$r_{21} = -\frac{6i_{1A}}{l}$$

r_{22} 为 $Z_2=1$ 引起的附加链杆 2 的反力，应从 $\overline{M}_2$ 图截取的隔离体（图 17-11h）上去求，由 $\Sigma X=0$ 得

$$r_{22} = \frac{12i_{1A}}{l^2} + \frac{3i_{2B}}{l^2}$$

R_{2P} 为荷载引起的附加链杆 2 的反力，应从 M_P 图截取的隔离体（图 17-11g）上去求，由 $\Sigma X=0$ 得

$$R_{2P} = -\frac{ql}{2}$$

应该说明一点的是，所有系数和自由项在未求之前其大小，方向都是未知的。画图时均要设成正方向：r_{11}、r_{12}、R_{1p} 的转向与节点 1 角位移 Z_1 正向一致，即顺时针方向；r_{21}、r_{22}、R_{2p} 与节点 2 线位移 Z_2 正向一致，即使杆件 2B 顺时针转动。当然，基本未知量 Z_1、Z_2 也需设成正的方向。

由于本例各杆长度相等，$EI=$ 常数，所以 $i_{1A}=i_{2B}=i$。则 $r_{11}=7i$，$r_{12}=-\dfrac{6i}{l}$，$r_{21}=-\dfrac{6i}{l}$，$r_{22}=\dfrac{15i}{l^2}$

将求得的系数和自由项代入典型方程，有

$$7iZ_1 - \frac{6i}{l}Z_2 + \frac{ql^2}{12} = 0$$

$$-\frac{6i}{l}Z_1 + \frac{15i}{l^2}Z_2 - \frac{ql}{2} = 0$$

解得

$$Z_1 = \frac{7ql^2}{276i}, \quad Z_2 = \frac{ql^3}{23i}$$

Z_1、Z_2 均为正值，说明与所设方向相同。

求出 Z_1、Z_2 后，按叠加原理 $M=\overline{M}_1 Z_1+\overline{M}_2 Z_2+M_p$ 绘制最终弯矩图，示于图 17-12 (a)。

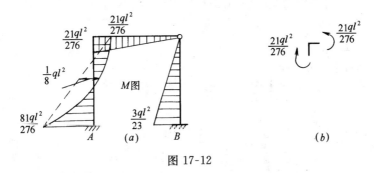

图 17-12

绘出弯矩图后，应校核节点是否满足平衡条件，从图 17-12 (a) 中截取节点 1，受力图示于图 17-12 (b)。可见满足 $\Sigma M_1=0$。

认定 M 图无误后可利用 M 图计算杆端剪力，由杆端剪力绘出剪力图。

从图 17-12 (a) 中截出杆 1、2 为脱离体示于图 17-13 (a)。

由静力平衡方程，有

$$V_{12}=V_{21}=-\frac{\dfrac{21}{276}ql^2}{l}=-\frac{21}{276}ql$$

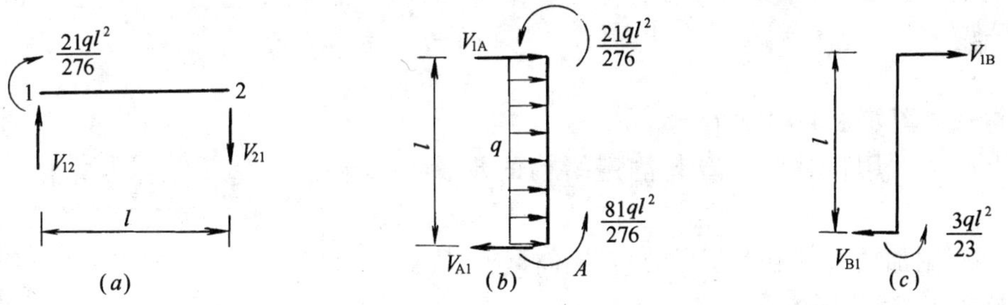

图 17-13

从图 17-12 (a) 中截取杆 $1A$ 为脱离体，示于图 17-13 (b) 中。由力矩平衡方程式 $\Sigma M_1=0$，有

$$V_{A1}\times l-q\times l\times\frac{l}{2}-\frac{81ql^2}{276}-\frac{21ql^2}{276}=0$$

$$V_{A1}=\frac{240}{276}ql$$

由力矩平衡方程式 $\Sigma M_A=0$，有

$$V_{1A}\times l+q\times l\times\frac{l}{2}-\frac{21ql^2}{276}-\frac{81ql^2}{276}=0$$

$$V_{1A}=-\frac{36}{276}ql$$

从图 17-12 (a) 中截取杆 $2B$ 为脱离体，示于图 17-13 (c) 中。由静力平衡方程式可求出

$$V_{1B} = V_{B1} = \frac{3ql}{23}$$

由以上求得的各杆端剪力绘出剪力图如图 17-14（*a*）所示。

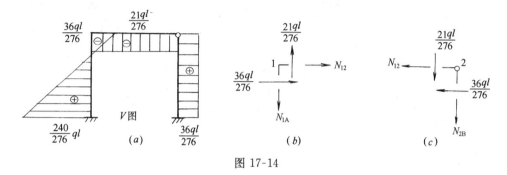

图 17-14

由绘出的剪力图便可求出轴力图。

从图 17-14（*a*）中截取节点 1 为脱离体示于图 17-14（*b*）。由投影方程 $\Sigma X = 0$，得

$$N_{12} = -\frac{36ql}{276}$$

由投影方程 $\Sigma Y = 0$，得

$$N_{1A} = \frac{21ql}{276}$$

从图 17-14（*a*）中截取节点 2 为脱离体示于图 17-14（*c*）中。由投影方程 $\Sigma Y = 0$，有

$$N_{2B} = -\frac{21ql}{276}$$

绘得轴力图如图 17-15 所示。

综上所述，用位移法计算超静定结构的步骤可归纳如下：

1. 加入附加约束，阻止节点的转动和移动，得到一组以单跨超静定梁为组合体的基本结构。

2. 建立位移法典型方程。

3. 绘出基本结构的各单位弯矩图和荷载弯矩图，由平衡条件求出各系数和自由项。

4. 解方程，求出基本未知量。

5. 用叠架方法画弯矩图。

6. 据弯矩图画剪力图，据剪力图画轴力图（视题要求）。

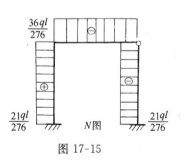

图 17-15

下面举例进行具体说明

【例 17-1】   用位移法计算图 17-16（*a*）所示连续梁，绘 *M* 图

【解】   1. 该连续梁没有结点线位移，有两个刚结点 *B* 和 *C*，加入两个附加刚臂得基本结构如图 17-16（*b*）所示。

2. 列位移法典型方程

$$r_{11}Z_1 + r_{12}Z_2 + R_{1p} = 0$$
$$r_{21}Z_1 + r_{22}Z_2 + R_{2p} = 0$$

3. 为求典型方程中的系数和自由项，绘出 $\overline{M}_1$、$\overline{M}_2$、M_p 图如图 17-16 (c)、(d)、(e) 所示。

这些系数和自由项均为附加刚臂上的反力矩，可从 $\overline{M}_1$、$\overline{M}_2$、M_p 图中截取节点 B 和 C 为脱离体，用力矩平衡条件 $\Sigma M=0$ 求出。也可以从 $\overline{M}_1$、$\overline{M}_2$、M_p 图中节点 B 和 C 处的杆端弯矩值直接读出。

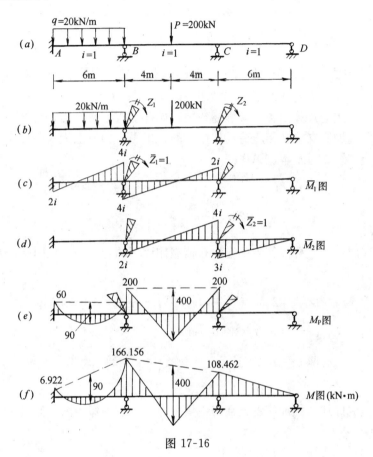

图 17-16

由 $\overline{M}_1$ 图 Z_1 处（节点 B）读出：

$$r_{11} = 4i + 4i = 8i$$

由 $\overline{M}_1$ 图 Z_2 处（节点 C）读出：

$$r_{21} = 2i$$

由 $\overline{M}_2$ 图 Z_1 处读出：

$$r_{12} = 2i$$

由 $\overline{M}_2$ 图 Z_2 处读出：

$$r_{22} = 4i + 3i = 7i$$

由 M_p 图 Z_1 处读出

$$R_{1p} = -200 + 60 = -140 \text{ kN} \cdot \text{m}$$

由 M_p 图 Z_2 处读出：

$$R_{2p} = 200 \text{ kN} \cdot \text{m}$$

由反力互等定理知 $r_{12} = r_{21}$，只需计算其中一个便可。

4. 将以上各系数和自由项之值代入位移法典型方程，有

$$8iZ_1 + 2iZ_2 - 140 = 0$$
$$2iZ_1 + 7iZ_2 + 200 = 0$$

解联立方程，求得

$$Z_1 = \frac{26.539}{i}, \quad Z_2 = \frac{-36.154}{i}$$

Z_1 值为正，说明节点 B 顺时针方向转动；Z_2 值为负，说明节点 C 逆时针方向转动。

5. 按 $M = \overline{M}_1 Z_1 + \overline{M}_2 Z_2 + M_p$ 绘制 M 图

与力法相同，按上式算出各杆端最终弯矩，如杆上有荷载作用，将杆两端截面弯矩值连成虚线，而后叠加简支梁在相应荷载作用下的弯矩图；如杆上无荷载作用，将杆两端截面的弯矩值直接连线。对于本例 AB 杆，有

$$M_{AB} = 2i \times \frac{26.539}{i} + (-60) = -6.922 \text{ kN} \cdot \text{m}$$

$$M_{BA} = 4i \times \frac{26.539}{i} + 60 = 166.156 \text{ kN} \cdot \text{m}$$

将该二值连成虚线，叠加简支梁在均布荷载作用下的弯矩图（见图 17-16f）。

对于杆 BC，有

$$M_{CB} = 2i \times \frac{26.539}{i} + 4i \times \left(-\frac{36.154}{i}\right) + 200$$
$$= 108.462 \text{ kN} \cdot \text{m}$$

$$M_{BC} = 4i \times \frac{26.539}{i} + 2i \times \left(-\frac{36.154}{i}\right) - 200$$
$$= -166.156 \text{ kN} \cdot \text{m}$$

将该二值连成虚线，叠加简支梁在跨中集中力作用下的弯矩图（见图 17-16f）

对于杆 CD，有

$$M_{CD} = 3i \times \left(-\frac{36.154}{i}\right) = -108.462 \text{ kN} \cdot \text{m}$$

$$M_{DC} = 0$$

杆 CD 上没有荷载作用，直接将该二值连成一直线（见图 17-16f）

由图 17-16 （f）可见，节点 B 与节点 C 满足 $\Sigma M = 0$ 的平衡条件。

【例 17-2】 用位移法计算图 17-17 （a）所示刚架，绘弯矩图。

【解】 1. 此刚架具有两个角位移，没有节点线位移，称无侧移刚架。在节点 1 和节点 2 加入附加刚臂，得到图 17-17 （b）所示的基本结构。

2. 根据附加刚臂上反力矩应等于零的条件，建立位移法典型方程

$$r_{11}Z_1 + r_{12}Z_2 + R_{1p} = 0$$
$$r_{21}Z_1 + r_{22}Z_2 + R_{2p} = 0$$

3. 绘出基本结构的 $\overline{M}_1$、$\overline{M}_2$ 和荷载弯矩图 M_p 如图 17-7 （c）、（d）、（e）所示。计算典型方程中的各系数及自由项。

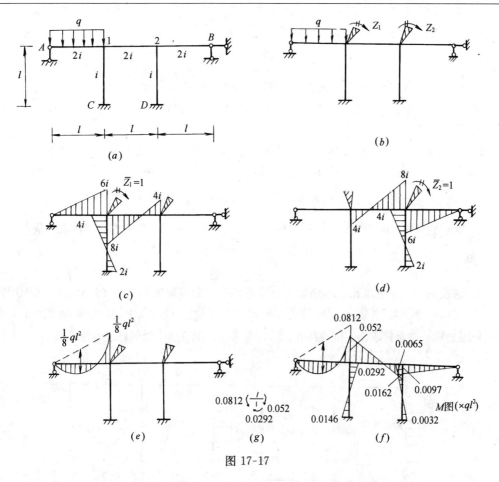

图 17-17

各系数及自由项都是附加刚臂的反力矩。故可取节点 1 和 2 为脱离体，根据力矩平衡条件 $\Sigma M = 0$ 求出。或者由 $\overline{M}_1$、$\overline{M}_2$ 和 M_p 图节点 1 和 2 处各杆端弯矩直接读出。

由 $\overline{M}_1$ 图节点 1 处读出：

$$r_{11} = 6i + 4i + 8i = 18i$$

由 $\overline{M}_1$ 图节点 2 处读出：

$$r_{21} = 4i = r_{12}$$

由 $\overline{M}_2$ 图节点 2 处读出：

$$r_{22} = 8i + 4i + 6i = 18i$$

由 M_p 图节点 1 处读出

$$R_{1p} = \frac{1}{8} q l^2$$

由 M_p 图节点 2 处读出：

$$R_{2p} = 0$$

4. 把以上求得的各系数及自由项代入典型方程中，有

$$18 i Z_1 + 4 i Z_2 + \frac{1}{8} q l^2 = 0$$

$$4 i Z_1 + 18 i Z_2 = 0$$

联立方程，求得

$$Z_1 = -\frac{9ql^2}{1232i}, \quad Z_2 = \frac{ql^2}{616i}$$

5. 按照 $M = \overline{M}_1 Z_1 + \overline{M}_2 Z_2 + M_p$ 叠加绘出最终弯矩图示于图 17-17（f）。

从最终 M 图中截出节点 1 示于图 17-17（g）中，由 $\Sigma M_1 = 0.052 + 0.0292 - 0.0812 = 0$ 确认 M 图绘制无误。

【例 17-3】　用位移法计算图 17-18（a）所示刚架，绘弯矩、剪力、轴力图。

【解】　1. 此刚架有一个节点角位移和一个独立的线位移。在节点 1 加入附加刚臂，在节点 2 加入一个附加链杆，得基本结构如图 17-18（b）所示 $\left(令 \dfrac{EI}{l} = i\right)$。

2. 据附加刚臂和附加链杆上的反力矩和反力应该等于零的条件，建立位移法典型方程为

$$r_{11}Z_1 + r_{12}Z_2 + R_{1p} = 0$$
$$r_{21}Z_1 + r_{22}Z_2 + R_{2p} = 0$$

3. 据表 17-1，分别绘出基本结构的单位弯矩图和荷载弯矩图 $\overline{M}_1$、$\overline{M}_2$ 和 M_p。如图 17-18（c）、（d）、（e）所示。系数 r_{11}、r_{12} 及自由项 R_{1p} 均为节点 1 处的反力矩，故截取节点 1 为脱离体，利用力矩平衡条件求出。或直接在 $\overline{M}_1$、$\overline{M}_2$ 和 M_p 图节点 1 处的杆端弯矩值读出。

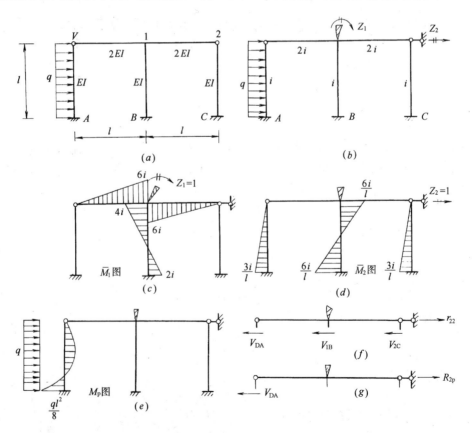

图 17-18

由 $\overline{M}_1$ 图节点 1 处读出：

$$r_{11} = 6i + 4i + 6i = 16i$$

由 $\overline{M}_2$ 图节点 2 处读出：

$$r_{12} = \frac{-6i}{l} = r_{21}$$

由 M_p 图节点 1 处读出：

$$R_{1p} = 0$$

第二个方程的系数 r_{21}、r_{22} 和自由项 R_{2p} 均是附加链杆 2 处的反力。其中 r_{21} 已由反力互等定理为已知。

r_{22} 是 $Z_2 = 1$ 引起的反力，故应从 $\overline{M}_2$ 图上截取脱离体示于图 17-18(f)。查表 17-1（或在 $\overline{M}_2$ 图上）求出：

$$V_{DA} = \frac{3i}{l^2}, \quad V_{1B} = \frac{12i}{l^2}, \quad V_{2C} = \frac{3i}{l^2}$$

由投影方程 $\Sigma X = 0$，得

$$\begin{aligned} r_{22} &= V_{DA} + V_{1B} + V_{2C} \\ &= \frac{3i}{l^2} + \frac{12i}{l^2} + \frac{3i}{l^2} = \frac{18i}{l^2} \end{aligned}$$

R_{2p} 是荷载引起的反力，故应从 M_p 图上截取脱离体示于图 17-18(g)。查表 17-1（或在 M_p 图上）求出

$$V_{DA} = \frac{ql}{8} - \frac{ql}{2} = -\frac{3ql}{8}$$

由投影方程 $\Sigma X = 0$，得

$$R_{2p} = -\frac{3ql}{8}$$

4. 将以上求得的各系数，自由项代入典型方程

$$16iZ_1 + \left(-\frac{6i}{l}\right)Z_2 = 0$$

$$-\frac{6i}{l}Z_1 + \frac{18i}{l^2}Z_2 - \frac{3ql}{8} = 0$$

解联立方程，求得

$$Z_1 = \frac{3ql^2}{336i}, \quad Z_2 = \frac{8ql^3}{336i}$$

5. 按照叠加法 $M = \overline{M}_1 Z_1 + \overline{M}_2 Z_2 + M_p$ 绘出最终 M 图示于图 17-19。

6. 根据求得的弯矩图绘剪力图，据剪力图绘轴力图。

从 M 图中截取杆 DA 示于图 17-20（a），杆上作用的已知力有均布荷载 q 及 A 截面的弯矩 $\frac{11}{56}ql^2$，剪力设为正向。

由式 $\Sigma M_A = 0$，有

$$V_{DA} \times l + ql \times \frac{l}{2} - \frac{11}{56}ql^2 = 0$$

$$V_{DA} = -\frac{17}{56}ql$$

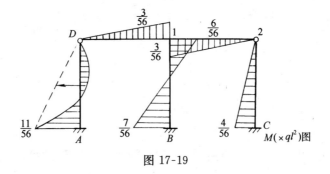

图 17-19

由式 $\Sigma M_D = 0$，有

$$V_{AD}l - ql \cdot \frac{l}{2} - \frac{11ql^2}{56} = 0$$

$$V_{AD} = \frac{39ql}{56}$$

再从 M 图中截取杆 $1B$，脱离体与受力图示于图 17-20 (b)。由平衡方程可以求得：

$$V_{1B} = V_{B1} = \frac{13ql}{56}$$

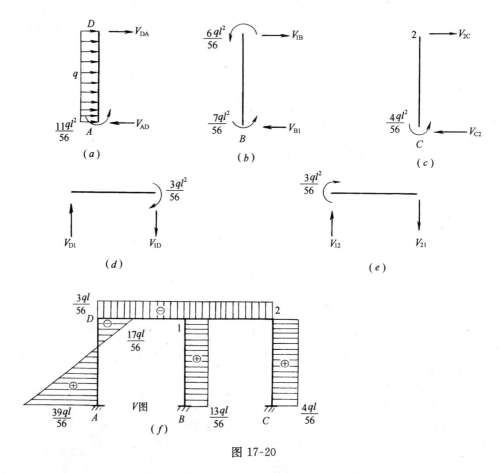

图 17-20

同样从 M 图中截取杆 $2C$、杆 12、杆 $1D$，脱离体与受力图分别示于图 17-20 (c)、(d)、(e)。由平衡条件求出：

$$V_{2C} = V_{C2} = \frac{4ql}{56}$$

$$V_{D1} = V_{1D} = -\frac{3ql}{56}$$

$$V_{12} = V_{21} = -\frac{3ql}{56}$$

根据以上求得的杆端剪力，绘制剪力图如图 17-20 (f) 所示。

绘出剪力图后，可从其中逐次截取节点为脱离体，根据平衡条件求出各杆轴力画轴力图。

本刚架先取有两个未知轴力的节点 2，受力图示于图 17-21 (a)，由投影方程 $\Sigma X = 0$，有

$$N_{12} = -\frac{4ql}{56}$$

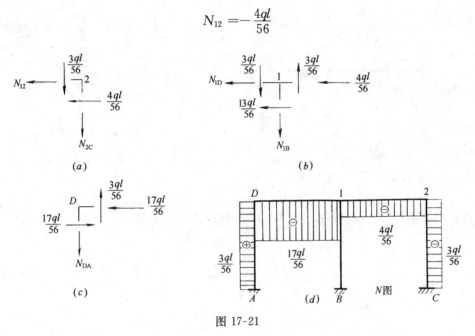

图 17-21

由投影方程 $\Sigma Y = 0$，有

$$N_{2C} = -\frac{3ql}{56}$$

由于杆 12 的轴力为已知，可再截取节点 1，受力图示于图 17-21 (b)，由投影方程 $\Sigma X = 0$，有

$$N_{1D} + \frac{4ql}{56} + \frac{13ql}{56} = 0$$

$$N_{1D} = -\frac{17ql}{56}$$

由投影方程 $\Sigma Y = 0$，有

$$N_{1B} = 0$$

最后截取节点 D，受力图如图 17-21（c）所示。由投影方程 $\Sigma Y=0$，有

$$N_{DA}=\frac{3ql}{56}$$

轴力图示于图 17-21（d）。

刚架的弯矩、剪力、轴力图全部绘出后，为了验证所得结果的正确性，可以进行校核。其作法是取刚架任一部分进行静力校核。对于本例，我们可以切开柱顶取其上部，把求得的全部内力绘上（图 17-22a），验证该力系是否满足平衡条件。

$$\Sigma M_D=\frac{6ql^2}{56}-\frac{3ql}{56}\times 2l=0$$

$$\Sigma X=\frac{17ql}{56}-\frac{13ql}{56}-\frac{4ql}{56}=0$$

$$\Sigma Y=\frac{3ql}{56}-\frac{3ql}{56}=0$$

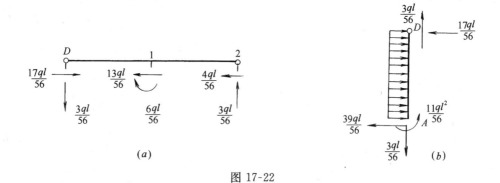

图 17-22

满足平衡条件。我们还可以截取杆 DA 为脱离体，示于图 17-22（b）。

$$\Sigma M_D=\frac{11ql^2}{56}+ql\times\frac{l}{2}-\frac{39ql}{56}\cdot l=0$$

$$\Sigma X=\frac{39ql}{56}-ql+\frac{17ql}{56}=0$$

$$\Sigma Y=\frac{3ql}{56}-\frac{3ql}{56}=0$$

满足平衡条件。

第五节　结构对称性的利用、联合法

力法一章中，已经讨论过对称结构在正对称荷载及反对称荷载作用下的简化计算问题，即利用等代结构进行计算。若遇一般荷载作用，可以将一般荷载分解为对称和反对称两种情况，分别利用各自的等代结构进行计算，然后将两者的计算结果进行叠加便得到原结构所求的解答。

值得指出的是，现在我们已经学习了解超静定结构的第二种方法即位移法。因此在取得等代结构以后，需要进一步考虑选择力法还是位移法使之计算更加简便。下面我们以具

体例子加以说明。

【例 17-4】 试计算图 17-23（a）所示刚架，绘弯矩图。设 EI＝常数。

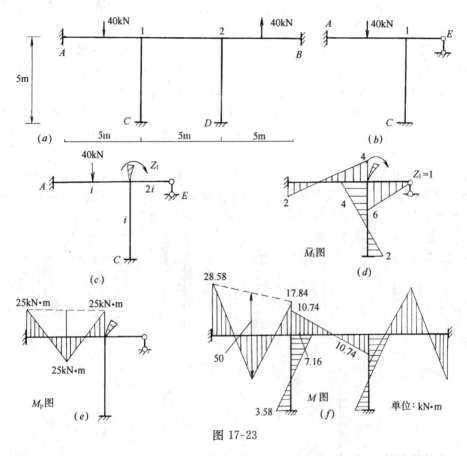

图 17-23

【解】 该刚架为对称结构受反对称荷载作用。且属奇数跨刚架。等代结构如图 17-23 （b）所示。由图示可知，用力法计算有四个基本未知量，用位移法计算，基本未知量的数目为一。显然用位移法计算等代结构要简便得多。

1. 在结点 1 加附加刚臂，基本未知量为转角 Z_1，位移法基本结构示于图 17-23（c）。

2. 基本结构在转角 Z_1 及荷载共同作用下，附加刚臂上的反力矩为零。故位移法典型方程为

$$r_{11}Z_1 + R_{1p} = 0$$

3. 为了计算方便，采取相对线刚度，令 $EI=5$，则 $i_{1A}=i_{1C}=\dfrac{5}{5}=1$；注意 1E 杆长为原长的一半，即 $i_{1E}=\dfrac{5}{2.5}=2$。绘 $\overline{M}_1$、M_p 图示于图 17-21（d）、（e）。求出系数和自由项。

由 $\overline{M}_1$ 图节点 1 处读出

$$r_{11} = 4 + 4 + 6 = 14$$

由 M_P 图节点 1 处读出

$$M_p = 25 \text{ kN} \cdot \text{m}$$

4. 解方程，求出 Z_1

$$Z_1 = -\frac{R_{1p}}{r_{11}} = -\frac{25}{14} = -1.79$$

5. 按公式 $M = \overline{M}_1 Z_1 + M_p$ 绘制等代结构 M 图，据对称性绘得原刚架 M 图示于图 17-23 (f)。

【例 17-5】   分析图 17-24 (a) 所示刚架的计算方法。设 EI＝常数。

【解】   该刚架为对称刚架，受一般荷载作用，用位移法计算需加两个附加刚臂一根链杆。基本未知量三个；用力法计算为三次超静定，基本未知量亦为三个。因此，无论用哪种方法计算，都需要解三元一次联立方程组。为使计算简化，把荷载分解为正对称荷载（图 17-24b）和反对称荷载（17-24c）两种情况，分别用其等代结构计算，然后将两种计算结果叠加。

1. 正对称荷载作用下（用 17-24b），取等代结构如图 17-24 (d) 所示。由图示可见，用力法计算为二次超静定，需要解除二个多余约束，多余未知力有二个；用位移法计算，仅有一个节点角位移，基本未知量为一个，用位移法计算方便。

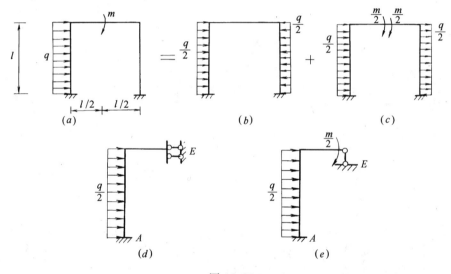

图 17-24

2. 反对称荷载作用下（图 17-24c），取等代结构如图 17-24 (e) 所示。由图示可见，用力法计算为一次超静定，基本未知量为一；用位移法计算，有一个节点角位移和一个独立的线位移，基本未知量为二，可见用力法计算简便。

可见，正对称荷载作用和反对称荷载作用，可以分别选取合适的计算方法，使未知量的数目大为减少，因而带来较大方便。一般说来，正对称荷载作用下位移法未知量个数较力法未知量个数少，宜选用位移法。反对称荷载作用下力法未知量个数较位移法未知量个数少，宜选用力法，这种计算方法称为联合法。联合法适合计算较复杂的结构。

思 考 题

1. 如何确定结点角位移和结点独立线位移的数目？
2. 位移法中，杆端弯矩，支座截面转角，杆端相对线位移的正、负号是怎样定义的？
3. 试描绘出表 17-1 中各梁在图示情况下弯矩图的大致形状。

4. 位移法典型方程的物理意义是什么？典型方程中的系数和自由项分为几类？各自的含义是什么？

习　　题

17-1　确定图 17-25 所示各结构位移法基本未知量，画出位移法基本结构。

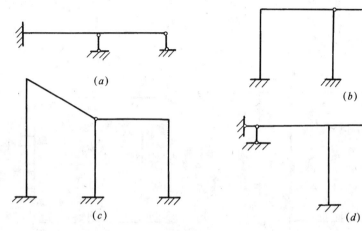

图 17-25

17-2　用位移法计算图 17-26 所示各刚架，绘弯矩、剪力、轴力图。各刚架 EI 等于常数。

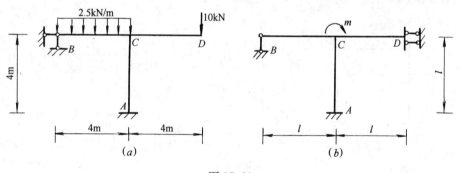

图 17-26

17-3　用位移法计算图 17-27 所示连续梁，绘弯矩图。

17-4　用位移法计算图 17-28 所示铰接排架，绘弯矩图。

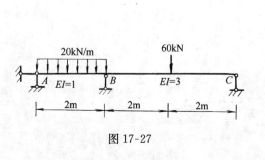

图 17-27

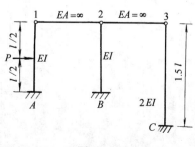

图 17-28

17-5 用位移法计算图 17-29 所示刚架，绘弯矩图。

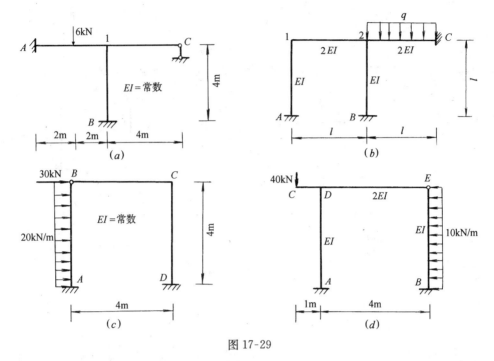

图 17-29

17-6 利用对称性作图 17-30 所示刚架的弯矩图。设 EI＝常数。

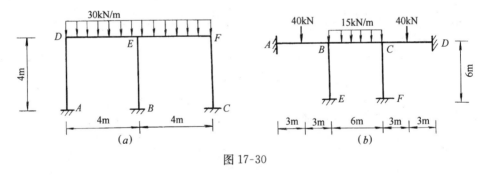

图 17-30

17-7 图 17-31 所示为一超静定刚架结构，计算各杆内力。

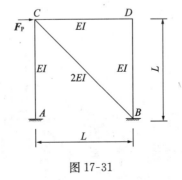

图 17-31

习 题 答 案

17-2　(a)　$M_{CB}=20$ kN · m　　$M_{AC}=10$ kN · m

　　　　　$V_{CB}=-10$ kN　　　$V_{AC}=-7.5$ kN

　　　　　$N_{BC}=7.5$ kN　　　　$V_{AC}=-20$ kN

　　　(b)　$M_{CB}=\dfrac{3}{8}m$　　　　　$M_{CD}=\dfrac{m}{8}$

　　　　　$V_{BC}=\dfrac{-3m}{8l}$　　　　$V_{AC}=\dfrac{-6m}{8l}$

　　　　　$N_{AC}=-\dfrac{3m}{8l}$　　　$N_{CD}=\dfrac{-6m}{8l}$

17-3　$M_{BA}=24$ kN · m

17-4　$M_{A1}=\dfrac{-69}{224}Pl$、$M_{C3}=-\dfrac{3Pl}{28}$

17-5　(a)　$M_{A1}=-3.55$ kN · m　　$M_{1A}=1.91$ kN · m

　　　(b)　$M_{12}=\dfrac{2}{336}ql^2$

　　　(c)　$M_{AB}=-113$ kN · m　　$M_{DC}=-104.3$ kN · m

　　　(d)　$M_{AD}=27.36$ kN · m　　$M_{DE}=-50.53$ kN · m

17-6　(a)　$M_{AD}=10$ kN · m,　$M_{DA}=20$ kN · m,　$M_{ED}=50$ kN · m

　　　(b)　$M_{AB}=-27$ kN · m,　$M_{BA}=36$ kN · m

　　　　　$M_{BC}=-42$ kN · m

17-7　$N_{CA}=F_P$；$N_{CB}=-1.414F_P$；其余内力全部为零。

第十八章　力矩分配法

学习要点：掌握力矩分配法的基本概念和计算方法；能应用力矩分配法计算连续梁和无侧移刚架。

前面介绍的力法和位移法，是计算超静定结构的两种基本方法。它们都需建立和求解典型方程。当基本未知量较多时，解联立方程较麻烦。为避免解联立方程，人们又寻求出力矩分配法。

力矩分配法是位移法的演变，在力矩分配法中，杆端弯矩正、负号的规定，基本结构的确定，使基本结构恢复原结构自然状态的方法均与位移法相同。力矩分配法的优点是用逐次逼近的计算来代替解联立方程，且计算按相同规律循环进行，宜于掌握。力矩分配法适用于连续梁及无侧移刚架。以下介绍力矩分配法基本内容。

第一节　力矩分配法的概念

本节以只有一个节点角位移的超静定刚架为例来说明力矩分配法的概念。

图 18-1 所示刚架，在给定荷载作用下，变形曲线如图中虚线所示。其节点 1 发生转角 φ 用力矩分配法解算时，首先固定节点 1，得到杆端固端弯矩。然后放松节点 1，使其恢复转角 φ，得到杆端的分配弯矩和传递弯矩。最后将杆端的固端弯矩与分配弯矩或传递弯矩相加，即得杆端的最终弯矩，有了杆端的最终弯矩便可以绘制弯矩图。

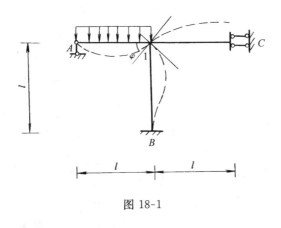

图 18-1

一、固　定　节　点

在节点 1 上加附加刚臂，限制节点 1 的转动，原刚架被解体成三个单跨梁。原刚架上所受均布荷载 q 作用，因节点 1 无转角。其变形曲线如图 18-2 （*a*）所示，此时，单跨梁 $A1$ 两端产生的弯矩即是位移法中所提到的固端弯矩。由于单跨梁 $1B$、$1C$ 不受荷载作用，故不产生固端弯矩。

查表 17-1，得单跨梁 $A1$ 的固端弯矩

$$M_{A1}^F = 0, M_{1A}^F = \frac{1}{8}ql^2$$

由于附加刚臂阻止节点 1 转动，附加刚臂上将产生反力矩称之为"不平衡力矩"。书写时在 M 的右上角标加上字母 μ，对于本例，节点 1 的不平衡力矩表示为 M_1^μ。不平衡力矩的符号，规定顺时针为正，逆时针为负。

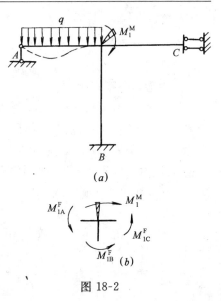

图 18-2

从图 18-2 (a) 中取出节点 1 为脱离体，画受力图。示于图 18-2 (b)（不平衡力矩、固端弯矩均画成正向），按力矩平衡条件可求出不平衡力矩 M_1^μ

$$M_1^\mu = M_{1A}^F + M_{1B}^F + M_{1C}^F = \frac{1}{8}ql^2$$

此式表明，节点 1 的不平衡力矩等于汇交于节点 1 各杆固端弯矩的代数和。亦即各固端弯矩不能平衡的差额，因此称为不平衡力矩。

二、放 松 节 点

为使刚架恢复自然状态，必须消除不平衡力矩 M_1^μ 的作用。为此，需要在节点 1 加一个与它大小相等，方向相反的力偶，即加上一个反向的不平衡力矩 $-M_1^\mu$。如图 18-3 所示。

施加反向不平衡力矩相当于放松节点 1。结构恢复原有自然状态。节点 1 转到了原有的 φ 角。此时各单跨梁将产生弯矩。我们将各梁转动端 1 端产生的弯矩称为分配弯矩；以 M_{1A}^μ、M_{1B}^μ、M_{1C}^μ 表示。各梁远端产生的弯矩称为传递弯矩。以 M_{A1}^C、M_{B1}^C、M_{C1}^C 表示。

为了计算分配弯矩和传递弯矩，需要引入转动刚度、分配系数和传递系数。

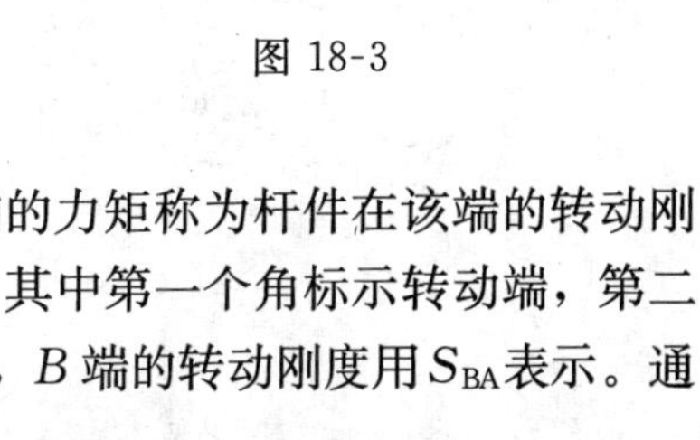

图 18-3

1. 转动刚度

为使杆件的某一端产生单位转角时，在该端所需施加的力矩称为杆件在该端的转动刚度。转动刚度以符号 S 表示。S 的下角标标明杆件名称，其中第一个角标示转动端，第二个角标示另端。例如杆件 AB A 端的转动刚度用 S_{AB} 表示，B 端的转动刚度用 S_{BA} 表示。通常我们把转动端称为近端，将另端称为远端。

转动刚度表示杆端抵抗转动的能力。其值与杆件的线刚度 $i = \dfrac{EI}{l}$ 有关，而且与杆件远端支承情况有关。当远端为固定端时，近端的转动刚度为 $4i$（图 18-4a）；当远端为铰支时，近端的转动刚度为 $3i$（图 18-4b）；当远端为定向支座时，近端的转动刚度为 i（图 18-4c）。实际上转动刚度已在表 17-1 中给出了。见图 18-4。

2. 分配系数与分配弯矩

有了转动刚度的概念，就可以计算出放松节点时产生的杆端弯矩。我们先来研究分配系数与分配弯矩。

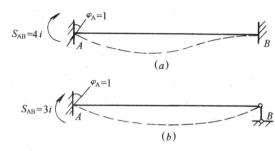

从图 18-3 中截取节点 1，受力图示于图 18-5。其中各杆对节点作用的杆端弯矩 M_{1A}^t、M_{1B}^t、M_{1C}^t 设为正向。M_{1A}^t、M_{1B}^t、M_{1C}^t 为放松节点 1 时所产生的各杆近端的弯矩即前面所述的分配弯矩。

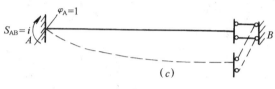

$$图 18-4$$

由平衡条件 $\Sigma M = 0$ 得

$$M_{1A}^t + M_{1B}^t + M_{1C}^t + M_1^t = 0 \quad (18\text{-}1)$$

式中

$$\left. \begin{array}{l} M_{1A}^\mu = S_{1A}\varphi \\ M_{1B}^\mu = S_{1B}\varphi \\ M_{1C}^\mu = S_{1C}\varphi \end{array} \right\} \quad (18\text{-}2)$$

将（18-2）代入式（18-1）式得

$$\varphi = -\frac{M_1^\mu}{S_{1A} + S_{1B} + S_{1C}} = -\frac{M_1^\mu}{\Sigma S} \quad (18\text{-}3)$$

将式（18-3）代回式（18-2）得各杆 1 端的分配弯矩为

$$\left. \begin{array}{l} M_{1A}^\mu = -\dfrac{S_{1A}}{\Sigma S} M_1^{\ \mu} \\[2mm] M_{1B}^\mu = -\dfrac{S_{1B}}{\Sigma S} M_1^{\ \mu} \\[2mm] M_{1C}^\mu = -\dfrac{S_{1C}}{\Sigma S} M_1^{\ \mu} \end{array} \right\} \quad (18\text{-}4)$$

图 18-5

由式（18-4）可以看出，各杆近端的分配弯矩与该杆近端的转动刚度成正比。或者说，节点 1 的反向不平衡力矩按各杆端转动刚度的大小分配给各杆端，转动刚度愈大，所承担的弯矩也愈大。

式中的 $\dfrac{S_{1A}}{\Sigma S}$、$\dfrac{S_{1B}}{\Sigma S}$、$\dfrac{S_{1C}}{\Sigma S}$ 分别称为 1A、1B、1C 杆的分配系数。分配系数用符号 μ 表示。写成

$$\left. \begin{array}{l} \mu_{1A} = \dfrac{S_{1A}}{\Sigma S} \\[2mm] \mu_{1B} = \dfrac{S_{1B}}{\Sigma S} \\[2mm] \mu_{1C} = \dfrac{S_{1C}}{\Sigma S} \end{array} \right\} \quad (18\text{-}5)$$

式（18-5）写成一般形式，杆件转动端（近端）用 i 表示，远端用 j 表示，则有

$$\mu_{ij} = \frac{S_{ij}}{\Sigma S} \quad (18\text{-}6)$$

式（18-6）表明，杆件 i 端的分配系数等于该端的转动刚度除以汇交于 i 端的各杆在该端的转动刚度之和。

对于本例，节点 1 处各杆的分配系数

$$\mu_{1A} = \frac{S_{1A}}{S_{1A} + S_{1B} + S_{1C}} = \frac{3i}{3i + 4i + i} = \frac{3}{8}$$

$$\mu_{1B} = \frac{4i}{3i + 4i + i} = \frac{4}{8}$$

$$\mu_{1C} = \frac{i}{4i + 3i + i} = \frac{1}{8}$$

由此可见，节点 1 上各杆分配系数的总和等于 1。即

$$\sum \mu_{ij} = 1 \qquad (18-7)$$

计算分配系数时，可应用此式进行校核，确认无误之后再计算分配弯矩。

将式（18-6）代入式（18-4），得各杆的分配弯矩

$$\left. \begin{aligned} M_{1A}^\mu &= -\mu_{1A} M_1^\mu \\ M_{1B}^\mu &= -\mu_{1B} M_1^\mu \\ M_{1C}^\mu &= -\mu_{1C} M_1^\mu \end{aligned} \right\} \qquad (18-8)$$

写成一般形式

$$M_{ij}^\mu = \mu_{ij}(-M_i^\mu) \qquad (18-9)$$

式（18-9）表示，将节点不平衡力矩的正负号改变，乘以各杆的分配系数，即得各杆的分配弯矩。

对于本例，各杆在 1 端所得分配弯矩为

$$M_{1A}^\mu = \mu_{1A}(-M_1^\mu) = \frac{3}{8}(-\frac{1}{8}ql^2) = -\frac{3ql^2}{64}$$

$$M_{1B}^\mu = \mu_{1B}(-M_1^\mu) = \frac{4}{8}(-\frac{1}{8}ql^2) = \frac{-4ql^2}{64}$$

$$M_{1C}^\mu = \mu_{1B}(-M_1^\mu) = \frac{1}{8}(-\frac{1}{8}ql^2) = -\frac{ql^2}{64}$$

由此可见，各杆在 1 端所得分配弯矩的总和等于反号的不平衡力矩。即反号的不平衡力矩必须全部分配给各杆近端。

3. 传递系数与传递弯矩

在图 18-9 中，当放松节点 1 时，各杆在 1 端产生分配弯矩的同时，也使各杆远端产生弯矩，即前面所述的传递弯矩。各杆的传递弯矩与各杆远端支承情况有关。

由表 17-1 可知

远端固定端　　$M_{ij} = 4i\varphi$　　$M_{ji} = 2i\varphi$

远端铰支座　　$M_{ij} = 3i\varphi$　　$M_{ji} = 0$

远端定向支座　　$M_{ij} = i\varphi$　　$M_{ji} = -i\varphi$

为了利用近端弯矩去求远端弯矩，我们将远端弯矩与近端弯矩的比值称为传递系数。传递系数用符号 C 表示。则

$$C = \frac{M_{ji}}{M_{ij}} \qquad (18-10)$$

远端固定端　　$C = \frac{2i\varphi}{4i\varphi} = \frac{1}{2}$

远端铰支座 $C = \dfrac{0}{3i\varphi} = 0$

远端定向支座 $C = \dfrac{-i\varphi}{i\varphi} = -1$

为了应用方便，将常见三种单跨梁的转动刚度，传递系数示于表 18-1 中。

等截面直杆的杆端转动刚度与传递系数

表 18-1

远端支承情况	杆端转动刚度	传递系数
固 定 支 座	$4\dfrac{EI}{l} = 4i$	$\dfrac{1}{2}$
铰 支 座	$3\dfrac{EI}{l} = 3i$	0
定 向 支 座	$\dfrac{EI}{l} = i$	-1

据式（18-9），传递弯矩可表达为

$$M_{ji}^{C} = C \cdot M_{ij}^{t} \tag{18-11}$$

式（18-11）表明，传递弯矩等于传递系数乘以分配弯矩。

对于本例，各杆远端所得传递弯矩为

$$M_{B1}^{C} = -\frac{4ql^2}{64} \times \frac{1}{2} = -\frac{2}{64}ql^2$$

$$M_{A1}^{C} = 0$$

$$M_{C1}^{C} = -\frac{ql^2}{64} \times (-1) = \frac{ql^2}{64}$$

三、最 终 弯 矩

将第一步固定节点(图 18-2a)各杆端的固端弯矩与第二步放松节点时(图 18-3)相应杆端的分配弯矩或传递弯矩相加即可得出杆端的最终弯矩。

对于本例，各杆最终弯矩为

$$M_{1A} = M_{1A}^{F} + M_{1A}^{t} = \frac{1}{8}ql^2 + \left(-\frac{3ql^2}{64}\right) = \frac{5ql^2}{64}$$

$$M_{A1} = M_{1A}^{F} + M_{A1}^{C} = 0 + 0 = 0$$

$$M_{1B} = M_{1B}^{F} + M_{1B}^{t} = 0 + \left(-\frac{4ql^2}{64}\right) = -\frac{4ql^2}{64}$$

$$M_{B1} = M_{B1}^{F} + M_{B1}^{C} = 0 + \left(-\frac{2}{64}ql^2\right) = -\frac{2ql^2}{64}$$

$$M_{1C} = M_{1C}^{F} + M_{1C}^{t} = 0 + \left(-\frac{ql^2}{64}\right) = -\frac{ql^2}{64}$$

$$M_{C1} = M_{C1}^{F} + M_{C1}^{C} = 0 + \frac{ql^2}{64} = \frac{ql^2}{64}$$

最终弯矩图示于图 18-6。

下面举例说明具有一个刚节点的连续梁及无侧移刚架的具体运算过程，以进一步明确

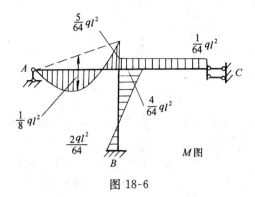

图 18-6

和理解上述力矩分配法的基本概念。通常我们把这种只有一个节点角位移未知量的运算称为单节点的力矩分配。

【例 18-1】 用力矩分配法计算图 18-7（a）所示的两跨连续梁。画出弯矩图。

【解】 计算连续梁时，其过程可以直接在梁的下方列表进行。具体说明如下

1. 求分配系数

$$\mu_{BA} = \frac{S_{BA}}{S_{BA} + S_{BC}} = \frac{4i}{4i + 3i} = \frac{4}{7}$$

$$\mu_{BC} = \frac{S_{BC}}{S_{BA} + S_{BC}} = \frac{3i}{4i + 3i} = \frac{3}{7}$$

校核 $\Sigma\mu = \frac{4}{7} + \frac{3}{7} = 1$

将它们填入表中第一行节点 B 的两端

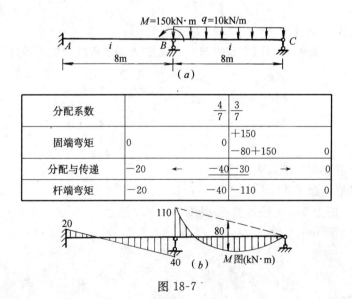

图 18-7

2. 求固端弯矩

固定节点 B（不必在图 18-7a 的节点 B 上画出刚臂）。杆 BA 为两端固定端的单跨梁，杆 BC 为 B 端固定 C 端铰支的单跨梁，查表 17-1 算出

$$M_{AB}^F = M_{BA}^F = 0$$

$$M_{BC}^F = -\frac{1}{8}ql^2 = -\frac{1}{8} \times 10 \times 8^2 = -80\text{kN} \cdot \text{m}$$

$$M_{CB}^F = 0$$

将它们填入表中第二行相应杆端下面。

据填入表中的固端弯矩，即可算出节点 B 的不平衡力矩。但此例需注意，因为节点 B 上有外力偶 M 的作用，节点 B 的不平衡力矩不能直接用 B 节点各固端力矩之和来计算，还需另加一项由节点 B 上作用的外力偶引起的约束反力矩，故不平衡力矩等于

$$M_B^F = -80 + 150 = 70 \text{ kN} \cdot \text{m}$$

3. 计算分配弯矩与传递弯矩

将节点 B 的不平衡力矩反号乘以各杆分配系数得各杆近端分配弯矩。将所得分配弯矩乘以相应杆的传递系数即得远端传递弯矩。

$$M_{BA}^\mu = \mu_{BA}(-M_B^F) = \frac{4}{7} \times (-70) = -40 \text{ kN} \cdot \text{m}$$

$$M_{BC}^\mu = \mu_{BC}(-M_B^F) = \frac{3}{7} \times (-70) = -30\text{kN} \cdot \text{m}$$

$$M_{AB}^C = CM_{BA}^\mu = \frac{1}{2}(-40) = -20 \text{ kN} \cdot \text{m}$$

$$M_{CB}^C = CM_{BC}^\mu = 0$$

把分配弯矩与传递弯矩分别填入表中第三行相应杆端下面。且在分配弯矩与传递弯矩之间画一水平方向箭头，表示传递方向；在分配弯矩下面画一横线，表示分配及传递结束。

4. 计算杆端最终弯矩

将表中第二、三行相应的固端弯矩与分配弯矩或传递弯矩相加即得杆端最终弯矩。

$$M_{AB} = 0 + (-20) = -20 \text{ kN} \cdot \text{m}$$

$$M_{BA} = 0 + (-40) = -40 \text{ kN} \cdot \text{m}$$

$$M_{BC} = -80 + (-30) = -110 \text{ kN} \cdot \text{m}$$

$$M_{CB} = 0 + 0 = 0$$

将所得最终杆端弯矩填入表中第四行。

最终弯矩绘制连续梁 M 图示于图 18-7 (b)。

【例 18-2】 用力矩分配法计算图示刚架，绘 M 图

【解】 1. 计算分配系数

$$\mu_{AB} = \frac{3 \times 2}{3 \times 2 + 4 \times 2 + 4 \times 1.5} = 0.3$$

$$\mu_{AC} = \frac{4 \times 2}{3 \times 2 + 4 \times 2 + 4 \times 1.5} = 0.4$$

$$\mu_{AD} = \frac{4 \times 1.5}{3 \times 2 + 4 \times 2 + 4 \times 1.5} = 0.3$$

2. 查表 17-1 计算固端弯矩

$$M_{AB}^F = \frac{ql^2}{8} = \frac{30 \times 4^2}{8} = 60 \text{ kN} \cdot \text{m}$$

$$M_{AD}^F = -\frac{Pl}{8} = -\frac{4 \times 80}{8} = -40 \text{ kN} \cdot \text{m}$$

$$M_{DA}^F = \frac{Pl}{8} = 40 \text{ kN} \cdot \text{m}$$

不平衡力矩

$$M_A^\mu = 60 + (-40) = 20 \text{ kN} \cdot \text{m}$$

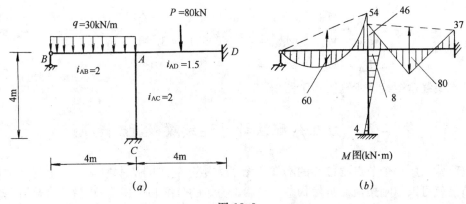

图 18-8

例题 18-2 杆端弯矩计算表   表 18-2

节 点	B	A			D	C
杆端	BA	AB	AC	AD	DA	CA
分配系数 μ		0.3	0.4	0.3		
固端弯矩 M^F	0	60	0	−40	40	0
分配与传递弯矩	0	−6	−8	−6	−3	−4
最终弯矩	0	54	−8	−46	37	−4

与连续梁的计算方法相似，把以上求得的分配系数、固端弯矩填入表内。与连续梁列表有所区别的是，由于刚架立柱的杆端不能直观地与水平表格上下对应，所以表格中第一栏需要列出节点名称。第二栏说明节点从属的杆端。为了便于分配，可把同一节点的各杆端列在一起。如表 18-2 中的杆端 AB、AC、AD 列在一起。为了便于传递。可把同一杆的两端尽量相邻。如表 18-2 中的 AB 与 BA 相邻，AD 与 DA 相邻。由填入的固端弯矩一栏，求得 A 节点的不平衡力矩为

$$M_A^\mu = M_{AB}^F + M_{AB}^F + M_{AD}^F = 60 + (-40) = 20 \text{kN} \cdot \text{m}$$

3. 计算分配与传递弯矩

$$M_{AB}^\mu = \mu_{AB}(-M_A^\mu) = 0.3(-20) = -6 \text{ kN} \cdot \text{m}$$

$$M_{AC}^\mu = \mu_{AC}(-M_A^\mu) = 0.4 \times (-20) = -8 \text{ kN} \cdot \text{m}$$

$$M_{AD}^\mu = \mu_{AD}(-M_A^\mu) = 0.3 \times (-20) = -6 \text{ kN} \cdot \text{m}$$

$$M_{BA}^C = CM_{AB}^t = 0$$

$$M_{CA}^C = CM_{AC}^t = \frac{1}{2} \times (-8) = -4 \text{ kN} \cdot \text{m}$$

$$M_{DA}^C = CM_{AD}^t = \frac{1}{2} \times (-6) = -3 \text{ kN} \cdot \text{m}$$

4. 计算杆端最终弯矩

$$M_{BA} = 0$$

$$M_{AB} = M_{AB}^F + M_{AB}^t = 60 + (-6) = 54 \text{ kN} \cdot \text{m}$$

$$M_{AC} = M_{AC}^F + M_{AC}^t = 0 + (-8) = -8 \text{ kN} \cdot \text{m}$$

$$M_{AD} = M_{AD}^F + M_{AD}^t = -40 + (-6) = -46 \text{ kN} \cdot \text{m}$$

$$M_{DA} = M_{DA}^F + M_{DA}^C = 40 + (-3) = 37 \text{ kN} \cdot \text{m}$$

$$M_{CA} = M_{CA}^F + M_{CA}^C = 0 + (-4) = -4 \text{ kN} \cdot \text{m}$$

杆端最终弯矩绘制弯矩图示于图 18-8 (b)。

第二节　力矩分配法计算连续梁及无侧移刚架

上节课已用一个节点角位移的刚架介绍了力矩分配法的基本概念。一个循环的固定、放松节点就可以使刚架恢复自然状态。当然，力矩的分配和传递也只进行一次，所得结果是精确答案。

对于具有多个节点角位移的连续梁和无侧移刚架，如何利用单节点的力矩分配法进行求解是本节讨论的问题。

首先我们想到的是要将具有多个节点角位移的情况转换成只有一个节点角位移的情况。为此，可以首先固定全部刚节点，然后采取逐个节点轮流放松的办法。即每次只放松一个节点，其他节点暂时固定，这样把各节点的不平衡力矩轮流逐次地进行消除，使连续梁或刚架逐渐接近原来自然状态，下面结合一般连续梁和无侧移刚架的具体例子加以说明。

如图 18-9 (a) 所示连续梁，具有两个节点角位移，首先我们把两个刚节点 1、2 同时固定起来，然后加入荷载，此时可查表 17-1 求得各杆的固端弯矩为：

$$M_{A1}^F = -\frac{ql^2}{12} = \frac{-10 \times 6^2}{12} = -30 \text{ kN} \cdot \text{m}$$

$$M_{1A}^F = \frac{ql^2}{12} = 30 \text{ kN} \cdot \text{m}$$

$$M_{12}^F = -\frac{Pl}{8} = -\frac{200 \times 8}{8} = -200 \text{ kN} \cdot \text{m}$$

$$M_{21}^F = \frac{Pl}{8} = 200 \text{ kN} \cdot \text{m}$$

将上述结果填入图 18-9 表中相应的杆端下面。由表中的固端弯矩求得 1、2 两节点的不平衡力矩分别为：

$$M_1^t = M_{1A}^F + M_{12}^F = 30 + (-200) = -170 \text{kN} \cdot \text{m}$$

$$M_2^t = M_{21}^F + M_{2D}^F = 200 + 0 = 200 \text{ kN} \cdot \text{m}$$

如前所述，为了消除这两个不平衡力矩，需要将节点 1 和 2 逐次地轮流放松，使其分别恢复原有自然状态，即使它们转动和实际结构相同的角位移。

为了使计算尽快地收敛，应先放松不平衡力矩大的节点，本例应先放松节点 2，此时节点 1 仍固定着，故和上节放松单个结点的情况完全相同。因而可按前述弯矩分配和传递的方法来消除节点 2 的不平衡力矩。为此需要算出汇交于节点 2 的各杆端的分配系数：

$$\mu_{21} = \frac{S_{21}}{S_{21} + S_{2B}} = \frac{4i}{4i + 3i} = 0.571$$

$$\mu_{2B} = \frac{S_{2B}}{S_{21} + S_{2B}} = \frac{3i}{4i + 3i} = 0.429$$

分配系数通常取到小数点后面 3 位。

将其结果填入表中连续梁相应杆端下面。

然后把节点 2 的不平衡力矩 200kN·m 反号进行分配，得分配弯矩：

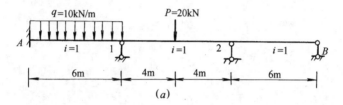

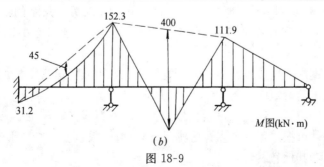

分配系数 μ		0.5	0.5		0.571	0.429
固端弯矩 M^F		-30	30	-200		200
分 配 与 传 递				$-57.1 \leftarrow$	-114.3	-85.7
	56.8 $\leftarrow$	113.6	113.6	$\rightarrow$	56.8	
				$-16.2 \leftarrow$	-32.5	-24.3
	4.1 $\leftarrow$	8.1	8.1	$\rightarrow$	4.1	
				$-1.2 \leftarrow$	-2.3	-1.8
	0.3 $\leftarrow$	0.6	0.6	$\rightarrow$	0.3	
				$-0.1 \leftarrow$	-0.2	-0.1
最终弯矩	31.2	152.3	-152.3		111.9	-111.9

图 18-9

$$M_{21}^\mu = 0.571 \times (-200) = -114.3 \text{ kN·m}$$

$$M_{2B}^\mu = 0.429 \times (-200) = -85.7 \text{ kN·m}$$

将其填入连续梁相应杆端下面，并在分配弯矩值下面画一横线，表示此时节点 2 已获平衡。同时分配弯矩各向其远端传递。其值为：

$$M_{12}^{C} = \frac{1}{2} \times (-114.2) = -57.1 \text{ kN} \cdot \text{m}$$

$$M_{B2}^{C} = 0$$

将其填入连续梁相应杆端下面，并画出箭头标明传递方向。

分配弯矩与传递弯矩取到小数点后面几位要视所需精度而定。一般可将最大固端弯矩绝对值取四位有效数字，以此来确定分配，传递弯矩小数点后面的位数，例如本例，最大固端弯矩的绝对值为 200kN·m，四位有效数字为 200.0，即小数点后面有一位有效数字，则计算分配弯矩，传递弯矩时均取到小数点后面一位。随着节点的逐次轮流放松，分配弯矩传递弯矩逐渐减少，当传递弯矩小于 0.1（小数点后一位）时，计算可以结束。

节点 2 暂时平衡后，重新将其固定，再来放松节点 1。节点 1 原有的不平衡力矩是 −170kN·m，注意节点 2 又传递过来 −57.1kN·m 的传递弯矩，故现在节点 1 的不平衡力矩为 −170＋（−57.1）＝−227.1kN·m 计算节点 1 的分配系数，分配弯矩及传递弯矩如下：

分配系数

$$\mu_{1A} = \frac{S_{1A}}{S_{1A} + S_{12}} = \frac{4i}{4i + 4i} = 0.5$$

$$\mu_{12} = \frac{S_{12}}{S_{12} + S_{1A}} = \frac{4i}{4i + 4i} = 0.5$$

分配弯矩

$$M_{1A}^{\mu} = 0.5 \times 227.1 = 113.6 \text{ kN} \cdot \text{m}$$

$$M_{12}^{\mu} = 0.5 \times 227.1 = 113.6 \text{ kN} \cdot \text{m}$$

传递弯矩

$$M_{1A}^{C} = 113.6 \times \frac{1}{2} = 56.8 \text{ kN} \cdot \text{m}$$

$$M_{21}^{C} = 113.6 \times \frac{1}{2} = 56.8 \text{ kN} \cdot \text{m}$$

节点 1 暂时平衡，将它重新固定起来。再来看节点 2，由于放松节点 1，节点 2 又有了新的不平衡力矩 56.8kN·m。现在第二次放松节点 2 以消去其新的不平衡力矩。如此反复地循环下去，就可以使节点 1 和节点 2 的不平衡力矩愈来愈小以逐渐接近了真实情况。

把固端弯矩与逐次放松节点所得相应杆端的分配弯矩或传递弯矩相加，即得出杆端最终弯矩。据此绘制出的弯矩图如图 18-9（b）所示。

其计算结果正确与否，还应该进行校核。正确的答案应同时满足静力平衡条件和变形条件。静力平衡条件可根据每一节点是否满足 $\Sigma M = 0$ 来校核。至于变形条件本教材略去。有兴趣的同学可参考其他教材。

综上所述，用力矩分配法计算连续梁及无侧移刚架的步骤可归纳如下：

1. 计算汇交于各节点每一杆端的分配系数。

2. 计算各杆端的固端弯矩和不平衡力矩。

3. 从不平衡力矩较大的节点开始，逐次循环放松各节点以消除不平衡力矩。每放松一个节点时，将不平衡力矩反号乘以分配系数分配给汇交于该节点的各杆端（分配弯矩），然后将分配弯矩乘以传递系数传递给各杆远端（传递弯矩）。如此反复循环计算直到传递弯矩小到可以略去为止。

4. 将固端弯矩与相应杆端历次的分配弯矩或传递弯矩相加，即得各杆端的最终弯矩。

5. 绘制弯矩图。

【例 18-3】　　计算图 18-10（a）所示连续梁，并绘 M 图及剪力图。EI＝常数。

【解】　　该连续梁 DE 部分为静定的，其内力可按静力平衡条件求出，即

$$M_{DE} = -10 \times 3 = -30 \text{ kN} \cdot \text{m} \quad V = 10 \text{ kN}$$

去掉悬臂部分，把 M_{DE} 作为外力施加在节点 D 上，如图 18-10（a′）所示，则节点 D 便转化为铰支端，计算原结构可在图 18-10（a）上进行。

1. 计算分配系数

为了计算方便，令 $i = \dfrac{EI}{12}$，则 $i_{AB} = 1.2i$，$i_{BC} = i$　$i_{CD} = 1.5i$

$$\mu_{BA} = \frac{4 \times 1.2i}{4 \times 1.2i + 4 \times i} = 0.545$$

$$\mu_{BC} = \frac{4 \times i}{4 \times 1.2i + 4 \times i} = 0.455$$

$$\mu_{CB} = \frac{4 \times i}{4 \times i + 3 \times 1.5i} = 0.471$$

$$\mu_{CD} = \frac{3 \times 1.5i}{4 \times i + 3 \times 1.5i} = 0.529$$

2. 计算固端弯矩

杆 CD 相当于 C 端固定、D 端铰支的单跨梁。铰支端 D 受集中力 10kN 及集中力偶 30kN·m 作用。集中力 10kN 由支座 D 承担而不使梁产生弯曲变形，故不产生固端弯矩。集中力偶 30kN·m 使梁产生的固端弯矩由表 17-1 中算得为：

$$M^F_{CD} = \frac{M}{2} = \frac{30}{2} = 15 \text{ kN} \cdot \text{m}$$

$$M^F_{DC} = M = 30 \text{ kN} \cdot \text{m}$$

其余各杆固端弯矩分别为：

$$M^F_{AB} = -\frac{Pab^2}{l^2} = -\frac{50 \times 4 \times 6^2}{10^2} = -72 \text{ kN} \cdot \text{m}$$

$$M^F_{BA} = \frac{Pa^2 b}{l^2} = \frac{50 \times 4^2 \times 6}{10^2} = 48 \text{kN} \cdot \text{m}$$

$$M^F_{BC} = -\frac{ql^2}{12} = -\frac{25 \times 12^2}{12} = -300 \text{kN} \cdot \text{m}$$

$$M^F_{CB} = \frac{ql^2}{12} = 300 \text{kN} \cdot \text{m}$$

将以上分配系数，固端弯矩数据填入连续梁相应杆端下面。

3. 分配与传递

从不平衡力矩大的节点 C 开始循环，交替进行分配与传递，直到传递弯矩小于 0.1 为止。整个运算过程均可在表上进行。

4. 将固端弯矩与相应杆端分配弯矩或传递弯矩相加得最终杆端弯矩。

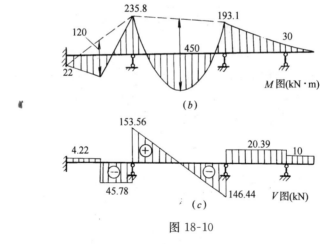

	A		B		C		D
μ		0.545	0.455		0.471	0.529	
M^F	−72	48	−300		300	15	30
分配与传递			−74.2	←	−148.4	−166.6	
	88.9	←	177.8	148.4 →	74.2		
			−17.5	←	−34.9	−39.3	
	4.8	←	9.58	8 →	4		
			−0.9	←	−1.9	−2.1	
	0.3	←	0.5	0.4 →	0.2		
					−0.1	−0.1	
M	22		235.8	−235.8	193.1	−193.1	30

5. 由最终杆端弯矩绘出 M 图示于图 18-10 (b)。

6. 剪力图的绘制方法与位移法相同。分别截出各杆画受力图，受力图除包括已知外荷载外还有图 18-10 (b) 求得的各杆端弯矩。然后据平衡条件即可求出杆端剪力。

例如杆 AB（见图 18-11）

$$V_{AB} = 4.22 \text{ kN}$$

$$V_{BA} = 45.78 \text{ kN}$$

剪力图如图 18-10 (c) 所示。

【例 18-4】　用力矩分配法计算图18-12 (a)所示刚架，绘制 M 图及剪力图。

【解】　图示刚架没有节点线位移，故适于用力矩

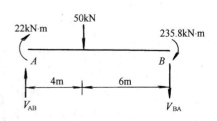

图 18-11

分配法求解,其计算方法和步骤与连续梁完全相同。

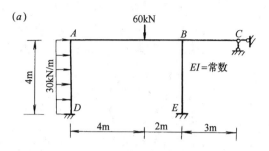

例题 18-4 杆端弯矩计算表

结 点	D	A		B			E	C
杆 端	DA	AD	AB	BA	BC	BE	EB	CB
μ	固端	0.6	0.4	0.25	0.375	0.375	固端	铰支
M^F	−40	40	−26.67	53.33				
分配与传递			−6.67	−13.33	−20	−20	−10	
	−2	−4	−2.66	−1.33				
			0.16	0.33	0.5	0.5	0.25	
	−0.05	−0.1	−0.06	−0.03				
				0.01	0.01	0.01		
M	−42.05	35.9	−35.9	38.98	−19.49	−19.49	−9.75	0

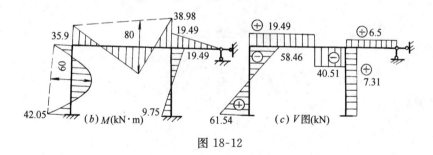

图 18-12

1. 计算分配系数

为了计算方便,可利用各杆的相对线刚度,令 $i=\dfrac{EI}{6}$ 则有 $i_{AD}=i_{BE}=1.5i$, $i_{AB}=i$, $i_{BC}=2i$

$$\mu_{AD}=\frac{4i_{AD}}{4i_{AD}+4i_{AB}}=0.6$$

$$\mu_{AB}=\frac{4i_{AB}}{4i_{AD}+4i_{AB}}=0.4$$

$$\mu_{BA}=\frac{4i_{AB}}{4i_{AB}+4i_{BE}+3i_{BC}}=0.25$$

$$\mu_{BE}=\frac{4i_{BE}}{4i_{AB}+4i_{BF}+3i_{BC}}=0.375$$

$$\mu_{BC} = \frac{3i_{BC}}{4i_{AB} + 4i_{BE} + 3i_{BC}} = 0.375$$

2. 计算固端弯矩

$$M^F_{DA} = -\frac{30 \times 4^2}{12} = -40 \text{ kN} \cdot \text{m}$$

$$M^F_{AD} = \frac{30 \times 4^2}{12} = 40 \text{ kN} \cdot \text{m}$$

$$M^F_{AB} = \frac{-60 \times 4 \times 2^2}{6^2} = -26.67 \text{ kN} \cdot \text{m}$$

$$M^F_{BA} = \frac{60 \times 4^2 \times 2}{6^2} = 53.33 \text{ kN} \cdot \text{m}$$

分配、传递弯矩及最终杆端弯矩的计算结果见上表,不再详述。由表中最终杆端弯矩,可以看出节点 A、B 均满足静力平衡条件 $\Sigma M = 0$。最终弯矩图示于图 18-12 (b)。

由绘制出的弯矩图及静力平衡条件可绘出剪力图如图 18-12 (c) 所示。

【例 18-5】　计算图 18-13 (a) 所示连续梁,并绘弯矩图及剪力图。

【解】　该连续梁属对称结构,可取其等代结构进行计算。

等代结构(放大)示于图 18-13 (b),注意对称杆 CG 由于长度为杆 CD 的一半,则其线刚度应为杆 CD 线刚度的 2 倍。即 $i_{CG} = 2i_{CD} = 2 \times 2 = 4$。

1. 计算分配系数

$$\mu_{BA} = \frac{3 \times 2}{3 \times 2 + 4 \times 1} = 0.6$$

$$\mu_{BC} = \frac{4 \times 1}{3 \times 2 + 4 \times 1} = 0.4$$

$$\mu_{CB} = \frac{4 \times 1}{4 \times 1 + 4} = 0.5$$

$$\mu_{CG} = \frac{4}{4 \times 1 + 4} = 0.5$$

2. 求固端弯矩

$$M^F_{BA} = \frac{1}{8} \times 60 \times 4^2 = 120 \text{ kN} \cdot \text{m}$$

$$M^F_{BC} = -\frac{1}{12} \times 60 \times 6^2 = -180 \text{ kN} \cdot \text{m}$$

$$M^F_{CB} = \frac{1}{12} \times 60 \times 6^2 = 180 \text{ kN} \cdot \text{m}$$

$$M^F_{CG} = -\frac{1}{3} \times 60 \times 4^2 = -320 \text{ kN} \cdot \text{m}$$

$$M^F_{GC} = -\frac{1}{6} \times 60 \times 4^2 = -160 \text{ kN} \cdot \text{m}$$

3. 分配弯矩,传递弯矩及最终杆端弯矩的计算见图 18-13 中表所示。

4. 由对称性绘制的最终弯矩图示于图 18-13 (c)。

5. 由绘制出的弯矩图和静力平衡条件可绘出半个结构的剪力图,然后由对称性即可绘出整个连续梁的剪力图,但要注意,正对称荷载作用时,其剪力图是反对称的,见图 18-13 (d)。

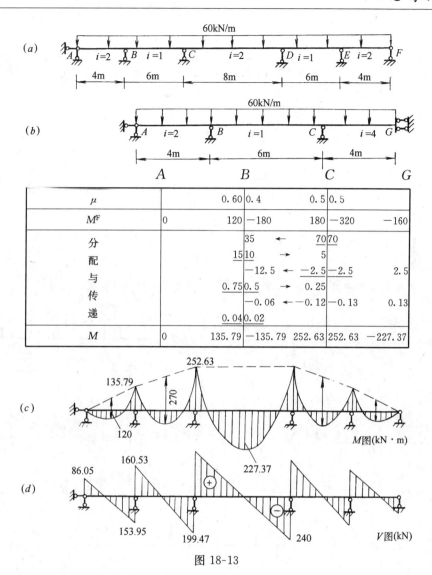

图 18-13

遇到有多个节点角位移而又不对称的连续梁，先把全部节点固定之后，可以隔点把节点分成两组，每组中的节点可同时放松。这样，通过两组节点的轮流交替放松，可使结构较为迅速地恢复原来自然状态。而不必一次一个地放松。

思 考 题

1. 说明力矩分配法的基本概念，它与位移法有什么相同和不同之处？

2. 什么叫线刚度？什么叫转动刚度？转动刚度和线刚度是否有关？

3. 如何计算分配系数？每一节点的分配系数之和为什么等于1？

4. 传递系数是怎样定义的？

5. 节点的约束反力矩与汇交于该节点的各杆端的固端弯矩有怎样的关系？

6. 什么是分配弯矩？如何进行计算？

7. 单节点力矩分配与多节点力矩分配有何异同？

习　题

18-1　图 18-14 所示结构，用力矩分配法计算时，分配系数 μ_{BA}、μ_{BC}、μ_{BD}、μ_{BE} 和传递系数 C_{BA}、C_{BC}、C_{BD}、C_{BE} 各为多少？

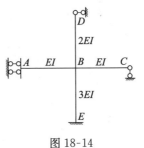

图 18-14

18-2　用力矩分配法计算图 18-15 所示各连续梁，绘弯矩、剪力图。

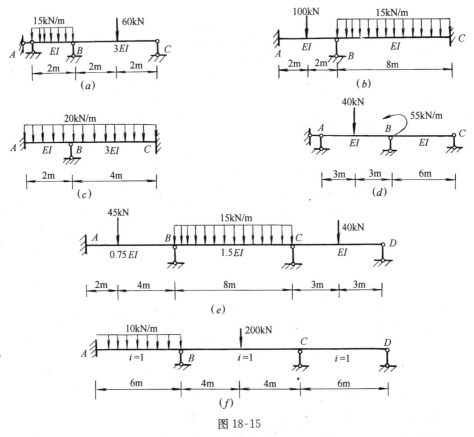

图 18-15

18-3　用力矩分配法计算图 18-16 所示各刚架，并绘弯矩图。

18-4　试用力矩分配法计算图 18-17 所示对称结构并绘弯矩图。

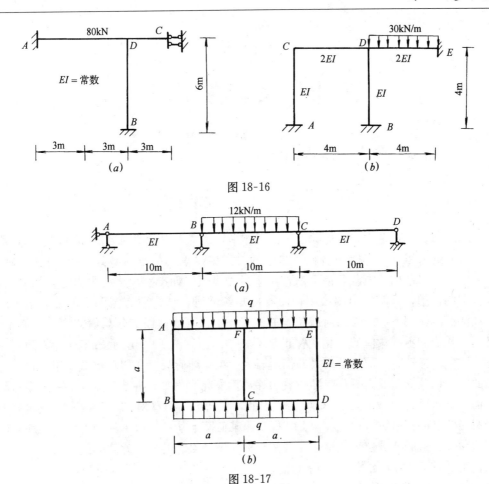

图 18-16

图 18-17

习 题 答 案

18-1 $\mu_{BA}=\dfrac{1}{22}$、$\mu_{BC}=\dfrac{3}{22}$、$\mu_{BD}=\dfrac{6}{22}$、$\mu_{BE}=\dfrac{12}{22}$;

$C_{BA}=-1$、$C_{BC}=0$、$C_{BD}=0$、$C_{BE}=0.5$

18-2 (a) $M_{BA}=22.5$ kN·m $V_{BA}=-26.25$ kN

(b) $M_{CB}=85$ kN·m $V_{CB}=-61.875$ kN

(c) $M_{AB}=-2.67$ kN·m, $M_{BA}=14.67$ kN·m

(d) $M_{BA}=-5$ kN·m $M_{BC}=-50$ kN·m

(e) $M_{AB}=-24.5$ kN·m $M_{CD}=-68.3$ kN·m

(f) $M_{BA}=152.3$ kN·m $M_{CD}=-111.92$ kN·m

18-3 (a) $M_{AD}=-72$ kN·m $M_{DC}=-12$ kN·m

(b) $M_{ED}=48.6$ kN·m

18-4 (a) $M_{BA}=60$ kN·m

(b) $M_{AB}=\dfrac{qa^2}{36}$ $M_{FA}=\dfrac{qa^2}{9}$

第十九章 影响线

学习要点：理解影响线的一般概念；掌握用静力法绘制简支梁影响线的方法；掌握应用影响线求支座反力和内力及确定最不利荷载位置的方法。

第一节 影响线的一般概念

在实际工程中，结构或构件除承受恒载作用，还将承受到活荷载的作用。例如，桥梁要承受行驶的火车、汽车等荷载，厂房中的吊车梁要承受吊车荷载等。因此在结构设计时，就需要算出结构在恒载和活荷载作用下各种量值（如支座反力、内力等）的最大值。对于恒载的作用，只需作出内力图，便可得知各量值在结构所有截面上的分布情况。但是，在活荷载作用下，随着活荷载位置的改变，不仅不同截面的各量值的变化规律不同，而且同一截面的不同量值的变化规律也是不相同的。如图 19-1 所示吊车梁计算简图，当吊车自左向右移动时，两轮子对梁的作用即为一组移动荷载，在移动荷载作用下，梁上各截面的内力以及支座反力等都将随荷载的移动而变化。例如，左支座反力 R_A 是逐渐减少的；而右支座反力 R_B 却是逐渐增大的。因此，在研究活荷载对结构影响时，一次只能对一个截面的某一量值进行讨论。因此，要求出某截面上某一量值中的最大值，必须先确定产生这种最大值的荷载位置。这一荷载位置称为该量值的最不利荷载位置。

在工程实际中移动荷载的种类很多，常见的是一组间距保持不变的平行荷载。为了简便起见，可先研究一个方向不变而沿着结构移动的单位集中荷载 $P=1$ 对结构上某一量值的影响；然后，根据叠加原理，就可进一步研究同一方向的一系列荷载对该量值的共同影响。同时，为了清晰和直观起见，可把量值随荷载 $P=1$ 移动而变化

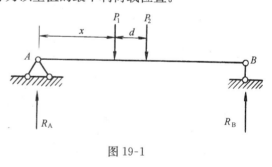

图 19-1

的规律用函数图形表示出来，这种图形称为影响线。其定义是：当一个方向不变的单位荷载沿一结构移动时，表示某指定截面的某一量值变化规律的函数图形，称为该量值的影响线。

影响线的绘制、最不利荷载位置的确定以及求出最大量值等是活荷载作用下结构计算中几个相互关联的重要问题。本章主要介绍静力法绘制简支梁影响线，最不利荷载位置的确定。

第二节 静力法作简支梁的影响线

用静力法绘制影响线时，可先把荷载 $P=1$ 放在任意位置，并根据所选坐标系，以字

母 x 表示单位荷载其作用点的横坐标；然后运用静力平衡条件求出研究的量值与荷载 $P=1$ 位置之间的关系，表示这种关系的方程称为影响线方程。根据影响线方程即可作出影响线。

以图 19-2 (a) 所示简支梁为例，具体说明支座反力、剪力和弯矩影响线的绘制方法。

一、支座力的影响线

如图 19-2 (a)，将荷载 $P=1$ 作用于距左支座（坐标原点）为 x 处，假定反力向上为正，由 $\Sigma M_{\mathrm{B}}=0$ 得

$$R_{\mathrm{A}}l - P(l - x) = 0$$

解得

$$R_{\mathrm{A}} = P\frac{l-x}{l}$$

这个方程就表示反力 R_{A} 随荷载 $P=1$ 移动而变化的规律。也可称为 R_{A} 的影响线方程。把它绘成函数图形，即得 R_{A} 的影响线。从所得方程可知 R_{A} 是 x 的一次函数，故 R_{A} 的影响线为一直线，于是只需定出两个竖标，即：

当 $x=0$ 时， $R_{\mathrm{A}}=1$

当 $x=l$ 时， $R_{\mathrm{A}}=0$

即可作出 R_{A} 的影响线，如图 19-2 (b) 所示。

同理，由 $\Sigma M_{\mathrm{A}}=0$ 得：

$$R_{\mathrm{B}}l - Px = 0$$

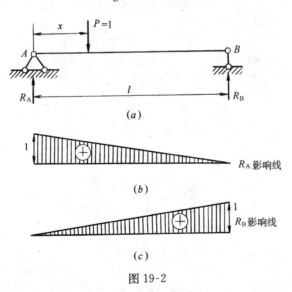

(a)

(b)

(c)

图 19-2

解得：

$$R_{\mathrm{B}} = \frac{x}{l}$$

上式即为 R_{B} 的影响线方程，它也是 x 的一次函数，所以 R_{B} 的影响线也是一条直线，由

当 $x=0$ 时， $R_{\mathrm{B}}=0$

当 $x=l$ 时, $R_B = P = 1$

两个竖标即可绘出的反力 R_B 的影响线,如图 19-2 (c) 所示。

应该注意:在作影响线时,通常假定单位荷载 $P=1$ 为无名数,则由反力影响线的方程可以看出,反力影响线的竖标也是一无名数。

二、弯矩影响线

如图 19-3 (a) 所示,讨论指定截面 C 的弯矩影响线。当荷载 $P=1$ 在截面 C 的左边移动,即 $x \leqslant a$。为了计算方便,取梁中的 CB 段为脱离体,并规定以使梁下面的纤维受拉的弯矩为正,由 $\Sigma M_C = 0$ 可得

$$M_C = R_B \cdot b = \frac{x}{l} b$$

由此可知,M_C 的影响线在截面 C 以左部分为一直线:

当 $x=0$ 时, $M_C = 0$

当 $x=a$ 时, $M_C = \dfrac{ab}{l}$

因此,只需在截面 C 处取一个等于 $\dfrac{ab}{l}$ 的竖标,然后以其顶点与左支座处的零点相连,即得荷载 $P=1$ 在截面 C 的左边移动时 M_C 的影响线图 19-3 (b)。

当荷载 $P=1$ 在截面 C 的右边移动时,即 $x \geqslant a$,影响线方程 $M_C = \dfrac{x}{l} b$ 显然已不能再适用。

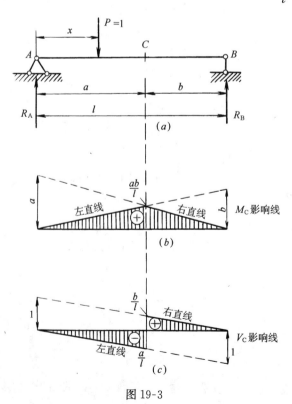

图 19-3

为此，取 AC 段为脱离体，由 $\Sigma M_C=0$ 即得当 $P=1$ 在截面 C 以右移动时 M_C 的影响线方程：

$$M_C = R_A a = \frac{(l-x)}{l} a$$

由上式可知：

当 $x=a$ 时， $\qquad\qquad M_C = \frac{ab}{l}$

当 $x=l$ 时， $\qquad\qquad M_C=0$

因此，只需把截面 C 处的竖标 $\frac{ab}{l}$ 的顶点与右支座处的零点相连，即可得出当荷载 $P=1$ 在截面 C 以右移动时的 M_C 影响线，其全部影响线如图 19-3 （b）所示。这样，M_C 的影响线是由两段直线所组成，此二直线的交点处于截面 C 处的竖标顶点。通常称截面以左的直线为左直线，截面以右的直线为右直线。

从以上弯矩影响线方程可以看出，左直线可由反力 R_B 的影响线放大到 b 倍而成，而右直线可由反力 R_A 的影响线放大到 a 倍而成。因此，可以利用 R_A 和 R_B 的影响线来控制 M_C 的影响线：在左、右两支座处分别取竖标 a、b，将它们的顶点各与右、左两支座处的零点用直线相连，则这两根直线的交点与左、右零点相连部分就是 M_C 的影响线。这种利用已知某一量的影响线来作其他量值影响线的方法，能带来较大的方便。

由于已假定 $P=1$ 为无量纲量，故弯矩影响线的单位为长度单位。

三、剪力影响线

如图 19-3 （a）所示，讨论指定截面 C 的剪力影响线，当荷载 $P=1$ 在截面 C 的左边移动，即 $x \leqslant a$。取截面 C 以右部分为脱离体，并规定使脱离体有顺时针转动趋势的剪力为正，由 $\Sigma Y=0$ 得：

$$V_C = -R_B$$

因此，V_C 的影响线在截面 C 以左的部分（左直线）与支座反力 R_B 的影响线各竖标的数值相同，但符号相反。故我们可在右支座处取等于 -1 的竖标，以其顶点与左支座处的零点相连，并由截面 C 引竖线即得出 V_C 影响线的左直线，如图 19-3 （c）所示。

同理，当荷载 $P=1$ 在截面 C 右边移动时，即 $x \geqslant a$，即取截面 C 以左部分为脱离体，可得

$$V_C = R_A$$

因此，可直接利用反力 R_A 的影响线作出 V_C 影响线的右直线，如图 19-3 （c）所示。

应当指出，影响线与内力图是截然不同的，例如图 19-4 （a）所示 M_C 影响线与图 19-4 （b）所示的弯矩图，前者表示当单位荷载沿结构移动时，在某一指定截面处的某一量值的变化情形；而后者表示在固定荷载作用下，某种量值在结构所有截面的分布情形。因此，在图 19-4 （a）、（b）所示的两个图形中，与截面 K 对应的 M_C 影响线的竖标 y_K，代表荷载 $P=1$ 作用于 K 处时，弯矩 M_C 的的大小；而与截面 K 对应的弯矩图的竖标 M_K，则代表固定荷载 P 作用于 C 点时，截面 K 所产生的弯矩。显然，由某一个内力图，不能看出当荷载在其他位置时这种内力将如何分布。只有另作新的内力图，才能知道这种内力

新的分布情形。然而，某一量值的影响线能使我们看出，当单位荷载处于结构的任何位置时，该量值的变化规律，但它不能表示其他截面处的同一量值的变化情形。

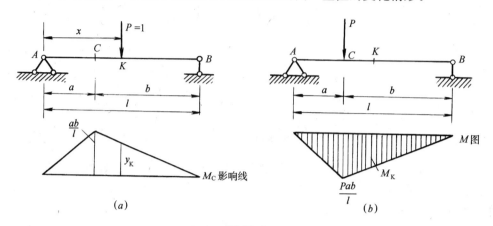

图 19-4

第三节　影响线的应用

一、求支座反力和内力

前面讨论了简支梁影响线的绘制方法。现讨论如何利用某量值的影响线来求出当位置确定的若干集中荷载或分布荷载作用下该量值的大小。

1. 集中荷载情况

先讨论集中荷载的影响线。图 19-5（a）所示简支梁截面 C 的剪力影响线如图 19-5（b）所示。设有一组集中荷载 P_1、P_2、P_3 作用于梁上，需求出截面 C 的剪力。此时可利用已作出的 V_C 影响线。设在荷载作用点处影响线的竖标依次为 y_1、y_2、y_3。根据叠加原理可知这组荷载作用下截面 C 的剪力为：

$$V_C = P_1 y_1 + P_2 y_2 + P_3 y_3$$

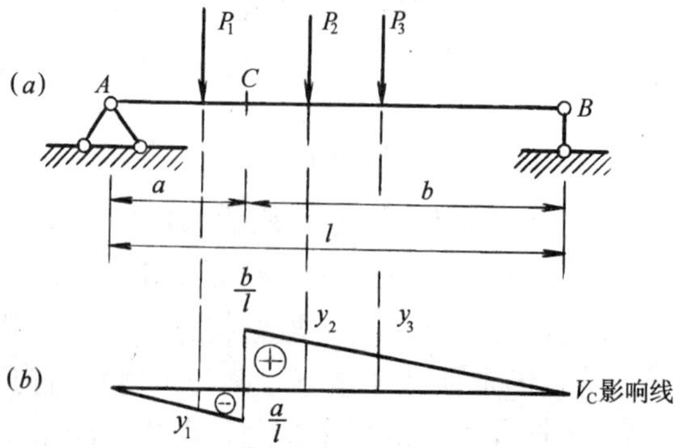

图 19-5

由此可知，当绘出结构的某一量值 S（支座反力、剪力、弯矩等）的影响线时，则可知在一组竖向的集中荷载作用下该量值为：

$$S = P_1 y_1 + P_2 y_2 + \cdots + P_n y_n = \Sigma P_1 y_1 \tag{19-1}$$

式中 y_i 为 P_i 作用点处相应的 S 影响线的竖标。

2. 分布荷载情况

以集中荷载的影响为依据，就不难求出分布荷载 q_x 图 19-6 (a) 的影响线。为此，将分布荷载沿其长度分为许多无限小的微段 dx。由于每一微段上的荷载 $q_x dx$ 可作为一集中荷载，故在 mn 区段内的分布荷载对量值 V_C 的影响可用下式表达

$$V_C = \int_{x_m}^{x_n} q_x y_x dx$$

若 q_x 为均布荷载图 19-6 (b)，即当 $q_x = q$ 时，则上式变为

$$V_C = q \int_{x_m}^{x_n} y_x dx = q\omega$$

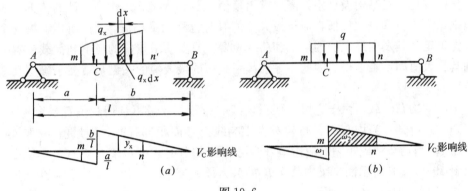

图 19-6

式中 ω 表示影响线在荷载分布范围 mn 内的面积。上述两式适用于任一量值 S 的影响线，写成一般形式为

$$S = \int_{x_m}^{x_n} q_x y_x dx \tag{19-2}$$

当 $q_x = q$ 时

$$S = q \int_{x_m}^{x_n} y_x dx = q \omega \tag{19-3}$$

由上式可见，为了求得均布荷载的影响线，只需把影响线在荷载分布范围内的面积求出，再以荷载集度 q 乘以这个面积。但应注意，在计算面积 ω 时，应考虑影响线的正、负符号。例如，对于图 19-6 (b) 所示情况，应有

$$\omega = \omega_2 - \omega_1$$

【例 19-1】 试利用 V_C 影响线求图 19-7 (a) 所示简支梁 V_C 之值。

【解】 首先作出 V_C 影响线如图 19-7 (b) 所示，并算出有关竖标值。其次，按叠加原理可得

$$V_C = p y_D + q\omega = 20 \times 0.4 + 10 \times \left(\frac{0.6 + 0.2}{2} \times 2 - \frac{0.2 + 0.4}{2} \times 1 \right)$$

$$= 8 + 5 = 13 \text{kN}$$

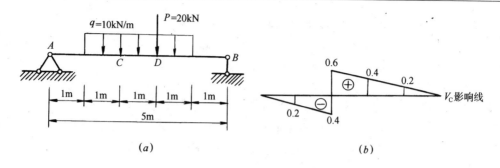

图 19-7

二、最不利荷载位置

在活荷载作用下，结构上的各种量值 S（支座反力、剪力、弯矩等）一般都随荷载位置的变化而变化。在结构设计中，需要求出量值 S 的最大值 S_{max} 作为设计的依据，所谓最大值包括最大正值和最大负值，对于最大负值有时也称为最小值 S_{min}；而要解决这个问题就必须先确定使其发生最大值的最不利荷载位置。只要所求量值的最不利荷载位置一经确定，则其最大值即不难求得。因此，寻求某一量值的最大值的关键，就在于确定其最不利荷载位置。

对于可动均布活载，由于它可以任意连续的布置，故最不利荷载位置是容易确定的。从式（19-3）可知：当均布荷载布满对应影响线正号面积部分时，则量值 S 将有最大值 S_{max}；反之，当均布活载布满对应影响线负号面积部分时，则量值 S 将有最小值 S_{min}。例如，求图 19-8（a）所示简支梁中截面 K 的剪力最大值 $V_{K(max)}$ 和 $V_{K(min)}$ 相应的最不利荷载位置将如图 19-8（c）、（d）所示。

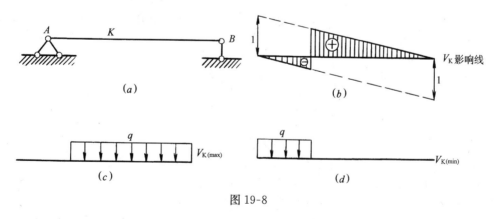

图 19-8

对于移动集中荷载，根据式（19-1）

$$S = \Sigma P_i y_i$$

可知，当 $\Sigma P_i y_i$ 为最大值时，则相应的荷载位置即为量值 S 的最不利荷载位置。由此推断，最不利荷载位置必然发生在荷载密集于影响线竖标最大处，并且可进一步论证必有一集中荷载作用于影响线顶点。为了分析方便，通常将这一位于影响线顶点的集中荷载称为临界荷载。

【**例 19-2**】   试求图 19-9（a）所示简支梁在图示吊车荷载作用下截面 K 的最大弯矩。

【**解**】 先作出 M_K 的影响线如图 19-9（b）所示。

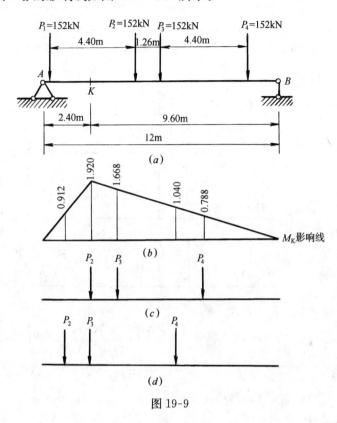

图 19-9

据前述推断，M_K 的最不利荷载位置将有如图 19-9（c）、（d）所示两种可能情况，分别计算对应的 M_K 值，并加以比较，即可得出 M_K 的最大值。对于图 19-9（c）所示情况有

$$M_K = 152 \times (1.920 + 1.668 + 0.788) = 665.15 \text{kN} \cdot \text{m}$$

对于图（19-9d）所示情况有

$$M_K = 152 \times (0.912 + 1.920 + 1.040) = 588.54 \text{kN} \cdot \text{m}$$

二者比较可知，图 19-9（c）所示为 M_K 的最不利荷载位置。此时

$$M_{K(\max)} = 665.15 \text{ kN} \cdot \text{m}$$

【**例 19-3**】   图 19-10（a）所示为吊车荷载作用下的两跨静定梁。试求支座 B 的最大反力。

【**解**】   该梁为两根简支梁，故可作出如图 19-10（b）所示的 R_B 影响线。其最不利荷载位置有如图 19-10（c）、（d）所示两种可能情况，现分别计算如下。

考虑图 19-10（c）所示情况有

$$R_B = 426.6 \times (0.125 + 1.000) + 289.3 \times 0.758 = 699.22 \text{kN}$$

再考虑图 19-10（d）所示情况有

$$R_B = 426.6 \times 0.758 + 289.3 \times (1.000 + 0.200) = 670.52 \text{kN}$$

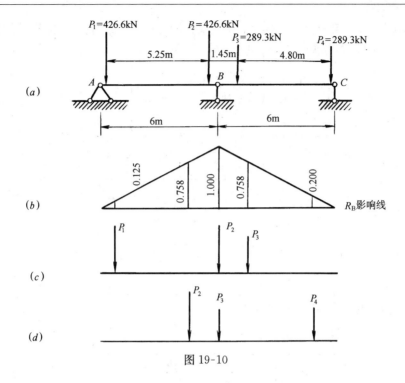

图 19-10

二者比较可知，图 19-10（c）所示的荷载情况为最不利荷载位置，相应有 $R_{B(max)} = 699.22$kN。

思 考 题

1. 以简支梁为例，说明求某量值的影响线方程与求在位置固定的单个集中力作用下相应的量值，在计算方法上有何异同？

2. 梁在荷载作用下，某量值的最不利荷载位置的含义是什么？

3. 如何确定静定梁在吊车荷载作用下某量值的最不利荷载位置？

习   题

19-1   绘出图 19-11 所示悬臂梁的 R_A、M_A、V_C、M_C 的影响线。

19-2   绘出图 19-12 所示结构横梁 AB 的 M_D 和 V_D 的影响线。

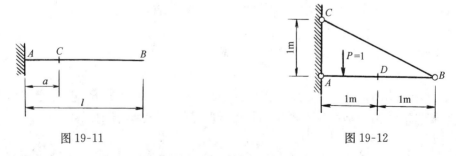

图 19-11   图 19-12

19-3   绘出图 19-13 所示静定梁的 M_A、R_B、V_D、$V_B^{左}$、$V_B^{右}$ 的影响线。

19-4   对图 19-14 示荷载作用下的外伸梁，试分别利用其 V_C、M_C 影响线求截面 C 的剪力和弯矩。

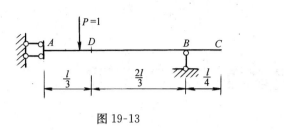

图 19-13

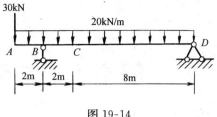

图 19-14

19-5　试求图 19-15 所示简支梁在移动荷载作用下的 R_A、M_C、V_C 的最大值。

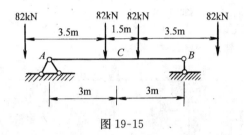

图 19-15

19-6　图 19-16 所示连续梁在不利荷载作用下，产生最大值的为：
(A) B 支座反力　　　　(B) D 支座反力
(C) BC 跨中弯矩　　　　(D) E 截面的负弯矩

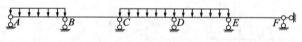

图 19-16

19-7　图 19-16 所示连续梁，要使 CD 跨正剪力达到最大值，活荷载应布置在：
(A) AB、CD、EF 跨　　(B) BC、CD、EF 跨
(C) BC、EF 跨　　　　(D) AB、DE 跨
19-8　图 19-16 所示连续梁，要使 CD 跨正弯矩达到最大值，活荷载应布置在：
(A) AB、CD、EF 跨　　(B) BC、CD、EF 跨
(C) BC、EF 跨　　　　(D) BC、DE 跨

习　题　答　案

19-4　$V_C=70kN$；$M_C=80kN \cdot m$
19-5　$R_{Cmax}=157.2kN$，$M_{Cmax}=225.5kN \cdot m$，$V_{Cmax}=61.5kN$
19-6　(B)
19-7　(C)
19-8　(A)

附录Ⅰ 常用截面的几何性质

表中符号代表的意义如下:

　　A——截面图形的面积;

　　C——截面图形的形心;

y_1、y_2、z_1——截面图形形心相对于图形边缘的位置;

　I_{y0}、I_{z0}——截面图形分别对形心轴 y_0 轴、z_0 轴的惯性矩;

W_{y0}、W_{z0}——截面图形分别对 y_0 轴、z_0 轴的抗弯截面模量。

编　号	截　面　图　形	截　面　几　何　性　质
1		$A=bh$ $y_1=\dfrac{h}{2}$　　　$z_1=\dfrac{b}{2}$ $I_{y0}=\dfrac{hb^3}{12}$　　$I_{z0}=\dfrac{bh^3}{12}$　　$I_z=\dfrac{bh^3}{3}$ $W_{y0}=\dfrac{bh^2}{6}$　　$W_{z0}=\dfrac{bh^2}{6}$
2		$A=bh-b_1h_1$ $y_1=\dfrac{h}{2}$　　　　$z_1=\dfrac{b}{2}$ $I_{y0}=\dfrac{hb^3-h_1b_1^3}{12}$　　$I_{z0}=\dfrac{bh^3-b_1h_1^3}{12}$ $W_{y0}=\dfrac{hb^3-h_1b_1^3}{6b}$　　$W_{z0}=\dfrac{bh^3-b_1h_1^3}{6h}$
3		$A=\dfrac{\pi D^2}{4}=0.785D^2$ 或 $A=\pi r^2=3.142r^2$ $y_1=\dfrac{D}{2}=r$　　$z_2=\dfrac{D}{2}=r$ $I_{y0}=I_{z0}=\dfrac{\pi D^4}{64}$ $W_{y0}=W_{z0}=\dfrac{\pi D^3}{32}$
4		$A=\dfrac{\pi(D^2-D_1^2)}{4}$ $y_1=\dfrac{D}{2}$　　$z_1=\dfrac{D}{2}$ $I_{y0}=I_{z0}=\dfrac{\pi(D^4-D_1^4)}{64}$ $W_{y0}=W_{z0}=\dfrac{\pi(D^4-D_1^4)}{32D}$

编　号	截面图形	截面几何性质
5		$A=Bd+ht$ $y_1=\dfrac{1}{2}\dfrac{tH^2+d^2(B-t)}{Bd+ht}$　　$y_2=H-y_1$ $z_1=\dfrac{B}{2}$ $I_{z0}=\dfrac{1}{3}\left[ty_2^3+By_1^3-(B-t)(y_1-d)^3\right]$ $W_{z0max}=\dfrac{I_{z0}}{y_1}$　　$W_{z0min}=\dfrac{I_{z0}}{y_2}$
6		$A=ht+2Bd$ $y_1=\dfrac{H}{2}$　　$z_1=\dfrac{B}{2}$ $I_{z0}=\dfrac{1}{12}\left[BH^3-(B-t)h^3\right]$ $W_{z0}=\dfrac{BH^3-(B-t)h^3}{6H}$
7		$A=\dfrac{bh}{2}$ $y_1=\dfrac{h}{3}$　　$z_1=\dfrac{2b}{3}$ $I_{y0}=\dfrac{hb^3}{36}$　　$I_{z0}=\dfrac{bh^3}{36}$
8		$A=\pi ab$ $y_1=b$　　$z_1=a$ $I_{y0}=\dfrac{\pi ba^3}{4}$　　$I_{z0}=\dfrac{\pi ab^3}{4}$
9		二抛物线方程：$y=f(z)=h\left(1-\dfrac{z^2}{b^2}\right)$ $A=\dfrac{2bh}{3}$ $y_1=\dfrac{2h}{5}$　　$z_1=\dfrac{3b}{8}$
10		二抛物线方程：$y=f(z)=\dfrac{hz^2}{b^2}$ $A=\dfrac{bh}{3}$ $y_1=\dfrac{3h}{10}$　　$z_1=\dfrac{3b}{4}$

附录Ⅱ 型 钢 表

表Ⅱ-1

热轧等边角钢(GB 9787—88)

符号意义:

b——边宽;
r——内圆弧半径;
I——惯性矩;
W——截面模量;

d——边厚;
r_1——边端内弧半径;$r_1 = \dfrac{d}{3}$
i——惯性半径;
z_0——重心距离。

角钢号数	尺寸(mm)			截面面积 (cm^2)	理论重量 (kg/m)	外表面积 (m^2/m)	参考数值											
							$x-x$			x_0-x_0			y_0-y_0			x_1-x_1	z_0
	b	d	r				I_x (cm^4)	i_x (cm)	W_x (cm^3)	I_{x_0} (cm^4)	i_{x_0} (cm)	W_{x_0} (cm^3)	I_{y_0} (cm^4)	i_{y_0} (cm)	W_{y_0} (cm^3)	I_{x_1} (cm^4)	(cm)
4	40	3	5	2.359	1.852	0.157	3.50	1.23	1.23	5.69	1.55	2.01	1.49	0.79	0.96	6.41	1.09
		4		3.086	2.422	0.157	4.60	1.22	1.60	7.29	1.54	2.58	1.91	0.79	1.19	8.56	1.13
		5		3.791	2.976	0.156	5.53	1.21	1.96	8.97	1.52	3.10	2.30	0.78	1.39	10.74	1.17
4.5	45	3	5	2.659	2.088	0.177	5.17	1.40	1.58	8.20	1.76	2.58	2.14	0.90	1.24	9.12	1.22
		4		3.486	2.736	0.177	6.65	1.38	2.05	10.56	1.74	3.32	2.75	0.89	1.54	12.18	1.26
		5		4.292	3.369	0.176	8.04	1.37	2.51	12.74	1.72	4.00	3.33	0.88	1.81	15.25	1.30
		6		5.076	3.985	0.176	9.33	1.36	2.95	14.76	1.70	4.64	3.89	0.88	2.06	18.36	1.33

续表

角钢号数	尺寸(mm)			截面面积 (cm²)	理论重量 (kg/m)	外表面积 (m²/m)	参考数值											
	b	d	r				x—x			x0—x0			y0—y0			x1—x1	z0 (cm)
							I_x (cm⁴)	i_x (cm)	W_x (cm³)	I_{x_0} (cm⁴)	i_{x_0} (cm)	W_{x_0} (cm³)	I_{y_0} (cm⁴)	i_{y_0} (cm)	W_{y_0} (cm³)	I_{x_1} (cm⁴)	
5	50	3	5.5	2.971	2.332	0.197	7.18	1.55	1.96	11.37	1.96	3.22	2.98	1.00	1.57	12.50	1.34
		4		3.897	3.059	0.197	9.26	1.54	2.56	14.70	1.94	4.16	3.82	0.99	1.96	16.69	1.38
		5		4.803	3.770	0.196	11.21	1.53	3.13	17.79	1.92	5.03	4.64	0.98	2.31	20.90	1.42
		6		5.688	4.465	0.196	13.05	1.52	3.68	20.68	1.91	5.85	5.42	0.98	2.63	25.14	1.46
5.6	56	3	6	3.343	2.624	0.221	10.19	1.75	2.48	16.14	2.20	4.08	4.24	1.13	2.02	17.56	1.48
		4		4.390	3.446	0.220	13.18	1.73	3.24	20.92	2.18	5.28	5.46	1.11	2.52	23.43	1.53
		5		5.415	4.251	0.220	16.02	1.71	3.97	25.42	2.17	6.42	6.61	1.10	2.98	29.33	1.57
		8		8.367	6.568	0.219	23.63	1.68	6.03	37.37	2.11	9.44	9.89	1.09	4.16	47.24	1.68
6.3	63	4	7	4.978	3.907	0.248	19.03	1.96	4.13	30.17	2.46	6.78	7.89	1.26	3.29	33.35	1.70
		5		6.143	4.822	0.248	23.17	1.94	5.08	36.77	2.45	8.25	9.57	1.25	3.90	41.73	1.74
		6		7.288	5.721	0.247	27.12	1.93	6.00	43.03	2.43	9.66	11.20	1.24	4.46	50.14	1.78
		8		9.515	7.469	0.247	34.46	1.90	7.75	54.56	2.40	12.25	14.33	1.23	5.47	67.11	1.85
		10		11.657	9.151	0.246	41.09	1.88	9.39	64.85	2.36	14.56	17.33	1.22	6.36	84.31	1.93
7	70	4	8	5.570	4.372	0.275	26.39	2.18	5.14	41.80	2.74	8.44	10.99	1.40	4.17	45.74	1.86
		5		6.875	5.397	0.275	32.21	2.16	6.32	51.08	2.73	10.32	13.34	1.39	4.95	57.21	1.91
		6		8.160	6.406	0.275	37.77	2.15	7.48	59.93	2.71	12.11	15.61	1.38	5.67	68.73	1.95
		7		9.424	7.398	0.275	43.09	2.14	8.59	68.35	2.69	13.81	17.82	1.38	6.34	80.29	1.99
		8		10.667	8.373	0.274	48.17	2.12	9.68	76.37	2.68	15.43	19.98	1.37	6.89	91.91	2.03
(7.5)	75	5	9	7.367	5.818	0.295	39.97	2.33	7.32	63.30	2.92	11.94	16.63	1.50	5.77	70.56	2.04
		6		8.797	6.905	0.294	46.95	2.31	8.64	74.38	2.90	14.02	19.51	1.49	6.67	84.55	2.07
		7		10.160	7.976	0.294	53.57	2.30	9.93	84.96	2.89	16.02	22.18	1.48	7.44	98.71	2.11
		8		11.503	9.030	0.294	59.96	2.28	11.20	95.07	2.88	17.93	24.86	1.47	8.19	112.97	2.15
		10		14.126	11.089	0.293	71.98	2.26	13.64	113.92	2.84	21.48	30.05	1.46	9.56	141.71	2.22
8	80	5	9	7.912	6.211	0.315	48.79	2.48	8.34	77.33	3.13	13.67	20.25	1.60	6.66	85.36	2.15
		6		9.397	7.376	0.314	57.35	2.47	9.87	90.98	3.11	16.08	23.72	1.59	7.65	102.50	2.19

续表

角钢号数	尺寸(mm)			截面面积(cm²)	理论重量(kg/m)	外表面积(m²/m)	参考数值											
	b	d	r				x－x			x0－x0			y0－y0			x1－x1	z0(cm)
							I_x(cm⁴)	i_x(cm)	W_x(cm³)	I_{x_0}(cm⁴)	i_{x_0}(cm)	W_{x_0}(cm³)	I_{y_0}(cm⁴)	i_{y_0}(cm)	W_{y_0}(cm³)	I_{x_1}(cm⁴)	
8	80	7	9	10.860	8.525	0.314	65.58	2.46	11.37	104.07	3.10	18.40	27.09	1.58	8.58	119.70	2.23
		8		12.303	9.658	0.314	73.49	2.44	12.83	116.60	3.08	20.61	30.39	1.57	9.46	136.97	2.27
		10		15.126	11.874	0.313	88.43	2.42	15.64	140.09	3.04	24.76	36.77	1.56	11.08	171.74	2.35
9	90	6	10	10.637	8.350	0.354	82.77	2.79	12.61	131.26	3.51	30.63	34.28	1.80	9.95	145.87	2.44
		7		12.301	9.656	0.354	94.83	2.78	14.54	150.47	3.50	23.64	39.18	1.78	11.19	170.30	2.48
		8		13.944	10.946	0.353	106.47	2.76	16.42	168.97	3.48	26.55	43.97	1.78	12.35	194.80	2.52
		10		17.167	13.476	0.353	128.58	2.74	20.07	203.90	3.45	32.04	53.26	1.76	14.52	244.07	2.59
		12		20.306	15.940	0.352	149.22	2.71	23.57	236.21	3.41	37.12	62.22	1.75	16.49	293.76	2.67
10	100	6	12	11.932	9.366	0.393	114.95	3.10	15.68	181.98	3.90	25.74	47.92	2.00	12.69	200.07	2.67
		7		13.796	10.830	0.393	131.86	3.09	18.10	208.97	3.98	29.55	54.74	1.99	14.26	233.54	2.71
		8		15.638	12.276	0.393	148.24	3.08	20.47	235.07	3.88	33.24	61.41	1.98	15.75	267.09	2.76
		10		19.261	15.120	0.392	179.51	3.05	25.06	284.68	3.84	40.26	74.35	1.96	18.54	334.48	2.34
		12		22.800	17.898	0.391	208.90	3.03	29.48	330.95	3.81	46.80	86.84	1.95	21.08	402.34	2.91
		14		26.256	20.611	0.391	236.53	3.00	33.73	374.06	3.77	52.90	99.00	1.94	23.44	470.75	2.99
		16		29.627	23.257	0.390	262.53	2.98	37.82	414.16	3.74	58.57	110.89	1.94	25.63	539.80	3.06
11	110	7	12	15.196	11.928	0.433	177.16	3.41	22.05	280.54	4.30	36.12	73.38	2.20	17.51	310.64	2.96
		8		17.238	13.532	0.433	199.46	3.40	24.95	316.49	4.28	40.69	82.42	2.19	19.39	355.20	3.01
		10		21.261	16.690	0.432	242.19	3.38	30.60	384.39	4.25	49.42	99.98	2.17	22.91	444.65	3.09
		12		25.200	19.782	0.431	282.55	3.35	36.05	448.17	4.22	57.62	116.93	2.15	26.15	534.60	3.16
		14		29.056	22.809	0.431	320.71	3.32	41.31	508.01	4.18	65.31	133.40	2.14	29.14	625.16	3.24
12.5	125	8	14	19.750	15.504	0.492	297.03	3.88	32.52	470.89	4.88	53.28	123.16	2.50	25.86	521.01	3.37
		10		24.373	19.133	0.491	361.67	3.85	39.97	573.89	4.85	64.93	149.46	2.48	30.62	651.93	3.45
		12		28.912	22.696	0.491	423.16	3.83	41.17	671.44	4.82	75.96	174.88	2.46	35.03	783.42	3.53
		14		33.367	26.193	0.490	481.65	3.8	54.16	763.73	4.78	86.41	199.57	2.45	39.13	915.61	3.61

续表

| 角钢号数 | 尺寸(mm) | | | 截面面积 (cm²) | 理论重量 (kg/m) | 外表面积 (m²/m) | 参 考 数 值 | | | | | | | | | | |
| | b | d | r | | | | x—x | | | x₀—x₀ | | | y₀—y₀ | | | x₁—x₁ | z₀ |
							I_x (cm⁴)	i_x (cm)	W_x (cm³)	I_{x_0} (cm⁴)	i_{x_0} (cm)	W_{x_0} (cm³)	I_{y_0} (cm⁴)	i_{y_0} (cm)	W_{y_0} (cm³)	I_{x_1} (cm⁴)	(cm)
14	140	10	14	27.373	21.488	0.551	514.65	4.34	50.58	817.27	5.46	82.56	212.04	2.78	39.20	915.11	3.82
		12		32.512	25.522	0.551	603.68	4.31	59.80	958.79	5.43	96.85	248.57	2.76	45.02	1099.28	3.90
		14		37.567	29.490	0.550	688.81	4.28	68.75	1093.56	5.40	110.47	284.06	2.75	50.45	1284.22	3.98
		16		42.539	33.393	0.549	770.24	4.26	77.46	1221.81	5.36	123.42	318.67	2.74	55.55	1470.07	4.06
16	160	10	16	31.502	24.729	0.630	779.53	4.98	66.70	1237.30	6.27	109.36	321.76	3.20	52.76	1365.33	4.31
		12		37.441	29.391	0.630	916.58	4.95	78.98	1455.68	6.24	128.67	377.49	3.18	60.74	1639.57	4.39
		14		43.296	33.987	0.629	1048.36	4.92	90.95	1665.02	6.20	147.17	431.70	3.16	68.24	1914.68	4.47
		16		49.067	38.518	0.629	1175.08	4.89	102.63	1865.57	6.17	164.89	484.59	3.14	75.31	2190.82	4.55
18	180	12	16	42.241	33.159	0.710	1321.35	5.59	100.82	2100.10	7.05	165.00	542.61	3.58	78.41	2332.80	4.89
		14		48.896	38.383	0.709	1514.48	5.56	116.25	2407.42	7.02	189.14	621.53	3.56	83.38	2723.48	4.97
		16		55.467	43.543	0.709	1700.99	5.54	131.13	2703.37	6.98	212.40	698.60	3.55	97.83	3115.29	5.05
		18		61.955	48.634	0.708	1875.12	5.50	145.64	2988.24	6.94	234.78	762.01	3.51	105.14	3502.43	5.13
20	200	14	18	54.642	42.894	0.788	2103.55	6.20	144.70	3343.26	7.82	236.40	863.83	3.98	111.82	3734.10	5.46
		16		62.013	48.680	0.788	2366.15	6.18	163.65	3760.89	7.79	265.93	971.41	3.96	123.96	4270.39	5.54
		18		69.301	54.401	0.787	2620.64	6.15	182.22	4164.54	7.75	294.48	1076.74	3.94	135.52	4808.13	5.62
		20		76.505	60.056	0.787	2867.30	6.12	200.42	4554.55	7.72	322.06	1180.04	3.93	146.55	5347.51	5.69
		24		90.661	71.168	0.785	3338.25	6.07	236.17	5294.97	7.64	374.41	1381.53	3.90	166.55	6457.16	5.87

注:1. 角钢长度:钢号 2～4号 4.5～8号 9～14号 16～20号

　　　　　　长度 3～9m 4～12m 6～19m 6～19m。

　　2. 一般采用材料:A2,A3,A5,A3F。

表Ⅱ-2

热轧不等边角钢(GB 9788—88)

符号意义:

B——长边宽度;
b——短边宽度;
d——边厚;
r——内圆弧半径;
r₁——边端内弧半径,$r_1=\dfrac{d}{3}$;
I——惯性矩;
i——惯性半径;
W——截面模量;
x₀——重心距离;
y₀——重心距离。

角钢号数	尺寸(mm) B	b	d	r	截面面积(cm²)	理论重量(kg/m)	外表面积(m²/m)	$x-x$ I_x(cm⁴)	i_x(cm)	W_x(cm³)	$y-y$ I_y(cm⁴)	i_y(cm)	W_y(cm³)	x_1-x_1 I_{x_1}(cm⁴)	y_0(cm)	y_1-y_1 I_{y_1}(cm⁴)	x_0(cm)	$u-u$ I_u(cm⁴)	i_u(cm)	W_u(cm³)	tgα
6.3 /4	63	40	4	7	4.058	3.185	0.202	16.49	2.02	3.87	5.23	1.14	1.70	33.30	2.04	8.63	0.92	3.12	0.88	1.40	0.398
			5		4.993	3.920	0.202	20.02	2.00	4.74	6.31	1.12	2.71	41.63	2.08	10.86	0.95	3.76	0.87	1.71	0.396
			6		5.908	4.638	0.201	23.36	1.96	5.59	7.29	1.11	2.43	49.98	2.12	13.12	0.99	4.34	0.86	1.99	0.393
			7		6.802	5.339	0.201	26.53	1.98	6.40	8.24	1.10	2.78	58.07	2.15	15.47	1.03	4.97	0.86	2.29	0.389
7/ 4.5	70	45	4	7.5	4.547	3.570	0.226	23.17	2.26	4.86	7.55	1.29	2.17	45.92	2.27	12.26	1.02	4.40	0.98	1.77	0.410
			5		5.609	4.403	0.225	27.95	2.23	5.92	9.13	1.28	2.65	57.10	2.28	15.39	1.06	5.40	0.98	2.19	0.407
			6		6.647	5.218	0.225	32.54	2.21	6.95	10.62	1.26	3.12	68.35	2.32	18.58	1.09	6.35	0.98	2.59	0.404
			7		7.657	6.011	0.225	37.22	2.20	8.03	12.01	1.25	3.57	79.99	2.36	21.84	1.13	7.16	0.97	2.94	0.402
(7.5 /5)	75	50	5	8	6.125	4.808	0.245	34.36	2.39	6.83	12.61	1.44	3.30	70.00	2.40	21.04	1.17	7.41	1.10	2.74	0.435
			6		7.260	5.699	0.245	41.12	2.38	8.12	14.70	1.42	3.88	84.30	2.44	25.37	1.21	8.54	1.08	3.19	0.435
			8		9.467	7.431	0.244	52.39	2.35	10.52	18.53	1.40	4.99	112.50	2.52	34.23	1.29	10.87	1.07	4.10	0.429
			10		11.590	9.098	0.244	62.71	2.33	12.79	21.96	1.38	6.04	140.80	2.60	43.43	1.36	13.10	1.06	4.99	0.423

续表

角钢号数	尺寸 (mm) B	b	d	r	截面面积 (cm²)	理论重量 (kg/m)	外表面积 (m²/m)	x—x I_x (cm⁴)	i_x (cm)	W_x (cm³)	y—y I_y (cm⁴)	i_y (cm)	W_y (cm³)	参考数值 $x_1—x_1$ I_{x_1} (cm⁴)	y_0 (cm)	$y_1—y_1$ I_{y_1} (cm⁴)	x_0 (cm)	u—u I_u (cm⁴)	i_u (cm)	W_u (cm³)	tgα
8/5	80	50	5	8	6.375	5.005	0.255	41.96	2.56	7.78	12.82	1.42	3.32	85.21	2.60	21.06	1.14	7.66	1.10	2.74	0.388
			6		7.560	5.935	0.255	49.49	2.56	9.25	14.95	1.41	3.91	102.53	2.65	25.41	1.18	8.85	1.08	3.20	0.387
			7		8.724	6.348	0.255	56.16	2.54	10.58	16.96	1.39	4.48	119.33	2.69	29.82	1.21	10.18	1.08	3.70	0.384
			8		9.867	7.745	0.254	62.83	2.52	11.92	18.85	1.38	5.03	136.41	2.73	34.32	1.25	11.38	1.07	4.16	0.381
9/5.6	90	56	5	9	7.212	5.661	0.287	60.45	2.90	9.92	18.32	1.59	4.21	121.32	2.91	29.53	1.25	10.8	1.23	3.43	0.385
			6		8.557	6.717	0.286	71.03	2.88	11.74	21.42	1.85	4.96	145.59	2.95	35.58	1.29	12.90	1.23	4.13	0.384
			7		9.880	7.756	0.236	81.01	2.86	13.49	24.36	1.57	5.70	169.66	3.00	41.71	1.33	14.67	1.22	4.72	0.382
			8		11.183	8.779	0.286	91.03	2.85	15.27	27.15	1.56	6.41	194.17	3.04	47.93	1.36	16.34	1.21	5.29	0.380
10/6.3	100	63	6	10	9.617	7.550	0.320	99.06	3.21	14.64	30.94	1.79	6.35	199.71	3.24	50.50	1.43	18.42	1.38	5.25	0.394
			7		11.111	8.722	0.320	113.45	3.20	16.88	35.26	1.78	7.29	233.00	3.28	59.14	1.47	21.00	1.38	6.02	0.393
			8		12.584	9.878	0.319	127.37	3.18	19.08	39.39	1.77	8.21	266.32	3.32	67.88	1.50	23.50	1.37	6.78	0.391
			10		15.467	12.142	0.319	153.81	3.15	23.32	47.12	1.74	9.98	333.06	3.40	85.73	1.58	23.33	1.35	8.24	0.387
10/8	100	80	6	10	10.637	8.350	0.354	107.04	3.17	15.19	61.24	2.40	10.16	199.83	2.95	102.68	1.97	31.65	1.72	8.37	0.627
			7		12.301	9.656	0.354	122.73	3.16	17.52	70.08	2.39	11.71	233.20	3.00	119.98	2.01	36.17	1.72	9.60	0.626
			8		13.944	10.946	0.353	137.92	3.14	19.81	78.58	2.37	13.21	266.61	3.04	137.37	2.05	40.58	1.71	10.80	0.625
			10		17.167	13.476	0.353	166.87	3.12	24.24	94.65	2.35	16.12	333.63	3.12	172.48	2.13	49.10	1.69	13.12	0.622
11/7	110	70	6	11	10.637	8.350	0.354	133.37	3.54	17.85	42.92	2.01	7.90	265.78	3.53	69.08	1.57	25.36	1.54	6.53	0.403
			7		12.301	9.656	0.354	153.00	3.53	20.60	49.01	2.00	9.09	310.07	3.57	80.82	1.61	28.95	1.53	7.50	0.402
			8		13.944	10.946	0.353	172.04	3.51	23.30	54.87	1.98	10.25	354.39	3.62	92.70	1.65	32.45	1.53	8.45	0.401
			10		17.167	13.476	0.353	208.39	3.48	28.54	65.88	1.96	12.48	443.13	3.70	116.83	1.72	39.20	1.51	10.29	0.397
12.5/8	125	80	7	11	14.096	11.066	0.403	227.98	4.02	26.86	74.42	2.30	12.01	454.99	4.01	120.32	1.80	43.81	1.76	9.92	0.408
			8		15.989	12.551	0.403	256.77	4.01	30.41	83.49	2.28	13.56	519.99	4.06	137.85	1.84	49.15	1.75	11.18	0.407
			10		19.712	15.474	0.402	312.04	3.98	37.33	100.67	2.26	16.56	650.09	4.14	173.40	1.92	59.45	1.74	13.64	0.404
			12		23.351	18.330	0.402	364.41	3.95	44.01	116.67	2.24	19.43	780.39	4.22	209.67	2.00	69.35	1.72	16.01	0.400

续表

角钢号数	尺寸(mm)				截面面积 (cm²)	理论重量 (kg/m)	外表面积 (m²/m)	参 考 数 值														
	B	b	d	r				x—x			y—y			x₁—x₁		y₁—y₁		u—u			
								I_x (cm⁴)	i_x (cm)	W_x (cm³)	I_y (cm⁴)	i_y (cm)	W_y (cm³)	I_{x_1} (cm⁴)	y_0 (cm)	I_{y_1} (cm⁴)	x_0 (cm)	I_u (cm⁴)	i_u (cm)	W_u (cm³)	tgα
14/9	140	90	8	12	18.038	14.160	0.453	365.64	4.50	38.48	120.69	2.59	17.34	730.53	4.50	195.79	2.04	70.83	1.98	14.31	0.411
			10		22.261	17.475	0.452	445.50	4.47	47.31	146.03	2.56	21.22	913.20	4.85	245.92	2.12	85.82	1.96	17.48	0.409
			12		26.400	20.724	0.451	521.59	4.44	55.87	169.79	2.54	24.95	1096.09	4.66	296.89	2.19	100.21	1.95	20.54	0.406
			14		30.456	23.908	0.451	594.10	4.42	64.18	192.10	2.51	28.54	1279.26	4.74	348.82	2.27	114.13	1.94	23.52	0.403
16/10	160	100	10	13	25.315	19.872	0.512	668.69	5.14	62.13	205.03	2.85	26.56	1362.89	5.24	336.59	2.28	121.74	2.19	21.92	0.390
			12		30.054	23.592	0.511	784.91	5.11	73.49	239.06	2.82	31.28	1635.56	5.32	405.94	2.36	142.33	2.17	25.79	0.388
			14		34.709	27.247	0.510	896.30	5.08	84.56	271.20	2.80	35.83	1908.50	5.40	476.42	2.43	162.23	2.16	29.56	0.385
			16		30.281	30.835	0.510	1003.04	5.05	95.33	301.60	2.77	40.24	2181.79	5.48	548.22	2.51	182.57	2.16	33.44	0.382
18/11	180	110	10	14	28.373	22.273	0.571	956.25	5.80	78.96	278.11	3.13	32.49	1940.40	5.89	447.22	2.44	166.50	2.42	26.88	0.376
			12		33.712	26.464	0.571	1124.72	5.78	93.53	325.03	3.10	38.32	2328.38	5.98	538.94	2.52	194.87	2.40	31.66	0.374
			14		38.967	30.589	0.570	1286.91	5.75	107.76	369.55	3.08	43.97	2716.60	6.06	631.95	2.59	222.30	2.39	36.32	0.372
			16		44.139	34.649	0.569	1443.06	5.72	121.64	411.85	3.06	49.44	3105.15	6.14	726.46	2.67	248.94	2.38	40.87	0.369
20/12.5	200	125	12	14	37.912	29.761	0.641	1570.90	6.44	116.73	483.16	3.57	49.99	3193.85	6.54	787.74	2.83	285.79	2.74	41.23	0.392
			14		43.867	34.436	0.640	1800.97	6.41	134.65	550.83	3.54	57.44	3726.17	6.62	922.47	2.91	326.58	2.73	47.34	0.390
			16		49.739	39.045	0.639	2023.35	6.38	152.18	615.44	3.52	64.69	4258.86	6.70	1058.86	2.99	366.21	2.71	53.32	0.388
			16		55.526	43.588	0.639	2238.30	6.35	169.33	677.19	3.49	71.74	4792.00	6.78	1197.13	3.06	404.83	2.70	59.18	0.385

注:1. 角钢长度:6.3/4～9/5.6号,长 4～12m;10/6.3～14/9号,长 4～19m;16/10～20/12.5号,长 6～19m。

2. 一般采用材料:A2、A3、A5、A3F。

表Ⅱ-3

热轧工字钢(GB 706—88)

符号意义:

h——高度;
b——腿宽;
d——腰厚;
t——平均腿厚;
r——内圆弧半径;
r₁——腿端圆弧半径;
I——惯性矩;
W——截面模量;
i——惯性半径;
S——半截面对 x 轴的静矩。

型号	尺寸(mm)						截面面积 (cm²)	理论重量 (kg/m)	参考数值						
	h	b	d	t	r	r₁			$x-x$				$y-y$		
									I_x (cm⁴)	W_x (cm³)	i_x (cm)	$I_x : S_x$	I_y (cm⁴)	W_y (cm³)	i_y (cm)
10	100	68	4.5	7.6	6.5	3.3	14.3	11.2	245	49	4.14	8.59	33	9.72	1.52
12.6	126	74	5	8.4	7	3.5	18.1	14.2	488.434	77.529	5.195	10.848	46.906	12.677	1.609
14	140	80	5.5	9.1	7.5	3.8	21.5	16.9	712	102	5.76	12	64.4	16.1	1.73
16	160	88	6	9.9	8	4	26.1	20.5	1130	141	6.85	13.8	93.1	21.2	1.89
18	180	94	6.5	10.7	8.5	4.3	30.6	24.1	1660	185	7.36	15.4	122	26	2
20a	200	100	7	11.4	9	4.5	35.5	27.9	2370	237	8.15	17.2	158	31.5	2.12
20b	200	102	9	11.4	9	4.5	39.5	31.1	2500	250	7.96	16.9	169	33.1	2.06
22a	220	110	7.5	12.3	9.5	4.8	42	33	3400	309	8.99	18.9	225	40.9	2.31
22b	220	112	9.5	12.3	9.5	4.8	46.1	36.4	3570	325	8.78	18.7	239	42.7	2.27
25a	250	116	8	13	10	5	48.5	38.1	5023.54	401.883	10.18	21.577	280.040	48.283	2.403
25b	250	118	10	13	10	5	53.5	42	5283.965	422.717	9.938	21.27	309.297	52.423	2.404
28a	280	122	8.5	13.7	10.5	5.3	55.45	43.4	7114.14	508.153	11.32	24.62	345.051	56.565	2.495
28b	280	124	10.5	13.7	10.5	5.3	61.05	47.9	7480.006	534.286	11.08	24.241	379.406	61.209	2.493

续表

| 型号 | 尺寸(mm) | | | | | | 截面面积(cm²) | 理论重量(kg/m) | 参考数值 | | | | | | |
| | h | b | d | t | r | r₁ | | | $x-x$ | | | | $y-y$ | | |
									I_x (cm⁴)	W_x (cm³)	i_x (cm)	$I_x:S_x$	I_y (cm⁴)	W_y (cm³)	i_y (cm)
a	320	130	9.5	15	11.5	5.8	67.05	52.7	11075.525	692.202	12.84	27.458	459.929	70.758	2.619
32b	320	132	11.3	15	11.5	5.8	73.45	57.7	11621.378	726.333	12.58	27.093	501.534	75.989	2.614
c	320	134	13.5	15	11.5	5.8	79.95	62.8	12167.511	760.469	12.34	26.766	543.811	81.166	2.608
a	360	136	10	15.8	12	6	76.3	59.9	15760	875	14.4	30.7	552	81.2	2.69
36b	360	138	12	15.8	12	6	83.5	65.6	16530	919	14.1	30.3	582	84.3	2.64
c	360	140	14	15.8	12	6	90.7	71.2	17310	962	13.8	29.9	612	87.4	2.6
a	400	142	10.5	16.5	12.5	6.3	86.1	67.6	21720	1090	15.9	34.1	600	93.2	2.77
40b	400	144	12.5	16.5	12.5	6.3	94.1	73.8	22780	1140	15.6	33.6	692	96.2	2.71
c	400	146	14.5	16.5	12.5	6.3	102	80.1	23850	1190	15.2	33.2	727	99.6	2.65
a	450	150	11.5	18	13.5	6.8	102	80.4	32240	1430	17.7	38.6	855	114	2.89
45b	450	152	13.5	18	13.5	6.8	111	87.4	33760	1500	17.4	38	894	118	2.84
c	450	154	15.5	18	13.5	6.8	120	94.5	35280	1570	17.1	37.6	938	122	2.79
a	500	158	12	20	14	7	119	93.6	46470	1660	19.7	42.8	1120	142	3.07
50b	500	160	14	20	14	7	129	101	48560	1940	19.4	42.4	1170	146	3.01
c	500	162	16	20	14	7	139	109	50640	2080	19	41.8	1220	151	2.96
a	560	166	12.5	21	14.5	7.3	135.25	106.2	65585.566	2342.31	22.02	47.727	1370.163	165.079	3.182
56b	560	168	14.5	21	14.5	7.3	146.45	115	68512.499	2446.687	21.63	47.166	1486.75	174.247	3.162
c	560	170	16.5	21	14.5	7.3	157.85	123.9	71439.43	2551.408	21.27	46.663	1558.389	183.339	3.158
a	630	176	13	22	15	7.5	154.9	121.6	93916.18	2981.47	24.62	54.173	1700.549	193.244	3.314
63b	630	178	15	22	15	7.5	167.5	131.5	98083.63	3163.98	24.2	53.514	1812.069	203.603	3.289
c	630	180	17	22	15	7.5	180.1	141	102251.08	3298.42	23.82	52.923	1924.913	213.879	3.268

注:1. 工字钢长度:10~18号,长5~19m;20~63号,长6~19m。

2. 一般采用材料:A2,A3,A5,A3F。

表Ⅱ-4

热轧槽钢(GB 707—88)

符号意义:

h——高度;
b——腿宽;
d——腰厚;
t——平均腿厚;
r——内圆弧半径;
r_1——腿端圆弧半径;
I——惯性矩;
W——截面模量;
i——惯性半径;
z_0——$y-y$ 与 y_1-y_1 轴线间距离。

型号	尺寸(mm)						截面面积 (cm²)	理论重量 (kg/m)	参考数值							
									$x-x$			$y-y$			y_1-y_1	z_0
	h	b	d	t	r	r_1			W_x (cm³)	I_x (cm⁴)	i_x (cm)	W_y (cm³)	I_y (cm⁴)	i_y (cm)	I_{y1} (cm⁴)	(cm)
5	50	37	4.5	7	7	3.5	6.93	5.44	10.4	26	1.94	3.55	8.3	1.1	20.9	1.35
6.3	63	40	4.8	7.5	7.5	3.75	8.444	6.63	16.123	50.786	2.453	4.50	11.872	1.185	28.38	1.36
8	80	43	5	8	8	4	10.24	8.04	25.3	101.3	3.15	5.79	16.6	1.27	37.4	1.43
10	100	48	5.3	8.5	8.5	4.25	12.74	10.00	39.7	198.3	3.95	7.3	25.6	1.41	54.9	1.52
12.6	126	53	5.5	9	9	4.5	15.69	12.37	62.137	391.466	4.953	10.242	37.99	1.567	77.09	1.59
14ab	140	58	6	9.5	9.5	4.75	18.51	14.53	80.5	563.7	5.52	13.01	53.2	1.7	107.1	1.71
	140	60	8	9.5	9.5	4.75	21.31	16.73	87.1	609.4	5.35	14.12	61.1	1.69	120.6	1.67
16a	160	63	6.5	10	10	5	21.95	17.23	108.3	866.2	6.28	16.3	73.3	1.83	144.1	1.8
16	160	65	8.5	10	10	5	25.15	19.74	116.8	934.5	6.1	17.55	83.4	1.82	160.8	1.75
18a	180	68	7	10.5	10.5	5.25	25.69	20.17	141.4	1272.7	7.04	20.03	98.6	1.96	189.7	1.88
18	180	70	9	10.5	10.5	5.25	29.29	22.99	162.2	1369.9	6.84	21.52	111	1.95	210.1	1.84
20a	200	73	7	11	11	5.5	28.83	22.63	178.0	1780.4	7.86	24.2	128	2.11	244	2.01
20	200	75	9	11	11	5.5	32.83	25.77	191.4	1913.7	7.64	25.88	143.6	2.09	268.4	1.95

续表

型号	尺　寸(mm)						截面面积(cm²)	理论重量(kg/m)	参　考　数　值								
									x－x			y－y			y₁－y₁		
	h	b	d	t	r	r_1			W_x (cm³)	I_x (cm⁴)	i_x (cm)	W_y (cm³)	I_y (cm⁴)	i_y (cm)	I_{y1} (cm⁴)	z_0 (cm)
22a	220	77	7	11.5	11.5	5.75	31.84	24.99	217.6	2393.9	8.67	28.17	157.8	2.23	298.2	2.1
22	220	79	9	11.5	11.5	5.75	36.24	28.45	233.8	2571.4	8.42	30.05	176.4	2.21	326.3	2.03
a	250	78	7	12	12	6	34.91	27.47	269.597	3369.619	9.823	30.607	175.529	2.243	322.256	2.065
25b	250	80	9	12	12	6	39.91	31.39	282.402	3530.035	9.405	32.657	196.421	2.218	353.187	1.982
c	250	82	11	12	12	6	44.91	35.32	295.236	3690.452	9.065	35.926	218.415	2.206	384.133	1.921
a	280	82	7.5	12.5	12.5	6.25	40.02	31.42	340.328	4764.587	10.91	35.718	217.989	2.333	387.566	2.097
28b	280	84	9.5	12.5	12.5	6.25	45.62	35.81	366.460	5130.453	10.6	37.929	242.144	2.304	427.589	2.016
c	280	86	11.5	12.5	12.5	6.25	51.22	40.21	392.594	5496.319	10.35	40.301	267.602	2.286	426.597	1.951
a	320	88	8	14	14	7	48.7	38.22	474.879	7598.064	12.49	46.473	304.787	2.502	552.31	2.242
32b	320	90	10	14	14	7	55.1	43.25	509.012	8144.197	12.15	49.157	336.332	2.471	592.933	2.158
c	320	92	12	14	14	7	61.5	46.28	543.145	8690.33	11.88	52.642	374.175	2.467	643.299	2.092
a	360	96	9	16	16	8	60.89	47.80	659.7	11874.2	13.97	63.54	455	2.73	818.4	2.44
36b	360	98	11	16	16	8	68.09	53.45	702.9	12651.8	13.63	66.85	496.7	2.7	880.4	2.37
c	360	100	13	16	16	8	75.29	59.10	746.1	13429.4	13.63	70.02	536.4	2.67	947.9	2.34
a	400	100	10.5	18	18	9	75.05	58.91	878.9	17577.9	15.30	78.83	592	2.81	1067.7	2.49
40b	400	102	12.5	18	18	9	83.05	65.19	932.2	18644.5	14.98	82.52	640	2.78	1135.6	2.44
c	400	104	14.5	18	18	9	91.05	71.47	985.6	19711.2	14.71	86.19	687.8	2.75	1220.7	2.42

注:1. 槽钢长度:5~8号,长5~12m;10~18号,长5~19m;20~40号,长6~19m。
2. 一般采用材料:A2,A3,A5,A3F。